复合材料

主编　冯小明　张崇才
主审　彭晓东

重庆大学出版社

内容简介

本书主要介绍复合材料的基本概念、复合原理，以及不同基体复合材料的材料体系组成、制备工艺、性能及应用，同时论述了复合材料新的设计、制备方法和复合技术，还对复合材料的可靠性和质量评价进行了讨论。

本书适合作为材料科学与工程类本科教材，也可供从事复合材料领域的研究人员、工程技术人员参考。

图书在版编目(CIP)数据

复合材料/冯小明，张崇才主编.—2版—重庆：重庆大学出版社，2011.4(2022.8重印)
材料科学与工程专业本科系列教材
ISBN 978-7-5624-4136-6

Ⅰ.①复… Ⅱ.①冯…②张… Ⅲ.①复合材料—高等学校—教材 Ⅳ.①TB33

中国版本图书馆CIP数据核字(2011)第059987号

复合材料
(第三版)
主编 冯小明 张崇才
主审 彭晓东
责任编辑：曾显跃 版式设计：曾显跃
责任校对：夏 宇 责任印制：张 策
*
重庆大学出版社出版发行
出版人：饶帮华
社址：重庆市沙坪坝区大学城西路21号
邮编：401331
电话：(023) 88617190 88617185(中小学)
传真：(023) 88617186 88617166
网址：http://www.cqup.com.cn
邮箱：fxk@cqup.com.cn (营销中心)
全国新华书店经销
POD：重庆新生代彩印技术有限公司
*
开本：787mm×1092mm 1/16 印张：17.75 字数：443千
2018年8月第3版 2022年8月第8次印刷
印数：10 001— 11 000
ISBN 978-7-5624-4136-6 定价：49.80元

前言

本教材是为适应加强基础，拓宽专业面的需要，根据2004年重庆大学出版社材料类本科教材编审会确定的《复合材料》教学基本要求和教材编写大纲组织编写的。

在本书的编写工程中，我们力求遵循下列原则：

①坚持体现教材内容深广度适中、够用的原则，增强各专业的适应性，既满足按一级学科“材料科学与工程”设置专业的教学需要，又满足按二级学科设置的材料类各专业的需要；

②尽可能反映当代科学技术的新概念、新知识、新理论、新技术和新工艺，突出反映教材内容的先进性；

③注重内容丰富，叙述深入浅出，简明扼要，重点突出。

全书分10章。第1章介绍复合材料的概念、组成和性能。第2章介绍复合材料的复合原理和复合材料的界面理论。第3章介绍复合材料常用增强体的类型、制备方法和主要性能。第4、5、6、7章分别介绍不同基体的复合材料的材料组成、制备工艺、性能和应用。第8章介绍复合材料的新进展，如碳/碳复合材料、功能复合材料、纳米复合材料、梯度功能复合材料等。第9章介绍复合材料新的设计、制备方法和复合技术。第10章对复合材料的可靠性和质量评价进行了讨论。

本书由冯小明和张崇才担任主编。冯小明编写第1章；张崇才编写第3章和第8章；解念锁编写第2章、第10章；邓平璋、张崇才编写第5章，王守峰、张崇才编写第6章，张营堂编写第4章，卢照辉编写第7章，吕晓光编写第9章。全书由冯小明统稿。

本书由彭晓东担任主审，提出了许多宝贵的意见和建议，对此表示由衷的谢意。

在本教材的编写过程中，得到了兄弟院校同仁们的大力支持和帮助，在此一并表示衷心的感谢。

由于编者水平有限，书中定有不足之处，恳请同行和读者批评指正。

编　者

2007年6月

目录

第1章 概论

材料的复合化是材料发展的必然趋势之一。古代就出现了原始型的复合材料，如用草茎和泥土作建筑材料；沙石和水泥基体复合的混凝土也有很长的历史。19 世纪末复合材料开始进入工业化生产。20 世纪 60 年代，由于高技术的发展，对材料性能的要求日益提高，单质材料很难满足性能的综合要求和高指标要求。复合材料因具有可设计性的特点受到各发达国家的重视，因而发展很快，开发出许多性能优良的先进复合材料，这些材料成为航空、航天工业的首要关键材料，各种基础性研究也得到发展，使复合材料与金属、陶瓷、高聚物等材料并列为重要材料。有人预言，21 世纪将是复合材料的时代。

本章将介绍复合材料的概念、组成、性能等基本知识。

1.1 复合材料的定义、命名和分类

1.1.1 复合材料的定义

复合材料是由两种或两种以上物理和化学性质不同的物质组合而成的一种多相固体材料。复合材料的组分材料虽然保持其相对独立性，但复合材料的性能却不是组分材料性能的简单加和，而是有着重要的改进。在复合材料中，通常有一相为连续相，称为基体；另一相为分散相，称为增强相（增强体）。分散相是以独立的形态分布在整个连续相中的，两相之间存在着相界面。分散相可以是增强纤维，也可以是颗粒状或弥散的填料。

从上述的定义中可以看出，复合材料可以是一个连续物理相与一个连续分散相的复合，也可以是两个或者多个连续相与一个或多个分散相在连续相中的复合，复合后的产物为固体时才称为复合材料，若复合产物为液体或气体时，就不能称为复合材料。复合材料既可以保持原材料的某些特点，又能发挥组合后的新特征，它可以根据需要进行设计，从而最合理地达到使用所要求的性能。

1.1.2 复合材料的命名

复合材料在世界各国还没有统一的名称和命名方法,比较共同的趋势是根据增强体和基体的名称来命名,一般有以下三种情况:

①强调基体时,以基体材料的名称为主。如树脂基复合材料、金属基复合材料、陶瓷基复合材料等。

②强调增强体时,以增强体材料的名称为主。如玻璃纤维增强复合材料、碳纤维增强复合材料、陶瓷颗粒增强复合材料。

③基体材料名称与增强体材料名称并用。这种命名方法常用来表示某一种具体的复合材料,习惯上将增强体材料的名称放在前面,基体材料的名称放在后边,如"玻璃纤维增强环氧树脂复合材料",或简称为"玻璃纤维/环氧树脂复合材料或玻璃纤维/环氧"。而我国则常将这类复合材料通称为"玻璃钢"。

国外还常用英文编号来表示,如MMC(MMC Metal Matrix Composite)表示金属基复合材料,FRP(FRP Fiber Reinforced Plastics)表示纤维增强塑料,而玻璃纤维/环氧则表示为"GF/Epoxy"或"G/Ep(G-Ep)"。

1.1.3 复合材料的分类

随着材料品种不断增加,人们为了更好地研究和使用材料,需要对材料进行分类。材料的分类方法较多,如按材料的化学性质分类,有金属材料、非金属材料之分;如按物理性质分类,有绝缘材料、磁性材料、透光材料、半导体材料、导电材料等;按用途分类,有航空材料、电工材料、建筑材料、包装材料等。

复合材料的分类方法也很多,常见的有以下几种。

(1)按基体材料类型分类

①聚合物基复合材料 以有机聚合物(主要为热固性树脂、热塑性树脂及橡胶)为基体制成的复合材料。

②金属基复合材料 以金属为基体制成的复合材料,如铝基复合材料、钛基复合材料等。

③无机非金属基复合材料 以陶瓷材料(也包括玻璃和水泥)为基体制成的复合材料。

(2)按增强材料种类分类

①玻璃纤维复合材料。

②碳纤维复合材料。

③有机纤维(芳香族聚酰胺纤维、芳香族聚酯纤维、高强度聚烯烃纤维等)复合材料。

④金属纤维(如钨丝、不锈钢丝等)复合材料。

⑤陶瓷纤维(如氧化铝纤维、碳化硅纤维、硼纤维等)复合材料。

此外,如果用两种或两种以上的纤维增强同一基体制成的复合材料称为"混杂复合材料"。混杂复合材料可以看成是两种或多种单一纤维复合材料的相互复合,即复合材料的"复合材料"。

(3)按增强材料形态分类

①连续纤维复合材料 作为分散相的纤维,每根纤维的两个端点都位于复合材料的边界处。

②短纤维复合材料 短纤维无规则地分散在基体材料中制成的复合材料。

③粒状填料复合材料 微小颗粒状增强材料分散在基体中制成的复合材料。

④编织复合材料 以平面二维或立体三维纤维编织物为增强材料与基体复合而成的复合材料。

(4)按用途分类

复合材料按用途可分为结构复合材料和功能复合材料。目前结构复合材料占绝大多数,而功能复合材料有广阔的发展前途。21 世纪将会出现结构复合材料与功能复合材料并重的局面,而且功能复合材料更具有与其他功能材料竞争的优势。

结构复合材料主要用做承力和次承力结构,要求它质量轻、强度和刚度高,且能耐受一定温度,在某种情况下还要求有膨胀系数小、绝热性能好或耐介质腐蚀等其他性能。

结构复合材料按不同基体分类和按不同增强体形式分类如图 1.1、图 1.2 所示。

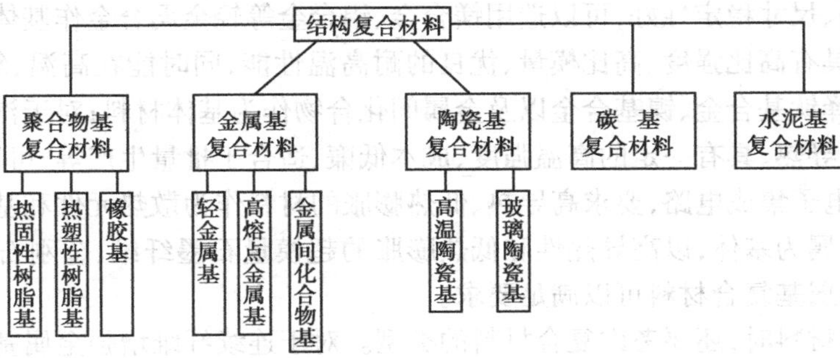

图 1.1 结构复合材料按不同基体分类

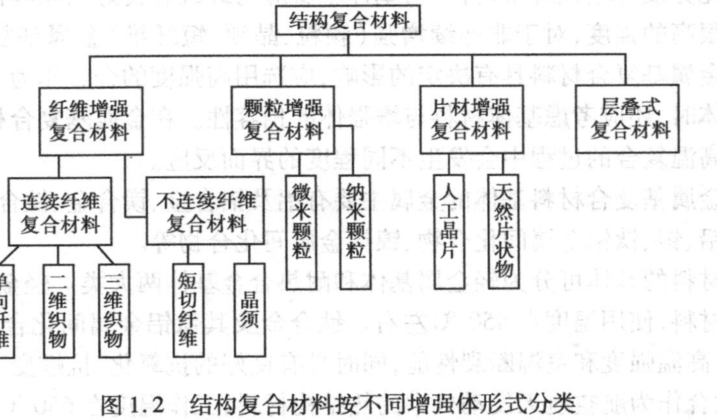

图 1.2 结构复合材料按不同增强体形式分类

功能复合材料指具有除力学性能以外其他物理性能的复合材料,即具有各种电学性能、磁学性能、光学性能、声学性能、摩擦性能、阻尼性能以及化学分离性能等的复合材料。

1.2 复合材料的组成

结构复合材料是由基体、增强体和两者之间的界面组成,复合材料的性能则取决于增强体与基体的比例以及三个组成部分的性能。

1.2.1 复合材料的基体

复合材料的基体是复合材料中的连续相,起到将增强体黏结成整体,并赋予复合材料一定形状、传递外界作用力、保护增强体免受外界环境侵蚀的作用。复合材料所用基体主要有聚合物、金属、陶瓷、水泥等。

(1)金属基体

基体材料是金属基复合材料的重要组成部分,是增强体的载体,在金属基复合材料中占有很大的体积含量,起非常重要的作用,金属基体的力学性能和物理性能将直接影响复合材料的力学性能和物理性能。在选择基体材料时,应根据合金的特点和复合材料的用途选择基体材料。例如,对于航天与航空领域的飞机、卫星、火箭等壳体和内部结构,要求材料的质量小、比强度和比模量高、尺寸稳定性好,可以选用镁合金、铝合金等轻金属合金作基体;对于高性能发动机,要求材料具有高比强度、高比模量、优良的耐高温性能,同时能在高温、氧化性环境中正常工作,可以选择钛基合金、镍基合金以及金属间化合物作为基体材料;对于汽车发动机,要求零件耐热、耐磨、导热、具有一定的高温强度、成本低廉、适合于批量生产等,可以选用铝合金作基体材料;对于电子集成电路,要求高导热、低热膨胀的材料作为散热元件和基板,以高热导率的银、铜、铝等金属为基体,以高导热性和低热膨胀的超模量石墨纤维、金刚石纤维、碳化硅颗粒为增强体的金属基复合材料可以满足要求。

在选择基体材料时,还要考虑复合材料的类型。对于连续纤维增强金属基复合材料,纤维的模量和强度远高于基体,是主要承载物体,因此,在连续纤维增强金属基复合材料中,基体的主要作用应该充分发挥增强纤维的性能,基体本身应与纤维有良好的相容性和塑性,而并不要求基体本身有很高的强度,对于非连续增强(颗粒、晶须、短纤维)金属基复合材料,基体强度对非连续增强金属基复合材料具有决定的影响,应选用高强度的合金作为基体。

在选择基体时,还应考虑基体材料与增强体的相容性。在金属基复合材料制备过程中,基体与增强体在高温复合的过程中会发生不同程度的界面反应。

目前用做金属基复合材料基体的金属主要有铝及铝合金、镁合金、钛合金、镍合金、铜与铜合金、锌合金、铅、银、钛铝金属间化合物、镍铝金属间化合物等。

结构复合材料的基体可分为轻金属基体和耐热合金基体两大类。轻金属基体主要包括铝基和镁基复合材料,使用温度在450 ℃左右。钛合金及其钛铝金属间化合物作基体的复合材料,具有良好的高温强度和室温断裂性能,同时具有良好的抗氧化、抗蠕变、耐疲劳和良好的高温力学性能,适合作为航空航天发动机中的热结构材料,工作温度在650 ℃左右,而镍、钴基复合材料可在1 200 ℃使用。

1)用于450 ℃以下的金属基体

目前研究发展最成熟、应用最广泛的金属基复合材料是铝基和镁基复合材料,用于航天飞机、人造卫星、空间站、汽车发动机零件等,并已形成工业规模化生产。连续纤维增强金属基复合材料一般选用纯铝或含合金元素少的单相铝合金,而颗粒、晶须增强金属基复合材料则选用具有高强度的铝合金。常用的铝合金、镁合金的成分和性能见表1.1。

表1.1 铝、镁合金的成分和性能

合金牌号	主要成分/%						密度/(g·cm^{-3})	热膨胀系数/(×10^{-6}K^{-1})	热导率/(W·m^{-1}·K^{-1})	抗拉强度/MPa	模量/GPa
	Al	Mg	Si	Zn	Cu	Mn					
工业纯铝 Al3	99.5		0.8		0.016		2.6	22~25.6	218~226	60~108	70
LF6	余量	5.8~6.8				0.5~0.8	9.64	22.8	117	330~360	66.7
LY12	余量	1.2~1.8			3.8~4.9	0.3~0.9	2.8	22.7	121~193	172~549	68~71
LG4	余量	1.8~2.8		5~7	1.4~2.0	0.2~0.6	2.85	28.1	155	209~618	66~71
LD2	余量	0.45~0.9	0.5~1.2		0.2~0.6		2.7	23.5	155~176	347~679	70
LD10	余量	0.4~0.8	0.6~1.2		3.9~4.8	0.4~1.0	2.3	22.5	159	411~504	71
ZL101	余量	0.2~0.4	6.5~7.5	0.3	0.2	0.5	2.66	23.0	155	165~275	69
ZL104	余量	0.17~0.3	8.0~10.5				2.65	21.7	147	255~275	69
MB2	0.3~0.4	余量		0.2~0.8		0.15~0.5	1.78	26	96	245~264	40
MB15		余量		5.0~6.0			1.83	20.9	121	326~340	44
ZM5	7.5~9.0	余量		0.2~0.8		0.15~0.5	1.81	26.8	78.5	157~254	41
ZM8		余量		5.5~6.0			1.89	26.5	109	310	42

2)用于450~700 ℃的金属基体

钛合金具有密度小、耐腐蚀、耐氧化、强度高等特点,可以在450~650 ℃温度下使用,用于制作航空发动机中的零件。采用高性能碳化硅纤维、碳化钛纤维、硼化钛颗粒增强钛合金,可以获得更高的高温性能。美国已成功地试制成碳化硅纤维增强钛基复合材料,用它制成的叶片和传动轴等零件可用于高性能航空发动机。现已用于钛基复合材料的钛合金的成分和性能见表1.2。

表 1.2　钛合金的成分和性能　　单位：W/(m · K)

合金牌号	主要成分/%						密度 /(g · cm^{-3})	热膨胀系数 /(×10^{-6}K^{-1})	热导率 /(W · m^{-1} · K^{-1})	抗拉强度 /MPa	模量 /GPa
	Mo	Al	V	Cr	Zr	Ti					
工业纯钛 TA1						余量	4.51	8.0	16.3	345 ~ 685	100
TC1		1.0 ~ 2.5				余量	4.55	8.0	10.2	411 ~ 753	118
TC3		4.5 ~ 6.0	3.5 ~ 4.5			余量	4.45	8.4	8.4	991	118
TC11	2.8 ~ 3.8	5.8 ~ 7.0			0.3 ~ 2.0	余量	4.48	9.3	6.3	1 080 ~ 1 225	123
TB2	4.8 ~ 5.8	2.5 ~ 3.5	4.8 ~ 5.8	7.5 ~ 8.5		余量	4.83	8.5	8.9	912 ~ 961	110
ZTC4		5.5 ~ 6.8	3.5 ~ 4.5			余量	4.40	8.9	8.6	940	114

3）用于 1 000 ℃以上的金属基体

用于 1 000 ℃以上的高温金属基复合材料的基体材料主要是镍基、铁基耐热合金和金属间化合物，较成熟的是镍基、铁基高温合金。

金属间化合物是长程有序的超点阵结构，具有特殊的物理化学性质和力学性质。金属间化合物的种类很多，Ti-Al、Ni-Al、Fe-Al 等含铝金属间化合物已逐步达到实际应用水平，有望在航天航空、交通运输、化工、兵器机械等工业中应用。

镍基高温合金是广泛使用于各种燃气轮机的重要材料。用钨丝、钍钨丝增强镍基合金可以大幅度提高其高温持久性能和高温蠕变性能，一般可提高 100 h 持久强度 1 ~ 3 倍，主要用于高性能航空发动机叶片等重要零件。用做高温金属基复合材料的基体合金的成分和性能见表 1.3。

表 1.3　高温金属基复合材料的基体合金的成分和性能

基体合金及成分	密度 /(g · cm^{-3})	持久强度/MPa 1 100 ℃ 100 h	高温比强度/m × 10^3 1 100 ℃ 100 h
Zh36 Ni-12.5-7W-4.8Mo-5Al-2.5Ti	12.5	138	112.5
EPD-16 Ni-11W-6Al/6Cr-2Mo-1.5Nb	8.3	51	63.5
Nimocast713C Ni-12.5Cr-2.5Fe/2Nb-4Mo-6Al-TI	8.0	48	61.3
Mar-M322E Co-21.5Cr-25W-10Ni-3.5Ta-0.8Ti		48	
Ni-35W-15Cr-2Al-2Ti	9.15	23	25.4

4)功能用金属基复合材料的基体

在许多领域要求材料和器件具有优异的综合物理性能,例如,优良的力学性能、高热导率、低热膨胀率、高电导率、高抗电弧烧蚀性、高摩擦系数和耐磨性等。功能性复合材料可以满足这样的需求。

目前已应用的功能金属基复合材料(不含双金属复合材料)主要用于微电子技术的电子封装和热沉材料,高导热、耐电弧烧蚀的集电材料和触头材料,耐高温摩擦的耐磨材料,耐腐蚀的电池极板材料等。用于电子封装的金属基复合材料有:高碳化硅颗粒含量的铝基(SiCp/Al)、铜基(SiCp/Cu)复合材料,高模、超高模石墨纤维增强铝基(Gr/Al)、铜基(Gr/Cu)复合材料,金刚石颗粒或多晶金刚石纤维铝、铜复合材料,硼/铝复合材料等,其基体主要是纯铝和纯铜。用于耐磨零部件的金属基复合材料有:碳化硅、氧化铝、石墨颗粒、晶须、纤维等增强铝、镁、铜、锌、铅等金属基复合材料。用于集电和电触头的金属基复合材料有:碳(石墨)纤维、金属丝、陶瓷颗粒增强铝、铜、银及合金。

(2)聚合物基体

1)聚合物基体的种类、组分和作用

①聚合物基体的种类　作为复合材料基体的聚合物的种类很多,经常应用的有不饱和聚酯树脂、环氧树脂、酚醛树脂等热固性树脂。

不饱和聚酯树脂是制造玻璃纤维复合材料的一种重要树脂。在国外,聚酯树脂占玻璃纤维复合材料用树脂总量的80%以上。聚酯树脂的特点是:工艺性良好,它能在室温下固化,常压下成型,工艺装置简单,这也是它与环氧、酚醛树脂相比最突出的优点;固化后的树脂综合性能良好,但力学性能不如酚醛树脂或环氧树脂;它的价格比环氧树脂低得多,只比酚醛树脂略贵一些。不饱和聚酯树脂的缺点是:固化时体积收缩率大、耐热性差等。因此,它很少用于碳纤维复合材料的基体材料,主要用于一般民用工业和生活用品。

环氧树脂的合成始于20世纪30年代,40年代开始工业化生产。由于环氧树脂具有一系列的可贵性能,发展很快,特别是自60年代以来,它广泛用于碳纤维复合材料及其他纤维复合材料。

酚醛树脂是最早实现工业化生产的一种树脂。它的特点是:在加热条件下即能固化,无须添加固化剂,酸、碱对固化反应起促进作用,树脂在固化过程中有小分子析出,故树脂固化需要在高压下进行,固化时体积收缩率大,树脂对纤维的黏附性不够好,已固化的树脂有良好的压缩性能,良好的耐水、耐化学介质和耐烧蚀性能,但断裂延伸率低、脆性大。因此,酚醛树脂大量用于粉状压塑料、短纤维增强塑料,少量地用于玻璃纤维复合材料、耐烧蚀材料等,在碳纤维和有机纤维复合材料中很少使用。

②聚合物基体的组分　聚合物是聚合物基复合树脂的主要组分。聚合物基体的组分、组分的作用及组分间的关系都是很复杂的。一般来说,基体很少是单一的聚合物,往往除了主要组分——聚合物以外,还包含其他辅助材料。在基体材料中,其他的组分还有固化剂、增韧剂、稀释剂、催化剂等,这些辅助材料是复合材料基体不可缺少的组分。由于这些组分的加入,使复合材料具有各种各样的使用性能,改进了工艺性,降低了成本,扩大了应用范围。

③聚合物基体的作用　聚合物复合材料中的基体有三种主要的作用:a.将纤维粘在一起;b.分配纤维间的载荷;c.保护纤维不受环境的影响。

制造基体的理想材料原始状态应该是低黏度的液体,并能迅速变成坚固耐久的固体,足以将增强纤维粘住。尽管纤维增强材料的作用是承受复合材料的载荷,但是基体的力学性能会明显地影响纤维的工作方式和效率。例如,在没有基体的纤维束中,大部分载荷由最直的纤维承受;而在复合材料中,由于基体使得所有纤维经受同样的应变,应力通过剪切过程传递,基体使得应力较均匀地分配给所有纤维,这就要求纤维与基体之间有高的胶接强度,同时要求基体本身也有高的剪切强度和模量。

当载荷主要由纤维承受时,复合材料总的延伸率受到纤维的破坏延伸率的限制,这通常为1%~1.5%。基体的主要性能是在这个应变水平下不应该裂开。与未增强体系相比,先进复合材料树脂体系趋于在低破坏应变和高模量的脆性方式下工作。

在纤维的垂直方向,基体的力学性能和纤维与基体的胶接强度控制着复合材料的物理性能。由于基体比纤维弱得多,而柔性却大得多,所以,在复合材料结构设计中,应尽量避免基体的横向受载。

基体以及基体/纤维的相互作用能明显地影响裂纹在复合材料中的扩展。若基体的剪切强度和模量以及纤维/基体的胶接强度过高,则裂纹可以穿过纤维和基体扩展而不转向,从而使这种复合材料像是脆性材料,并且其破坏的试件将呈现出整齐的断面。若胶接强度过低,则其纤维将表现得像纤维束,并且这种复合材料将很弱。对于中等得胶接强度,横跨树脂或纤维扩展得裂纹会在另面转向,并且沿着纤维方向扩展,这就导致吸收相当多得能量,以这种形式破坏得复合材料是韧性材料。

2)热固性基体

热固性树脂是由某些低分子的合成树脂(固态或液态)在加热、固化剂或紫外光等作用下,发生交联反应并经过凝胶化阶段和固化阶段形成不熔、不溶的固体,因此必须在原材料凝胶化之前成型,否则就无法加工。这类聚合物耐温性较高,尺寸稳定性也好,但是一旦成型后就无法重复加工。

热固性树脂在初始阶段流动性很好,容易浸透增强体,同时工艺过程比较容易控制,因此,此类复合材料成为当前的主要品种。如前所述,热固性树脂早期有酚醛树脂,随后有不饱和聚酯树脂和环氧树脂,近来又发展了性能更好的双马树脂和聚酰亚胺树脂。这些树脂几乎适合于各种类型的增强体。它们虽然可以湿法成型(即浸渍后立即加工成型),但通常都先制成预浸料(包括预浸丝、布、带、片状和块状模塑料等),使浸入增强体的树脂处于半凝胶化阶段,在低温保存条件下限制固化反应的发展,并应在一定期间内进行加工。所用的加工工艺有:手工铺设法、模压法、缠绕法、挤拉法、热压罐法、真空袋法,以及最近才发展的树脂传递模塑法(RTM)和增强式反应注射成型法(RRIM)等。各种热固性树脂的固化反应机理各不相同,根据使用要求的差异,采用的固化条件也有很大差别。具体参见第4章。下面简要介绍几种重要的树脂基体。

①环氧树脂　环氧树脂是目前聚合物基复合材料中最普遍使用的树脂基体。环氧的种类很多,适合作为复合材料基体的有双酚A环氧树脂、多官能团环氧树脂和酚醛环氧树脂三种。其中多官能团环氧树脂的玻璃化温度较高,因而耐温性能好;酚醛环氧固化后的交联密度大,因而力学性能较好。环氧树脂与增强体的黏结力强,固化时收缩少,基本上不放出低分子挥发物,因而尺寸稳定性好。但环氧树脂的耐温性不仅取决于本身结构,很大程度上还依赖于使用的固化剂和固化条件。例如,用脂肪族多元胺作为固化剂可在低温固化,但耐温性很差;如果用芳香族多元胺和酸酐作固化剂,并在高温下固化(100~150 ℃)和后固化(150~250 ℃),则最高可耐250 ℃的温度。实际上,环氧树脂基复合材料可在-55~177 ℃温度范围内使用,并

有很好的耐化学品腐蚀性和电绝缘性。

②热固性聚酰亚胺树脂　聚酰亚胺聚合物有热塑性和热固性两种，均可作为复合材料基体。目前已正式付之应用的、耐温性最好的是热固性聚酰亚胺基体复合材料。热固性聚酰亚胺经固化后与热塑性聚合物一样在主链上带有大量芳杂环结构，此外，由于其分子链端头上带有不饱和链而发生加成反应，变成交联型聚合物，这样就大大提高了其耐温性和热稳定性。聚酰亚胺聚合物是用芳香族四羧酸二酐（或二甲酯）与芳香族二胺通过酰胺化和亚胺化获得的。热固性聚酰亚胺则是在上述合成过程中加入某些不饱和二羧酸酐（或单脂）作为封头的链端基制成的。用N-炔丙基作为端基的树脂（AL-600）制成的复合材料，可在316 ℃时保持76%的弯曲强度。这类树脂基复合材料可供260 ℃以下长期使用。

3）热塑性树脂

热塑性聚合物即通称的塑料，该种聚合物在加热一定温度时可以软化甚至流动，从而在压力和模具的作用下成型，并在冷却后硬化固定。这类聚合物一般软化点较低，容易变形，但可再加工使用。

可以作复合材料的热塑性聚合物品种很多，包括各种通用塑料（如聚丙烯、聚氯乙烯等），工程塑料（如尼龙、聚碳酸酯等）以及特种耐高温的聚合物（如聚醚醚酮、聚醚砜和杂环类聚合物）。

① 聚醚醚酮　聚醚醚酮是一种半结晶性热塑性树脂，其玻璃化转变温度为143 ℃，熔点334 ℃，结晶度一般为20%～40%，最大结晶度为48%。聚醚醚酮具有优异的力学性能和耐热性，在空气中的热分解温度达650 ℃，加工温度370～420 ℃，以聚醚醚酮为基的复合材料可在250 ℃的高温下长期使用。在室温下，聚醚醚酮的模量与环氧树脂相当，强度优于环氧树脂，而断裂韧性极高（比韧性环氧树脂还高一个数量级以上）。聚醚醚酮耐化学腐蚀可与环氧树脂媲美，而吸湿性比环氧树脂低得多。聚醚醚酮耐绝大多数有机溶剂和酸碱，除液体氢氟酸、浓硫酸等个别强质子酸外，它不为任何溶剂所溶解。此外，聚醚醚酮还具有优异得阻燃性、极低的发烟率和有毒气体的释放率，以及极好的耐辐射性。

碳纤维增强聚醚醚酮单向预浸料的耐疲劳性超过环氧/碳纤维复合材料，耐冲击性好，在室温下，具有良好的抗蠕变性，层间断裂韧性很高（大于或等于1.8 kJ/m^2）。聚醚醚酮基复合材料已经在飞机结构上大量使用。

② 聚苯硫醚　聚苯硫醚湿一种结晶性聚合物，耐化学腐蚀性极好，仅次于氟塑料，在室温下不溶于任何有机溶剂。聚苯硫醚也有良好的力学性能和热稳定性，可长期耐热至240 ℃。聚苯硫醚的熔体黏度低，易于通过预浸料、层压制成复合材料。但是，在高温下长期使用，聚苯硫醚会被空气中的氧氧化而发生交联反应，结晶度降低，甚至失去热塑性。

③聚醚砜　聚醚砜是一种非晶聚合物，其玻璃化转变温度高达225 ℃，可在180 ℃温度下长期使用，在-100～200 ℃温度区间内，模量变化很小，特别是在100 ℃以上时比其他热塑性树脂都好；耐150 ℃蒸气，耐酸碱和油类，但可被浓硝酸、浓硫酸、卤代烃等腐蚀或溶解，在酮类溶剂中开裂。聚醚砜基复合材料通常用溶液预浸或膜层叠技术制造。由于聚醚砜的耐溶剂性差，限制了其在飞机结构等领域的应用，但聚醚砜基复合材料在电子产品、雷达天线罩等方面得到大量应用。

④热塑性聚酰亚胺　热塑性聚酰亚胺是一种类似于聚醚砜的热塑性聚合物。长期使用温度180 ℃，具有良好的耐热性、尺寸稳定性、耐腐蚀性、耐水解性和加工工艺性，可溶于卤代烷等溶剂中。多用于电子产品和汽车领域。

(3)陶瓷基体

传统的陶瓷是指陶器和瓷器,也包括玻璃、水泥、搪瓷等人造无机非金属材料。随着现代科学技术的发展,出现了许多性能优异的新型陶瓷,如氧化铝陶瓷、碳化硅陶瓷、氮化硅陶瓷等。

陶瓷是金属和非金属元素的固体化合物,其键合为共价键或离子键,与金属不同,它们不含有大量自由电子。一般而言,陶瓷具有比金属更高的熔点和硬度,化学性质非常稳定,耐热性、抗老化性好。虽然陶瓷的许多性能优于金属,但是陶瓷材料脆性大、韧性差,因而大大限制了陶瓷作为承载结构材料的应用。因此,在陶瓷材料中加入第二相颗粒、晶须以及纤维进行增韧处理,以改善陶瓷材料的韧性。用做基体材料的陶瓷一般应具有优异的耐高温性能、与增强相之间有良好的界面相容性以及较好的工艺性能。常用的陶瓷基体主要包括玻璃、玻璃陶瓷、氧化物和非氧化物陶瓷。

1)玻璃

玻璃是无机材料经高温熔融、冷却硬化而得到的一种非晶态固体。将特定组成(含晶核剂)的玻璃进行晶化热处理,在玻璃内部均匀析出大量微小晶体并进一步长大,形成致密微晶相,玻璃相充填于晶界,得到的像陶瓷一样的多晶固体材料被称为"玻璃陶瓷"。玻璃陶瓷的主要特征是能够保持先前成型的玻璃器件的形状,晶化通过内部成核和晶体生长有效完成。玻璃陶瓷的性能由热处理时玻璃产生的晶相的物理性能和晶相与残余玻璃相的结构关系控制。

玻璃和玻璃陶瓷作为陶瓷基复合材料的基体有以下特点:

①玻璃的化学组成范围广泛,可以通过调整化学成分,使其达到与增强体化学相容;

②通过调整玻璃的化学成分来调节其物理性能,使其与增强体的物理性能相匹配;

③玻璃类材料弹性模量低,有可能采用高模量的纤维来获得明显的增强效果;

④由于玻璃在一定温度下可以发生黏性流动,容易实现复合材料的致密化。

玻璃和玻璃陶瓷主要用做氧化铝纤维、碳化硅纤维、碳纤维以及碳化硅晶须增强复合材料的基体。常用玻璃和玻璃陶瓷基体材料的基本特性见表1.4。

表1.4 常用玻璃和玻璃陶瓷基体材料的基本特性

基本类型		主要成分	辅助成分	主要晶相	T_{max} /℃	弹性模量 /GPa
玻璃	7740	B_2O_3,SiO_2	Na_2O		600	65
	1723	Al_2O_3,MgO,CaO,SiO_2	B_2O_3,BaO		700	90
	7933	SiO_2	B_2O_3		1 150	65
玻璃陶瓷	LAS-Ⅰ	Li_2O,Al_2O_3,MgO,SiO_2	ZnO,ZrO_2,BaO	β-锂辉石	1 000	90
	LAS-Ⅱ	Li_2O,Al_2O_3,MgO,SiO_2,Nb_2O_5	ZnO,ZrO_2,BaO	β-锂辉石	1 100	90
	LAS-Ⅲ	Li_2O,Al_2O_3,MgO,SiO_2,Nb_2O	ZrO_2	β-锂辉石	1 200	90
	MAS	Al_2O_3,MgO,SiO_2	BaO	堇青石	1 200	
	BMAS	BaO,Al_2O_3,MgO,SiO_2			1 250	105
	CAS	CaO,Al_2O_3,SiO_2		钙长石	1 250	90
	MLAS	Li_2O,Al_2O_3,MgO,SiO_2		α-堇青石	1 250	

2)氧化物陶瓷

作为基体材料使用的氧化物陶瓷主要有 Al_2O_3,MgO,SiO_2,ZrO_2,莫来石(即富铝红柱石,化学式为 $3Al_2O_3 \cdot 2SiO_2$)等,它们的熔点在2 000 ℃以上。氧化物陶瓷主要为单相多晶结构,除晶相外,可能还有少量的气相(气孔)。微晶氧化物的强度较高,粗晶结构时,晶界面上的残余应力较大,对强度不利,氧化物陶瓷的强度随环境温度升高而降低,但在1 000 ℃以下降低较小。这类氧化物陶瓷基复合材料应避免在高应力和高温环境下使用,这是由于 Al_2O_3 和 ZrO_2 的抗热震性较差,SiO_2 在高温下容易发生蠕变和相变。虽然莫来石具有较好的抗蠕变性能和较低的热膨胀系数,但使用温度不宜超过1 200 ℃。

3)非氧化物陶瓷

非氧化物陶瓷是指不含氧的氮化物、碳化物、硼化物和硅化物。它们的特点是:耐火性能和耐磨性能好、硬度高,但脆性也很大。碳化物和硼化物的抗热氧化温度为900 ~1 000 ℃,氮化物略低一些,硅化物的表面能形成氧化硅膜,所以抗氧化温度达1 300 ~1 700 ℃。氮化硼具有类似石墨的六方结构,在1 360 ℃和高压作用下可转变成立方结构的β-氮化物,耐热温度高达2 000 ℃,硬度极高,可作为金刚石的代用品。

常用耐高温陶瓷基体材料的基本性能见表1.5。

表1.5 常用耐高温陶瓷基体材料的基本性能

性能 类型	密度 /(g·cm^{-3})	熔点 /℃	弹性模量 /GPa	热导率 /(W·m^{-1}·K^{-1})	热膨胀系数 /(10^{-6}·℃$^{-1}$)	莫氏硬度
氧化铝	3.99	2 053	435	5.82	8.8	9
氧化锆	6.10	2 677	238	1.67	8 ~10	7
莫来石	3.17	1 860	200	3.83	5.6	6 ~7
碳化硅	3.21	2 545	420	41.0	5.12	9
氮化硅	3.19	1 900	385	30.0	3.2	9

(4)无机胶凝材料

无机胶凝材料主要包括水泥、石膏、菱苦土和水玻璃等。在无机胶凝材料基增强塑料中,研究和应用最多的是纤维增强水泥增强塑料。它是以水泥净浆、砂浆或混凝土为基体,以短纤维或连续纤维为增强材料组成的。用无机胶凝材料作基体制成纤维增强塑料还是处于发展阶段的一种新型结构材料,其长期耐久性还有待进一步提高,其成型工艺尚待进一步完善,其应用领域有待进一步开发。

与树脂相比,水泥基体有以下特征:

①水泥基体为多孔体系,其孔隙尺寸可由十分之几纳米到数十纳米。孔隙的存在不仅会影响基体本身的性能,也会影响纤维与基体的界面黏结。

②纤维与水泥的弹性模量比不大,因水泥的弹性模量比树脂的高,对于多数有机纤维,与水泥的弹性模量比甚至小于1,这意味着在纤维增强水泥复合材料中应力的传递效应远不如纤维增强树脂。

③水泥基体材料的断裂延伸率较低,仅是树脂基体材料的1/10 ~1/20,故在纤维尚未从水泥基体材料中拔出拉断前,水泥基体材料即行断裂。

④水泥基体材料中含有颗粒状的物料，与纤维呈点接触，故纤维的加入量受到很大的限制。树脂基体在未固化前是黏稠液体，可较好的浸透纤维中，故纤维的加入量可高一些。

⑤水泥基体材料呈碱性，对金属纤维可起保护作用，但对大多数纤维是不利的。

水泥基复合材料主要分为纤维增强水泥基复合材料和聚合物混凝土复合材料。

1.2.2 复合材料的增强体

增强体是高性能结构复合材料的关键组分，在复合材料中起着增加强度和改善性能的作用。增强体按形态分为颗粒状、纤维状、片状、立方编织物等。一般按化学特征来区分，即无机非金属类、有机聚合物类和金属类。图1.3给出了一些常用的纤维增强体的强度和模量，由图1.3可以看出，高强度碳纤维和高模量碳纤维性能非常突出，碳化硅纤维、硼纤维和有机聚合物的聚芳酰胺、超高分子量聚乙烯纤维也具有很好的力学性能。常用纤维增强体的品种和性能见表1.6。下面简单介绍几种典型的高性能纤维增强体，详细内容参见第3章。

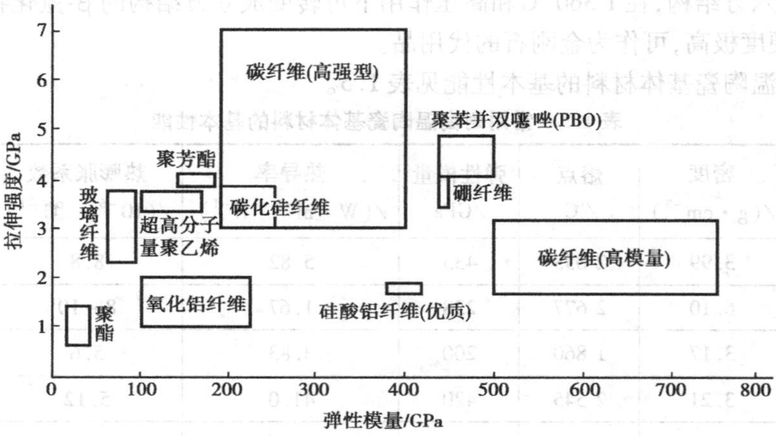

图1.3 各种纤维增强体的强度和模量

表1.6 纤维增强体的典型品种和性能

性能指标	高分子系列				碳纤维			无机纤维		
	对位芳酰胺		聚乙烯	聚芳酯	PNA 基碳纤维			碳化硅	氧化铝	玻璃纤维
	Kevlar-49	Kevlar-129	Tekmilon	Vectran	标准级 T300	高强高模 M60J	高强中模 T800H	Hi-Nicalon	Nextel-610	E-glass
密度/(g·cm^{-3})	1.45	1.44	0.96	1.41	1.76	1.91	1.81	2.74	3.75	2.54
强度/GPa	2.80	3.40	3.43	3.27	3.53	3.82	5.49	2.80	3.20	3.43
模量/GPa	109.0	96.9	98.0	74.5	230.0	588.0	294.0	270.0	370.0	72.5
伸长率/%	2.5	3.3	4.0	3.9	1.5	0.7	1.9	1.4	0.5	4.8
比强度(10 cm)	19.3	2	36.5	24.0	20.0	20.0	30,3	10.0	8.5	12
比模量(10 cm)	7.7	6.8	10.4	5.4	13.0	31.0	16.2	9.6	9.9	2.9

(1)碳纤维

碳纤维是先进复合材料最常用的增强体。一般采用有机先驱体进行稳定化处理，再在1 000 ℃以上高温和惰性保护气氛下碳化，成为具有六元环碳结构的碳纤维。这样的碳纤维强度很高但还不是完整的石墨结构，即虽然六元环平面基本上平行于纤维轴向，但石墨晶粒较小。碳纤维进一步在保护气氛下经过2 800 ~ 3 000 ℃处理，就可以提高结构的规整性，晶粒长大为石墨纤维，此时纤维的弹性模量进一步提高，但强度却有所下降。商品碳纤维的强度可达3.5 GPa以上，模量则在200 GPa以上，最高可达920 GPa。

(2)高强有机纤维

高强、高模量有机纤维通过两种途经获得：一是由分子设计并借助相应的合成方法制备具有刚性棒状分子链的聚合物。例如聚芳酰胺、聚芳酯和芳杂环类聚合物(聚对苯撑双噁唑)经过干湿法、液晶纺丝法制成分子高度取向的纤维。另一途径是合成超高分子量的柔性链聚合物，例如，聚乙烯。由分子中的C—C链伸直，提供强度和模量。这两类有机纤维均有批量产品，其中以芳酰胺产量最大。芳酰胺的性能以Kevlar-49为例(杜邦公司生产)，强度为2.8 GPa，模量为104 GPa。虽然比不上碳纤维，但由于其密度仅为1.45 g/cm^3，比碳纤维的1.8 ~ 1.9 g/cm^{3}低，因此在比强度和比模量上略有补偿。超高分子聚乙烯纤维也有一定规模的产量，而且力学性能较好，强度为4.4 GPa，模量为157 GPa，密度为0.97 g/cm^3，但其耐温性较差，影响了它在复合材料中的广泛应用。最近开发的芳杂环类的聚对苯撑双噁唑纤维，其性能具有吸引力，它的强度高达5.3 GPa，模量为250 GPa，密度为1.58 g/cm^3，且耐600 ℃高温。但是，这类纤维和芳酰胺一样均属液晶态结构，都带有抗压性能差的缺点，有待改善。然而，从发展的角度来看，这种纤维有应用前景。

(3)无机纤维

无机纤维的特点是高熔点，特别适合与金属基、陶瓷基或碳基形成复合材料。中期工业化生产的是硼纤维，它借助化学气相沉积(CVD)的方法，形成直径为50 ~ 315 μm的连续单丝。硼纤维强度为3.5 GPa，模量为400 GPa，密度为2.5 g/cm^3。这种纤维由于价格昂贵而暂时停止发展，取而代之的是碳化硅纤维，也是用CVD法生产，但其芯材已由钨丝改为碳丝，形成直径为100 ~ 150 μm的单丝，强度为3.4 GPa，模量为400 GPa，密度为3.1 g/cm^3。另一种碳化硅纤维是用有机体的先驱纤维烧制成的，该种纤维直径仅为10 ~ 15 μm，强度为2.5 ~ 2.9 GPa，模量为190 GPa，密度为2.55 g/cm^3。无机纤维类还有氧化铝纤维、氮化硅纤维等，但产量很小。

1.2.3 复合材料的界面

复合材料中增强体与基体接触构成的界面，是一层具有一定厚度(纳米以上)、结构随基体和增强体而异、与基体和增强体有明显差别的新相——界面相(界面层)。它是增强相和基体相连接的"纽带"，也是应力和其他信息传递的"桥梁"。界面是复合材料极为重要的微结构，其结构与性能直接影响复合材料的性能。复合材料中的增强体无论是微纤、晶须、颗粒还是纤维，与基体在成型过程中将会发生程度不同的相互作用和界面反应形成各种结构的界面。

对于界面相，可以是基体与增强体在复合材料制备过程和使用过程中的反应产物层，可以是两者之间扩散结合层，可以是基体与增强体之间的成分过渡层，可以是由于基体与增强体之间的物性参数不同形成的残余应力层，可以是人为引入的用于控制复合材料界面性能的涂层，也可以是基体和增强体之间的间隙。

界面是复合材料的特征,可将界面的作用归纳为以下几种效应:

①传递效应　界面能传递力,即将外力传递给增强体,起到基体和增强体之间的"桥梁"作用。

②阻断效应　结合适当的界面有阻止裂纹扩展、中断材料破坏、减缓应力集中的作用。

③不连续效应　在界面上产生物理性能的不连续性和界面摩擦出现的现象,如抗电性、电感应性、磁性、耐热性、尺寸稳定性等。

④散射和吸收效应　光波、声波、热弹性波、冲击波等在界面产生散射和吸收,如透光性、隔热性、隔音性、耐机械冲击及耐热冲击性等。

⑤诱导效应　一种物质(通常是增强体)的表面结构使另一种(通常是聚合物基体)与之接触的物质的结构由于诱导作用而发生改变,由此产生一些现象,如强的弹性、低的膨胀性、耐冲击性和耐热性等。

界面上产生的这些效应,是任何一种单体材料所没有的特性,它对复合材料具有重要的作用。例如,在粒子弥散强化金属中,微型粒子阻止晶格位错,从而提高复合材料强度;在纤维增强塑料中,纤维与基体界面阻止裂纹的进一步扩展等。因此,在任何复合材料中,界面和改善界面性能的表面处理方法是关于这种复合材料是否有使用价值和能否推广应用的一个极重要的问题。

界面效应既与界面结合状态、形态和物理—化学性质等有关,也与界面两侧组分材料的浸润性、相容性、扩散性等密切相联。

基体与增强体通过界面结合在一起,构成复合材料整体,界面结合的状态和强度无疑对复合材料的性能有重要影响,因此,对于各种复合材料都要求有合适的界面结合强度。界面的结合强度一般是以分子间力、溶解度指数、表面张力(表面自由能)等表示的,而实际上有许多因素影响着界面结合强度。例如,表面的几何形状、分布状况、纹理结构;表面吸附气体和蒸气程度;表面吸水情况;杂质存在;表面形态(形成与块状物不同的表面层);在界面的溶解、浸透、扩散和化学反应;表面层的力学特性;润湿速度等。

由于界面尺寸很小且不均匀,化学成分及结构复杂,力学环境复杂,对于界面的结合强度、界面的厚度、界面的应力状态尚无直接的和准确的定量方法,对于界面结合状态、形态、结构以及它对复合材料的影响尚没有适当的试验方法,需要借助拉曼光谱、电子质谱、红外扫描等试验逐步摸索和统一认识。因此,迄今为止,对复合材料界面的认识还是很不充分,更谈不上以一个通用的模型来建立完整的理论。尽管存在很大困难,但由于界面的重要性,因此吸引着大量研究者致力于认识界面的工作,以便掌握其规律。

(1)聚合物基复合材料的界面

1)界面的形成

对于聚合物基复合材料,其界面的形成可以分成两个阶段:第一阶段是基体与增强纤维的接触与浸润过程。由于增强纤维对基体分子的各种基团或基体中各组分的吸附能力不同,它总是要吸附那些能降低其表面能的物质,并优先吸附那些能较多降低其表面能的物质。因此,界面聚合层在结构上与聚合物本体是不同的。第二阶段是聚合物的固化阶段。在此过程中聚合物通过物理的或化学的变化而固化,形成固定的界面层。固化阶段受第一阶段影响,同时它直接决定着所形成的界面层的结构。以热固性树脂的固化过程为例,树脂的固化反应可借助固化剂或靠本身官能团反应来实现。在利用固化剂固化的过程中，固化剂所在的位置是固化反应的中心，固化反应从中心以辐射状向四周扩展，最后形成中心密度大、边缘密度小的非均匀固化结构。密度大的部分称为"胶束"或"胶粒"，密度小的称为"胶絮"。

界面层的结构大致包括：界面的结合力、界面的厚度和界面的微观结构等几个方面。界面结合力存在与两相之间，并由此产生复合效果和界面强度。界面结合力又可分为宏观结合力和微观结合力，前者主要指材料的几何因素，如表面的凹凸不平、裂纹、孔隙等所产生的机械铰合力；后者包括化学键和次价键，这两种键的比例取决于组成成分及其表面性质。化学键结合是最强的结合，可以通过界面化学反应而产生，通常进行的增强纤维表面处理就是为了增大界面结合力。

界面及其附近区域的性能、结构都不同于组分本身，因而构成了界面层。或者说，界面层是由纤维与基体之间的界面以及纤维和基体的表面薄层构成的，基体表面层的厚度约为增强纤维的数十倍，它在界面层中所占的比例对复合材料的力学性能影响很大。对于玻璃纤维复合材料，界面层还包括偶联剂生成的偶联化合物。增强纤维与基体表面之间的距离受化学结合力、原子基团大小、界面固化后收缩等方面因素影响。

2）界面作用机理

界面层使纤维与基体形成一个整体，并通过它传递应力，若纤维与基体之间的相容性不好，界面不完整，则应力的传递面仅为纤维总面积的一部分。因此，为了使复合材料内部能够均匀地传递应力，显示其优异性能，要求在复合材料的制造过程中形成一个完整的界面层。

界面对复合材料特别是其力学性能起着极为重要的作用。从复合材料的强度和刚度来考虑，界面结合达到比较牢固和比较完善是有利的，它可以明显提高横向和层间拉伸强度以及剪切强度，也可适当提高横向和层间拉伸模量、剪切模量。碳纤维、玻璃纤维等的韧性差，如果界面很脆及断裂应变很小而强度很大，则纤维的断裂可能引起裂纹沿垂直于纤维方向扩展，诱发相邻纤维相继断裂，因此，这种复合材料的断裂韧性很差。在这种情况下，如果界面结合强度较低，则纤维断裂引起的裂纹可以改变方向而沿界面扩展，遇到纤维缺陷或薄弱环节时，裂纹再次跨越纤维，继续沿界面扩展，形成曲折的路径，这样就需要较多的断裂功。因此，如果界面和基体的断裂应变都较低时，从提高断裂韧性的角度出发，适当减弱界面强度和提高纤维延伸率是有利的。

界面作用机理是指界面发挥作用的微观机理。下面简要介绍几种主要的理论：

①界面浸润理论　界面浸润理论是由 Zisman 在 1963 年提出，其主要观点是填充剂被液体树脂良好浸润是极为重要的，因浸润不良会在界面上产生空隙，易使应力集中而使复合材料发生开裂，如果完全浸润，则基体与填充剂间的黏结强度将大于基体的内聚强度。

②化学键理论　化学键理论的主要观点是处理增强体表面的偶联剂，既含有能与增强体起化学作用的官能团，又含有能与树脂基体起化学作用的官能团，由此在界面上形成共价键结合，如果能满足这一要求，则在理论上可获得最强的界面黏结能。

③物理吸附理论　物理吸附理论认为，增强纤维和树脂基体之间的结合是属于机械铰合和基于次价键作用的物理吸附。偶联剂的作用主要是促进基体与增强纤维表面完全浸润。一些试验表明，偶联剂未必一定促进树脂对玻璃纤维的浸润，甚至适得其反。这种理论可作为化学键理论的一种补充。

④变形层理论　变形层理论是针对释放复合材料成型过程中形成的附加应力而提出的。

复合材料基体在固化时会发生体积收缩以及基体与增强体热膨胀系数不同等因素引起附加应力,这些附加应力在复合材料中会造成局部应力集中,而使复合材料内部形成微裂纹,从而导致复合材料性能的降低。当采用某些处理剂处理增强体之后,复合材料的力学性能便得到改善。有人认为这是由于处理剂在界面上形成了一层塑性层,它能松弛界面的应力,减少界面应力的作用。这种观点即构成了"变形层理论"。还有人提出了"拘束层理论"来解释,但这种理论接受者不多,且缺乏必要的实验根据。

⑤扩散层理论　按照这一理论,偶联剂形成的界面区应该是带有能与树脂相互扩散的聚合链活性硅氧烷层或其他的偶联剂层。它是建立在高分子聚合物材料相互黏结时引起表面扩散层的基础上,但不能解释聚合物基的玻璃纤维或碳纤维增强的复合材料的界面现象。因当时无法解释聚合物分子怎样向玻璃纤维、碳纤维等固体表面进行扩散的过程,后来由于偶联剂的使用及其偶联机理研究的深入,如偶联剂多分子层的存在等,使这一理论在复合材料领域得到了很多学者的认可。近年来提出的相互贯穿网络理论,实际上就是扩散理论和化学键理论在某种程度上的结合。

(2)金属基复合材料的界面

金属基复合材料在使用和制造过程中基体与增强体发生相互作用生成化合物、基体与增强体相互扩散形成扩散层,都使得界面的形状尺寸、成分、结构等变得非常复杂。基体与增强体热膨胀系数的不匹配和弹性模量存在差别,使得金属基复合材料在制造和加工过程中在纤维/基体界面附近区域会产生热残余应力,热残余应力往往超过基体的屈服强度,容易导致界面附近区域的缺陷,使得界面附近基体的微观结构及性能发生明显变化,对复合材料性能影响很大。

1)界面的类型

对于纤维增强金属基复合材料,其界面比聚合物基复合材料复杂得多。表1.7列出了纤维增强金属基复合材料界面的几种类型,其中,Ⅰ类界面是平整的厚度仅为分子层的程度,除原组成成分外,界面上基本不含其他物质;Ⅱ类界面是由原组成成分构成的犬牙交错的溶解扩散型界面;Ⅲ类界面则含有亚微级左右的界面反应物质(界面反应层)。

表1.7　纤维增强金属基复合材料界面的类型

类　型	相容性	典型体系	界　面
类型Ⅰ	纤维与基体互不反应亦不溶解	钨丝/铜 氧化铝纤维/铜 氧化铝纤维/银 硼纤维(表面涂BN)/铝 不锈钢丝/铝 碳化硅纤维/铝 硼纤维/铝 硼纤维/镁	Ⅰ类界面相对而言比较平整,只有分子层厚度,界面除了原组成物质外,基本上不含其他物质

续表

类 型	相容性	典型体系	界 面
类型 Ⅱ	纤维与基体互不反应但相互溶解	镀铬的钨丝/铜 碳纤维/镍 钨丝/镍 合金共晶体丝/同一合金	Ⅱ类界面为原组成物质的犬牙交错的溶解扩散界面，基体的合金元素和杂质可能在界面上富集或贫化
类型 Ⅲ	纤维与基体反应形成界面反应层	钨丝/铜—钛合金 碳纤维/铝(大于 580 ℃) 氧化铝纤维/钛 硼纤维/钛 硼纤维/铝—钛合金 碳化硅纤维/钛 SiO_2纤维/铝	Ⅲ类界面则含有亚微级左右的界面反应产物层

界面类型还与复合方式有关。纤维增强金属基复合材料的界面结合可以分成以下几种形式：

①物理结合　物理结合是指借助材料表面的粗糙形态而产生的机械铰合，以及借助基体收缩应力包紧纤维时产生的摩擦结合。这种结合与化学作用无关，纯属物理作用。结合强度的大小与纤维表面的粗糙程度有很大的关系。例如，用经过表面刻蚀处理的纤维制成的复合材料，其结合强度比具有光滑表面的纤维复合材料约高 2 ~ 3 倍。

②溶解和浸润结合　这种结合与表 1.7 中的Ⅱ类界面对应。纤维与基体的相互作用力是极短程的，只有若干原子间距。由于纤维表面常存在氧化膜，阻碍液态金属的浸润，这时就需要对纤维表面进行处理，如用超声波通过机械摩擦力破坏氧化膜，使纤维与基体的接触角小于 90°，发生浸润或局部互溶，以提高界面结合力。

③反应结合　这种结合与表 1.7 中的Ⅲ类界面对应。其特征是在纤维和基体之间形成新的化合物层，即界面反应层。界面反应层往往不是单一的化合物，如硼纤维增强钛铝合金，在界面反应层内有多种反应产物。一般情况下，随反应程度增加，界面结合强度亦增大，但由于界面反应产物多为脆性物质，所以，当界面层达到一定厚度时，界面上的残余应力可使界面破坏，反而降低界面结合强度。此外，某些纤维表面吸附空气发生氧化作用也能形成某种形式的反应结合。例如，用硼纤维增强铝时，首先使硼纤维与氧作用生成 BO_2，由于铝的反应性很强，它与 BO_2接触时可使 BO_2还原生成 Al_2O_3形成氧化结合。但有时氧化作用也会降低纤维强度而无益于界面结合，这时就应当避免发生氧化反应。

在实际情况中，界面的结合方式往往不是单纯的一种类型。例如，将硼纤维增强铝材料于 500 ℃进行热处理，可以发现在原来物理结合的界面上出现了 AlB_2，表明热处理过程中界面上发生了化学反应。

2）影响界面稳定性的因素

与聚合物基复合材料相比，耐高温是金属基复合材料的主要特点。因此，金属基复合材料的界面能否在所允许的高温环境下长时间保持稳定是非常重要的。影响界面稳定的因素包括物理和化学两个方面。

物理方面的不稳定因素主要是指在高温条件下增强纤维与基体之间的熔融。例如，用粉末冶金方法制成的钨丝增强镍合金材料，由于成型温度较低，钨丝未熔入合金，故其强度基本不变，但若在 1 100 ℃左右使用 50 h，则钨丝直径仅为原来的 60%，强度明显降低，表明钨丝已熔于镍合金基体中。在某些场合，这种互溶现象不一定产生不良的效果。例如，钨铼合金丝增强铌合金时，钨也会溶入铌中，但由于形成很强的钨铌合金，对钨丝的强度损失起到了补偿作用，强度不变或还有提高。

化学方面的不稳定因素主要与复合材料在加工和使用过程中发生的界面化学作用有关。它包括连续界面反应、交换式界面反应和暂稳态界面变化等几种现象。其中，连续界面反应对复合材料力学性能的影响最大。这种反应有两种可能：发生在增强纤维一侧，或者发生在基体一侧。前者是基体原子通过界面层向纤维扩散，后者则相反。交换式界面反应的不稳定因素主要出现在含有两种以上合金的基体中。增强纤维优先与合金基体中某一元素反应，使含有该因素的化合物在界面层富集，而在界面层附近的基体中则缺少这种元素，导致非界面化合物的其他元素在界面附近富集。同时，化合物中的元素与基体中的元素不断发生交换反应，直至达到平衡。暂稳态界面变化是由于增强纤维表面局部存在氧化层所致。如硼纤维/铝材料，若采用固态扩散法成型工艺，界面上将产生氧化层，但它的稳定性差，在长时间热环境下，氧化层容易发生球化而影响复合材料性能。

界面结合状态对金属基复合材料沿纤维方向的抗拉强度有很大的影响，对剪切强度、疲劳性能等也有不同程度的影响。表 1.8 为碳纤维增强铝材料的界面结合状态与抗拉强度、断口形貌的关系。显然，界面结合强度过高或过低都不利，适当的界面结合强度才能保证复合材料具有最佳的抗拉强度。

表 1.8　碳纤维增强铝的抗拉强度和断口形貌

界面结合状态	抗拉强度/MPa	断口形貌
结合不良	206	纤维大量拔出，长度很长，呈刷子状
结合适中	612	有的纤维拔出，有一定长度，铝基体发生缩颈，可观察到劈裂状
结合稍强	470	出现不规则断面，可观察到很短的拔出纤维
结合过强	224	典型的脆性断裂，平断口

在金属基复合材料结构设计中，除了要考虑化学方面的因素外，还应注意增强纤维与金属基体的物理相容性。物理相容性要求金属基体有足够的韧性和强度，以便能够更好地通过界面将载荷传递给增强纤维；还要求在材料中出现裂纹或位错移动时，基体上产生的局部应力不在增强纤维上形成高应力。物理相容性中最重要的是要求纤维与基体的热膨胀系数匹配。如果基体的韧性较强、热膨胀系数也较大，复合后容易产生拉伸残余应力，而增强纤维多为脆性材料，复合后容易出现压缩残余应力。因此，不能选用模量很低的基体与模量很高的纤维复合，否则纤维容易发生屈曲。

(3) 陶瓷基复合材料的界面

在陶瓷基复合材料中，增强纤维与基体之间形成的反应层质地比较均匀，对纤维和基体都能很好地结合，但通常它们是脆性的。因增强纤维的横截面多为圆形，故界面反应层常为空心圆筒状，其厚度可以控制。当反应层达到某一厚度时，复合材料的抗拉强度开始降低，此时反应层的厚度可定义为第一临界厚度。如果反应层厚度继续增大，材料强度亦随之降低，直至达某一强度时不再降低，这时反应层厚度称为第二临界厚度。例如，用CAD技术制造碳纤维/硅材料时，第一临界厚度为0.05 μm，此时出现SiC反应层，复合材料的抗拉强度为1 800 MPa；第二临界厚度为0.58 μm，抗拉强度降至600 MPa。

氮化硅具有强度高、硬度大、耐腐蚀、抗氧化和抗热震性能好等特点，但断裂韧性较差，使其特点发挥受到限制。如果在氮化硅中加入纤维或晶须，可有效地改进其断裂韧性。由于氮化硅具有共价键结构，不易烧结，所以在复合材料制造时需添加助烧剂，如6%的Y_2O和2%的Al_2O_3等。在氮化硅基碳纤维复合材料的制造过程中，成型工艺对界面结构影响很大。例如，采用无压烧结工艺时，碳与硅之间的反应十分严重，用扫描电子显微镜可观察到非常粗糙的纤维表面，在纤维周围还存在许多空隙；若采用高温等静压工艺，则由于压力较高和温度较低，使得反应

$$Si_3N_4 + 3C \rightarrow 3SiC + 2N_2$$

和

$$SiO_2 + C \rightarrow SiO\uparrow + CO$$

受到抑制，在碳纤维与氮化硅之间的界面上不发生化学反应，无裂纹或空隙是比较理想的物理结合。

1.3 复合材料的基本性能

复合材料是由多相材料复合而成，其共同的特点是：

①可综合发挥各种组成材料的优点，使一种材料具有多种性能，具有天然材料所没有的性能。如玻璃纤维增强环氧基复合材料，既具有类似钢材的强度，又具有塑料的介电性能和耐腐蚀性能。

②可按对材料性能的需要进行材料的设计和制造。例如，可以根据不同方向上对材料刚度和强度的特殊要求，设计复合材料及结构。

③可制成所需形状的产品，可避免金属产品的铸模、切削、磨光等工序。

性能的可设计性是复合材料的最大特点。影响复合材料性能的因素很多，主要取决于增强材料的性能、含量及分布状况，基体材料的性能、含量，以及它们之间的界面结合的情况，同时还受制备工艺和结构设计的影响。

1.3.1 聚合物基复合材料的主要性能特点

(1)比强度、比模量大

比强度和比模量是度量材料承载能力的一个指标，比强度愈高，同一零件的自重愈小；比模量愈高，零件的刚性愈大。玻璃纤维复合材料有较高的比强度和比模量，碳纤维、硼纤维、有机纤维增强的聚合物复合材料的比强度、比模量见表1.9，由此可见，它们的比强度相当于钛合金的3~5倍，比模量相当于金属的4倍。

表 1.9 各种材料的比强度和比模量

材 料	密 度 /(g·cm^{-3})	抗拉强度 /10^3 MPa	弹性模量 /10^5 MPa	比强度 /10^7 cm	比模量 /10^9 cm
钢	7.8	1.03	2.1	0.13	0.27
铝合金	2.8	0.47	0.75	0.17	0.26
钛合金	4.5	0.96	1.14	0.21	0.25
玻璃纤维复合材料	2.0	1.06	0.4	0.53	0.2
碳纤维Ⅱ/环氧复合材料	1.45	1.50	1.4	1.03	0.97
碳纤维Ⅰ/环氧复合材料	1.6	1.07	2.4	0.67	1.5
有机纤维/环氧复合材料	1.4	1.4	0.8	1.0	0.57
硼纤维/环氧复合材料	2.1	1.38	2.1	0.66	1.0
硼纤维/铝复合材料	2.65	1.0	2.0	0.38	0.57

(2)耐疲劳性能好

疲劳破坏是材料在变载荷作用下,由于裂纹的形成和扩展而形成的低应力破坏。聚合物复合材料纤维与基体的界面能阻止裂纹的扩展,因此其疲劳破坏总是从纤维的薄弱环节开始,逐渐扩展到结合面上,破坏前有明显的预兆。大多数金属材料的疲劳强度极限是其抗拉强度的20% ~50%,而碳纤维/聚酯复合材料的疲劳极限可为其抗拉强度的70% ~80%。

(3)减震性好

结构的自振频率除与结构本身形状有关外,还与材料的比模量的平方根成正比。高的自振频率避免了工作状态下共振而引起的早期破坏。复合材料比模量高,故具有高的自振频率。同时,复合材料中纤维和界面具有吸震能力,使材料的振动阻尼很高。根据对形状和尺寸相同的梁进行的实验可知,轻金属合金梁需9 s才能停止振动,碳纤维复合材料只需2.5 s就静止了。

(4)过载时安全性好

纤维复合材料中有大量独立的纤维,当构件过载而有少数纤维断裂时,载荷会迅速重新分配到未破坏的纤维上,使整个构件不至于在极短时间内有整体破坏的危险。

(5)减摩、耐磨、自润滑性好

在热塑性塑料中掺入少量短纤维,可大大提高它的耐磨性,其增加的倍数为聚氯乙烯本身的3.8倍;聚酰胺本身的1.2倍;聚丙烯本身的2.5倍。碳纤维增强塑料还可降低塑料的摩擦系数,提高它的pV值。由于碳纤维增强塑料还具有良好的自润滑性能,因此可以用于制造无油润滑活塞环、轴承和齿轮。

(6)绝缘性好

玻璃纤维增强塑料是一种优良的电气绝缘材料,用于制造仪表、电机与电器中的绝缘零部件,这种材料还不受电磁作用,不反射无线电波,微波透过性能良好,还具有耐烧蚀性和耐辐照性,可用于制造飞机、导弹和地面雷达罩。

(7)有很好的加工工艺性

复合材料可采用手糊成型、模压成型、缠绕成型、注射成型和拉挤成型等各种成型方法制成各种形状的产品。但是,聚合物基复合材料还存在着一些缺点,如耐高温性能、耐老化性能及材料强度一致性等有待进一步改善和提高。

1.3.2 金属基复合材料的主要性能特点

金属基复合材料的性能取决于所选用金属或合金基体和增强体的特性、合理、分布等，通过优化组合可以获得既具有金属性又具有高比强度、比模量、耐热、耐磨等的综合性能。

(1)高比强度、高比模量

由于在金属基体中加入了适量的高强度、高模量、低密度的纤维、晶须、颗粒等增强体，明显提高了金属基复合材料的比强度、比模量，特别是高性能连续纤维—硼纤维、碳(石墨)纤维、碳化硅纤维等增强体，具有很高的强度和模量。密度只有1.85 g/cm^{3}的碳纤维的最高强度可达7 000 MPa，比铝合金强度高出10倍以上，石墨纤维的最高模量可达91 GPa，硼纤维、碳化硅密度为2.5～3.4 g/cm^3，强度为3 000～4 500 MPa，模量为350～450 GPa。加入30%～50%高性能纤维作为复合材料的主要承载体，复合材料的比强度、比模量成倍地高于基体合金的比强度和比模量。图1.4为复合材料与其他单质材料力学性能的比较。

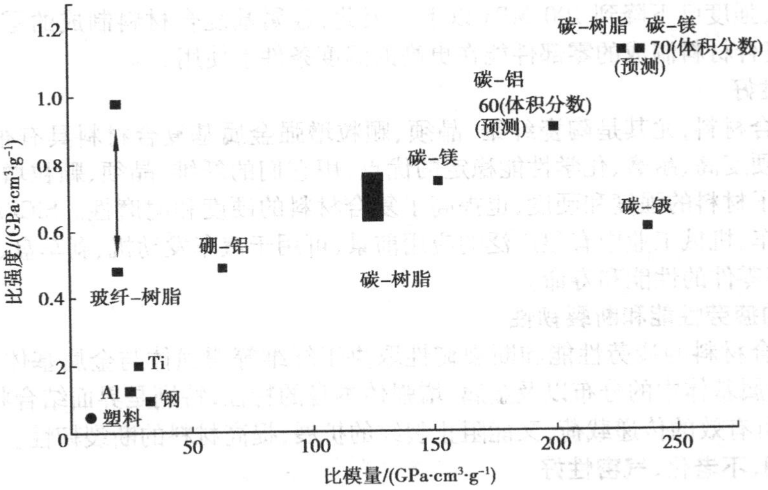

图1.4 复合材料与其他单质材料力学性能的对比

用高比强度、高比模量复合材料制成的构件质量小、刚性好、强度高，是航天、航空技术领域中理想的结构材料。

(2)导热、导电性能

金属基体在金属基复合材料中占有很高的体积百分比，一般在60%以上，因此仍保持金属所具有的良好导热和导电性。良好的导热性可以有效地传热，使构件受热后的高温热源很快扩散消失，这对尺寸稳定性要求高的构件和高集成度的电子器件尤为重要。良好的导电性可以防止飞行器构件产生静电聚集的问题。

在金属基复合材料中采用高导热性的增强体，还可以进一步提高金属基复合材料的导热系数，使复合材料的热导率比纯金属基体还高。例如，为了解决高集成度电子器件的散热问题，现已研究成功的超高模量石墨纤维、金刚石纤维、金刚石颗粒增强铝基、铜基复合材料的热导率比纯铝、钢还要高，用它们制成的集成电路底板和封装件可有效迅速地将热量散去，提高了集成电路的可靠性。

(3)热膨胀系数小、尺寸稳定性好

金属基复合材料中所用的碳纤维、碳化硅纤维、晶须、颗粒、硼纤维等均具有很小的热膨胀系数,又具有很高的模量,特别是高模量、超高模量的石墨纤维具有负的热膨胀系数。因此,加入一定量的这些增强体不仅可以大幅度地提高材料地强度和模量,也可以使其热膨胀系数明显下降。如石墨纤维含量达到48%时的石墨纤维增强镁基复合材料的热膨胀系数为零,即在温度变化时使用这种复合材料做成的零件不发生热变形,这对人造卫星构件特别重要。

(4)良好的高温性能

由于金属基体的高温性能比聚合物高很多,增强纤维、晶须、颗粒在高温下又具有很高的高温强度和模量,因此金属基复合材料具有比金属基体更高的高温性能,特别是连续纤维增强金属基复合材料。纤维在复合材料中起主要承载作用,纤维的强度在高温下基本不下降,纤维增强金属基复合材料的高温性能可保持到金属熔点,且比金属基体的高温性能高许多。如钨丝增强耐热合金,其在1 100 ℃、100 h高温持久强度为270 MPa,而基体合金的高温持久强度只有48 MPa;石墨纤维增强铝基复合材料在500 ℃高温下,仍有600 MPa的高温强度,而铝基体在300 ℃时,强度已下降到100 MPa以下。因此,金属基复合材料制成的零部件比金属材料、聚合物基复合材料制成的零部件能在更高的温度条件下使用。

(5)耐磨性好

金属基复合材料,尤其是陶瓷纤维、晶须、颗粒增强金属基复合材料具有很好的耐磨性。陶瓷材料具有硬度高、耐磨、化学性能稳定的优点,用它们的纤维、晶须、颗粒增强金属基复合材料不仅提高了材料的强度和硬度,也提高了复合材料的硬度和耐磨性。SiC/Al复合材料的高耐磨性在汽车、机械工业中有很广泛的应用前景,可用于汽车发动机、刹车盘、活塞等重要零件,能明显提高零件的性能和寿命。

(6)良好的疲劳性能和断裂韧性

金属基复合材料的疲劳性能和断裂韧性取决于纤维等增强体与金属基体的界面结合状态,增强体在金属基体中的分布以及金属、增强体本身的特性,特别是界面结合状态,最佳的界面结合状态既可有效的传递载荷,又能阻止裂纹的扩展,提高材料的断裂韧性。

(7)不吸潮、不老化、气密性好

与聚合物相比,金属基复合材料性质稳定、组织致密,不老化、分解、吸潮,也不发生性能的自然退化。

综上所述,金属基复合材料具有高比强度、高比模量、良好的导热和导电性、耐磨性、高温性能、低的膨胀系数、高的尺寸稳定性等优异的综合性能。

1.3.3 陶瓷基复合材料的主要性能特点

陶瓷材料强度高、硬度大、耐高温、抗氧化,高温下抗磨损性好、耐化学腐蚀性优良,热膨胀系数和相对密度小,这些优异的性能是一般金属材料、高分子材料及其复合材料所不具备的。但陶瓷材料抗弯强度不高,断裂韧性低,限制了其作为结构材料使用。当用高强度、高模量的纤维或晶须增强后,其高温强度和韧性可大幅度提高。如用Nicalon碳化硅纤维单向增强碳化硅基体的复合材料,强度为1 000 MPa,断裂韧性高达10~30 $MPa \cdot m^{\frac{1}{2}}$,且在1 500 ℃时尚有一定强度,可作为高温热交换器、燃气轮机的燃烧室材料和航天器的防热材料等。

陶瓷基复合材料与其他复合材料相比发展仍较缓慢,主要原因是:一方面是制备工艺复杂,另一方面是缺少耐高温的纤维。

第 2 章 复合材料的复合原理及界面

2.1 复合材料的复合原理

复合材料的增强体按其几何形状和尺寸主要有三种形式:颗粒、纤维和晶须。与之相对应的增强机理可分颗粒增强原理、纤维增强原理、短纤维增强原理和颗粒与纤维混杂增强原理。晶须对陶瓷基复合材料的增强和增韧作用非常重要。

2.1.1 颗粒增强原理

颗粒增强原理根据增强粒子尺寸大小分为两类:弥散增强原理和颗粒增强原理。

(1)弥散增强原理

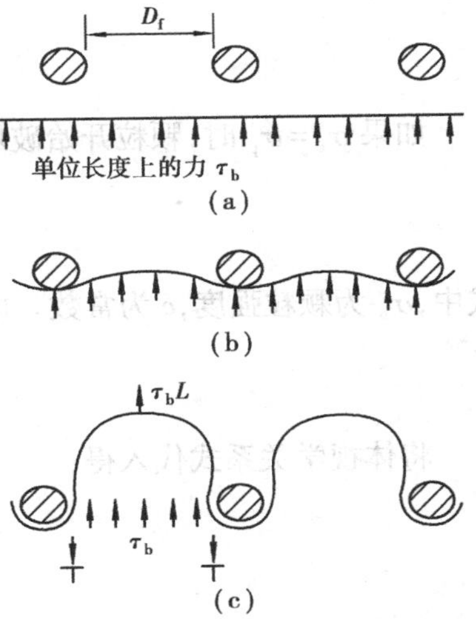

图2.1 弥散增强原理图

弥散增强复合材料是由弥散颗粒与基体复合而成。其增强机理与金属材料析出强化机理相似,可用位错绕过理论解释。如图2.1所示,载荷主要由基体承担,弥散微粒阻碍基体的位错运动。微粒阻碍基体位错运动能力越大,增强效果愈大。在剪应力 τ_i 的作用下,位错的曲率半径为:

$$R = \frac{G_m b}{2\tau_i} \tag{2.1}$$

式中, G_m 为基体的剪切模量, b 为柏氏矢量。若微粒之间的距离为 D_f,当剪切应力大到使位错的曲率半径 $R = D_f/2$ 时,基体发生位错运动,复合材料产生塑性变形,此时剪切应力即为复合材料的屈服强度,即

$$\tau_c = \frac{G_m b}{D_f} \tag{2.2}$$

假设基体的理论断裂应力为 $G_m/30$,基体的屈服强度为 $G_m/100$,它们分别为发生位错运动所

需剪应力的上下限。代入上面公式得到微粒间距的上下限分别为0.3 μm和0.01 μm。当微粒间距在0.01～0.3 μm之间时,微粒具有增强作用。若微粒直径为d_p,体积分数为V_p,微粒弥散且均匀分布。根据体视学,有如下关系:

$$D_f = \sqrt{\frac{2d_p^2}{3V_p}(1 - V_p)} \tag{2.3}$$

$$\tau_c = \frac{G_m b}{\sqrt{\frac{2d_p^2}{3V_p}(1 - V_p)}} \tag{2.4}$$

显然,微粒尺寸越小,体积分数越高,强化效果越好。一般V_p为0.01～0.15,d_p为0.001～0.1 μm。

(2)颗粒增强原理

颗粒增强复合材料是由尺寸较大(粒径大于1 μm)的坚硬颗粒与基体复合而成,其增强原理与弥散增强原理有区别。在颗粒增强原理复合材料中,虽然载荷主要由基体承担,但颗粒也承受载荷并约束基体的变形,颗粒阻止基体位错运动的能力越大,增强效果越好。在外载荷的作用下,基体内位错滑移在基体与颗粒界面上受到阻滞,并在颗粒上产生应力集中,其值为:

$$\sigma_i = n\sigma \tag{2.5}$$

根据位错理论,应力集中因子为:

$$n = \frac{\sigma D_f}{G_m b} \tag{2.6}$$

代入上式得:

$$\sigma_i = \frac{\sigma^2 D_f}{G_m b} \tag{2.7}$$

如果$\sigma_i = \sigma_p$时,颗粒开始破坏产生裂纹,引起复合材料变形,令$\sigma_p = \frac{G_p}{c}$,则有:

$$\sigma_i = \frac{G_p}{c} = \frac{\sigma^2 D_f}{G_m b} \tag{2.8}$$

式中,σ_p为颗粒强度,c为常数。由此得出颗粒增强复合材料的屈服强度为:

$$\sigma_y = \sqrt{\frac{G_m G_p b}{D_f c}} \tag{2.9}$$

将体视学关系式代入得:

$$\sigma_y = \sqrt{\frac{\sqrt{3}G_m G_p b\sqrt{V_p}}{\sqrt{2}d(1 - V_p)c}} \tag{2.10}$$

显然,颗粒尺寸越小,体积分数越高,颗粒对复合材料的增强效果越好。一般在颗粒增强复合材料中,颗粒直径为1～50 μm,颗粒间距为1～25 μm,颗粒体积分数为5%～50%。

2.1.2 单向排列连续纤维增强复合材料

在对高性能纤维复合材料结构进行设计时,使用最多的是层板理论。在层板理论中,纤维复合材料被认为是单向层片按照一定的顺序叠放起来,保证了层板具有所要求的性能。已知层片中主应力方向的弹性和强度参数,就可以预测层板的相应行为。

复合材料性能与组分性能、组分分布以及组分间的物理、化学作用有关。复合材料性能可以通过实验测量确定,实验测量的方法比较简单直接。理论和实验的方法可以用于预测复合材料中系统变量的影响,但是这种方法对零件设计并不十分可靠,同时也存在许多问题,特别在单向复合材料的横向性能方面更为明显。然而,数学模型在研究某些单向复合材料纵向性能方面却是相当精确的。

单向纤维复合材料中的单层板如图2.2所示。平行于纤维方向称为“纵向”,垂直于纤维方向称为“横向”。

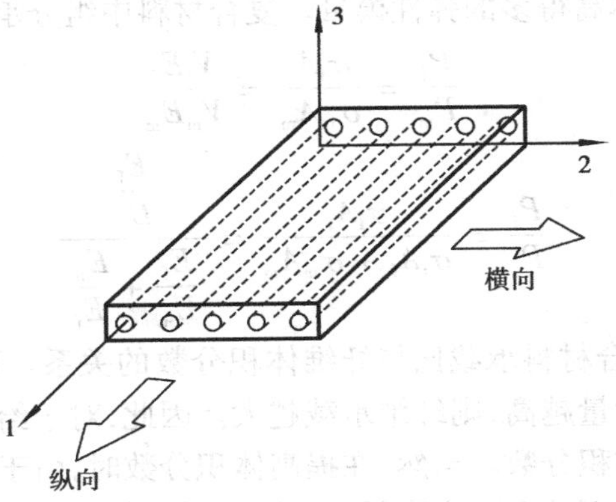

图2.2　单向纤维复合材料中的单层板

(1)纵向强度和刚度

1)复合材料应力—应变曲线的初始阶段

连续纤维增强复合材料层板受纤维方向的拉伸应力作用,假设纤维性能和直径是均匀的、连续的并全部相互平行,纤维与基体之间的结合是良好的,在界面无相对滑动发生;忽略纤维基体之间的热膨胀系数、泊松比以及弹性变形差所引起的附加应力,整个材料的纵向应变可以认为是相同的。即复合材料、纤维和基体具有相同的应变。

$$\varepsilon_c = \varepsilon_f = \varepsilon_m \tag{2.11}$$

考虑到在沿纤维方向的外加载荷由纤维和基体共同承担,应有:

$$\sigma_c A_c = \sigma_f A_f + \sigma_m A_m \tag{2.12}$$

式中,A表示复合材料中相应组分的横截面积,上式可转化为:

$$\sigma_c = \sigma_f A_f / A_c + \sigma_m A_m / A_c \tag{2.13}$$

对于平行纤维的复合材料,体积分数等于面积分数,即

$$\sigma_c = \sigma_f V_f + \sigma_m V_m \tag{2.14}$$

复合材料、纤维、基体的应变相同,对应变求导数,得:

$$\frac{d\sigma_c}{d\varepsilon} = \frac{d\sigma_f}{d\varepsilon} V_f + \frac{d\sigma_m}{d\varepsilon} V_m \tag{2.15}$$

式中,$d\sigma/d\varepsilon$表示在给定应变时相应应力—应变曲线的斜率。如果材料的应力—应变曲线是线性的,则斜率是常数,可以用相应的弹性模量代入,得:

$$E_c = E_f V_f + E_m V_m \tag{2.16}$$

上述三个公式表明纤维、基体对复合材料平均性能的贡献正比于它们各自的体积分数,这种关系称为“混合法则”,也可以推广到多组分复合材料体系。

在纤维与基体都是线弹性情况下,纤维与基体承担应力与载荷的情况推导如下:

$$\frac{\sigma_c}{E_c}=\frac{\sigma_f}{E_f}=\frac{\sigma_m}{E_m} \tag{2.17}$$

因此有:

$$\frac{\sigma_f}{\sigma_m}=\frac{E_f}{E_m} \qquad \frac{\sigma_f}{\sigma_c}=\frac{E_f}{E_c} \tag{2.18}$$

可以看出,复合材料中各组分承载的应力比等于相应弹性模量比,为了有效地利用纤维的高强度,应使纤维有比基体高得多的弹性模量。复合材料中组分承载比可以表达为:

$$\frac{P_f}{P_m}=\frac{\sigma_f A_f}{\sigma_m A_m}=\frac{V_f E_f}{V_m E_m} \tag{2.19}$$

$$\frac{P_f}{P_c}=\frac{\sigma_f A_f}{\sigma_f A_f+\sigma_m A_m}=\frac{\frac{E_f}{E_m}}{\frac{E_f}{E_m}+\frac{E_m}{E_f}} \tag{2.20}$$

图 2.3 所示为纤维复合材料承载比与纤维体积分数的关系。可以看出,纤维与基体弹性模量比值越大,纤维体积含量越高,则纤维承载越大。因此,对于给定的纤维/基体复合材料系统,应尽可能提高纤维的体积分数。当然,在提高体积分数时,由于基体对纤维润湿、浸渍程度的下降,造成纤维与基体界面结合强度降低,气孔率增加,复合材料性能变坏。

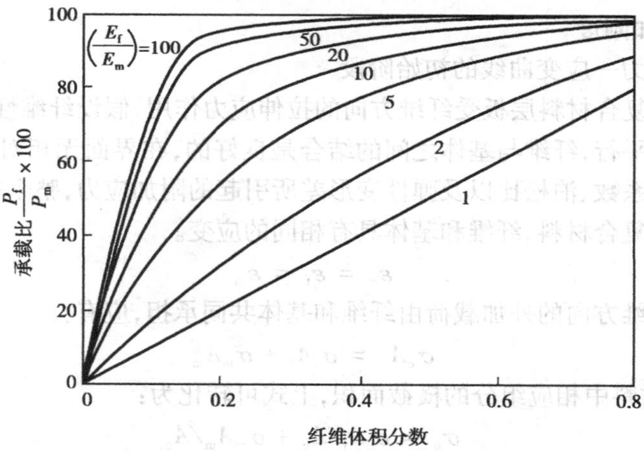

图 2.3　纤维复合材料承载比与纤维体积分数的关系

2)复合材料初始变形后的行为

一般复合材料的变形有 4 个阶段:①纤维和基体均为线弹性变形;②纤维继续线弹性变形,基体非线性变形;③纤维和基体都是非线性变形;④随纤维断裂,复合材料断裂。对于金属基复合材料,由于基体的塑性变形,第二阶段可能占复合材料应力—应变曲线的相当部分,这时复合材料的弹性模量应当由下式给出:

$$E_c=E_f V_f+\left(\frac{d\sigma_m}{d\varepsilon}\right)\varepsilon_c V_m \tag{2.21}$$

式中,$(d\sigma_m/d\varepsilon)\varepsilon_c$是相应复合材料应变为点$\varepsilon_c$基体应力—应变曲线的斜率。对脆性纤维复合材料,未观察到第三阶段。

3）断裂强度

对于纵向受载的单向纤维材料，当纤维达到其断裂应变值时，复合材料开始断裂。

当基体断裂应变大于纤维断裂应变时，在理论计算中，一般假设所有的纤维在同一应变值断裂。如果纤维的断裂应变值比基体的小，在纤维体积分数足够大时，基体不能承担纤维断裂后转移的全部载荷，则复合材料断裂。在这种条件下，复合材料纵向断裂强度可以认为与纤维断裂应变值对应的复合材料应力相等，根据混合法则，得到复合材料纵向断裂强度，即

$$\sigma_{cu} = \sigma_{fu}V_f + (\sigma_m)_{\varepsilon_f}(1 - V_f) \tag{2.22}$$

式中，σ_{fu}是纤维的强度，$(\sigma_m)_{\varepsilon_f}$是对应纤维断裂应变值的基体应力。

在纤维体积分数很小时，基体能够承担纤维断裂后所转移的全部载荷，随基体应变值增加，基体进一步承载，并假设在复合材料应变高于纤维断裂应变时纤维完全不能承载，这时复合材料的断裂强度为：

$$\sigma_{cu} = \sigma_{mu}(1 - V_f) \tag{2.23}$$

式中，σ_{mu}是基体强度，联立以上二式，得到纤维控制复合材料断裂所需的最小体积分数，即

$$V_{min} = \frac{\sigma_{mu} - (\sigma_m)_{\varepsilon_f}}{\sigma_{fu} - (\sigma_m)_{\varepsilon_f}} \tag{2.24}$$

当基体断裂应变小于纤维断裂应变时，纤维断裂应变值比基体大的情况与纤维增强陶瓷基复合材料的情况一致。在纤维体积分数较小时，纤维不能承担基体断裂后所转移的载荷，则在基体断裂的同时复合材料断裂，由混合法则得到复合材料纵向断裂强度，即

$$\sigma_{cu} = \sigma_f^* V_f + \sigma_{mu}(1 - V_f) \tag{2.25}$$

式中，σ_{mu}是基体强度，σ_f^* 为对应基体断裂应变时纤维承受的应力。

在纤维体积分数较大时，纤维能够承担基体断裂后所转移的全部载荷，假如基体能够继续传递载荷，则复合材料可以进一步承载，直至纤维断裂，这时复合材料的断裂强度为：

$$\sigma_{cu} = \sigma_{fu}V_f \tag{2.26}$$

同样的方法，可以得到控制复合材料断裂所需的最小纤维体积分数为：

$$V_{min} = \frac{\sigma_{mu}}{\sigma_{fu} + \sigma_{mu} - \sigma_f^*} \tag{2.27}$$

（2）横向刚度和强度

1）Halpin-Tsia 公式

Halpin 和 Tsia 提出了一个简单的并具有一般意义的公式，用来近似地表达纤维增强复合材料横向弹性模量严格的微观力学分析结果。公式简单并实用，所预测的值在纤维体积分数不接近 1 时是十分严格的。Halpin-Tsia 复合材料横向弹性模量 E_T 的公式为：

$$E_T = \frac{(1 + \xi\eta V_f)}{(1 - \eta V_f)} \tag{2.28}$$

其中

$$\eta = \frac{\dfrac{E_f}{E_m} - 1}{\dfrac{E_f}{E_m} + \xi}$$

式中，ξ 是与纤维几何、堆积几何及载荷条件有关的参数，可以通过公式与严格的数学解对比得到。Halpin-Tsia 提出纤维面为圆形和正方形时，$\xi = 2$，矩形纤维为 $2\,a/b$，a/b 是矩形截面尺

寸比，a 处于加载方向。图 2.4 所示为根据上面公式所做出的横向弹性模量与纤维体积分数的关系曲线。

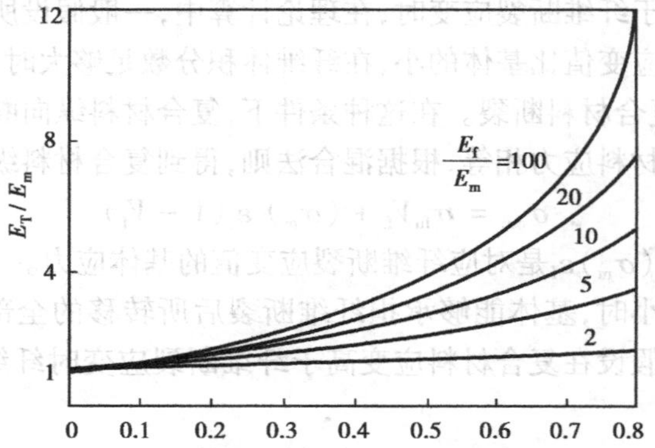

图 2.4 Halpin-Tsia 横向弹性模量与纤维体积分数的关系

Halpin-Tsia 公式非常适于预测实际复合材料的横向弹性模量，由于复合材料工艺过程的不同会引起材料弹性模量的波动，因此不可能做到对复合材料弹性模量的严格预测。

2）横向强度

与纵向强度不同的是，纤维对横向强度不仅没有增强作用，反而有相反作用。纤维在与其相邻的基体中所引起的应力和应变将对基体形成约束，使得复合材料的断裂应变比未增强基体低得多。

假设复合材料横向强度 σ_{tu} 受基体强度 σ_{mu} 控制，同时可以用一个强度衰减因子 S 来表示复合材料强度的降低，则这个因子与纤维、基体性能及纤维体积分数有关，即

$$\sigma_{tu} = \sigma_{mu}/S \tag{2.29}$$

按传统材料强度方法，可以认为因子 S 就是应力集中系数 S_{CF} 或应变集中系数 S_{MF}。如果忽略泊松效应，S_{CF} 和 S_{MF} 分别为：

$$S_{CF} = \frac{1 - V_f\left(1 - \dfrac{E_m}{E_f}\right)}{1 - \left(1 - \dfrac{E_m}{E_f}\right)\sqrt{\dfrac{4V_f}{\pi}}} \tag{2.30}$$

$$S_{MF} = \frac{1}{1 - \sqrt{\dfrac{4V_f}{\pi}}\left(1 - \dfrac{E_m}{E_f}\right)} \tag{2.31}$$

因此，一旦已知 S_{CF} 和 S_{MF}，用应力或应变表示的横向强度就容易计算。

使用现代方法，通过对复合材料应力或应变状态的了解，可以计算得到 S。可以用一个适当的断裂判据来确定基体的断裂，一般使用最大形变能判据，即当任何一点的形变能达到临界值时，材料发生断裂。按照这个判据，S 可以表达为：

$$S = \frac{\sqrt{U_{max}}}{\sigma_c} \tag{2.32}$$

式中，U_{max} 是基体中任何一点的最大归一化形变能，σ_c 是外加应力。对于给定的 σ_c，U_{max} 是纤维体积分数、纤维堆积方式、纤维与基体界面条件、组分性质的函数。这种方法比较精确、严格

和可靠。

仿照颗粒增强复合材料的经验公式,可以得到复合材料横向断裂应变 ε_{cb} 的表达式,即

$$\varepsilon_{cb} = \varepsilon_{mb}(1 - \sqrt[3]{V_f}) \tag{2.33}$$

式中,ε_{mb}是基体的断裂应变。如果基体和复合材料有线弹性应力—应变关系,还可以得到复合材料横向断裂应力,即

$$\sigma_{cb} = \frac{\sigma_{mb} E_T (1 - \sqrt[3]{V_f})}{E_m} \tag{2.34}$$

以上公式的推导都假设纤维和基体之间有完全的结合,因此断裂发生在基体或界面附近。

2.1.3　短纤维增强原理

(1)短纤维增强复合材料应力传递理论

作用于复合材料的载荷并不直接作用于纤维,而是作用于基体材料并通过纤维端部与端部附近的纤维表面将载荷传递给纤维。当纤维长度超过应力传递所发生的长度时,端头效应可以忽略,纤维可以被认为是连续的,但对于短纤维复合材料,端头效应不可忽略,同时复合材料性能是纤维长度的函数。

1)应力传递分析

经常引用的应力传递理论是剪切滞后分析。沿纤维长度应力的分布可以通过纤维的微元平衡方式加以考虑,如图2.5所示。纤维长度微元的 dz 在平衡时,要求

$$\pi r^2 \sigma_f + 2\pi r \mathrm{d}z\tau = \pi r^2(\sigma_f + \mathrm{d}\sigma_f)$$

即

$$\frac{\mathrm{d}\sigma_f}{\mathrm{d}z} = \frac{2\tau}{r} \tag{2.35}$$

式中,σ_f是纤维轴向应力,τ是作用于柱状纤维与基体界面的剪应力,r是纤维半径。从公式可以看出,对于半径为 r 的纤维,纤维应力的增加率正比于界面剪切应力。积分得到距端部处横截面上的应力为:

$$\sigma_f = \sigma_{f0} + \frac{2}{r}\int_0^z \tau \mathrm{d}z \tag{2.36}$$

式中,σ_{f0}是纤维端部应力,由于高应力集中的结果,与纤维端部相邻的基体发生屈服或纤维端部与基体分离,因此在许多分析中可以忽略这个量。只要已知剪切应力沿纤维长度的变化,就可以求出右边的积分值。但实际上剪切应力事先是不知道的,并且剪切应力是完全解的一部分。因此,为了得到解析解,就必须对纤维相邻材料的变形和纤维端部情况做一些假设。例

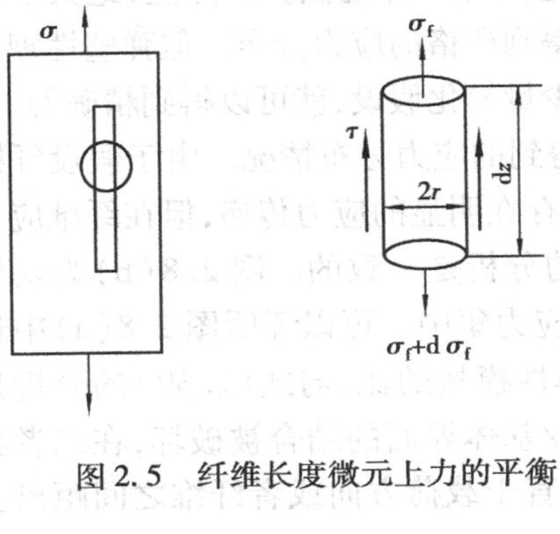

图2.5　纤维长度微元上力的平衡

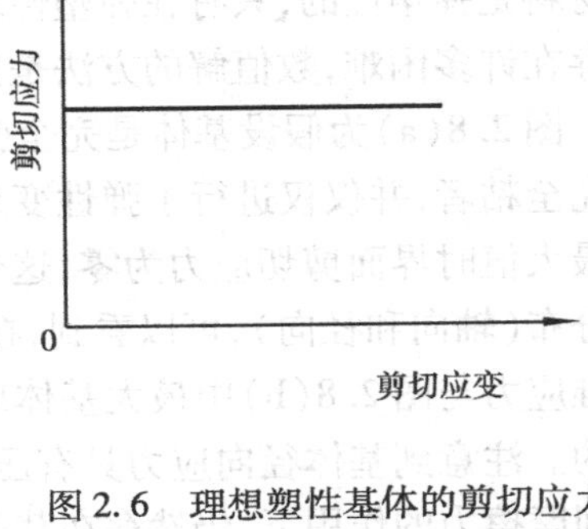

图2.6　理想塑性基体的剪切应力

如,可以假设纤维中部的界面剪切应力和纤维端部的正应力为零,经常假设纤维周围的基本材料是完全塑性的,有如图 2.6 所示的应力—应变关系。这样,沿纤维长度的界面剪切应力可以认为是常数,并等于基体剪切屈服应力 σ_y。忽略 σ_{f0},积分得:

$$\sigma_f = \frac{2\tau_y z}{r} \tag{2.37}$$

对于短纤维,最大应力发生在纤维中部($z=1/2$),则有:

$$(\sigma_f)_{max} = \frac{\tau_y}{l} \tag{2.38}$$

式中,l 是纤维长度。纤维承载能力存在一极限值,虽然上式无法确定,这个极限值就是相应应力作用于连续纤维复合材料时连续纤维的应力。

$$(\sigma_f)_{max} = \sigma_c \frac{E_f}{E_c} \tag{2.39}$$

式中,σ_c 是作用于复合材料的外加应力,E_c 可以通过混合法则求出。将能够达到最大纤维应力$(\sigma_f)_{max}$的最短纤维长度定义为载荷传递长度 l_f。载荷从基体向纤维的传递就发生在纤维的 l_f 长度上。由下式定义为:

$$\frac{l_f}{d} = \frac{(\sigma_f)_{max}}{2\tau_y} = \frac{\tau_c E_f}{2E_c\tau_y} \tag{2.40}$$

式中,d 是纤维直径。可以看出,载荷传递长度 l_f 是外加应力的函数。l_f 被定义为与外加应力无关的临界纤维长度,即可以达到纤维允许应力(纤维强度)σ_{fu}的最小纤维长度为:

$$\frac{l_c}{d} = \frac{\sigma_{fu}}{2\tau_y} \tag{2.41}$$

式中,l_c 是载荷传递长度的最大值,也称为"临界纤维长度",它是一个重要的参量,将影响复合材料的性能。

有时也将载荷传递长度与临界纤维长度称为"无效长度",即在这个长度上纤维承载应力小于最大纤维强度。图 2.7(a)为给定复合材料应力时不同纤维长度上纤维应力和界面剪切应力的分布,图 2.7(b)显示纤维应力在大于临界长度时随复合材料应力增加发生的变化。可以看出,在距纤维端部的一定距离,纤维承载的应力小于最大纤维应力,这将影响复合材料的强度和弹性模量;在纤维长度大于载荷传递长度时,复合材料的行为接近连续纤维复合材料。

2)应力分布的有限元分析

通过假设基体材料是完全塑性的所得到的以上结论只是一种近似。实际上,绝大多数基体材料是弹塑性的,只有在弹塑性基体条件下,才可能得到严格的应力分布。但弹塑性理论分析存在许多困难,数值解的方法是比较方便的,只需做少量简化假设,就可以得到精确解。

图 2.8(a)为假设基体是完全弹性时,有限元分析得到的应力分布情况。由于假设纤维端头完全粘者,并仅仅进行了弹性变形,因此,在纤维端头存在明显的应力传递,但在纤维应力达到最大值时界面剪切应力为零,这个结果与式(2.36)的分析是一致的。图 2.8(b)为基体应力分布(轴向和径向),可以看到,在纤维端部附近存在应力集中。可以证明图 2.8(a)中最大纤维应力与图 2.8(b)中最大基体应力的比等于它们弹性模量的比,与式(2.39)的分析是一致的。注意到基体径向应力具有压缩值,说明即使纤维/基体界面的结合被破坏,在二者界面之间摩擦力的作用下,仍然存在载荷传递。如果纤维垂直于载荷方向或者纤维之间距离变得

非常小，上述假设则有可能不成立。

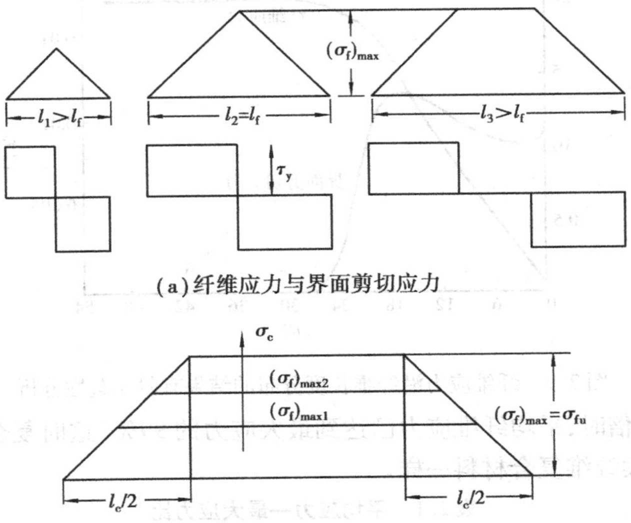

(a) 纤维应力与界面剪切应力

(b) 大于临界长度时应力的变化

图 2.7　纤维应力沿纤维长度分布

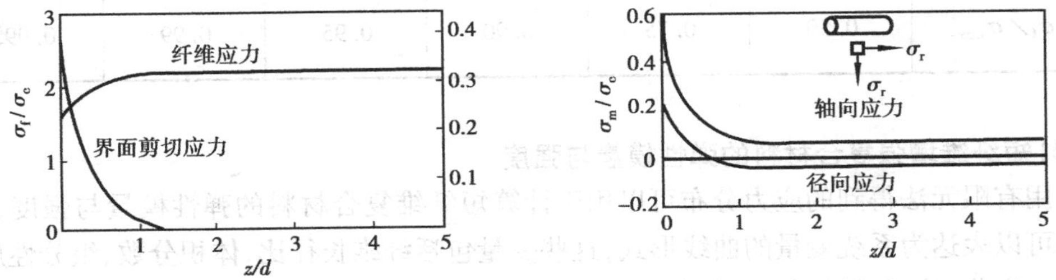

(a) 纤维应力和界面剪切应力　　(b) 基体应力

图 2.8　纤维应力沿纤维长度分布的结果有限元弹性分析

图 2.9 为弹塑性有限元分析所得到的结果，表明纤维端部没有明显的传递应力，最大纤维应力与式(2.39)的结果一致，界面剪切应力在纤维端部附近不是常数，但与式(2.36)的结果一致。

3) 平均纤维应力

纤维端部的存在使短纤维复合材料的弹性模量与强度降低。在考虑弹性模量与强度时，平均纤维应力是非常有用的，平均应力 $\overline{\sigma}_f$ 可以表达为：

$$\overline{\sigma}_f = \frac{1}{l}\int_0^l \sigma_f \mathrm{d}z \tag{2.42}$$

积分可以用应力—纤维长度曲线下的面积表示，使用图 2.6 的应力分布，则平均应力为：

$$\overline{\sigma}_f = \frac{(\sigma_f)_{max}}{2} = \frac{\tau_y l}{d} \quad (l < l_f) \tag{2.43}$$

$$\overline{\sigma}_f = (\sigma_f)_{max}\left(1 - \frac{l_f}{2l}\right) \quad (l > l_f) \tag{2.44}$$

根据公式做出了不同纤维长度时的最大应力比，如表 2.1 所示。可以看出，当纤维长度是

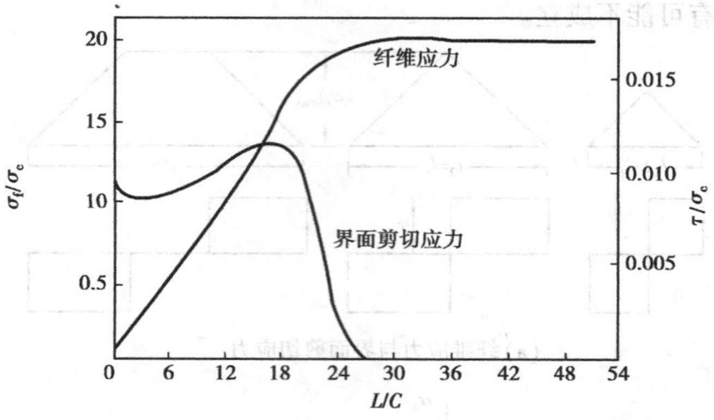

图 2.9　纤维应力沿纤维长度分布的结果有限元塑性分析

载荷传递长度的 50 倍时，平均纤维应力已达到最大应力的 99%，这时复合材料的行为近似与相同纤维取向的连续纤维复合材料一样。

表 2.1　平均应力—最大应力比

l/l_f	1	2	5	10	50	100
σ_f/σ_{max}	0.50	0.75	0.90	0.95	0.99	0.995

(2)短纤维增强复合材料的弹性模量与强度

应用有限元法得到的应力分布可以用于计算短纤维复合材料的弹性模量与强度，所得到的结果可以表达为系统变量的曲线形式，这些变量包括纤维长径比、体积分数、组分性质，一旦系统发生变化，就可以得到一套新的结果。但是，这种方法在实际使用中有许多局限性，人们希望有简单并快速的方法估计复合材料的性能，即便这种结果只是一种近似的。

1)短纤维增强复合材料的弹性模量

Halpin-Tsia 公式对单向短纤维复合材料纵向与横向弹性模量的计算也是非常有用的。复合材料纵向与横向弹性模量的 Halpin-Tsia 公式为：

$$\frac{E_L}{E_m} = \frac{1 + 2\eta_L V_f \dfrac{l}{d}}{1 - \eta_L V_f} \tag{2.45}$$

$$\frac{E_T}{E_m} = \frac{1 + 2V_f\eta_T}{1 - \eta_T V_f} \tag{2.46}$$

其中

$$\eta_L = \frac{\dfrac{E_f}{E_m} - 1}{\dfrac{E_f}{E_m} + 2\dfrac{l}{d}} \qquad \eta_T = \frac{\dfrac{E_f}{E_m} - 1}{\dfrac{E_f}{E_m} + 2}$$

上式表明单向短纤维复合材料横向弹性模量与纤维长径比无关，与连续纤维复合材料的值是一样的。

图 2.10 是根据公式所做出模量比分别为 20 和 100 时，纵向弹性模量与纤维长径比的关系曲线。这些曲线与玻璃纤维/环氧树脂和石墨纤维/环氧树脂系统的结果近似。

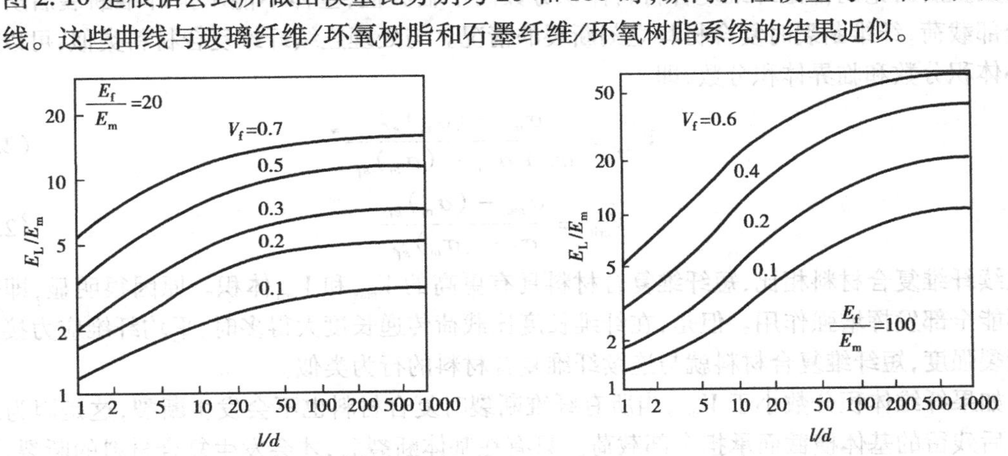

(a) $E_f/E_m=20$　　(b) $E_f/E_m=100$

图 2.10　纵向弹性模量与纤维长径比的关系

对于平面内随机取向的短纤维复合材料，弹性模量可以用下面的经验公式进行计算

$$E_{random} = \frac{3}{8}E_L + \frac{5}{8}E_T \tag{2.47}$$

2) 短纤维增强复合材料的强度

可以用混合法则来表达单向短纤维复合材料的纵向应力，即

$$\sigma_c = \bar{\sigma}_f V_f + \sigma_m V_m \tag{2.48}$$

式中，$\bar{\sigma}_f$ 是纤维平均应力。知道纤维平均应力，纤维复合材料的平均应力为：

$$\sigma_c = \frac{1}{2}(\sigma_f)_{max} V_f + \sigma_m V_m \qquad (l < l_f) \tag{2.49}$$

$$\sigma_c = \frac{1}{2}(\sigma_f)_{max}\left(1 - \frac{1}{2}\frac{l_f}{l}\right) + \sigma_m V_m \qquad (l > l_f) \tag{2.50}$$

如果纤维长度比载荷传递长度大得多，则 $1 - l/l_f$ 接近 1，上式可以改为：

$$\sigma_c = (\sigma_f)_{max} V_f + \sigma_m V_m \tag{2.51}$$

以上三式可用于复合材料强度的计算。

当纤维长度短于临界长度时，最大纤维应力小于纤维平均断裂强度，无论外加应力有多大，纤维都不会断裂。这时复合材料断裂发生在基体或界面，复合材料的强度近似为：

$$\sigma_{cu} = \frac{\tau_y l V_f}{d} + \sigma_m V_m \tag{2.52}$$

当纤维长度大于临界长度时，纤维应力可以达到平均强度，这时，可以认为当纤维应力等于其强度时，纤维将发生断裂，复合材料的强度为：

$$\sigma_{cu} = \frac{1}{2}\sigma_{fu}\left(1 - \frac{1}{2}\frac{l_c}{l}\right)V_f + (\sigma_m)_{\varepsilon_f^*} V_m \qquad (l > l_f) \tag{2.53}$$

$$\sigma_{cu} = \sigma_{fu} V_f + (\sigma_m)_{\varepsilon_f^*} V_m \qquad (l > l_f) \tag{2.54}$$

式中，$(\sigma_m)_{\varepsilon_f^*}$ 是纤维断裂应变为 ε_f^* 时所对应的基体应力。用基体强度 σ_{cm} 值代表是合理的近似。

以上所讨论的都是纤维复合材料体积分数高于临界值,基体不能承担纤维断裂后所转移的全部载荷,纤维断裂时复合材料立刻断裂的情况。与处理连续纤维复合材料类似,可以得出最小体积分数和临界体积分数,即

$$V_{\min} = \frac{\sigma_{\mathrm{mu}} - (\sigma_{\mathrm{m}})_{\varepsilon_f^*}}{\overline{\sigma}_{\mathrm{f}} + \sigma_{\mathrm{mu}} - (\sigma_{\mathrm{m}})_{\varepsilon_f^*}} \tag{2.55}$$

$$V_{\mathrm{crit}} = \frac{\sigma_{\mathrm{mu}} - (\sigma_{\mathrm{m}})_{\varepsilon_f^*}}{\overline{\sigma}_{\mathrm{f}} - (\sigma_{\mathrm{m}})_{\varepsilon_f^*}} \tag{2.56}$$

与连续纤维复合材料相比,短纤维复合材料具有更高的 $V_{\max}$ 和 V_{crit} 体积。原因很明显,即短纤维不能全部发挥增强作用。但是,在纤维长度比载荷传递长度大得多时,平均纤维应力接近纤维断裂强度,短纤维复合材料就与连续纤维复合材料的行为类似。

如果纤维体积分数小于 $V_{\min}$,当所有纤维断裂时复合材料也不会发生断裂,这是因为纤维断裂后残留的基体横截面承担全部载荷。只有在基体断裂后,才会发生复合材料的断裂,这时复合材料的断裂强度为:

$$\sigma_{\mathrm{cu}} = \sigma_{\mathrm{mu}}(1 - V_{\mathrm{f}}) \qquad (V_{\mathrm{f}} > V_{\min}) \tag{2.57}$$

造成短纤维复合材料断裂的另一个重要因素是纤维端部造成相邻基体中严重的应力集中,这种集中会进一步降低复合材料的强度。

2.2 复合材料的界面

21 世纪对材料的要求是多样化的,复合材料的研制开发将有很大发展,而复合材料整体性能的优劣与复合材料界面结构和性能关系密切。聚合物基复合材料界面、金属基复合材料界面以及对界面的优化设计是研究和开发复合材料的重要方面。

2.2.1 复合材料界面的概念

复合材料是由两种或两种以上不同物理、化学性质的以微观或宏观的形式复合而组成的多相材料。复合材料中增强体与基体接触构成的界面,是一层具有一定厚度(纳米以上)、结构随基体和增强体而异的、与基体有明显差别的新相——界面相(界面层)。它是增强相和基体相连接的“纽带”,也是应力及其他信息传递的桥梁。界面是复合材料极为重要的微结构,其结构与性能直接影响复合材料的性能。复合材料中的增强体无论是晶须、颗粒还是纤维,与基体在成型过程中将会发生程度不同的相互作用和界面反应,形成各种结构的界面。因此,深入研究界面的形成过程、界面层性质、界面结合强度、应力传递行为对宏观力学性能的影响规律,从而有效进行控制界面,是获取高性能复合材料的关键。

对于以聚合物为基的复合材料,尽管涉及的化学反应比较复杂,但关于界面性能的要求还是比较明确的,即高的黏结强度(有效地将载荷传递给纤维)和对环境破坏的良好抵抗力。对于以金属为基体的复合材料(MMC),通常需要适中的黏结界面,但界面处的塑性行为也可能是有益的。还要控制组元之间在成型时或在高温工作条件下的化学反应,而且控制组元间化学反应要比避免环境破坏更重要。

随着对界面研究不断深入,发现界面效应既与增强体及基体(聚合物、金属)两相材料之

间的润湿、吸附、相容等热力学问题有关，又与两相材料本身的结构、形态以及物理、化学等性质有关，也与界面形成过程中所诱导发生的界面附加的应力有关，还与复合材料成型加工过程中两相材料相互作用和界面反应程度有密切的关系。复合材料界面结构极为复杂，所以，国内外学者围绕增强体表面性质、形态、表面改性及表征，以及增强体与基体的相互作用、界面反应、界面表征等方面探索界面微结构、性能与复合材料综合性能的关系，从而进行复合材料界面优化设计。

2.2.2　聚合物基复合材料界面及改性方法

聚合物基复合材料是由增强体（纤维、织物、颗粒、微纤等）与基体（热固性或热塑性树脂）通过复合而组成的材料。通过分析复合材料界面形成过程、界面层性质、界面黏合、应力传递行为等对复合材料细观及宏观力学性能的影响，人们认识到改善聚合物基复合材料有以下原则。

（1）改善树脂基体对增强材料的浸润程度

聚合物基复合材料分为热塑性聚合物基复合材料和热固性聚合物基复合材料。前者的成型有两个阶段：一是热塑性聚合物基体的熔体和增强材料之间的接触和润湿；二是复合后体系冷却凝固定型。由于热塑性聚合物熔体的黏度很高，很难通过纤维束中单根纤维间的狭小缝隙而浸渗到所有的单根纤维表面。为了增加高黏度熔体对纤维束的浸润，可采取延长浸润时间、增大体系压力、降低熔体黏度以及改善增强材料织物结构等措施。

热固性聚合物基复合材料的成型工艺方法与前者不同，聚合物基体树脂黏度低，又可溶解在溶剂中，有利于复合物基体对增强材料的浸润。工艺上常采用预先形成预浸料（干法、湿法）的办法，以提高聚合物基体对增强体的浸润程度。

无论是热塑性还是热固性聚合物基复合材料，也无论采取什么样的方法形成界面结合，其先决条件是聚合物基体对增强材料要充分浸润，使界面不出现空隙和缺陷。因为界面不完整会导致界面应力集中及传递荷载的能力降低，从而影响复合材料力学性能。

（2）适度的界面结合强度

增强体与聚合物基体之间形成较好的界面黏结，才能保证应力从基体传递到增强材料，充分发挥数以万计单根纤维同时承受外力的作用。界面黏结强度不仅与界面的形成过程有关，还取决于界面黏结形式。其中一种是物理的机械结合，即通过等离子体刻蚀或化学腐蚀使增强体表面凸凹不平，聚合物基体扩散嵌入到增强体表面的凹坑、缝隙和微孔中，增强材料则“锚固”在聚合物基体中；另一种是化学结合，即基体与增强体之间形成化学键，可以设法使增强体表面带有极性基团，使之与基体间产生化学键或其他相互作用力（如氢键）。

界面黏结好坏直接影响增强体与基体之间的应力传递效果，从而影响复合材料的宏观力学性能。界面黏结太弱，复合材料在应力作用下容易发生界面脱粘破坏，纤维不能充分发挥增强作用。若对增强材料表面适当改性处理，不但可以提高复合材料的层间剪切强度，而且拉伸强度及模量也会得到改善。但同时会导致材料冲击韧性下降，因为在聚合物基复合材料中，冲击能量的耗散是通过增强材料与基体之间界面脱粘、纤维拔出、增强材料与基体之间的摩擦运动及界面层可塑性形变来实现的。若界面黏结太强，在应力作用下，材料破坏过程中正在增长的裂纹容易扩散到界面，直接冲击增强材料而呈现脆性破坏。如果适当调整界面黏结强度，使增强材料的裂纹沿着界面扩展，形成曲折的路径，耗散较多的能量，则能提高复合材料的韧性。

因此,不能为提高复合材料的拉伸或抗弯强度而片面提高复合材料的界面黏结强度,要从复合材料的综合力学性能出发,根据具体要求设计适度的界面黏结,即进行界面优化设计。

(3)减少复合材料成型中形成的残余应力

增强材料与基体之间热导率、热膨胀系数、弹性模量、泊松比等均不同,在复合材料成型过程中,界面处形成热应力。这种热应力在成型过程中如果得不到松弛,将成为界面残余应力而保持下来。界面残余应力的存在会使界面传递应力的能力下降,最终导致复合材料力学性能下降。

若在增强纤维与基体之间引入一层可产生形变的界面层,界面层在应力的作用下可以吸收导致微裂纹增长的能量,抑制微裂纹尖端扩展。这种容易发生形变的界面层能有效地松弛复合材料中的界面残余应力。

(4)调节界面内应力和减缓应力集中

由于界面能传递外载荷的应力,复合材料中的纤维才得以发挥其增强作用。纤维和基体之间的应力传递主要依赖于界面的剪切应力,界面传递应力能力的大小取决于界面黏结情况。复合材料在受到外加载荷时,产生的应力在复合材料中的分布是不均匀的。界面某些结合较强的部位常集聚比平均应力大得多的应力。界面的不完整性和缺陷也会引起界面的应力集中,界面应力的集中首先会引起应力集中点的破坏,形成新的裂纹,并引起新的应力集中,从而使界面传递应力能力下降。同理,若在两相间引入容易形变的柔性界面层,则可使集中于界面处的应力得到分散,使应力均匀地传递。另外,当结晶性热塑性聚合物为基体时,在成型过程中纤维表面对结晶性聚合物将产生界面结晶成核效应;同时,界面附近的聚合物分子链由于界面结合以及纤维与聚合物物理性质的差异而产生一定程度的取向,造成纤维与基体间结构的不均匀性,并出现内应力,从而影响复合材料力学性能。通过控制复合材料成型过程中的冷却历程及对材料适当的热处理,可以消除或减弱内应力,并有效地提高复合材料的剪切屈服强度,避免复合材料力学性能降低。

总之,复合材料在形成过程中,界面的形成、作用及破坏是一个极为复杂的问题。界面优化和界面作用的控制与成型工艺方法有密切的关系,必须考虑经济性、可操作性和有效性,对不同的聚合物基复合材料有针对性地进行界面优化设计。

2.2.3 金属基复合材料界面及改性方法

金属基复合材料的基体一般是金属及其合金,合金既含有不同化学性质的组成元素和不同的相,同时又具有较高的熔化温度。因此,此种复合材料的制备需在接近或超过金属基体熔点的高温下进行。金属基体与增强体在高温复合时易发生不同程度的界面反应;金属基体在冷却、凝固、热处理过程中还会发生元素偏聚、扩散、固溶、相变等。这些均使金属基复合材料界面区的结构十分复杂。界面区的组成、结构明显不同于基体和增强体,受到金属基体成分、增强体类型、复合工艺参数等多种因素的影响。

在金属基复合材料界面区出现材料物理性质(如弹性模量、膨胀系数、热导率、热力学参数)和化学性质等的不连续性,使增强体与基体金属形成了热力学不平衡的体系。因此,界面的结构和性能对金属基复合材料中应力和应变的分布,导热、导电及热膨胀性能,载荷传递,以及断裂过程都起着决定性作用。针对不同类型的金属基复合材料,深入研究界面结合强度、界面反应规律、界面微观结构及性能对复合材料各种性能的影响,界面结构和性能的优化与控制途径，以及界面结构性能的稳定性等，都是金属基复合材料发展中的重要内容。

金属基复合材料的界面结合方式与聚合物基复合材料有所不同，其界面结合可分为四类：

①化学结合　它是金属基体与增强体两相之间发生界面反应所形成的结合，由化学键提供结合力。

②物理结合　它是由两相间原子中电子的交互作用的行为，即以范德华力来结合。

③扩散结合　某些复合体系的基体与增强体虽无界面反应，但可发生原子的相互扩散作用，此作用也能提供一定的结合力。

④机械结合　由于某些增强体表面粗糙，当与熔融的金属基体浸渍而凝固后，出现机械的锚固作用所提供的结合力。一般情况下，金属基复合材料是以界面的化学结合为主，有时也有两种或两种以上界面结合方式并存的现象。

(1) 金属基复合材料界面结构及界面反应

金属基复合材料界面是指金属基体与增强体之间因化学成分和物理、化学性质明显不同，构成彼此结合并能引起传递荷载作用的微小区域。界面微区的厚度可以从一个原子层厚到几个微米。由于金属基体与增强体的类型、组分、晶体结构、化学物理性质有巨大差别，以及在高温制备过程中有元素的扩散、偏聚、相互反应等，从而形成复杂的界面结构。界面区包含了基体与增强体的接触连接面，基体与增强体相互生成的反应产物和析出相，增强体的表面涂层作用区，元素的扩散和偏聚层，近界面的高密度位错区等。

界面微区结构和特性对金属基复合材料的各种宏观性能起着关键作用。清晰地认识界面微区、微结构、界面相组成、界面反应生成相、界面微区的元素分布、界面结构和基体相、增强体相结构的关系等，无疑对指导制备和应用金属基复合材料具有重要意义。

人们利用高分辨电镜、分析电镜、能量损失谱仪、光电子能谱仪等现代材料分析手段，对金属基复合材料界面微结构表征进行了大量的研究工作。对一些重要的复合材料，如碳(石墨)/铝、碳(石墨)/镁、硼/铝、碳化硅/铝、碳化硅/钛，钨/铜，钨/超合金等金属基复合材料界面结构进行了深入研究，并已取得了重要进展。这些复合材料的界面微结构，界面结构与组分、制备工艺的关系已基本清楚。金属基复合材料界面中的典型结构有以下几种：

1)有界面反应产物的界面微结构

多数金属基复合材料在制备过程中发生不同程度的界面反应。轻微的界面反应能有效地改善金属基体与增强体的浸润和结合，是有利的；严重界面反应将造成增强体的损伤和形成脆性界面相等，十分有害。界面反应通常是在局部区域中发生的，形成粒状、棒状、片状的反应产物，而不是同时在增强体和基体相接触的界面上发生层状物。只有严重的界面反应，才能形成界面反应层。

碳(石墨)/铝复合材料是研究发展最早的性能优异的复合材料之一。碳(石墨)纤维的密度小(1.8 ~2.1 g/cm^3)、强度高(3 500 ~7 000 MPa)、模量高(250 ~910 GPa)、导热性好、热膨胀系数接近于零。用它来增强铝、镁组成的复合材料，综合性能优异，但是碳(石墨)纤维与铝基体在500 ℃以上会发生界面反应，有效地控制界面反应十分重要。碳/铝复合材料典型界面微结构如图 2.11 所示。当制备工艺参数控制合适时，界面反应轻微，界面形成少量细小的 Al_4C_3 反应物，如图 2.11(a)所示。制备时温度过高、冷却速度过慢，将发生严重的界面反应，形成大量条块状 Al_4C_3 反应产物，如图 2.11(b)所示。

碳(石墨)/铝、碳(石墨)/镁、氧化铝/镁、硼/铝、碳化硅/铝、碳化硅/钛、硼酸铝/铝等一些

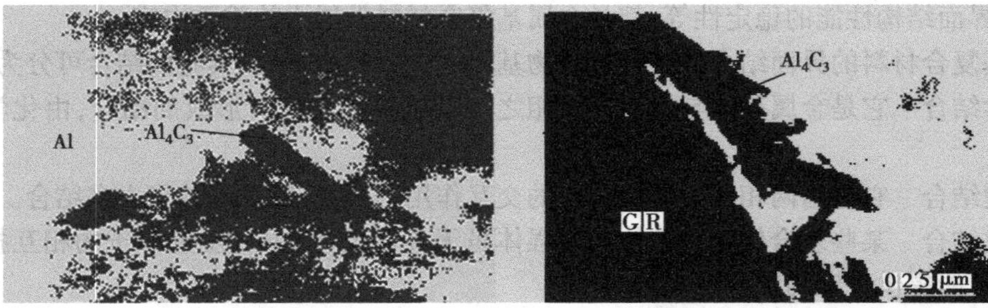

(a)快速冷却(23 ℃/min)　　　(b)慢速冷却(6.5 ℃/min)

图 2.11　碳/铝复合材料典型界面微结构图

主要类型金属基复合材料,都存在界面反应的问题。它们的界面结构中一般都有界面反应产物。

2)有元素偏聚和析出相的界面微结构

金属基复合材料的基体常选用金属合金,很少选用纯金属。基体合金中含有各种合金元素,用以强化基体合金。有些合金元素能与基体金属生成金属化合物析出相,如铝合金中加入铜、镁、锌等元素会生成细小的 Al_2Cu、Al_2CuMg、Al_2MgZn 等时效强化相。由于增强体表面吸附作用,基体金属中合金元素在增强体的表面富集,为在界面区生成析出相创造了有利条件。在碳纤维增强铝或镁基复合材料中均可发现界面上有 Al_2Cu、$Mg_{17}Al_{12}$ 化合物析出相存在。图 2.12 为碳/镁复合材料界面析出物形貌,可清晰看到界面上条状和块状的 $Mg_{17}Al_{12}$ 析出相。

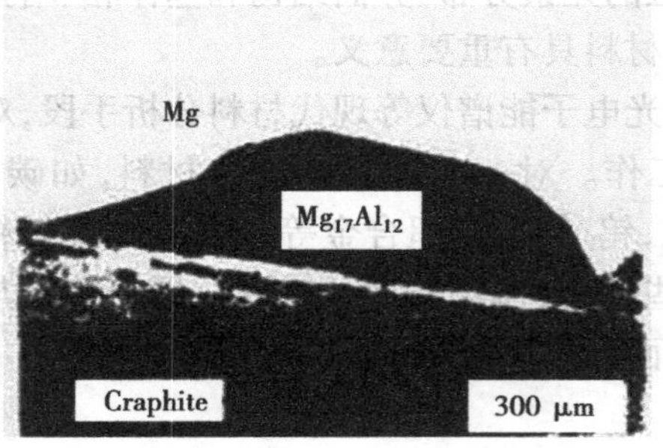

图 2.12　碳/铝复合材料界面析出物形貌

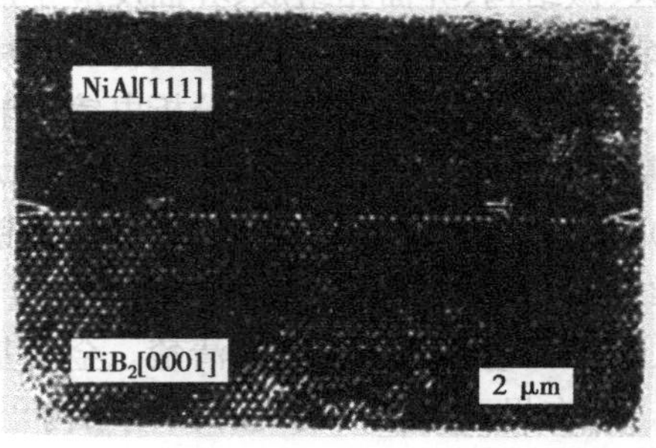

图 2.13　TiB_2/NiAl 原位复合材料 HRTM

3)增强体与基体直接进行原子结合的界面结构

由于金属基复合材料组成体系和制备方法的特点,多数金属基复合材料的界面结构比较复杂,存在不同类型的界面结构,即界面不同的区域存在增强体与基体直接原子结合的清洁、平直界面结构,有界面反应产物的界面结构,也有析出物的界面结构等。只有少数金属基复合材料(主要是自生增强体金属基复合材料)才有完全无反应产物或析出相的界面结构。增强体和基体直接原子结合的界面结构,如 TiB_2/NiAl 原位复合材料。图 2.13 所示为 TiB_2/NiAl 原位复合材料的界面高分辨电子显微镜图。TiB_2 与 NiAl 的界面为直接原子结合,界面平直,无中间相存在。

在大多数金属基复合材料中即存在大量的直接原子结合的界面结构,又存在反应产物等其他类型的界面结构。

4)其他类型的界面结构

金属基复合材料基体合金中不同合金元素在高温制备过程中会发生元素的扩散,吸附和偏聚，在界面微区形成合金元素浓度梯度层。元素浓度梯度层的厚度、浓度梯度的大小与元素的性质、加热过程的温度和时间有密切关系。如用电子能量耗损谱测定经加热处理的碳化钛颗粒增强钛铝合金复合材料中的碳化钛颗粒表面，发现存在明显的碳浓度梯度。碳浓度梯度层的厚度与加热温度有关，经 800 ℃加热 1 h，碳化钛颗粒中碳浓度由 50% 降低到 38%，其梯度层的厚度约为 1 000 nm；而经 1 000 ℃加热 1 h，其梯度层厚为 1 500 nm。

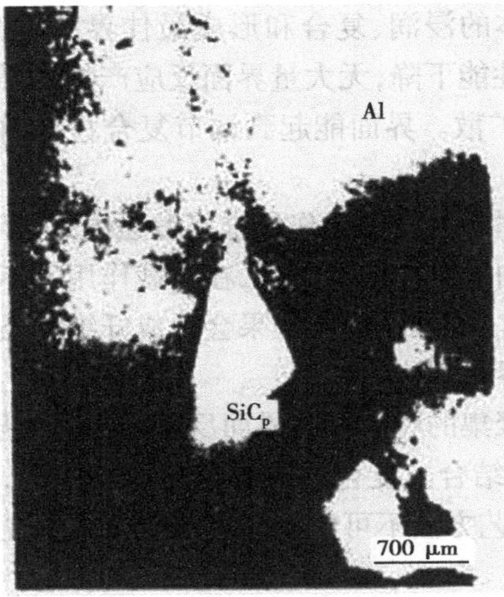

图 2.14　碳化硅颗粒增强基复合材料界面处的高密度位错区

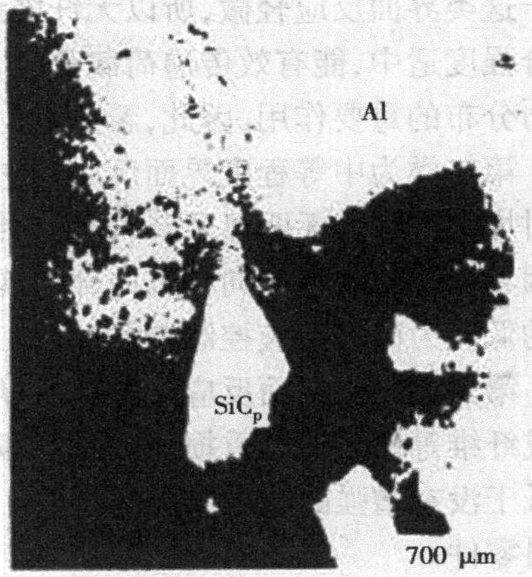

图 2.15　严重界面反应后高性能石墨纤维被侵蚀的表面形貌

金属基体与增强体的强度、模量、热膨胀系数有差别，在高温冷却时还会产生热应力，在界面区产生大量位错。位错密度与金属基复合材料体系及增强体的形状有密切关系，如图 2.14 所示。

由于金属基复合材料体系和制备过程的特点，有时同时存在反应结合、物理结合、扩散结合的界面结构，对界面微结构起决定作用，并对宏观性能有明显影响。

5）金属基复合材料的界面反应

如前所述，金属基复合材料制备过程中会发生不同程度的界面反应，形成复杂的界面结构。这是金属基复合材料研制、应用和发展的重要障碍，也是金属基复合材料所特有的问题。金属基复合材料的制备方法有：液态金属压力浸渗、液态金属挤压和铸造、液态金属搅拌、真空吸铸等液态法，还有热等静压、高温热压、粉末冶金等固态法。这些方法均需在超过金属熔点或接近熔点的高温下进行，因此，基体合金和增强体不可避免地发生不同程度的界面反应及元素扩散作用。界面反应和反应的程度决定了界面结构和特性，主要行为有：

①增强了金属基体与增强体界面结合强度　界面结合强度随界面反应强弱的程度而改变，强界面反应将造成强界面结合。同时，界面结合强度对复合材料内残余应力、应力分布、断裂过程均产生极重要的影响，直接影响复合材料的性能。

②产生脆性的界面反应产物　界面反应结果一般形成脆性金属化合物，如 Al_4C_3、AlB_2、AlB_{12} 等。界面反应物在增强体表面上呈块状、棒状、针状、片状，严重反应时，则在纤维、颗粒等增强体表面形成围绕纤维的脆性层。

③造成增强体损伤和改变基体成分　图 2.15 所示为严重的界面反应后高性能石墨纤维被侵蚀的表面形貌，同时反应还可能改变基体的成分，如碳化硅与铝液反应后使铝合金中的硅

含量明显升高。

除界面反应外,在高温和冷却过程中界面区还可能发生元素偏聚和析出相。例如,在界面区析出 $CuAl_2$、$Mg_{17}Al_{12}$等新相。所析出的脆性相有时将相邻的增强体连接在一起,形成脆性连接,导致脆性断裂。

综上所述,可以将界面反应程度分为三类。

第一类为弱界面反应。它有利于金属基体与增强体的浸润、复合和形成最佳界面结合。由于这类界面反应轻微,所以无纤维等增强体损伤和无性能下降,无大量界面反应产物。界面结合强度适中,能有效传递荷载和阻止裂纹向纤维内部扩散。界面能起到调节复合材料内部应力分布的重要作用,因此,希望发生这类界面反应。

第二类为中等程度界面反应。它会产生界面反应产物,但没有损伤纤维等增强体的作用,同时增强体性能无明显下降,而界面结合则明显增强。由于界面结合较强,在荷载作用下不发生因界面脱黏使裂纹向纤维内部扩展而出现的脆性破坏。界面反应的结果会造成纤维增强金属的低应力破坏。应控制制备过程工艺参数,避免这类界面反应。

第三类为强界面反应。有大量界面反应产物,形成聚集的脆性相和界面反应产物脆性层,造成纤维等增强体严重损伤,强度下降,同时形成强界面结合。复合材料的性能急剧下降,甚至低于没有增强的金属基体的性能。造成这种情况的工艺方法不可能制成有用的金属基复合材料零件。

界面反应程度主要取决于金属基复合材料组分的性质、工艺方法和参数。随着温度的升高,金属基体和增强体的化学活性均迅速增高。温度越高和停留时间越长,反应的可能性越大,反应程度越严重。因此,在制备过程中,严格控制制备温度和高温下的停留时间,是制备高性能复合材料的关键。

由以上分析可知,制备高性能金属基复合材料时,界面反应程度必须控制到形成合适的界面结合强度。一些学者在计算界面层对力学性能影响时,提出了不同界面反应层厚度对金属基复合材料强度的影响。实际上,界面反应往往发生在布局的区域,反应产物分布在增强体表面,将明显提高界面的结合强度,并足以使复合材料发生脆性破坏。因此,用反应层厚度并不能说明力学性能的情况。

(2)金属基复合材料界面对性能的影响

在金属基复合材料中,界面结构与性能是影响基体和增强体性能充分发挥,形成最佳综合性能的关键因素。不同类型与用途的金属基复合材料界面的作用和最佳界面结构性能有很大差别。如连续纤维增强金属基复合材料和非连续增强金属基复合材料的最佳界面结合强度就有很大差别。

对于连续纤维增强金属基复合材料,增强纤维均具有很高的强度和模型,纤维强度比基体合金强度要高几倍甚至高一个量级,纤维是主要承载体。因此,要求界面能起到有效传递荷载,调节复合材料内的应力分布,阻止裂纹扩展,充分发挥增强纤维性能的作用,使复合材料具有最好的综合性能。界面结构和性能要具备以上要求,界面结合强度必须适中。过弱,不能有效传递荷载;过强,会引起脆性断裂,纤维作用不能发挥。图 2.16 所示为纤维增强复合材料的断裂模型。当复合材料中某一根纤维发生断裂产生的裂纹到达相邻纤维的表面时,裂纹尖端的应力作用在界面上。如果界面结合适中,则纤维和基体在界面处脱黏,裂纹沿界面发展,钝化了裂纹尖端,当主裂纹越过纤维继续向前扩展时,纤维成”桥接”现象,如图 2.16(a)所示。

当界面结合很强时,界面处不发生脱粘,裂纹继续发展穿过纤维,造成脆断,如图2.16(b)所示。

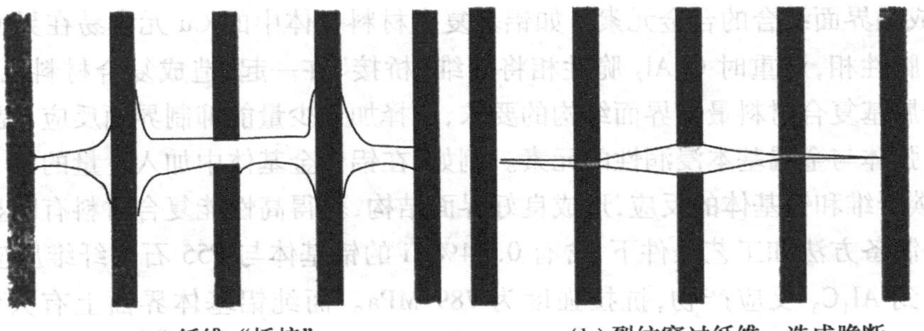

(a)纤维"桥接"　　(b)裂纹穿过纤维,造成脆断

图2.16　纤维增强脆性基体复合材料的微观断裂模型

颗粒、晶须等非连续增强金属基复合材料,基体是主要承载体,增强体的分布基本上是随机的,因此就要求有足够强的界面结合,才能发挥增强效果。

(3)金属基复合材料界面改性的方法

金属基复合材料制备过程中如何改善金属基体与增强体的浸润性,控制界面反应,形成最佳的界面结构,是金属基复合材料生产和应用的关键。界面优化的目标是,形成能有效传递荷载、调节应力分布、阻止裂纹扩展的稳定的界面结构。解决途径主要有,纤维等增强体的表面涂层处理、金属基体合金化及制备工艺方法和参数控制。

1)纤维等增强体的表面涂层处理

纤维表面改性及涂层处理,可有效地改善浸润性和阻止严重的界面反应。国内外学者对此进行了大量的研究,选用化学镀或电镀工艺在增强体表面镀铜、镀镍,选用化学气相沉积法在纤维表面涂覆Ti-B、SiC、B_4C、TiC等涂层以及C/SiC、C/SiC/Si复合涂层,选用溶胶凝胶法在纤维等增强体表面涂覆Al_2O_3、SiO_2、SiC、Si_3N_4等陶瓷涂层。涂层厚度一般在几十纳米到1微米,有明显改善浸润性和阻止界面反应的作用,其中效果较好的有Ti-B、SiC、B_4C、C/SiC等涂层。特别是用化学气相沉积法,控制其工艺过程能获得界面结构最佳的梯度复合涂层。如Textron公司生产的带有C、Si、SiC复合梯度涂层的碳化硅纤维、SCS-2、SCS-6等,可制备出高性能的金属基复合材料。

2)金属基体合金化

在液态金属中加入适当的合金元素改善金属液体与增强体的浸润性,阻止有害的界面反应,形成稳定的界面结构,是一种有效、经济的优化界面及控制界面反应的方法。现有的金属基体合金多数是选用现有的金属合金。

金属基复合材料增强机制与金属合金的强化机制不同,金属合金中加入合金元素主要起固溶强化和时效强化金属基体相的作用。如铝合金中加入Cu、Mg、Zn、Si等元素,经固溶时效处理,在铝合金中生成细小的时效强化相Al_2Cu(θ相)、Mg_2Si(β相)、$MgZn_2$(η相)、Al_2CuMg(S相)、Al_2MgZn_3(T相)等金属间化合物,有效地起到时效强化铝基体相的作用,提高了铝合金的强度。

对金属基复合材料,特别是连续纤维增强金属基复合材料,纤维是主要承载体,金属基体主要起固结纤维和传递载荷的作用。金属基体组分选择不在于强化基体相和提高基体金属的强度，而应着眼于获得最佳的界面结构和具有良好塑性的合适的基体性能，使纤维的性能和增强作用得以充分发挥。因此，在金属基复合材料中，应尽量避免选择易参与界面反应生成界面脆性相，造成强界面结合的合金元素。如铝基复合材料基体中的 Cu 元素易在界面产生偏聚，形成 $CuAl_2$ 脆性相，严重时 $CuAl_2$ 脆性相将纤维“桥接”在一起，造成复合材料低应力脆性断裂。针对金属基复合材料最佳界面结构的要求，选择加入少量能抑制界面反应，提高界面稳定性和改善增强体与金属基本浸润性的元素。例如，在铝合金基体中加入少量的 Ti、Zr、Mg 等元素，对抑制碳纤维和铝基体的反应，形成良好界面结构，获得高性能复合材料有明显作用。

在相同制备方法和工艺条件下，含有 0.34% Ti 的铝基体与 P55 石墨纤维反应轻微，在界面上很少看到 Al_4C_3 反应产物，抗拉强度为 789 MPa。而纯铝基体界面上有大量反应产物 Al_4C_3，抗拉强度只有 366 MPa，仅为前者的一半。此结果表明，加入少量 Ti 在抑制界面反应和形成合适的界面结构上效果明显，方法简单易行。

合金元素的加入对界面稳定性有明显效果。例如，在铝合金中加入 0.5% Zr，可明显提高界面稳定性和抑制高温下的界面反应，使复合材料在较高的温度下仍能保持高的力学性能。表 2.2 所示为在铝中加入 0.1% ~10.5% Zr 的复合材料在 400 ℃、600 ℃加热保温的拉伸强度。

表 2.2 不同合金元素含量对碳/铝复合材料拉伸性能影响

材　料	抗拉强度/MPa		
	室　温	400 ℃、1 h	600 ℃、1 h
纯 Al	1 155.4	1 014.3	748.7
Al + 0.1% Zr	1 095.6	1 032.1	862.4
Al + 0.5% Zr	1 224	1 232.8	1 102.5

由表可见，加入 0.5% Zr 可以有效阻止在高温下碳和铝反应，形成稳定的界面，600 ℃ 加热 1 h，抗拉强度与纯铝基体复合材料的室温强度相近，显示出明显的效果。总之，在基体金属中加入少量的合金元素，并应用相应的制备工艺是一种经济有效、简单可行的优化界面结构和控制界面反应的途径。

3）优化制备工艺方法和参数

金属基复合材料界面反应程度主要取决于制备方法和工艺参数，优化制备工艺方法和严格控制工艺参数是优化界面结构和控制界面反应最重要的途径。由于高温下金属基体和增强体元素的化学活性均迅速增加，温度越高反应越激烈，在高温下停留时间越长反应越严重，因此在制备工艺方法和工艺参数的选择上首先考虑制备温度、高温停留时间和冷却速度。在确保复合完好的情况下，制备温度尽可能低，复合过程和复合后在高温下保持时间尽可能短，在界面反应温度区冷却尽可能快，低于反应温度后冷却速度应减小，以免造成大的残余应力，影响材料性能。其他工艺参数如压力、气氛等也不可忽视，需综合考虑。

金属基复合材料的界面优化和界面反应的控制途径与制备方法有紧密联系，必须考虑方法的经济性、可操作性和有效性，对不同类型的金属基复合材料要有针对性地选择界面优化和控制界面反应的途径。

2.2.4　复合材料界面表征

复合材料界面具有一定厚度和结构，要深入认识界面的作用，了解界面结构对材料整体性能的影响，就必须对界面形态和界面层结构的表征、对界面强度的表征，以及对界面残余应力的表征有所认识。

(1)界面形态及界面层结构的表征

1)表征界面形态

如前所述，复合材料界面是具有一定厚度的界面层。界面层厚度与形态受增强体表面性质与基体材料的组成和性质的影响，在一定程度上也受成型工艺方法及成型工艺参数的影响。界面的不同形态是界面微结构变化的反映。通过对界面形态的研究能更直观了解复合材料界面性质与宏观力学性能的关系。通过计算机图像处理技术研究聚合物基复合材料的界面形态，图像直观反映了不同界面形态，又相对测量出界面层厚度，并与复合材料界面性能建立了联系，见表 2.3。通过对 TEM 照片进行图像处理，界面层次更清晰，得到更直观的界面信息。

表 2.3　界面层厚度与 CF/PMR-15 的界面剪切强度关系

碳纤维表面处理条件	界面层相对厚度/nm	ILSS/MPa
未处理	2.0 ~ 3.0	41.4 ~ 42.7
空气等离子体处理	4.1 ~ 5.0	91.0 ~ 94.2
接枝 NA 酸酐	6.0 ~ 8.0	100.5 ~ 101.7

2)表征界面层结构

国内学者用 CF/PEEK 复合材料为模型体系，用 Raman 光谱方法表征了界面层结构。对涂有 5 nm 厚 PEEK 的碳纤维的研究表明，该体系只有在熔融后才出现明显 PEEK 谱带(如 1 167.0 cm^{-1}，1 225.9 cm^{-1})，并且碳纤维 Raman 频移在约 1 360 cm^{-1}附近的 Raman 谱及芳环伸缩振动信号(约 1 585 cm^{-1}附近)亦有明显变化。进一步用 Raman 光谱考察 CF/PEEK 复合材料，例如增多扫描次数或改变激光波长等，可以研究碳纤维/线型聚合物界面近程结构这一长期未能解决的问题。

(2)界面结合强度的表征

如前所述，纤维与基体间界面结合强度对复合材料力学性能具有重要影响，因而界面强度的定量表征一直是复合材料研究领域中十分活跃的课题。

1)复合材料界面强度原位测定法

1985 年 Tse 首次报道了用微脱粘法测定玻璃纤维复合材料界面剪切强度。此后有用类似方法测量碳纤维复合材料界面剪切强度的研究，并发展了上述测量技术，将分步加载变成由微机控制的弹性变形体作爬行式连续均匀自动加载模式，可随时由微机显示加载荷形式，自动分析界面微脱粘载荷。

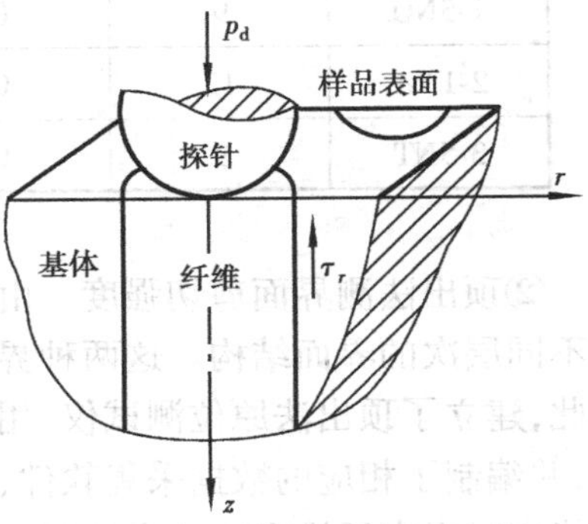

图 2.17　微脱粘方法测试原理

①界面微脱粘法测界面剪切强度　界面强度微脱

粘测试(图 2.17)用的是图 2.18 所示的复合材料界面强度原位测试仪器。其原理是:在显微镜下,用金刚石探针对复合材料中选定的单根纤维端部施加轴向载荷,使这根纤维端部在一定深度内与周围基体脱粘;记录发生脱粘时的压力 p_d,建立以该纤维中心为对称轴的纤维、基体、复合材料的微观力学模型;进行有限元分析并输入纤维、基体及复合材料的弹性参数和纤维直径、基体厚度及微脱粘力,计算出无限靠近纤维周围表面的基体中最大剪切应力 τ_r,此即为纤维与基体间界面剪切强度。复合材料界面强度测定仪测试的结果见表 2.4和表 2.5。

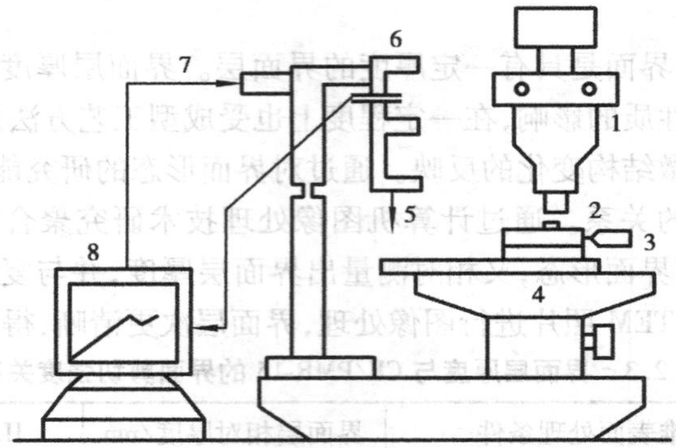

图 2.18　复合材料界面强度原位测试仪

1—显微镜;2—样品;3—纵横微分筒;4—精密导轨;

5—探针;6—传感器;7—自动加载系统;8—微机

表 2.4　CF/PMR-15 复合材料的性能

碳纤维表面状态	界面剪切强度/MPa	层间剪切强度/MPa
未处理	43.5	50.1
等离子体处理	54.3	62.7
等离子体接枝	121.3	106.0

表 2.5　SiC/Al 复合材料界面结合强度

试验编号	测试次数	平均顶出载荷 /N	样品平均厚度 /μm	界面结合强度 /MPa	离散系数 /%
1-5NO	9	0.523	180	68.51	4.0
2-1NA	12	0.662	180	86.72	5.6
3-5NT	9	0.654	180	85.67	7.8

②顶出法测界面剪切强度　由于 C/C 复合材料中同时存在单纤维界面和束纤维界面两种不同层次的界面结构。这两种界面通过协同作用,共同决定了 C/C 复合材料的整体性能。因此,建立了顶出法原位测试仪,用以评价 C/C 复合材料单纤维界面和束纤维界面的剪切强度,并编制了相应的数据采集软件、图像处理软件,可实时记录顶出过程中的载荷和位移变化,还能实时观察纤维束的顶出过程。由顶出实验得到最大顶出力值,通过计算可得到不同界面的剪切强度。

单纤维和束纤维顶出界面强度原位测试仪的基本结构如图2.19所示。顶出式样的厚度是影响测试结果的重要因素。试样太厚，会导致纤维破坏或根本顶不出来；试样太薄，则制样困难。因此，试样的厚薄将直接影响界面受力行为。Kallas等人对SiC/Al体系进行测试，通过有限元分析，证明薄试样的界面最大径向受力载荷出现在试样底部附近，并观察到薄试样在拉应力作用下从底部开始产生径向裂纹，因此，合理的试样厚度是顶出实验的关键。实验得出的单纤维顶出和束纤维顶出试样厚度的影响见表2.6和表2.7。

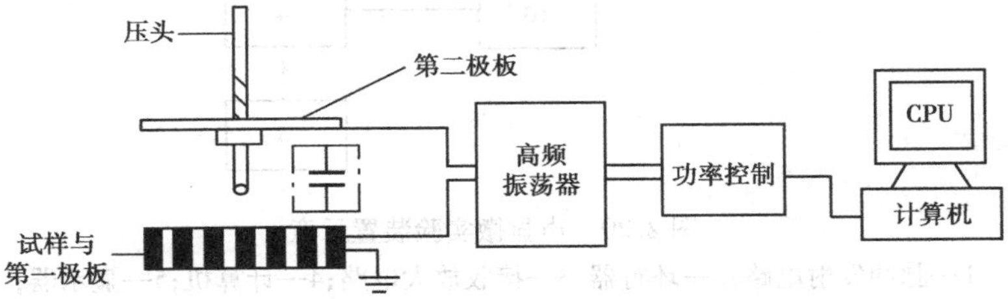

图2.19　纤维位移测试原理

表2.6　试样厚度对束纤维顶出测试结果的影响

试样厚度/mm	>2.00	1.50	1.23	0.99	0.67	0.49	<0.49
束纤维顶出力/N	顶不出	33.50	27.90	22.50	15.50	11.80	制样困难
IFSS/MPa	—	10.35	10.49	10.52	10.68	11.13	—

注：丝束平均直径0.688 mm。

表2.7　试样厚度对单纤维顶出测试结果的影响

试样厚度/μm	189	166	156	138	98	77
单纤维顶出力/mN	55.9	53.9	51.3	49.0	37.93	34.3
IFSS/MPa	13.45	14.77	14.95	16.15	17.61	20.27

注：纤维平均直径7 μm。

图2.19所示仪器具有测试精度高、操作方便的特点，能得到不同层次的界面剪切强度，为C/C复合材料的研究提供了一种新的界面微观力学表征技术。

2)声显微技术

声显微法是近年发展起来的一种新技术，关键设备是声学显微镜。它的优点是：不仅可以观测光学不透明材料的表面、亚表面的状态和性质，而且可以观测材料内部的结构和性质。国内采用德国生产的高分辨率声学显微镜，研究了SiC/陶瓷复合材料界面行为。试样中的一种SiC纤维表面经过特殊处理，另一种SiC纤维未作任何处理；声耦合介质为水，工作频率为2.2 GHz，实验装置如图2.20所示。研究表明，表面经过处理的SiC/陶瓷复合材料，其SiC纤维表面与基体结合牢固，复合材料冷却过程中发生了平稳缓慢的晶化过程，纤维内部和周围出现了周期性的某种力学不均匀性，相当于声显微照片中的明暗相间的同心圆环形图案。这种明暗差别反映了材料的声衰减性能不同，说明材料的致密性有周期性的环形不均匀。

3)单纤维拔出测试法

单纤维拔出测试法(SEPOT)是增强纤维表面改性效果和评价复合材料界面质量的重要

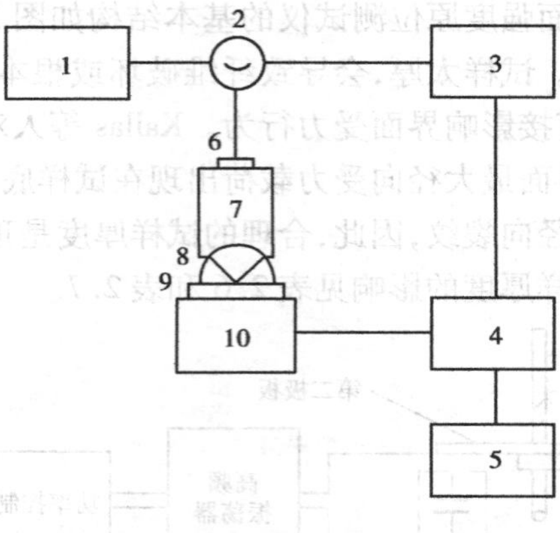

图 2.20　声显微实验装置示意

1—脉冲发射电路;2—环行器;3—接收放大电路;4—计算机;5—显示器;

6—压换能器;7—声透镜;8—耦合器;9—样品;10—扫描平台

手段。样品制备是关键技术,特别是埋置深度一定要小于 $r\sigma/2\tau$(σ 为纤维的拉伸强度,r 为纤维的半径,τ 为界面剪切强度)。直径较大的玻璃纤维和芳纶纤维,埋置深度为 0.5 mm 左右;直径较小的碳纤维,埋置深度小于 0.1 mm。人们一直在探求样品制备的简易方法,但操作十分复杂。黄玉东等人建立了 SFPOT 系统,如图 2.21 所示,实现了单纤维拔出表征 CFRP 界面强度。测试结果见表 2.8。

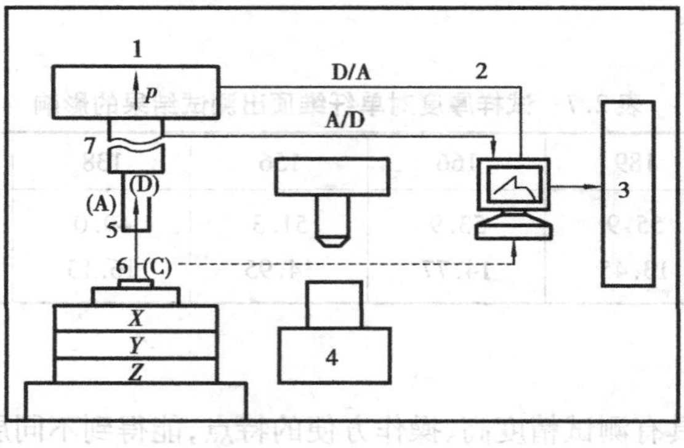

图 2.21　SEPOT 系统示意图

1—自动加载系统;2—微机;3—IFSS 输出;

4—显微观测系统;5、6—纤维树脂;7—变形测定器

表 2.8　CF/环氧复合材料界面剪切强度

界面性能	等离子体处理时间/min			
	0	10	5	20
IFSS/MPa	31.2(101) 47.8(6)	43.8(133) 60.2(6)	58.5(78) 84.6(6)	57.0(82) 73.5(6)

注:等离子体处理功率为 300 W,真空度为 133.3 Pa;括号内的数字为测试次数。

从测试结果看出,IFSS 与 CF 表面等离子体处理时间存在明显的对应关系。该系统为评价 CFRP 界面质量和增强纤维表面处理效果提供了有效手段。

4）声发射技术

近年来成功地将声发射（AE）技术运用于单纤维复合材料界面剪切强度实验，可以测定纤维的临界断裂长度。以往用显微镜通过光学测量确定纤维的断裂位置很麻烦，不仅费时且误差较大，试样还必须透明，因此对不透明的聚合物基、金属基和陶瓷基复合材料就无能为力。用 AE3000 系统声发射仪确定含有单纤维聚合基复合材料试样的纤维断裂位置，以了解纤维断裂段的长度分布，根据细观力学模型计算纤维和基体间的界面剪切强度 τ，即

$$\tau = K\frac{d\tau}{2L} \tag{2.58}$$

式中，L 为实际测出的最小断裂长度平均值；σ 为纤维断裂强度；d 为纤维的直径；$K=0.75$。

用声发射测得 5 个试件纤维的平均最小断裂长度 L 为 5.60 mm，$d=10\ \mu\text{m}$，$\sigma=2.8$ GPa。由式（2.58）计算得到 $\tau=1.875$ MPa。采用声发射技术还测定了 SiC 纤维铝基复合材料的界面强度。通过实验可准确测定纤维断裂总次数和纤维多次断裂数及断裂纤维的长度，结合力学实验可测定纤维和金属基体的界面强度和纤维的断裂强度。

5）在扫描电镜下进行动态加载断裂过程

在静态条件下研究复合材料界面状态比较深入，研究方法也比较多，但在动态条件下难以准确揭示复合材料的受力条件下的微观断裂过程。利用备有拉伸装置的 SEM 直接观察和跟踪界面在受力过程中裂纹的萌发、扩展、断裂的全过程，可研究复合材料在受力条件下断裂过程及界面不同状态对复合材料断裂历程的影响，以进一步改进复合材料成型工艺和复合材料界面设计。国内学者利用备有拉伸装置的 S-550 型 SEM 对 CF/PMR-15 复合材料进行了在动态拉伸过程中界面受力行为的研究。如图 2.22 所示，CF 表面未处理时，材料界面结合较弱，裂纹起源于界面，如图 2.22（a）所示；而接枝 NA 酸酐的 CF/PMR-15 复合材料，界面结合较强，CF 的裂纹引发集体开裂，如图 2.22（b）所示。

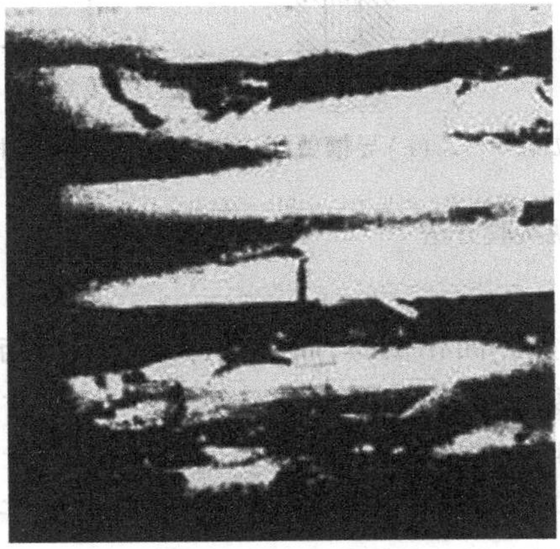
（a）CF未经处理

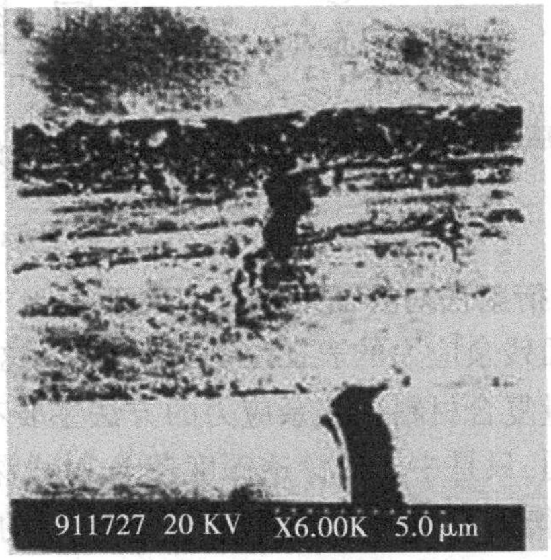

（b）接枝NA酸酐

图 2.22　CF/PMR 动态拉伸 SEM 照片

6）扭辨分析表征界面效应

扭辨分析（TBA）支撑体辫子的表面对被测物是活性的，可形成界面键，有界面效应，即界面键束缚高分子链段运动，从而导致主转变峰峰位向高温侧位移。在环氧固化物附载于 GF、

CF、KF三类不同层面状态的辫子上，测得的 T_g 各不相同，随表面的活性增大而增高。环氧/KF辫子复合试样 T_g 为120 ℃，环氧/GF辫子复合试样 T_g 为125 ℃，环氧/CF辫子复合试样 T_g 为132 ℃，而环氧浇注体热机分析仪测得 T_g 为115 ℃。表明支撑体存在的 T_g 均比无支撑体存在的要高。这是由于复合试样辫子的表面对环氧树脂是活性的，存在着界面效应，故影响TBA的结果。不同辫子表面活性是不同的，CF表面存在—COOH和—OH基，对环氧活性较大，形成较多的界面键，故界面效应较强，较大地束缚了环氧固化物主链的运动，因此 T_g 上升。在研究填料增强聚合物复合材料动态力学性能时，发现填料和聚合物间的界面效应，导致热机谱图主转变峰高温一侧出现一个"肩膀"峰。这个"肩膀"峰为界面峰。Gillham用惰性的三醋酸纤维素纤维编成辫子的热机谱图，各种转变峰位与其他低频方法测得的结果是一致的。表明只要辫子对聚合物是惰性的，仅起到支承体的作用，虽然二者间有界面，但不会产生界面效应而影响扭辫分析结果。

7)宏观测试技术(宏观实验方法)

该方法以复合材料宏观性能来评价纤维与基体界面的应力状态。宏观实验方法有四种，如图2.23所示。试样的制备及测试过程都比较简单，均可在常用万能拉力试验机上进行测试，不过需要配置专用夹持工具。这些均是复合材料界面强度比较敏感的实验。每种实验都是界面、基体和纤维共同受力情况下在最薄弱环节首先破坏的复合材料宏观实验。得到的强度也与纤维、基体的体积含量和分布及其性质、复合材料中孔隙及缺陷的数量与分布有关。研究表明：孔隙率每增加1%，短梁剪切强度下降7%；横向拉伸强度对孔隙率及缺陷则更加敏感。因此，宏观实验对复合材料界面性能的相对比较无法得出独立的界面强度值。

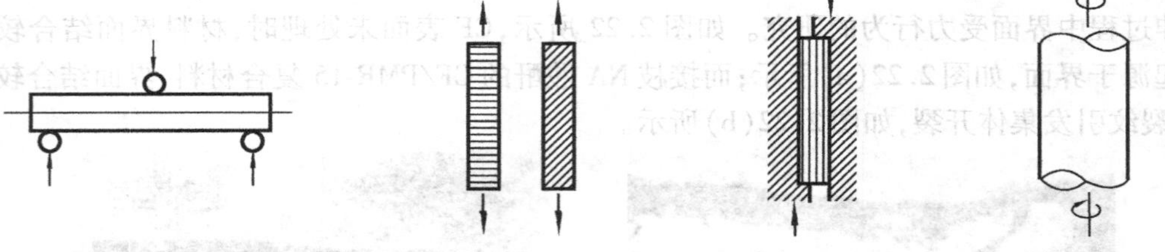

(a)层间剪切(短梁剪切)　(b)横向(或偏轴)拉伸　(c)导槽剪切　(d)圆筒扭转

图2.23　宏观实验方法

(3)衍射法对界面残余应力的表征

界面残余应力的表征是必较困难的，这是因为界面相很薄，而且基体也有透明与不透明之分。测量复合材料中残余应力的方法主要有X射线衍射法和中子衍射法。两种方法的测试原理相同，只是中子的穿透深度较X射线深，可用来测量深层应力。由于参与反射的区域较大，中子衍射法测得的结果是一很大区域的应力平均值。因受到中子源的限制，中子衍射法还不能普及。由于射线的穿透能力有限，X射线衍射法仅能测定试样表面的残余应力。

鉴于上述两种方法的局限性，人们开始采用同步辐射连续X射线能量色散法和会聚束电子衍射法来测定复合材料界面附近的应力和应变变化。前者的特点是：①X射线强度高，约为普通X射线的 10^5 倍；②X射线的波长在 1×10^{-11} m ~ 4×10^{-8} m范围内连续。因此，该方法兼有较好的穿透性和对残余应变梯度的高空间分辨率，可测量界面附近急剧变化的残余应力。此外，用激光Raman光谱法测量界面层相邻纤维的振动频率，根据纤维标定确定界面层的残余应力。目前应用最为广的仍是传统的 X 射线衍射法。

(4)增强体表面性能的表征

纤维表面直接关系到形成复合材料的界面,有必要对它进行表征。

1)X 光电子能谱对增强材料表面性质的表征

光电子能谱(XPS)是研究固态材料表面结构与性能最先进的技术之一,尤其是对增强材料表面改性前后材料表面的组成、结构及性能的变化以及表面改性机理的研究提供了科学的手段。用 XPS 研究了 CF 表面化学改性后表面性能的变化和黏结性能的关系见表 2.9。

表 2.9　XPS 分析与 CF 表面性能的关系

氧化时间/min	XPS 分析 O/C	CF 表面化学基团		浸润性[①] (°)	ILSS /MPa
		—COOH/μN	—OH/μN		
0	4.5	37	1	61	60.3
5	18.1	80	3	57	62.2
10	20.0	81	26	53	61.1
15	25.0	85	31	52	63.6

注:①浸润性用 CF 对六氢苯二甲酸环氧树脂的接触角大小来表征。

CF 表面经化学氧化处理后黏结强度提高了,主要是增加了羧基和羟基,使 O/C 比增加,改善了对环氧树脂的浸润性和化学反应性。

2)扫描隧道显微镜对增强材料表面性质的表征

虽然高分辨电子显微镜(HREM)可以观测到亚微米结构,但是制样困难,得不到实际空间像。而扫描隧道显微镜(STM)可以深入到纳米尺度甚至原子结构,能得到实际空间的真实像,同时制样简单,不破坏样品,可在大气条件下直接观测,但仅限于导电的试样。

有人采用 STM 观察 PAN 基 CF 表面处理前后结构的变化。观察所用仪器及条件是:在 CSPM930a 型仪器上进行,用电化学腐蚀成的钨针尖产生设定的隧道电流为 2.0 ~ 3.0 nA,隧道电压设定为 100 ~ 300 nV。观察发现,CF 由表面轴向排列的并具有经向隆起的带状细纤维组成,粗糙不平,细纤维表面由小晶粒组成。用电化学方法腐蚀约 10 nm 厚的表面层,细纤维仍呈螺旋结构,可见表面和内部的细结构是一致的。

3)表面力显微镜对复合材料界面的表征

表面力显微镜(IFM)即扫描探测显微镜,是新近问世的复合材料界面微观力学性能测试仪。该仪器采用自平衡差示电容测力的方法(图 2.24),解决了 IFM 测试的关键。IFM 可直接测试两种材料的亚接触和接触间的力的信息。国外利用 IFM 研究了 GF/Epoxy 复合材料界面力的分布。该方法具有较大的应用前景,为界面黏接和界面化学性质对复合材料界面微观力学性能的影响提供了独特的信息。

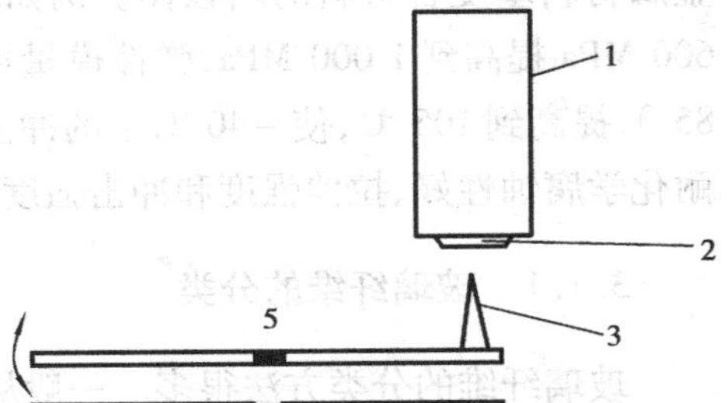

图 2.24　IFM 测试示意图

1—XYZ 位移压电操纵器;2—试样;3—探针;4—差示电容基片;5—扭力棒

第3章 复合材料的增强材料

在复合材料中，凡是能够提高基体力学性能的物质，称为增强材料。纤维在复合材料中起增强作用，是主要承力部分，它能使复合材料显示出较高的抗张强度和刚度，还能够减少收缩，提高热变形温度和低温冲击强度。纤维增强材料，不仅是指纤维束丝，还包括纺织布、带、毡等纤维制品。纤维增强材料按其组成可以分为无机纤维增强材料和有机纤维增强材料两大类，无机纤维包括玻璃纤维、碳纤维、硼纤维、碳化硅纤维和晶须等；有机纤维包括芳纶、尼龙纤维和聚烯烃纤维等。增强材料的选用是根据制品的性能要求，例如力学性能、耐热性能、耐腐蚀性能、电性能等，以及制品的成型工艺和成本要求确定的。

3.1 玻璃纤维增强材料

玻璃纤维是纤维增强复合材料中应用最为广泛的增强体，可作为有机高聚物基或无机非金属材料基复合材料的增强体。例如，在聚苯乙烯塑料中加入玻璃纤维后，拉伸强度可以从600 MPa提高到1 000 MPa，弹性模量可以从3 000 MPa提高到8 000 MPa，热变形温度可从85 ℃提高到105 ℃，使 -40 ℃下的冲击强度提高10倍。玻璃纤维具有成本低、不燃烧、耐热、耐化学腐蚀性好、拉伸强度和冲击强度高、断裂延伸率小、绝热性及绝缘性好等特点。

3.1.1 玻璃纤维的分类

玻璃纤维的分类方法很多。一般从玻璃原料成分、单丝直径、纤维外观及纤维特性等方面进行分类。

玻璃纤维按其原料组成可分为：无碱玻璃纤维，国内规定其碱金属氧化物含量不大于0.5%，国外一般为1%左右，这种纤维强度较高，耐热性和电性能优良，能抗大气侵蚀，化学稳定性也好（但不耐酸），最大的特点是电性能好，因此，也将它称为“电气玻璃”，国内外广泛使用这种玻璃纤维作为复合材料的原材料；有碱玻璃纤维，类似于窗玻璃及玻璃瓶的钠钙玻璃，由于含碱量高，强度低，对潮气侵蚀极为敏感，因而很少作为增强材料；中碱玻璃纤维，碱金属氧化物含量为11.5% ~12.5%，国外没有这种玻璃纤维，它的主要特点是耐酸性好，主要用于耐腐蚀领域中，价格较便宜；特种玻璃纤维，如由纯镁铝硅三元组成的高强玻璃纤维，镁铝硅系高强高弹玻璃纤维，硅铝钙镁系耐化学介质腐蚀玻璃纤维，含铅纤维，高硅氧纤维，石英纤维等。

按玻璃纤维单丝直径分为粗纤维（单丝直径为30 μm）、初级纤维（单丝直径20 μm）、中级纤维（单丝直径为10 ~20 μm）、高级纤维（单丝直径为3 ~10 μm），单丝直径小于4 μm的玻璃纤维称为“超细纤维”。

根据纤维本身具有的性能可分为高强玻璃纤维、高模量玻璃纤维、耐高温玻璃纤维、耐碱玻璃纤维、耐酸玻璃纤维、普通玻璃纤维。

以玻璃纤维外观分类，有长纤维、短纤维、空心纤维和卷曲纤维等。

3.1.2 玻璃纤维的结构及化学组成

(1)玻璃纤维的结构

玻璃纤维的拉伸强度比块状玻璃高许多倍，两者的外观完全不同，但是，研究证明玻璃纤维的结构与玻璃相同。关于玻璃结构的假说有多种，到目前为止，只有“微晶结构假说”和“网络结构假说”才比较符合实际情况。

微晶结构假说认为，玻璃是由硅酸盐或二氧化硅的“微晶子”组成，在“微晶子”之间由硅酸盐过冷溶液所填充。

网络结构假说认为，玻璃是由二氧化硅四面体、铝氧四面体或硼氧三面体相互连成不规则的三维网络，网络间的空隙由 Na^+、K^+、Ca^{2+}、Mg^{2+} 等阳离子所填充。二氧化硅四面体的三维网状结构是决定玻璃性能的基础，填充的 Na^+、Ca^{2+} 等阳离子称为“网络改性物”。

大量资料证明，玻璃结构中存在一定数量和大小比较有规则排列的区域，这种近似有序的规则性是由一定数目的多面体遵循类似晶体结构的规则排列形成的。但是，它的有序区域不是像晶体结构那样有严格的周期性，微观上是不均匀的，宏观上却又是均匀的，使玻璃在性能上具有是各向同性。

(2)玻璃纤维的化学组成

玻璃纤维是非结晶型无机纤维，化学组成主要是二氧化硅、三氧化二硼、氧化钙、三氧化二铝等，它们对玻璃纤维的性质和生产工艺起决定性作用。氧化钠、氧化钾等碱性氧化物能够降低玻璃的熔化温度和熔融黏度，并使玻璃溶液中的气泡易于排除。它们主要通过破坏玻璃骨架，使结构疏松，从而达到了助熔的目的。因此，氧化钠和氧化钾的含量越高，玻璃纤维的强度、电绝缘性能和化学稳定性都会相应的降低。加入氧化钙、三氧化二铝等，能在一定条件下构成玻璃网络的一部分，改善玻璃的某些性质和工艺性能。玻璃纤维化学成分的制定既要满足玻璃纤维物理和化学性能的要求，具有良好的化学稳定性，还要满足制造工艺的要求，如合适的成型温度、硬化速度及黏度范围。表3.1列出了国内外常用玻璃纤维的成分。

表 3.1　国内外常用玻璃纤维的成分

(%)

原料＼玻璃纤维	国内			国外					
	无碱 1 号	无碱 2 号	中碱 5 号	A	C	D	E	S	R
SiO_2	54.1	54.5	67.5	72.0	65	73	55.2	65	60
Al_2O_3	15.0	13.8	6.6	2.5	4.0	4	14.8	25	25
B_2O_3	9.0	9.0	—	0.5	5.0	23	7.3	—	—
CaO	16.5	16.2	9.5	9.0	14.0	4	18.7	—	9
MgO	4.5	4.0	4.2	0.9	3.0	4	3.3	10	6
Na_2O	<0.5	<0.2	11.5	12.5	8.5	4	0.3	—	—
K_2O	—	—	<0.5	1.5	—	4	0.2	—	—
Fe_2O_3	—	—	—	0.5	0.5	—	0.3	—	—
F_2	—	—	—	—	—	—	0.3	—	—

注:A 为普通有碱纤维;

C 为耐酸玻璃纤维;

D 为低介电常数纤维,透雷达波性能好;

E 为无碱玻璃纤维,电绝缘性能好;

S 为高强度玻璃纤维;

R 为耐化学介质腐蚀玻璃纤维。

3.1.3　玻璃纤维的物理性能和化学性能

玻璃纤维具有一系列优良性能,拉伸强度高,防火、防霉、防蛀、耐高温和电绝缘性能好等。它的缺点是具有脆性,不耐腐蚀,对人的皮肤有刺激性等。

一般天然或人造有机纤维的表面都有较深的皱纹,而玻璃纤维的外观是光滑的圆柱体,横断面几乎是完整的圆形。从宏观上看,由于表面光滑,纤维之间的抱合力非常小,不利于与树脂黏结。又由于呈圆柱状,所以玻璃纤维彼此相靠近时,空隙填充得较为密实,这对于提高复合材料制品的玻璃含量是有利的。用于复合材料的玻璃纤维,直径一般为 5 ~20 μm,密度为 2.4 ~2.7 g/cm^3,一般无碱玻璃纤维的密度比有碱玻璃纤维大。

玻璃纤维的最大特点是:拉伸强度较高,但扭转强度和剪切强度都比其他纤维低很多,玻璃纤维的拉伸强度比相同成分的玻璃高很多,一般有碱玻璃的拉伸强度只有 40 ~100 MPa,而用它拉制的玻璃纤维,拉伸强度可高达 2 000 MPa,强度提高 20 ~50 倍。

对玻璃纤维高强的原因,许多学者提出了不同的假说,其中比较有说服力的是“微裂纹假说”。该假说认为:玻璃的理论强度取决于分子或原子间的引力,它的理论强度很高,可达到 2 000 ~12 000 MPa,但是,实际测试的强度值却很低,这是因为在玻璃或玻璃纤维中存在着数量不等、尺寸不同的微裂纹,因而大大降低了强度。微裂纹分布在玻璃或玻璃纤维的整个体积内,但以表面的微裂纹危害最大。由于微裂纹的存在,使玻璃或玻璃纤维在外力作用下受力不均,在微裂纹处产生应力集中,首先发生破坏,使强度下降。玻璃纤维比玻璃的强度高很多,是因为玻璃纤维高温成型时减少了玻璃溶液的不均一性,使微裂纹产生的机会减少。另外,玻璃纤维的断面较小，微裂纹存在的概率也减少，从而使纤维强度增高。

玻璃纤维是一种优良的弹性材料，应力—应变曲线基本上是一条直线，没有塑性变形阶段，断裂延伸率小。直径 9 ~ 10 μm 的玻璃纤维的延伸率为 2% 左右，5 μm 的玻璃纤维的延伸率大约为 3%。几种玻璃纤维的物理性能如表 3.2 所示。

表 3.2　玻璃纤维的物理性能

性　能	玻璃纤维					
	A	C	D	E	S	R
拉伸强度（原纱）/GPa	3.1	3.1	2.5	3.4	4.58	4.4
拉伸弹性模量/GPa	73	74	55	71	85	86
延伸率/%	3.6			3.37	4.6	5.2
密度/($g \cdot cm^{-3}$)	2.46	2.46	2.14	2.55	2.5	2.55
比强度/($MN \cdot kg^{-1}$)	1.3	1.3	1.2	1.3	1.8	1.7
比模量/($MN \cdot kg^{-1}$)	30	30	26	28	34	34
线膨胀系数/($10^{-6}K^{-1}$)		8	2 ~ 3			4
折光指数	1.520			1.548	1.523	1.541
介电耗损角正切 / 10^6 Hz			0.000 5	0.003 9	0.007 2	0.001 5
介电常数：10^{10} Hz				6.11	5.6	
10^6 Hz			3.85			6.2
功率因数：10^{10} Hz				0.006		
10^6 Hz			0.000 9			0.009 3
体积电阻率 / ($\mu\Omega \cdot m$)	10^{14}			10^{19}		

玻璃纤维的直径越大和长度越长，都使其强度变得越低。拉伸强度还与玻璃纤维的化学成分密切相关，一般来说，含碱量越高，强度越低。玻璃纤维存放一段时间后，会出现强度下降的现象，主要原因是空气中的水分对纤维侵蚀的结果。含碱量低的玻璃纤维的强度下降小，例如，直径 6 μm 的无碱玻璃纤维和含 Na_2O 17% 的有碱纤维，在空气湿度为 60% ~65% 的条件下存放。无碱玻璃纤维存放两年后强度基本不变，而有碱纤维强度不断下降，开始比较迅速，以后缓慢下来，存放两年后强度下降 33%。

玻璃是一种很好的耐腐蚀材料，玻璃纤维的耐腐蚀性却很差。这主要是由于玻璃纤维的比表面积大所造成的。例如，质量为 1 g 厚度为 2 mm 的玻璃，只有 5.1 cm^2 的表面积，而 1 g 的玻璃纤维（直径为 5 μm）的表面积却达到 3 100 cm^2，使玻璃纤维受化学介质腐蚀的面积比玻璃大 608 倍。

玻璃纤维除对氢氟酸、浓碱、浓磷酸外，对所有化学药品和有机溶剂都有良好的化学稳定性。化学稳定性在很大程度上决定了不同纤维的使用范围。玻璃纤维的化学稳定性主要取决于其成分中二氧化硅及碱金属氧化物的含量。显然，二氧化硅含量多能提高玻璃纤维的化学稳定性，而碱金属氧化物则会使化学稳定性降低。在玻璃纤维中增加 SiO_2 或 Al_2O_3、、ZrO_2、

TiO_2含量，都可以提高玻璃纤维的耐酸性；增加 SiO_2、CaO、ZrO_2、ZnO 含量，能够提高玻璃纤维的耐碱性；在玻璃纤维中加入 Al_2O_3、ZrO_2及 TiO_2等氧化物，可以大大提高耐水性。

3.1.4 玻璃纤维及其制品的制造工艺

玻璃纤维的制造方法主要有两种：坩埚法与池窑拉丝法。

(1)坩埚法制造玻璃纤维的工艺

首先将砂、石灰石和硼砂与玻璃原料干混后，在大约 1 260 ℃熔炼炉中熔融后，流入造球机制成玻璃球，再将已知成分玻璃球在电加热的铂铑坩埚中熔化成玻璃熔液，熔液在重力作用下坩埚底部漏板的小孔中流出。漏板上有 200～400 个小孔，它们被称为喷丝孔。拉丝机的机头上套有卷筒，由电机带动做高速转动，将从喷丝孔流出的玻璃纤维端头缠在卷筒上后，由于卷筒的高速转动，使玻璃液高速度地从坩埚底部的小漏孔中拉出，并经速冷而成玻璃纤维。牵拉速度为 600～200 m/min，最高达 3 500～4 800 m/min。坩埚底部有多少小漏孔，同时就能拉制出多少根玻璃纤维，这些玻璃纤维集束成一股并浸上浸润剂，然后经排线器卷绕到拉丝机的卷筒上去。拉丝的情况如图 3.1 所示。

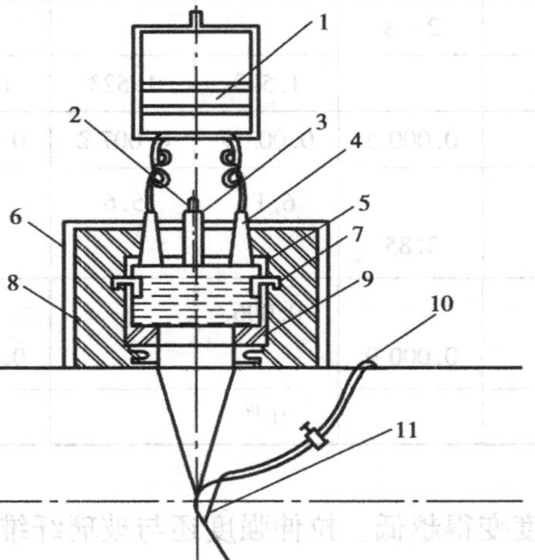

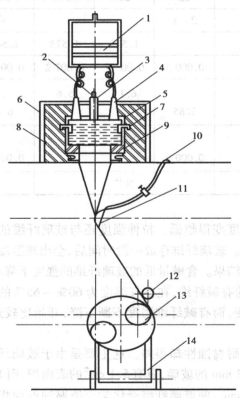

图 3.1 坩埚法拉制玻璃纤维的工艺简图

1—加球斗；2—接液面控制仪；3—测液孔；4—加球管；5—坩埚；6—接电极变压器；7—电极；8—接漏板变压器；9—舟形漏板；10—浸润剂管；11—集束槽；12—排线轮；13—机头；14—机体

从卷筒上取得的玻璃纤维称为“原丝”。原丝由若干根单丝（单纤维）组成，单丝的多少由坩埚底部的小漏孔数决定。原丝经检查合格后，可送到纺织工段做进一步加工。

(2)池窑拉丝法制造玻璃纤维的工艺

将配合好的玻璃配合料投入窑内熔融，熔融玻璃液经过澄清和均化，直接流入装有铂铑合金漏板的成型通路中，借助自重从漏板孔中流出，快速冷却并借助绕丝筒以1 000～3 000 m/min 线速度转动，拉成直径很小的玻璃纤维。单丝经过浸润剂槽集束成原纱。原纱经排纱器以一定角速度规则地缠绕在纱筒上。原纱的粗细与单丝直径及漏板孔数有关，单丝直径则与熔融玻璃的温度、黏度、拉丝速度有关。短纤维的生产更多的是采用吹制法。即在熔融的玻璃液从熔炉中流出时，立即受到喷射空气流或蒸汽流冲击，将玻璃液吹拉成短纤维，将飞散的短纤维收集在一起，并均匀喷涂黏结剂，则可进而制成玻璃棉毡。玻璃纤维质地柔软，可以纺织成玻璃布、玻璃带与织物，其制品主要有玻璃纱。无捻粗纱、玻璃带、玻璃毡、短切纤维和玻璃布以及一些特殊形式的制品，如编制夹层织物及三向织物。由于池窑拉丝法采用粉料熔融直接拉丝，省去了制玻璃球和二次熔化的过程，因而使池窑拉丝法生产玻璃纤维的能量消耗比坩埚法节约50%左右。池窑拉丝法还具有生产稳定、产量大的优点。

(3)浸润剂的作用和类型

玻璃纤维很容易由表面缺陷引起损伤,为了减少损伤和便于纤维的操作,而采用浸润剂涂敷处理。浸润剂的作用主要表现为:润滑作用,防止纤维间的磨损,使纤维得到保护;黏结作用,使单丝集束成原纱或丝束;防止纤维表面聚集静电荷;使纤维获得能与基体材料良好黏结的表面性质。常用的浸润剂有石蜡乳剂和聚酯酸乙烯酯两种,前者属于纺织型,后者属于增强型。石蜡乳剂中主要含有石蜡、凡士林、硬脂酸、变压器油、固色剂、表面活性剂和水。这类浸润剂有利于纺织加工,缺点是严重地阻碍树脂对玻璃布的浸润,影响树脂与纤维的结合,因此,在使用时要经过脱蜡处理。聚酯酸乙烯酯对玻璃钢性能影响不大,使用时不需要清除。这类浸润剂的主要组分有成膜剂(如水溶性树脂或树脂乳液)、偶联剂、润滑剂、润湿剂和抗静电剂等。但是,这种浸润剂在纺织时易使玻璃纤维起毛,一般用于生产无捻粗纱、无捻粗纱织物,以及短切纤维和短切纤维毡。除了上述两种浸润剂外,还有适合于聚酯树脂的711浸润剂,适合于酚醛、环氧树脂的4114浸润剂等。因此,在选用任何玻璃纤维制品的时候,必须了解它所用的浸润剂类型,然后再决定是否在浸润树脂以前把它除去。

3.1.5　玻璃纤维制品的性能与应用

玻璃纤维纱一般分为加捻纱和无捻纱两种。加捻纱是通过退绕、加捻、并股、络纱而制成的玻璃纤维成品纱。无捻纱则不经退绕、加捻,直接并股、络纱而成。国内生产的有捻纱一般用石蜡乳剂作为浸润剂。无捻纱一般用聚酯酸乙烯酯作浸润剂,它除了纺织外,还适用于缠绕,其特点是对树脂的浸润性良好,强度较高,成本低,但在成型过程中由于未经加捻而易磨损,因此起毛及断头。

玻璃纤维由于直径、股数不同而有很多规格。国际上通常用"tex"来表示玻璃纤维的不同规格。"tex"是指1 000 m长原丝的质量(单位为g)。例如,1 200 tex就是指1 000 m长的原丝质量为1 200 g。

玻璃纤维作为聚酯、环氧和酚醛的增强体正在被广泛使用,这种复合材料在中国统称"玻璃钢"。玻璃钢价格十分便宜,并且可以有许多种形式和不同性能的产品。玻璃纤维的应用可以按其品种划分。

(1)玻璃纤维无捻粗纱

无捻粗纱是原丝或单丝的集束体,前者是指多股原丝络制而成的无捻粗纱,也称"多股无捻粗纱";后者是指从漏板拉下来的单丝集束而成的无捻粗纱,也称"直接无捻粗纱"。一般无捻粗纱的单丝直径为13~23 μm。无捻粗纱可直接用于复合材料成型工艺,例如缠绕成型和拉挤成型,也可切短后用于喷射成型、预成型坯、SMC和模压预浸料工艺。

为了适应不同的复合材料成型工艺、产品性能和基体类型,需采用不同类型的浸润剂,所以就有各种用途的无捻粗纱。

①喷射成型用无捻粗纱　复合材料的喷射成型工艺对无捻粗纱的性能要求如下:切割性好,切割时产生的静电少,偶联剂常用有机硅和有机铬(沃兰)化合物;分散性好,切割后分散成原丝的比例要达到90%以上;贴模性好;浸润性好,能被树脂快速浸透,气泡易于驱赶;丝束引出性好。

②SMC用无捻粗纱　在制造SMC片材时将无捻粗纱切割成25 mm的长度,分散在树脂糊

中。对 SMC 无捻粗纱的性能要求是:短切性能好;抗静电性能好;容易被树脂浸透;硬挺度适宜。

③缠绕用无捻粗纱　缠绕用无捻粗纱一般采用直接无捻粗纱,对其要求如下:成带性好,成扁带状;退绕性好;张力均匀;线密度均匀;浸润性好,易被树脂浸透。

④织造用无捻粗纱　织造用无捻粗纱主要用于织造各种规格的方格布和单向布。对织造用无捻粗纱的要求有:良好的耐磨性,在纺织过程中不起毛;良好的成带性;张力均匀;退绕性好,从纱筒退卷时无脱圈现象;浸润性好,能被树脂快速浸透。

(2)无捻粗纱方格布

方格布是无捻粗纱平纹织物,可用直接无捻粗纱织造,它是目前手糊玻璃钢制品的主要增强体,除手糊工艺外,还用于层压和卷管工艺。无捻粗纱方格布在经纬向强度最高,在单向强度要求高的情况下,可以织成单向方格布,一般在经向布置较多的无捻粗纱。

对无捻粗纱方格布的质量要求是:织物均匀,布边平直(从手糊成型工艺角度看,布边最好是毛边),布面平整,无污渍,不起毛,无皱纹等;单位面积、质量、布幅及卷长都符合标准;浸润性好,能被树脂快速浸透;力学性能好;潮湿环境下强度损失小。

用无捻粗纱方格布制成的复合材料的特点是层间剪切强度低,耐压和疲劳强度差。

(3)玻璃纤维毡片

包括短切原丝毡、连续原丝毡、表面毡和针刺毡。

①短切原丝毡　将玻璃纤维原丝或无捻粗纱切割成 50 mm 长,将其均匀地铺设在网带上,随后撒上聚酯粉末黏结剂,加热熔化然后冷却制成短切原丝毡。所用玻璃纤维单丝直径为 10 ~ 12 μm,原丝集束根数为 50 或 100。短切毡的单位面积质量范围为 150 ~ 900 g/m²,常用的是 450 g/m²。短切原丝毡中高溶解度型短切原丝毡用于连续制板和手糊制品,低溶解度型短切原丝毡适用于对模压和 SMC 等制品。短切原丝毡应达到如下要求:单位面积质量均匀,无大孔眼形成,黏结剂分布均匀;干毡强度适中,在使用时根据需要可以容易地将其撕开;优异的浸润性,能被树脂快速浸透。

②连续原丝毡　将玻璃原丝呈“8”字形铺设在连续移动网带上,经聚酯粉末黏结剂黏合而成。单丝直径为 11 ~ 20 μm,原丝集束根数为 50 或 100,单位面积质量范围为 150 ~ 650 g/m²。连续原丝毡中的纤维是连续的,因此,适用于具有深模腔或复杂曲面的对模模压(包括热压和冷压),还用于拉挤型材工艺和树脂注射模塑工艺。

③表面毡　它是用 10 ~ 20 μm 的 C 玻璃纤维单丝随机交叉铺设并用黏结剂黏合而成。可用于增强塑料制品的表面耐蚀层,或者用来获得富树脂的光滑表面,防止交衣层产生微细裂纹,遮掩下面的玻璃纤维及织物纹路,同时还使制品的表面有一定弹性,以改善其抗冲击性和耐磨性。表面毡由于毡薄、玻璃纤维直径小,可形成富树脂层,树脂含量可达 90%,因此,使复合材料具有较好的耐化学性能、耐候性能,并遮盖了由方格布等增强材料引起的布纹,起到了较好的表面修饰效果。表面毡单位面积质量较小,一般为 30 ~ 150 g/m²。

④针刺毡　主要用于对模法而不是手糊法制品。

(4)缝合毡

用缝编机将短切玻璃纤维或长玻璃纤维缝合成毡,短切玻璃纤维缝合毡可代替短切毡使用,而长玻璃纤维缝合毡可代替连续原丝毡。其优点是:不含黏结剂,使树脂的浸透性好,价格较低。

(5)加捻玻璃纤维布

加捻玻璃布有平纹布、斜纹布、缎纹布、罗纹和席纹布等。主要用于生产各种电绝缘层压板、印刷线路板、各种车辆车体、贮罐、船艇及手糊制品的玻璃钢模具等，以及用于耐腐蚀场合。中碱玻璃布还用于生产涂塑包装布。

①平纹布　平纹布是指每根经纱（或纬纱）交替地从一根纬纱（或经纱）的上方和下方穿过织成的织物。平纹布结构稳定，布面密实，但变形性差，适合于制造平面复合材料制品。在各种织物中，平纹结构的织物强度较低。

②斜纹布　斜纹布是指经、纬纱以三上一下的方式交织形成的织物。斜纹布手感柔软，具有一定的变形性，强度高于平纹布，适合于复合材料的手糊成型工艺。

③缎纹布　缎纹布是指纬纱以几上一下的方式交织所形成的织物。缎纹布由于浮经或浮纬较长，纤维弯曲少，制成的复合材料制品具有较高的强度。

④纱罗和席纹布　纱罗是指每一根纬纱处有两根经纱绞合的织物，其特点是稳定性好。席纹是指两根或多根经纱在两根或多根纬纱的上下进行交织的织纹。

(6)玻璃带(条布为带)

常用于高强度、高介电性能的复合材料电气设备零部件。

(7)单向织物(即无纬带)

单向织物是指用粗经纱和细纬纱织成的四经破缎纹或长轴缎纹布。其特点是在经向具有高强度。可用于电枢绑扎以及制造耐压较高的玻璃钢薄壁圆筒和气瓶等高压容器。

(8)三向织物

包括各种异形织物、槽芯织物和缝编织物等。以其作为增强体的复合材料具有较高的层间剪切强度和耐压强度，可用做轴承、耐烧蚀件等。

(9)组合增强材料

将短切原丝毡、连续原丝毡、无捻粗纱织物和无捻粗纱等，按一定的顺序组合起来的增强材料。可为树脂基复合材料提供特殊的或综合的优异性能。

(10)特种玻璃纤维

1)高强度及高模量玻璃纤维

①高强度玻璃纤维　有镁铝硅酸盐和硼硅酸盐两个系统。镁铝硅酸盐玻璃纤维也称"S玻璃纤维"，它具有高的比强度，在高温下有良好的强度保留率及高的疲劳极限。与E玻璃纤维相比，拉伸强度高33%，弹性模量提高20%。S玻璃纤维的拉丝温度很高，一般要在1 400 ℃以上，需要特殊的拉丝工艺。硼硅酸盐玻璃纤维液相温度较低，不需要特殊拉丝工艺条件，一般用含量15%～25%的铂拉丝炉即可拉丝。它的拉伸强度为4 400 MPa，弹性模量为7.4×10^4 MPa。

②高模量玻璃纤维　它的模量为9.4×10^4 MPa，比一般玻璃纤维的模量提高1/3以上。由它制成的玻璃钢制品刚性特别好，在外力作用下不易变形，更适合于要求高强度和高模量制品，以及航空、宇航所用的制品。

2)耐高温玻璃纤维

①石英纤维　它是一种优良的耐高温材料，这种纤维仅限于用高纯度(99.95%二氧化硅)天然石英晶体制成的纤维，它保持了固体石英的特点和性能。石英纤维的软化温度高，可达1 250 ℃以上；膨胀系数小，石英纤维的膨胀系数仅为普通玻璃纤维的1/10～1/20；石英纤维在高温下电绝缘性能良好；电导率为一般纤维的0.1%～0.01%。石英纤维广泛用在电机制造、光通信、火箭及原子反应堆工程等方面。

②高硅氧玻璃纤维　它的耐热性能与石英纤维相似,但其强度较低,仅为普通无碱纤维强度的1/10。主要用途是作绝缘材料和隔热材料,多用于火箭、喷气发动机、原子反应堆等。

3)空心玻璃纤维

空心玻璃纤维是采用铝硼硅酸盐玻璃原料,用特制拔丝炉拔丝制成。这种纤维呈中空状态,质轻、刚性好,制成玻璃钢制品比一般的轻10%以上,而且弹性模量较高,电性能好,导热系数低,但性质较脆。它适用于航空与海底装备。

3.1.6　玻璃钢制品的应用概况

玻璃钢的应用范围遍及各种陆上运输车辆的零部件等。在建筑和土木工程中,玻璃钢用于建筑承重结构、围护结构及室内设备和装饰,卫生洁具及整体卫生间,施工板和标牌,农业仓库和太阳能装置等,用于化工防腐的管道、贮罐、贮槽、烟囱、通风。泵、阀门、风机叶片和集中式空调装置的冷却塔,也用于供水和废水处理厂使用的各种结构和零部件,净水槽和贮水槽等。发电和输配电装置和设备、工业和各种家用电器设备和组件、印刷线路板和电子仪器外壳、底座等也常用玻璃钢制造。各种渔船、游艇、商业和军用船只,水上航标以及船舶维护、修理和其他辅助设施,常常选用玻璃钢材质。玻璃钢还在以下几方面得到应用:家庭用具如洗衣机、空调机等,商用设备、商用冷冻和超级市场用橱柜、物品盘等,办公设备如复印机、计算机、邮箱等,文体休闲用品(钓鱼竿、高尔夫球杆、球拍、运动场设施、露营车、小型轻便货车、旅行拖车和活动房子,各种乐器、家具等),商业和军用飞行器零部件,导弹发射架,航天飞机零部件,军事基地支持设备及头盔等,以及安全帽、食品加工设备、冷藏拖车内衬板和集装箱等。

3.2　碳纤维增强材料

碳纤维是由有机纤维经固相反应转变而成的纤维状聚合物碳,是一种非金属材料。它不属于有机纤维范畴,但从制法上看,它又不同于普通无机纤维。碳纤维的质量小、强度高、模量高,耐热性高,化学稳定性好。以碳纤维为增强剂的复合材料是为满足宇航、导弹、航空等部门的需要而发展起来的高性能材料,具有比钢强比铝轻的特性,是一种目前最受重视的高性能材料之一。它在航空航天、军事、工业、体育器材等许多方面有着广泛的用途。碳纤维的缺点是性脆、抗冲击性和高温抗氧化性差,价格昂贵。主要作为树脂、碳、金属、陶瓷、水泥基复合材料的增强体。

3.2.1　碳纤维的分类

国内外已商品化的碳纤维种类很多,一般可以根据原丝的类型、碳纤维的性能和用途进行分类。

(1)根据碳纤维的力学性能分类

①高性能碳纤维　有高强度碳纤维、高模量碳纤维、中模量碳纤维等。

②低性能碳纤维　有耐火纤维、碳质纤维、石墨纤维等。

(2)根据原丝类型分类

聚丙烯腈基纤维,酚醛基碳纤维,沥青基碳纤维,纤维素基碳纤维,其他有机纤维基(各种天然纤维、再生纤维、缩合多环芳香族合成纤维)碳纤维。

(3)根据碳纤维功能分类

受力结构用碳纤维、耐焰碳纤维、活性炭纤维(吸附活性)、导电用碳纤维、润滑用碳纤维和耐磨用碳纤维。

3.2.2 碳纤维的制造

碳纤维是指热处理到1 000~1 500 ℃的纤维,石墨纤维是指加热到2 000~3 000 ℃处理的纤维。所谓"石墨纤维",并不意味纤维内部完全为石墨结构,仅仅表明热处理的温度更高而已,一般情况下,将碳纤维和石墨纤维统称为"碳纤维"。碳纤维的制造方法可分为气相法和有机纤维碳化法两种类型。

(1)气相法制备碳纤维

气相法制备碳纤维有两种方法:基板法和气相流动法。气相法方法只能制造晶须或短纤维,不能制造连续长丝。

①基板法 预先将催化剂喷洒或涂布在陶瓷或石墨基板上,然后将载有催化剂的基板置于石英或刚玉反应管中,再将低碳烃或芳烃与氢气混合通入反应管,在1 100 ℃下通过基板,在催化剂粒子上形成的碳丝以30~50 mm/min的速率生长,可以得到直径1~100 μm、长300~500 mm的碳纤维,常用的催化剂有铁、镍微粒和硝酸铁溶液。若以乙炔和氢气混合气为原料,在750 ℃下通过镍板或镍粉催化剂,则可得到螺圈状碳纤维。此法为间歇式生产,收率很低,约为10%。

②气相流动法 将低碳烃、芳烃、脂环烃等原料与铁、钴、镍超细粒子和氢气组成三元混合体系,在1 100~1 400 ℃下,铁或镍等金属微粒被氢气还原为新生态熔融金属液滴。在铁微粒催化剂液滴下,形成空心的直线型碳纤维;在镍微粒催化剂液滴下,形成螺旋状碳纤维。用此法可制得直径0.5~1.5 μm、长度为数毫米的碳纤维,其拉伸强度可达5 000 MPa,拉伸模量为650 GPa。

(2)有机纤维碳化法

有机纤维碳化法是先将有机纤维经过稳定化处理变成耐焰纤维,然后再在惰性气氛中,在高温下进行焙烧碳化,使有机纤维失去部分碳和其他非碳原子,形成以碳为主要成分的纤维状物。这种方法可以制造连续长纤维。

制作碳纤维的主要原材料有三种:人造丝(粘胶纤维);聚丙烯腈(PAN)纤维,它不同于腈纶毛线;沥青基碳纤维,它是通过熔融拉丝成各向同性的纤维,或者是从液晶中间相拉丝而成的,这种纤维是具有高模量的各向异性纤维。用这些原料生产的碳纤维各有特点。制造高强度、高模量碳纤维多选聚丙烯腈为原料。下面以聚丙烯腈基碳纤维为例,说明有机碳纤维的制造方法,其工艺过程如下:

①喷丝 可用湿法、干法或熔融状态三种中的任意一种方法进行。聚丙烯腈溶液在水中挤压成丝,称为"湿法喷丝";若在空气中挤压成丝,则称为"干法喷丝"。使用得较多的是湿法喷丝。聚丙烯腈喷丝后得到的原纤维,称为"先驱丝"。

②预氧化处理 将PAN先驱丝在氧化性气氛中200~300 ℃预氧化处理,使链状聚丙烯腈分子发生交联、环化、氧化、脱氢等化学反应,放出H_2O、HCN、NH_3和H_2等分解产物,形成耐热的梯形结构,以承受更高的碳化温度和提高碳化收得率,以改善其力学性能。如果不经预氧化处理而直接将PAN先驱丝碳化,就会爆发性地产生有害的闭环和脱氢等放热反应。预氧化

过程还可避免在后续工序中纤维相互熔并。预氧化处理过程中先驱丝一直要保持牵伸状态，使纤维中分子链伸展，沿纤维轴取向。牵伸力从低温(200 ℃)到高温(280~300 ℃)是由大到小直至零分段施加的。

③碳化处理　碳化过程是在高纯氮气中慢速加温(1 000~1 500 ℃)，以除去其中的非碳原子(H、O、N等)，碳化过程中纤维进一步发生交联、环化、缩聚、芳构化等化学反应，放出H_2、H_2O、NH_3、HCN、CO、CO_2、CH_4和少量焦油类物质，生成碳含量约为95%(质量分数)的碳纤维。高纯氮气既起防止氧化的作用，又是排除裂变产物和传递能量的介质。慢速加热的温度分布大致是400 ℃、700 ℃、900 ℃、1 100 ℃、1 300 ℃。总碳化时间约25 min。各阶段的主反应为:300~400 ℃，线型高聚物断链和开始交联;400~700 ℃，氢/碳之比值剧烈下降，碳含量逐渐增多;600 ℃以上，氮/碳和氧/碳之比值减少，形成碳素缩合环，且缩合环的环数逐渐增大;700~1 300 ℃，逐渐形成碳素环状结构并长大。在碳化过程中，丝的重量将减半。影响碳化质量的因素主要有氮气纯度、碳化温度和碳化速率。氮气愈纯愈好，其中不能含氧，尤其不能含水蒸气，否则在碳化过程将生成CO、CO_2和水煤气。碳化时的关键是丝束的出入口应严密密封，使炉内压力超过外压，避免空气中氧带入炉内并在高温下与碳起氧化反应，使纤维烧断或造成缺陷。碳化炉的结构、温度分布、密封程度以及最佳工艺参数的选择都对产品性能有重要影响。碳化处理后，再经过表面处理和上浆，就得到碳纤维。

④石墨化处理　将经过碳化处理后的纤维放入石墨化炉，在高纯氩气的保护下，快速升温到2 000~3 000 ℃，纤维中的碳发生石墨结晶。对纤维继续施加牵伸力，使石墨晶体的六角层平面平行于纤维轴取向。聚丙烯腈纤维碳化后，结构已比较规整，所需要的石墨化时间很短，一般几十秒或几分钟即可。经过石墨化处理后，再经过表面处理和上浆，就得到石墨纤维。在超高温度下，石墨和碳的蒸气压很高，在这种高温条件下碳纤维表面的碳可能蒸发，使其质量减小，并使纤维表面产生缺陷，从而降低其强度。如果在压力下进行石墨化，就可以得到强度较高的石墨纤维。

石墨化处理不是每种碳纤维都必须的。为了使碳纤维具有高模量，需要改善石墨晶体或石墨层片的取向。这涉及在每个步骤中十分严格的控制牵伸处理。如果牵伸不足，不能获得必要的择优取向，但如果施加的牵伸力过大，会造成纤维过度伸长和直径缩小，甚至引起纤维在生产过程中断裂。

3.2.3　碳纤维在工艺过程中的结构变化及对力学性能的影响

碳纤维的结构决定于原丝结构与碳化工艺。对有机纤维进行氧化、碳化和石墨化等工艺处理，是通过几种反应除去有机纤维中碳以外的N、H、O的过程，它们包括脱水、脱氧化碳、脱氨、脱氮和脱氰等一系列复杂反应过程，生成含有非碳元素的HCN、N_2、H_2、CO_2、CO、NH_3、CH_4等气体，并将它们移除。在这些反应中，不可避免的也有碳元素的消耗与流失，碳化阶段后的碳产率只有40%~45%。当加热时间足够长时，纤维产生吸氧作用，在分子间形成氧键结构。整个氧化过程的吸氧量为8%~10%。由于各种化学反应的发生，PAN纤维原来的取向被破坏，分子链大量收缩，故需要施加一定牵伸获得在高温下平行于纤维轴高度取向的PAN纤维环化结构，即纤维的分子链被拉直并平行于纤维轴取向，当PAN纤维转化为碳纤维后(碳化阶段加少许牵伸或不加牵伸)，分子仍能保持取向状态，纤维碳化过程的化学反应形成聚合体中—CN相互交联，产生呈晶态的六元环结构，它的微晶尺寸很小，却能很好地平行于纤维轴排列。微晶与纤维轴的夹角随着热处理温度的升高而减小。因为碳纤维的弹性模量是由石墨晶体基平面相对于纤维轴的取向程度决定的，如果在石墨化阶段对纤维继续施加牵伸，可进一步缩小晶体基平面与纤维轴的夹角，从而提高碳纤维的杨氏模量。例如，石墨晶体的基平面与纤维轴的夹角在±10°以内时，其弹性模量可达石墨晶须弹性模量的68%（大约为657 GPa）。

在碳纤维形成的过程中，由于氧化阶段和碳化阶段发生的复杂化学反应引起了纤维质量损失和直径缩小，随着原丝的不同，不同热处理的原丝质量损失可能在40%～90%，因此形成了各种微小的缺陷。但是，在碳化温度甚至在石墨化温度下，都不足以使已经形成的碳—碳键发生断裂。无论用哪种原料，高模量碳纤维中的碳分子平面总是沿纤维轴平行地取向。用X射线、电子衍射和电子显微镜研究发现，真实的碳纤维结构并不是理想的石墨点阵结构，而是属于乱层石墨结构。在乱层石墨结构中，石墨层片是基本的结构单元，若干层片组成微晶，微晶堆砌成直径数十纳米、长度数百纳米的原纤，原纤则构成了碳纤维单丝，其直径约数微米。实测碳纤维石墨层的面间距为0.339～0.342 nm，比石墨晶体的层面间距（0.335 nm）略大，各平行层面间的碳原子排列也不如石墨那样规整。

依据碳—碳键的键能及密度计算得到的单晶石墨强度和模量分别约为180 GPa和1 000 GPa，而碳纤维的实际强度和模量远远低于此理论值。纤维中的缺陷是影响碳纤维强度的重要因素。原纤沿纤维轴有程度较高的择优取向，但也存在一定的夹角（±10°），因为在石墨微晶生长过程中，可能会出现石墨层平面错位的现象，或者由于先驱丝中混入杂质而改变了石墨晶体的生长方向，结果造成碳纤维中存在一些不沿纤维轴取向的原纤条带。这种缺陷不仅造成这些带状结构之间的针状孔隙（空穴），而且在碳纤维受拉伸时，不沿纤维轴取向的晶面将首先发生断裂。由许多沿纤维轴择优取向的原纤聚集成直径为6～8 μm的碳纤维，称为“高度有序织构”，亦即乱层石墨结构。这种碳纤维中不可避免地存在结构缺陷，值得强调的是，碳纤维中石墨微晶的取向度直接影响碳纤维的强度。碳纤维的缺陷主要来自两个方面：一个是由于狭长条带状原纤彼此交叉，在其间形成针状孔隙（孔隙亦呈狭长条状，宽1.6～1.8 mm，长约数十纳米，并且这些孔隙也大致平行于纤维轴排列）缺陷。由原纤带来的另一些缺陷是异形、直径不均匀、表面污染、内部杂质、外来杂质、织构不均匀、各种裂缝、空穴、气泡等。碳纤维中缺陷的第二个来源是在氧化和碳化过程中的化学反应。化学反应使大量的非碳元素化合物以气体形式逸出，在纤维表面及其内部留下空洞和缺陷。这些空穴和缺陷导致纤维在受力时发生低应力断裂。

可以从纤维结构的观点来解释碳纤维的强度和模量与热处理温度的关系。对于一般PAN基碳纤维来说，模量随着热处理温度提高的原因是沿纤维轴的有序度增加，使石墨层片与层片之间的距离（面间距）d减少，并且使石墨微晶结晶的取向度$Z°$减小，从而导致碳纤维的弹性模量升高。碳纤维强度的变化规律是先随着热处理温度升高而逐渐上升，在1 400～1 500 ℃区间出现峰值，然后随着热处理温度提高而逐渐下降。在峰值以前碳纤维强度随热处理温度提高而增加的理由是：在这一温度范围内，碳化反应主要是聚合物分子内的环化和分子间的—CN键的交联反应，微晶之间或原纤之间交联键的形成对强度贡献更大，使碳纤维的强度随热处理温度的升高而提高。另一个原因是：由于d和$Z°$随着热处理温度的升高而减小，使碳—碳键的堆积密度（即单位体积内所含碳—碳键的数目）增加，也使碳纤维强度提高。但是，当温度超过碳纤维强度的峰值所对应的温度以后，由于热处理温度提高，微晶的尺寸也逐渐增大，导致强度随热处理温度的升高而降低。影响碳纤维强度的因素还包括微观结构的均匀性、热处理过程中热膨胀的各向异性、原纤条带的弹性解皱以及在高温处理的牵伸过程中相邻原纤之间的交联键断裂等。

碳纤维的应力—应变曲线为一直线,伸长小,断裂过程在瞬间完成,不发生屈服。碳纤维轴向分子间的结合力比石墨大,所以它的抗张强度和模量都明显高于石墨,而径向分子间作用力弱,抗压性能较差,轴向抗压强度仅为抗张强度的10%~30%。

3.2.4 碳纤维的性能

碳纤维具有低密度、高强度、高模量、耐高温、抗化学腐蚀、低电阻、高热传导系数、低热膨胀系数、耐辐射等特性,此外还具有纤维的柔顺性和可编性,比强度和比模量优于其他无机纤维。碳纤维复合材料具有非常优良的X射线透过性,阻止中子透过性,还可赋予塑料以导电性和导热性。碳纤维的缺点是:性脆,抗冲击性和高温抗氧化性差。碳纤维的热膨胀系数与其他类型纤维不同,它有各向异性的特点,平行于纤维方向是负值($-0.72 \sim -0.90 \times 10^{-6}$ ℃$^{-1}$),而垂直于纤维方向是正值($22 \sim 32 \times 10^{-6}$ ℃$^{-1}$)。碳纤维的密度在1.5~2.0 g/cm^{3}之间,这除与原丝结构有关外,主要决定于碳化处理的温度。一般经过高温(3 000 ℃)石墨化处理,密度可达2.0 g/cm^3。聚丙烯腈基碳纤维的种类与性能见表3.3。

表3.3 聚丙烯腈基碳纤维的种类与性能

类 型	牌 号	单丝数/根	密度/(g·cm^{-3})	抗张强度/MPa	弹性模量/GPa	断裂伸长率/%
高强度	HTA	L,3,6,12	1.77	3 650	235	1.5
高伸长	ST-3	3,6,12	1.77	4 350	235	1.8
中模量	IM-400	3,6,12	1.75	4 320	295	1.5
	IM-500	6,12	1.76	5 000	300	1.7
	IM-600	12	1.81	5 600	290	1.9
高模量	HM-35	3,6,12	1.79	2 750	348	0.8
	HM-40	6,12	1.83	2 650	387	0.7
高强、高模	HMS-35	6,12	1.78	3 500	350	1.0
	HMS-40	6,12	1.84	3 300	400	0.8
	HMS-45	6	1.87	3 250	430	0.7
	HMS-50X	12	1.92	3 100	490	0.6

碳纤维的比电阻与纤维的类型有关,在25 ℃时,高模量纤维为775 μΩ·cm,高强度碳纤维为1 500 μΩ·cm。碳纤维的电动势为正值,而铝合金的电动势为负值。因此,当碳纤维复合材料与铝合金组合应用时,会发生电化学腐蚀。

3.2.5 碳纤维的应用

由于碳纤维高温抗氧化性能和韧性较差,所以很少单独使用,主要用做各种复合材料的增强材料。以碳纤维为增强剂的复合材料具有比钢强比铝轻的特性,是一种目前最受青睐的高性能材料之一。它在航空航天、人造卫星、导弹、原子能、工业、体育器材等许多方面有着广泛的用途，也用做医用材料、密封材料、制动材料、电磁屏蔽材料和防热材料等。主要用途有以下几个方面：

(1)航空航天方面的应用

在航空工业中，碳纤维可以用做航空器的主承力结构材料，如主翼、尾翼和机体；也可用于次承力构件，如方向舵、起落架、扰流板、副翼、发动机舱。整流罩及碳—碳刹车片等。碳纤维可用做导弹防热及结构材料，如火箭喷嘴、鼻锥、防热层，卫星构架、天线、太阳能翼片底板，航天飞机机头、机翼前缘和舱门等。

碳纤维复合材料的使用还解决了许多技术关键问题。例如，在载人飞船的推力结构和导弹中采用碳纤维复合材料后，可使重心前移，从而提高命中精度，并解决了弹体的平衡问题。使用碳—碳复合材料作为导弹鼻锥时，烧蚀率低且烧蚀均匀，从而提高了导弹的突防能力和命中率。碳纤维增强的树脂基复合材料是宇宙飞行器喇叭天线的最佳材料，它能适应温度骤变的太空环境。

(2)交通运输方面的应用

碳纤维复合材料可用于汽车中不直接承受高温的各个部位。例如传动轴、支架、底盘、保险杠、弹簧片、车体等。价格昂贵是阻碍汽车工业大量使用碳纤维复合材料的主要原因。它也可用于制造快艇、巡逻艇、鱼雷快艇等。

(3)运动器材

用碳纤维可制造网球拍、羽毛球拍、棒球杆、曲棍球杆、高尔夫球杆、自行车、滑雪板，以及赛艇的壳体、桅杆、划水浆等。

(4)其他方面

碳纤维复合材料可用于化工耐腐蚀制品，例如泵、阀、管道和贮罐。碳纤维复合材料是桥梁和建筑物的良好修补材料，它还广泛用于医疗器件和纺织机的部件。

3.3　氧化铝系列纤维

氧化铝纤维是多晶陶瓷纤维，主要成分为氧化铝，并含有少量的 SiO_2、B_2O_3或 Zr_2O_3、MgO 等组分。氧化铝纤维品种多，具有优异的绝缘、耐高温、抗氧化性能。制造氧化铝纤维的方法有多种，用不同的方法制造出的氧化铝纤维无论在形状、结构和性能上都有很大的差异。以下是两种典型的方法：

(1)熔融纺丝法

首先将氧化铝在电弧炉或电阻炉中熔融，用压缩空气或高压水蒸气等喷吹熔融液流，使之呈长短、粗细不均的短纤维，这种制造方法称为“喷吹工艺”。这种方法制备的纤维质量受压缩空气喷嘴的形状及气孔直径大小的影响。连续氧化铝纤维的制法是将钼制细管放入氧化铝熔池中，由于毛细现象，熔液升至钼管的顶部，在钼管顶部放置一个 α-Al_2O_3晶核，以慢速(150 mm/min)并连续稳定地向上拉引，即得到直径范围在 50 ~ 500 μm(平均 250 μm)的连续单晶氧化铝纤维。其化学组成为 100% 的α-Al_2O_3单晶。单晶氧化铝的密度大(3.99 ~4.0 g/cm^3)。当拉引速度为 150 mm/min 时，拉伸强度达到 2 ~4 GPa，拉伸模量为 460 GPa。

(2)淤浆纺丝法

该法是将0.5 μm以下的α-Al_2O_3颗粒在增塑剂羟基氧化铝、少量的氯化镁和水组成的淤浆液中进行纺丝，然后在1 300 ℃的空气中烧结，就成为氧化铝多晶体纤维，再在1 500 ℃气体火焰中处理数秒，使晶粒之间烧结，得到连续的氧化铝纤维。用淤浆法可以获得高纯和致密的氧化铝纤维。为了弥补其表面缺陷，大大改善纤维与金属的浸润性与结合力，最后还需要在纤维表面覆盖一层0.1 μm厚的非晶态SiO_2膜。淤浆纺丝法制造的氧化铝纤维商品名为"FP-Al_2O_3"。它是连续、多晶、束丝纤维。每束约210根，单丝直径约19 μm。不同性能的FP-Al_2O_3纤维的用途不同。如强度为1 380 MPa的用于增强金属；强度为1 897 MPa（具有SiO_2表面涂层）用于增强塑料；强度为2 070 MPa（未涂覆SiO_2）的用于实验室研究。

氧化铝纤维具有优良的机械性能和耐热性能。氧化铝的熔点是2 040 ℃，但是，由于氧化铝从中间过渡态向稳定的α-Al_2O_3转变在1 000~1 100 ℃发生，因此，由中间过渡态组成的纤维在该温度下由于结构和密度的变化，强度显著下降。因而在许多制备方法中将硅和硼的成分加入到纺丝液中，控制这种转变，使纤维的耐热性提高。

氧化铝纤维可用做高性能复合材料的增强材料，特别是在增强金属、陶瓷领域有着广阔的应用前景。氧化铝纤维增强聚合物复合材料具有透波性、无色性等，有希望在电路板、电子电器器械、雷达罩和钓鱼竿等体育用品领域使用；氧化铝增强金属时，由于它与金属相容性好，可考虑使用成本较低的熔浸技术，制造如飞机部件、汽车部件、电池（Al_2O_3/pb）、化学反应器等。氧化铝增强陶瓷在工业中应用，尚需要进一步研究与开发。

3.4 碳化硅纤维

碳化硅（SiC）纤维是典型的陶瓷纤维，在形态上有晶须和连续纤维两种。连续碳化硅纤维按制备工艺的不同主要分为两种：一种是化学气相沉积法制得的碳化硅纤维，即在连续的钨丝或碳丝芯材上沉积碳化硅；另一种是用先驱体转化法制得的连续碳化硅纤维。化学气相法生产的碳化硅纤维是直径为95~140 μm的单丝，而先驱体转化法生产的碳化硅纤维是直径为10 μm的细纤维，一般由500根纤维组成的丝束为商品。由碳化硅纤维增强的金属基（钛基）复合材料、陶瓷基复合材料是21世纪航空、航天及高技术领域的新材料。

3.4.1 碳化硅纤维的制备

(1)化学气相沉积法碳化硅纤维

化学气相沉积（CVD）法碳化硅纤维是一种复合纤维。其制法是在管式反应器中采用汞电极直接用直流电或射频加热，将钨丝或碳丝载体加热到1 300 ℃左右，在氢气中清洁其表面，再进入圆柱形反应室，在反应室中通入氢气和氯硅烷气体混合物，混合气体的标准成分是70%氢气+30%氯硅烷，在灼热的芯丝表面上反应生成碳化硅并沉积在芯丝表面。其结构大致可分成四层，由纤维中心向外依次为芯丝、富碳的碳化硅层、碳化硅层和外表面富硅涂层。

化学气相沉积法制备连续碳化硅纤维是一个复杂的物理化学过程，一般有以下几个步骤：反应气体向热芯丝表面迁移扩散；反应气体被热芯丝表面吸附；反应气体在热芯丝表面上裂解；反应尾气的分解和向外扩散。因此，碳化硅的沉积速率和质量强烈地依赖于反应温度、反应气体的浓度、流量、流动状态、反应气体的纯度和芯的表面状态等因素。用化学气相沉积法制备碳化硅纤维时，纤维表面呈张应力状态，从而使碳化硅纤维在应力作用下或在制备复合材料过程中具有表面损伤敏感性，易降低纤维强度。纤维表面越光滑，这种张应力分布就越小，性能就越好。在碳化硅纤维表面施加适当的涂层，将使其得到有效的保护。

(2)先驱体转化法碳化硅纤维

先驱体转化法制备碳化硅纤维的过程是将有机硅聚合物(聚二甲基硅烷)转化成可纺性的聚碳硅烷，经熔融纺丝或溶液纺丝制成先驱丝，用电子束照射等手段使之交联，最后在惰性气氛或真空中高温烧结成碳化硅纤维。

先驱体转化法碳化硅纤维的工作温度可达1 200 ℃，缺点是耐热性能还不能满足某些高温领域的应用需要。先驱体转化法碳化硅纤维的组成不是纯的碳化硅，元素组成有硅、碳、氧、氢，它们的质量分数分别为55.5%、28.4%、14.9%和0.13%。由于氧的存在，在1 300 ℃以上分解并释放出CO和SiO气体，同时形成的低温稳定相β-SiC微晶长大，使纤维的强度降低。通过对碳化硅纤维热解行为的研究可知，只有降低纤维中的含氧量，才能提高其高温性能。氧的引入是在不熔化处理过程中，因此，许多学者对聚碳硅烷纤维的不熔化处理过程展开了广泛的研究。日本学者在无氧气氛中用电子束对聚碳硅烷纤维照射进行不熔化处理，经烧结制得低氧含量的碳化硅纤维。其组成为：Si，63.7%；C，35.8%；O，0.05%。该纤维在1 500 ℃氩气中恒温10 h，纤维仍保持2.0 GPa的拉伸强度。

3.4.2　碳化硅纤维的性能

碳化硅纤维有如下的性能特点：拉伸强度和模量大，密度小；优良的耐热性能，在氧化性气氛中可长期在1 100 ℃使用，在1 000 ℃以下，其力学性能基本上不变，当温度超过1 300 ℃时，性能才开始下降，是耐高温的好材料；良好的耐化学性能，在80 ℃下耐强酸(HCl、H_2SO_4、HNO_3)，用30% NaOH浸蚀20 h后，纤维仅失重1%以下，力学性能仍不变，它与金属在1 000 ℃以下也不发生反应，而且有很好的浸润性，有益于金属复合；耐辐照和吸波性能好，碳化硅纤维在通量为3.2×10^{10}中子/s的快中子辐照1.5 h或以能量为105中子伏特，200 ns的强脉冲γ射线照射下，碳化硅纤维强度均无明显降低；碳化硅纤维具有半导体性质，根据处理温度不同可以控制不同的导电性。化学气相沉积(CVD)法碳化硅纤维的典型性能见表3.4。

表3.4　化学气相沉积(CVD)法碳化硅纤维的典型性能

性　能	SiC(W芯)		SiC(C芯)		中国产品
直径/μm	102	142	102	142	100 ±3
拉伸强度/MPa	3 350	3 300 ~4 460	2 410	3 400	>3 700
拉伸模量/GPa	434 ~448	422 ~448	351 ~365	400	400
密度/($g\cdot cm^{-3}$)	3.46	3.46	3.10	3.0	3.4
热膨胀系数/($10^{-6}\cdot K^{-1}$)	—	4.9	—	1.5	—
表面涂层	富碳	$C+TiB_x$	—	Si/C	富碳

3.4.3 碳化硅纤维的应用

碳化硅纤维主要用于增强金属和陶瓷,制成耐高温的金属或陶瓷基复合材料,已在空间和军事工程中得到应用。碳化硅纤维增强聚合物基复合材料可以吸收或透过部分雷达波,已作为雷达天线罩,火箭、导弹和飞机等飞行器部件的隐身结构材料,以及航空、航天、汽车工业的结构材料与耐热材料。碳化硅纤维具有耐高温、耐腐蚀、耐辐射性能,是一种耐热的理想材料。用碳化硅纤维编织成双向和三向织物,已用于高温的传送带、过滤材料,如汽车的废气过滤器等。碳化硅复合材料已应用于喷气发动机涡轮叶片、飞机螺旋桨等受力部件主动轴等。在军事上,用于大口径军用步枪金属基复合枪筒套管、M-1 作战坦克履带、火箭推进剂传送系统、先进战术战斗机的垂直安定面、导弹尾部、火箭发动机外壳和鱼雷壳体等。

碳化硅纤维的制备工艺复杂,导致成本较高,价格昂贵,应用还不广泛。

3.5 芳纶纤维

聚合物大分子的主链由芳香环和酰胺键构成,其中至少有 85% 的酰胺基直接键合在芳香环上,每个重复单元的酰胺基中的氮原子和羰基直接与芳香环中的碳原子相连接,并置换其中一个氢原子的聚合物,称为“芳香族聚酰胺树脂”。由芳香族聚酰胺树脂纺成的纤维,称为“芳纶”,国外称为“芳酰胺纤维”。芳纶纤维就是目前已工业化生产并广泛应用的聚芳酰胺纤维,在复合材料中应用最普遍的是聚对苯二甲酰对苯二胺(PPTA)纤维,例如我国的芳纶Ⅱ(1414),美国的 PPTA 纤维是 Kevlar 系列,牌号有 Kevlar-29、Kevlar-49、Kevlar-149 等。

3.5.1 芳纶纤维的制备

由严格等摩尔比的高纯度对苯二甲酰氯或对苯二甲酸和对苯二胺单体在强极性溶剂(如含有 LiCl 或 $CaCl_2$增溶剂的 N-甲基吡咯烷酮)中通过低温溶液缩聚或直接缩聚反应,获得分子量高、分子量分布窄的 PPTA 聚合物,再经过纺丝和热处理,制得 PPTA 纤维。

纺丝工艺:纺丝液由浓度为 100% 的浓硫酸与 PPTA 配成液晶溶液,配比为:PPTA/硫酸 = 20/100。PPTA 在浓硫酸中形成向列型液晶态,聚合物呈一维取向有序排列。最常用的纺丝方法是干喷—湿纺工艺:在 100 ℃下,明胶通过纺丝孔挤出,通过 1 cm 的空气间隙,使丝在一定范围内旋转和排列,进入 0 ~ 4 ℃的冷水中,得到分子链充分伸展和定向的初生纤维,在水中漂洗后干燥,在凝胶浴中去除酸。喷丝时,在剪切力作用下,PPTA 极易沿作用力方向取向。采取干喷—湿纺法液晶纺丝工艺,可抑制纤维中产生卷曲或折叠链,使分子链沿轴向高度取向,形成几乎为 100% 的次晶结构。

一般采用管式的氮气保护下加热热处理工艺。美国杜邦公司采用在 270 ~ 310 ℃下进行一段或多段微波共振腔的高频发热电极热处理。

3.5.2 芳纶纤维的结构

在芳纶中,分子中的骨架原子通过强共价键结合,高聚物大分子链由苯环和酰胺基组成,酰胺基接在苯环的对位上。由于酰胺基是极性基团,其上的氢能够与另一个链段上酰胺基团中可供电子的羰基(—CO—)结合成氢键,构成梯形聚合物,这种聚合物具有良好的规整性,因此具有高度的结晶性。高度结晶的结构和聚合物链的直线度,导致芳纶具有高的弹性模量。在纺丝过程中,PPTA在临界浓度的浓硫酸中形成向列型液晶态,聚合物呈一维取向有序排列,成纤时在剪切力作用下容易沿作用力方向取向。PRTA的晶体结构是单斜晶系,在每个单胞中含有两个大分子链,C轴平行于分子链方向,链间由氢键交联形成bC片晶,层间是严格对齐的,结构中bC片晶堆集占优势,只有极少量的非晶区。纤维中的分子在纵向具有近乎平行于纤维轴的取向,在横向是平行于氢键片层的辐射状取向。在液晶纺丝时常有少量正常分子杂乱取向,称为"轴向条纹"或"氢键片层的打褶",形成PPTA的辐射状打褶结构,如图3.2所示。

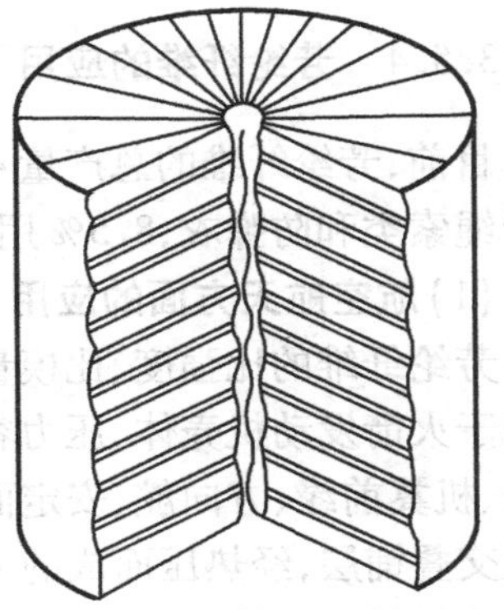

图3.2　PPTA的辐射状打褶结构

芳纶具有更高层次的有序微纤状态,即超分子结构。例如,微纤结构、芯皮结构、空洞结构等,使其能够承担更高的载荷。所谓"芯皮结构",是指皮层由参差不齐的刚性分子链轴向排列,这一皮层很薄,仅占直径的1%~10%,0.1~1 μm。芯由半晶集聚而成(棒状分子的长度为200~250 nm)的长的单分子链周期性出现。在横向形成弱平面层。

芳纶的缺陷包括:沿纵向排列的杂质Na_2SO_4、孔洞和表皮轴向裂纹(长20~24 nm,宽6~11 nm)。

3.5.3　芳纶纤维的性能

芳纶纤维具有优异的拉伸强度和拉伸模量,优良的减振性、耐磨性、耐冲击性、抗疲劳性、尺寸稳定性、耐化学腐蚀性(但不耐强酸和强碱),低膨胀、低导热,不燃不熔,电绝缘,透电磁波,以及密度小(1.44 g/cm^3)的特点。芳纶在真空中长期使用温度为160 ℃,温度低至-60 ℃也不变脆,玻璃化转变温度T_g为250~400 ℃,热膨胀系数低(300 ℃以下为负值)。芳纶纤维的单丝强度可达3 773 MPa;254 mm长的纤维束的拉伸强度为2 744 MPa,大约为铝的5倍。芳纶纤维的耐冲击性大约为石墨纤维的6倍、硼纤维的3倍、玻璃纤维的0.8倍。芳纶纤维的断裂伸长在3%左右,接近玻璃纤维,高于其他纤维。用它与碳纤维混杂,将能大大提高纤维复合材料的冲击性能。芳纶纤维的基本性能见表3.5。

表3.5　芳纶纤维的基本性能

性　能	Kevlar-29	Kevlar-49	Kevlar-149
密度/(g·cm^{-3})	1.44	1.44	1.47
吸水率/%	7	3.5	1.2
拉伸强度/MPa	2 900	2 900	2 400
断裂应变/%	3.6	1.9	1.5
分解温度/℃	约500	约500	约500

芳纶的性能缺点:热膨胀系数具有各向异性,耐光性差,暴露于可见光和紫外线时会产生

光致降解，使其力学性能下降和颜色变化，用高吸收率材料对 Kevlar 增强聚合物基复合材料作表面涂层，可以减缓其光致降解，溶解性差，抗压强度低，吸湿性强，吸湿后纤维性能变化大，因此，应密封保存，在制备复合材料前应增加烘干工序。

3.5.4 芳纶纤维的应用

目前，芳纶纤维的总产量 43% 用于轮胎的帘子线（Kevlar-29），31% 用于复合材料，17.5% 用于绳索类和防弹衣，8.5% 用于其他。

（1）航空航天方面的应用

芳纶纤维的比强度、比模量优于高强度玻璃纤维，作为航空航天用复合材料的增强材料，应用于火箭发动机壳体、压力容器、各种整流罩、窗框、天花板、隔板、地板、舱壁、舱门、行李架、坐椅、机翼前缘、方向舵、安定面翼尖、尾锥和应急出口系统构件等。以芳纶—环氧无纬布和薄铝板交叠铺层，经热压而成的 ARALL 超混复合层板是一种具有许多超混杂优异性能的新型航空结构材料。它的比强度和比模量都高于优等铝合金材料，疲劳寿命是铝的 100 ~ 1 000 倍，阻尼和隔音性能也较铝好，机械加工性能比芳纶复合材料好。美国的 MX 陆基机动洲际导弹的三级发动机和新型潜地“三叉戟Ⅱ”D5 导弹的第三级发动机都采用了 Kevlar 纤维增强的环氧树脂缠绕壳体。20 世纪苏联的 SS-24、SS-25 机动洲际导弹各级固体发动机也都采用了芳纶壳体。芳纶纤维还应用于航空航天领域耐热隔热的功能材料，如芳纶短切纤维增强的三元乙丙橡胶基复合材料的软片或带材，作为发动机的内绝热层。

（2）船艇方面的应用

芳纶纤维在造船工业中应用于游艇、赛艇、帆船、小型渔船、救生艇、充气船、巡逻艇的船壳材料；战舰及航空母舰的防护装甲以及声呐导流罩等。与玻璃纤维制造的船相比，造船业采用芳纶纤维制造的船，船体质量减轻 28%，整船减轻 16%；消耗同样燃料时，速度提高 35%，航行距离也延长了 35%。用芳纶纤维制造的船，尽管一次性投资较贵，但因节约燃料，在经济上是合算的。

（3）汽车上的应用

用芳纶纤维制造汽车具有明显的节省燃料的效果，同时也大大提高纤维的性能。使用芳纶纤维代替玻璃纤维在赛车上应用，可减重 40%，同时提高了耐冲击性、振动衰减性和耐久性。芳纶纤维常用于缓冲器、门梁、变速箱支架、压簧、传动轴等汽车部件。用芳纶纤维作为轮胎帘子线，具有承载高、质量轻、噪音低、高速性能好、滚动阻力小、磨耗低以及产生热量少等优点，特别适用于高速轮胎。它的橡胶基和树脂基复合材料用做高压软管、排气管、摩擦材料和刹车片、三角皮带、同步齿轮、大型运输车和冷藏车的车厢，以及电动汽车和电、气混用汽车的储能飞轮。

（4）防弹制品的应用

芳纶复合材料板、芳纶与金属或陶瓷的复合装甲板已广泛用于装甲车、防弹运钞车、直升机防弹板、舰艇装甲防护板，也用于制造防弹头盔。用芳纶纤维可以制成软质防弹背心，具有优良的防弹效果。

（5）建筑材料方面的应用

芳纶纤维可直接用于增强混凝土，具有较好的增强效果。用芳纶连续纤维作为加强筋，加入混凝土或上述短纤维增强的混凝土中代替钢筋；也可将连续纤维编织物增强环氧的网状固化物铺入混凝土内进行加强。用它增强的混凝土具有强度高、质量轻、耐腐蚀和寿命长等的特点，特别适用于桥梁、桥墩、码头、高楼壁板及大型建筑物及它们的修复、海洋工程结构、化工厂设施等。

(6)其他应用

最为突出的是它在绳索方面的应用，它比涤纶绳索强度高一倍，比钢绳索高50%，而且质量减轻4~5倍。芳纶纤维可用做降落伞绳、舰船及码头用缆绳、海上油田用支撑绳等。芳纶增强的橡胶传送带能用于煤矿、采石场和港口，也可用于食品烘干线传送带。芳纶纤维织物可用做特种防护织物，如消防服、赛车服、运动服、手套等产品。芳纶纤维可用于制造曲棍球棒、高尔夫球杆、网球拍、标枪、钓鱼竿、滑雪板以及自行车架等。它还应用于特种防护服装，如对位芳纶和间位芳纶或芳砜纶混纺织物可用于防火和消防工作服；芳纶布用于森林伐木工作服、赛车服、运动服、手套和袜子等。

3.6　晶　须

晶须是以单晶结构生长的直径小于3 μm的短纤维。它的内部结构完整，原子排列高度有序，晶体中缺陷少，是目前已知纤维中强度最高的一种，强度接近于相邻原子间成键力的理论值。晶须可用做高性能复合材料的增强材料，增强金属、陶瓷和聚合物。常见的晶须有金属晶须，如铁晶须、铜晶须、镍晶须、铬晶须等；陶瓷晶须，如碳化硅晶须、氧化铝晶须、氮化硅晶须等。

3.6.1　晶须的制备

(1)金属晶须的制备

通常采用两种办法：一种是金属盐的氢还原法，所选择的最佳还原温度在接近或稍高于原料金属的熔点，多数金属晶须（如镍、铜、铁及其合金）都采用这种方法制备；另一种是利用金属的蒸气和凝聚制备晶须，先将金属在高温区气化，然后将气相金属冷至温度较低的生长区，以低的过饱和条件凝聚并生长成晶须，这种方法常用于锌、镉等熔点较低的金属。

(2)陶瓷晶须的制备

制备陶瓷晶须的方法有多种，以下简要介绍几种：

1)碳化硅晶须的制备

工业化生产的常用方法是将石英砂或稻壳与炭粉按一定比例配料，并加入铁、钴、镍等催化剂和生长控制剂，充分混合后加入坩埚中，在1 450~1 600 ℃惰性气体和氢气存在下生长出碳化硅晶须。

2)硼酸铝晶须的制备

在Al_2O_3与B_2O_3中加入仅作熔剂的金属氧化物、碳酸盐或硫酸盐，加热到800~1 000 ℃可得到$2Al_2O_3B_2O_3$，进一步加热到1 000~1 200 ℃，则得到$9Al_2O_3B_2O_3$。用这种方法得到的晶须制品，还需要进一步进行解纤处理。

3)α-Al_2O_3晶须的制备

在炉中装入铝和氧化铝的混合粉末，通入氢（H_2）与水蒸气的混合气体，在1 300~1500 ℃

的温度下，经过化学反应生成的氧化亚铝（Al_2O），并将它转移到炉子的一端发生歧化反应生成 Al_2O_3 晶须。

3.6.2 晶须的性能

晶须没有显著的疲劳效应，切断、磨粉或其他的施工操作，都不会降低其强度；具有比纤维增强体更优异的高温性能和抗蠕变性能。它的延伸率与玻璃纤维接近，弹性模量与硼纤维相当。氧化铝晶须在2 070 ℃高温下，仍能保持7 000 MPa 的拉伸强度。碳化硅晶须具有优良的力学性能，如高强度、高模量、耐腐蚀、抗高温、密度小；与金属基体润湿性好，与树脂基体黏结性好，易于制备金属基、陶瓷基、树脂基及玻璃基复合材料；其复合材料具有质量轻、比强度高、耐磨等特性，因此应用范围较广。碳晶须在空气中可耐700 ℃高温，在惰性气体中可耐3 000 ℃高温，而且热膨胀系数小，受中子照射后尺寸变化小，耐磨性和自润滑性优良。几种常见晶须的性能见表3.6。

表3.6 几种常见晶须的性能

晶须名称	密度 /(g·cm^{-3})	熔点 /℃	拉伸强度 /GPa	比强度 /(×10^6·cm)	弹性模量 /10^{2}GPa	比模量 /(×10^8·cm)
Al_2O_3	3.96	2 040	21	54	4.3	11
BeO	2.85	2 570	13	47	3.5	13
B_4C	2.52	2 450	14	57	4.9	20
SiC	3.18	2 690	21	67	4.9	16
Si_3N_4	3.18	1 960	14	45	3.8	12
C（石墨）	1.66	3 650	20	123	7.1	44
$K_2O(TiO_2)_n$	—	—	7	—	2.8	—
Cr	7.2	1 890	9	13	2.4	3.4
Cu	8.91	1 080	3.3	3.8	1.2	1.4
Fe	7.83	1 540	13	17	2.0	2.6
Ni	8.97	1 450	3.9	4.4	2.1	2.4

3.6.3 晶须的应用

钛酸钾晶须有6-钛酸钾和4-钛酸钾两种结晶结构。由于6-钛酸钾结构特殊，具有优异的耐热性、耐碱性和耐酸性等，可作为聚合物基复合材料的增强材料。4-钛酸钾晶须的化学活性大，主要用于阳离子吸附材料和催化剂载体材料。钛酸钾晶须分散性好、难折，在复合材料成型时对金属模具的磨损小，价格便宜。钛酸钾晶须耐老化性好，有良好的抗磨损性能，可以代替石棉制作汽车的制动器、离合器。钛酸钾晶须细、难折，在制备钛酸钾晶须增强热塑性复合材料工艺过程中，熔融树脂的速度上升不快，成型后纤维长度几乎不变短，可以像无填料的树脂一样利用注射和压铸工艺成型形状复杂的制品。钛酸钾晶须较软，对成型加工设备和金属模具的磨损小，可以用硅烷偶联剂对晶须进行表面处理，进一步改善制品的加工性和物理性能。钛酸钾晶须增强树脂的制品与纯树脂制品的表面一样平滑。

碳晶须是非金属晶须，碳含量99.5%，氢含量0.15%，呈针状单晶，直径从亚微米到几微米，长度为几毫米到几百毫米，并具有高度的结晶完整性。碳晶须作为高性能复合材料增强体，可增强金属、橡胶和水泥；可作为电子材料、原子能工业材料应用。

用晶须制备的复合材料具有质量轻、比强度高、耐磨等特点，在航空航天领域，可用做直升机的旋翼，飞机的机翼、尾翼、空间壳体、起落架及其他宇宙航天部件，在其他工业方面可用在耐磨部件上。

在建筑业，用晶须增强塑料，可以获得截面极薄、抗张强度和破坏耐力很高的构件。

在机械工业中，陶瓷基晶须复合材料 SiC(W)/Al_2O_3已用于切削刀具，在镍基耐热合金的加工中发挥作用；塑料基晶须复合材料可用于零部件的黏结接头，并局部增强零件某应力集中承载力大的关键部位、间隙增强和硬化表面。

在汽车工业中，玻璃基晶须复合材料 SiC(W)/SiO_2已用做汽车热交换器的支管内衬。发动机活塞的耐磨部件已采用 SiC(W)/Al 材料，大大提高了使用寿命。正在研究开发晶须塑料复合材料汽车车身和基本构件。

作为生物医学材料，晶须复合材料已试用于牙齿、骨骼等。

3.7　颗粒增强材料

用于改善复合材料力学性能，提高断裂功、耐磨性和硬度，以及增强耐腐蚀性能的颗粒状材料，称为“颗粒增强体”。

颗粒增强体可以通过三种机制产生增韧效果：①当材料受到破坏应力时，裂纹尖端处的颗粒发生显著的物理变化(如晶型转变、体积改变、微裂纹产生与增殖等)，它们均能消耗能量，从而提高了复合材料的韧性，这种增韧机制称为“相变增韧”和“微裂纹增韧”。其典型例子是四方晶相 ZrO_2颗粒的相变增韧。②复合材料中的第二相颗粒使裂纹扩展路径发生改变(如裂纹偏转、弯曲、分叉、裂纹桥接或裂纹钉扎等)，从而产生增韧效果。③以上两种机制同时发生，此时称为“混合增韧”。

按照颗粒增强复合材料的基体不同，可以分为颗粒弥散强化陶瓷、颗粒增强金属和颗粒增强聚合物。颗粒在聚合物中还可以用做填料，目的是降低成本，提高导电性、屏蔽性或耐磨性。

用于复合材料的颗粒增强体主要有 SiC、TiC、B_4C、WC、Al_2O_3、MoS_2、Si_3N_4、TiB_2、BN、$CaCO_3$、C(石墨)等。Al_2O_3、SiC 和 Si_3N_4等常用于金属基和陶瓷基复合材料，C(石墨)和 $CaCO_3$等常用于聚合物基复合材料。例如，Al_2O_3、SiC、B_4C 和 C(石墨)等颗粒已用于增强铝基、镁基复合材料，而 TiC、TiB_2等颗粒已用于增强钛基复合材料。常用的颗粒增强体的性能见表3.7。

表 3.7 常用的颗粒增强体的性能

颗粒名称	密度 /(g·cm^{-3})	熔点 /℃	热膨胀系数 /×10^{-6}/℃	热导率 /(W·m^{-1}·K^{-1})	硬度 /(9.8 N·mm^{-2})	弯曲强度 /MPa	弹性模量 /GPa
碳化硅(SiC)	3.21	2 700	4.0	75.31	2 700	400~500	
碳化硼(B_4C)	2.52	2 450	5.73		3 000	300~500	260~460
碳化钛(TiC)	4.92	3 200	7.4		2 600	500	
氧化铝(Al_2O_3)		2 050	9.0				
氮化硅(Si_3N_4)	3.2~3.35	2 100 分解	2.5~3.2	12.55~29.29	89~93HRA	900	330
莫来石 ($3Al_2O_3·SiO_2$)	3.17	1 850	4.2		3 250	约 1 200	
硼化钛(TiB_2)	4.5	2 980					

颗粒增强体的平均尺寸为 3.5~10 μm，最细的为纳米级(1~100 nm)，最粗的颗粒粒径大于 30 μm。在复合材料中，颗粒增强体的体积含量一般为 15%~20%，特殊的也可达 5%~75%。

按照变形性能，颗粒增强体可以分为刚性颗粒和延性颗粒两种。刚性颗粒主要是陶瓷颗粒，其特点是高弹性模量、高拉伸强度、高硬度、高的热稳定性和化学稳定性。刚性颗粒增强的复合材料具有较好的高温力学性能，是制造切削刀具(如碳化钨/钴(WC_p/Co)复合材料)、高速轴承零件、热结构零部件等的优良候选材料；延性颗粒主要是金属颗粒，加入到陶瓷、玻璃和微晶玻璃等脆性基体中，目的是增加基体材料的韧性。颗粒增强复合材料的力学性能取决于颗粒的形貌、直径、结晶完整度和颗粒在复合材料中的分布情况及体积分数。

SiC 颗粒的硬度高(莫氏硬度 9.2~9.5)，β-SiC 颗粒的热膨胀系数为 4.5×10^{-6}/℃，具有负电阻温度系数。SiC 颗粒的表面常有一薄层氧化物(SiO_2)妨碍烧结，在制造陶瓷基复合材料时，可用 AlN、BN、$BeSiN_2$或 $MgSN_2$等共价键材料作为烧结促进剂，如用 10%(质量)AlN 作为 SiC 颗粒的烧结促进剂时，可以提高产品的致密度和韧性。由于 SiC 与金属的相容性好，所以 SiC 颗粒增强金属铝可以采用成本相对较低的液态浸渗工艺制造，在航天、航空、电子、光学仪表和民用领域具有广泛的应用前景。

高强度 Si_3N_4 颗粒主要作为氮化硅陶瓷、多相陶瓷的基体和其他陶瓷基体的增强体使用。氮化硅颗粒增强陶瓷基复合材料应用于涡轮发动机的定子叶片、热气通道元件、涡轮增压器转子、火箭喷管、内燃发动机零件、高温热结构零部件、切削工具、轴承、雷达天线罩、热保护系统、核材料的支架、隔板等高技术领域。

硼化钛(TiB_2)颗粒熔点为 2 980 ℃，显微硬度为 3 370，电阻率为 15.2~28.4 Ω·cm，还具有耐磨损性和耐腐蚀性，被用来增强金属铝和增强碳化硅、碳化钛和碳化硼陶瓷。TiB_2 颗粒增强陶瓷基复合材料具有卓越的耐磨性、高韧性和高温稳定性，已用于制造切削刀具、加热设备和点火装置的电导部件以及超高温条件下工作的耐磨结构件。

氧化铝颗粒用于增强金属铝、镁和钛合金，这类复合材料可望在内燃发动机上应用。

此外，氮化铝颗粒和石墨颗粒用于增强金属铝，具有较高的硬度和拉伸强度，且不降低金属的电导率和热导率，可以作为电子封装材料。

第4章 聚合物基复合材料

4.1 聚合物基复合材料概述

以聚合物基复合材料为始的现代人工复合材料的历史并不很长,这与近代工业和科技的发展有着密切的联系。特别是聚合物基复合材料的发展与塑料和各种人造纤维的发展是分不开的。

随着科学的发展和人类的社会活动要求的扩大,19 世纪后半叶,传统的金属、木材、石块、动物的骨头等已不能满足人们的要求。据说,在 1865 年美国的南北战争终结以后,美国的上流社会流行打台球。当时台球的球是象牙制成的。由于打台球流行很快,象牙原料很快不够了。由此开发象牙的替代材料引起人们的注目,开发出象牙的替代材料的人可获得一万美元的奖金(这在当时来说,可谓是巨额的奖金了)。三年后的 1868 年,从事印刷工的两兄弟(Hyatt brothers)利用硝酸纤维素和樟脑,终于发明了一种叫“赛璐珞”(又称“假象牙”)的替代材料,获得了这笔奖金。因此又称“赛璐珞”为最初的塑料。由此,塑料作为一种与传统的金属、木材、石块等完全不同的新材料的研究引起了人们的注意。20 世纪初期,最初的低分子合成塑料——苯酚塑料诞生了。但是,纯粹的苯酚塑料不够结实,实际使用时要添加木粉、石棉、纸片、细布片等才能制造成实用的各种产品,如电气产品、机械产品、日用品等。因此可以说,最初的合成塑料实用化是以复合材料的形式才得以实现的。自此以后,醋酸胶(Acetyl cellulose)、尿素树脂(Urea resin)、丙烯酸树脂(Acrylic acid resin)等相继研制成功。1930 年,聚合物学说的完成更推动了聚合物塑料研究的发展。聚乙烯树脂(Polyethylene)、尼龙纤维(Nylon fiber)、非饱和聚酯树脂(Unsaturated Polyester)、环氧树脂(Epoxy)等相继问世。

随着聚合物塑料的发展,最初的聚合物基复合材料——玻璃纤维/不饱和聚酯树脂,即玻璃纤维增强塑料(Glass Fiber Reinforced Plastic)于 1942 年在美国问世。此后,随着现代工业的发展,高比刚度、高比强度的纤维增强聚合物基复合材料更加引起注目。特别是自 20 世纪 60 年代后期,随着宇宙航空工业的发展,以碳纤维和硼纤维为增强体的高比刚度、高比强度的先进聚合物基复合材料(Advanced Composite Material)得到很大的发展。至今,以玻璃纤维、碳纤维和硼纤维等各种合成纤维等为增强体的聚合物基复合材料已在航空航天、船舶、汽车、建筑、体育器材、医疗器械等各方面得到广泛的应用。现在,全世界的所有复合材料的生产量中,聚合物基复合材料占90%以上。世界的聚合物基复合材料生产量的发展平均增长率为50%,其中95%是玻璃纤维增强聚合物基复合材料,如图4.1所示,以碳纤维、芳香族聚酰胺合成纤维(也有称"芳纶纤维")、硼纤维等为增强体的先进聚合物基复合材料的产量虽小,但多用在宇宙航空等高技术产品上。世界的聚合物基复合材料生产量分布中,欧洲共同体和美国各占三分之一,日本占有十分之一,如图4.2所示。由此可见,聚合物基复合材料生产量与国家的科学和工业发展水平是密切联系的。

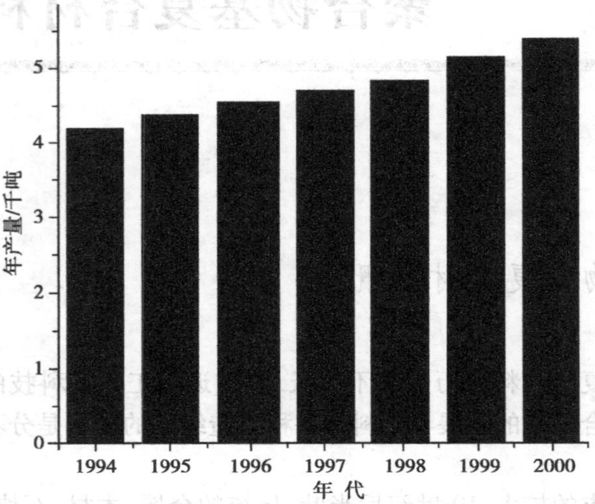

图4.1 世界聚合物基复合材料年产量

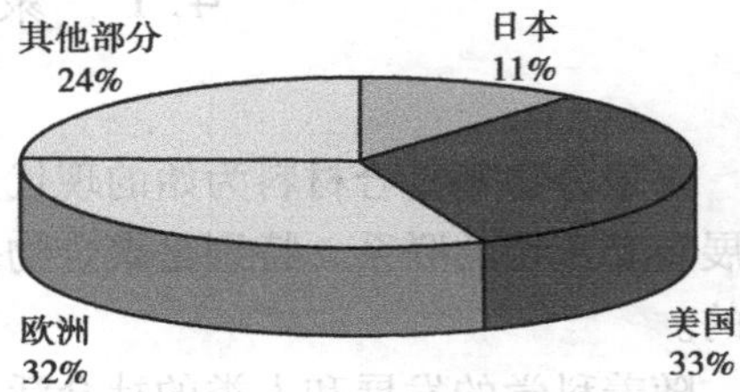

图4.2 世界聚合物基复合材料产量分布图

与传统的金属材料相比,聚合物基复合材料具有高比刚度、高比强度、耐腐蚀、耐疲劳、易成型等优点。但它也具有耐热性差、发烟燃烧、成型速度慢、表面易损伤等缺点。尽管它的历史还很短,但在与传统的金属材料竞争中,聚合物基复合材料的应用范围不断扩大,从民用到军用,从地下、水中、地上到空中都有应用。例如,在美国,33%用于交通运输车辆、工具等;22%用于建筑、海洋结构、船舶等;电器产品、化工等各占10%左右;1%左右用于军事装备;剩下的12%用于体育用品和其他的民用消费品。类似于美国,在欧洲共同体中,30%用于交通运输车辆;18%用于建筑;8%左右用于军事装备。在日本,根据不完全统计,40%以上用于基本建筑;18%～20%用于交通运输车辆;10%左右用于化工容器;10%左右用于体育用品;15%用于电器产品等;其余的用于航空等。据预测,聚合物基复合材料在基本建筑(桥梁、高速公路、隧道等)以及高层建筑等的应用将会继续增加。先进的聚合物基复合材料的产量,在整个聚合物基复合材料的产量中虽仅占5%左右,但其多用在宇宙航空、军事装备等高技术产品上。例如,波音777的飞机结构中,先进的聚合物基复合材料的应用占10%以上。空中客车A320中,先进的聚合物基复合材料的应用占15%以上。聚合物基复合材料在民用飞机材料中比率为15%～20%。各种军用飞机中先进的聚合物基复合材料的应用率就更高了。因此,先进的聚合物基复合材料在欧洲及美、日仍是主要的研究对象。近年来,聚合物基复合材料在人体医疗上的应用研究也在不断发展。

4.1.1　聚合物基复合材料的定义和分类

一般地，聚合物基复合材料（PMCs：Polymer matrix composites）是由一种或多种细小形状（直径为微米级）的材料（分散相或称增强体）分散于聚合物塑料（基本相）中组成的。因此，聚合物基复合材料属微米级复合材料。按分散相的形状，通常可将聚合物基复合材料分为长纤维（连续）增强聚合物基复合材料，以及颗粒、晶须、短纤维（不连续）增强聚合物基复合材料。前者以高强度，高刚度的长纤维作为主要承载材料而起到增强作用，后者以增强相来阻止基体材料内部的位错运动、裂纹扩展而起到增强作用。其中，纤维（长纤维或短纤维）增强聚合物基复合材料，特别是长纤维增强聚合物基复合材料应用较多。

对纤维增强聚合物基复合材料，通常按增强体的纤维来分类。例如，玻璃纤维增强聚合物基复合材料（GFRP or GRP：Glass fiber reinforced plastic），碳纤维增强聚合物基复合材料（CFRP　Carbon fiber reinforced plastic），芳香族聚酰胺合成纤维增强聚合物基复合材料（ArFRP　Aramid fiber reinforced plastic），硼纤维增强聚合物基复合材料（BFRP　Boron fiber reinforced plastic）等。在许多著作或论文中，通常直接用纤维和聚合物基体材料的材料名或商品名来表示聚合物基复合材料。例如，T300/2500（Carbon/epoxy）碳纤维/环氧树脂，IM7/8522（Carbon/epoxy）碳纤维/环氧树脂，Kevlar49/F-934（Kevlar49/epoxy）芳香族聚酰胺合成纤维/环氧树脂等。

除了按增强体的纤维来分类以外，在讨论基体材料的特点时，往往按基体来分类。聚合物基体主要分为两大类：一类是热固性基体（Thermosetting polymeric matrix），例如，常见的环氧树脂、非饱和聚酯树脂；另一类是热塑性基体（Thermoplastic matrix），例如，常见的尼龙、聚醚乙醚酮树脂（PEEK）。两类基体材料有许多不同的性质。热固性基体的成型是利用树脂的化学反应（架桥反应）、固化等化学结合状态的变化来实现的，其过程是不可逆的。与此相比，热塑性基体是利用树脂的融化、流动、冷却、固化的物理状态的变化来实现的，其物理状态的变化是可逆的，即成型、加工是可能的。因此，聚合物基复合材料有时也分为热固性聚合物基复合材料（Thermosetting matrix composites）和热塑性聚合物基复合材料（Thermoplastic matrix composites or Thermoplastic composites）。

此外，许多著作和论文中常提到的先进的聚合物基复合材料，通常是指以碳纤维、芳香族聚酰胺合成纤维、硼纤维，以及高性能的玻璃纤维等为增强体的复合材料。随着聚合物材料研究的发展，常见的玻璃纤维增强高性能聚合物基复合材料也被称为“先进的复合材料”。

4.1.2　热固性基体

以玻璃纤维、碳纤维以及芳香族聚酰胺合成纤维等为增强体的高性能复合材料，通常按其基体材料的不同分为两类，即热固性复合材料和热塑性复合材料。用于高性能复合材料的热固性聚合物基复合材料有很多种类，这些基体材料的研制主要基于聚合物化学、聚合物材料科学方面的知识。本书将简单介绍非饱和聚酯树脂（Unsaturated Polyester resins）、环氧树脂（Epoxy resins），固化型聚酰亚胺树脂（API　Addition Polyimide resins）以及BMI树脂（Bismaleimide resins）。

非饱和聚酯树脂（简称为“聚酯树脂”）主要以顺丁烯二酸酐（Mleic anhydrie）、苯二酸酐（Phthalic anhydrie）、乙二醇（Glycol）等为主要成分。最常见的聚酯树脂是正聚酯树脂

(Orhto-resin),其成分为苯二酸酐、顺丁烯二酸酐和乙二醇。除此之外,还有耐碱性较强的同分异构聚酯树脂(Iso-resin),其成分为异苯二酸、顺丁烯二酸酐和乙二醇。此外,在正聚酯树脂的基本成分上,添加一些别的聚合物化合物,或改变一下聚合物的结构等,可以获得许多种类聚酯树脂。聚酯树脂在玻璃纤维增强聚合物基复合材料中用得较多。聚酯树脂在固化时收缩较大,因此在产品设计时应考虑这一点。

环氧树脂可以说是在纤维增强聚合物复合材料中最常见的热固性基体材料之一。从聚合物化学的角度来说,环氧树脂是一个分子中含有两个以上环氧基(两个碳原子和一个氧原子)的化合物的总称。一般环氧树脂单独是不能固化的,它是通过和含有活性氢的化合物(固化剂)反应而形成固化状态的。通常所称的"环氧树脂",是指与活性氢化合物的硬化剂反应后固化的树脂。使用不同的活性氢化合物可以得到不同类型的环氧树脂。因此,环氧树脂有很多种类。最常见的是双苯酚型环氧树脂,它是各种比例的双苯酚-A(Bisphenol-A)和表氯醇(Epichorohydrin)反应而形成的聚合物。它有较好的机械、电气、耐腐蚀等性能,多用于黏接剂、涂料、复合材料等。芳香族胺型环氧树脂是通过芳香族胺化合物(Glycidylamines)和表氯醇反应而形成的聚合物,一个分子中含有的环氧基的数量和浓度越高,与碳纤维的黏接性能越好,多用于先进的玻璃纤维复合材料。其他类型的环氧树脂可以参照有关文献和书籍。与聚酯树脂相比,环氧树脂成型时的收缩较小,还可以以半固化的状态保存,有较好的机械、电气、耐腐蚀等性能。因此,先进的热固性复合材料中各种环氧树脂用得很多。

固化型聚酰亚胺树脂是1970年由美国宇航局刘易斯研究中心(NASA Lewis Research Center)的研究人员开发的。一般的环氧树脂的使用温度在120 ℃或150 ℃以下,而固化型聚酰亚胺树脂的使用温度可到300 ℃以上,是耐高温的热固性基体材料。PMR-15是一代表性固化型聚酰亚胺树脂。

BMI树脂是与固化型聚酰亚胺树脂相近的耐高温的热固性基体材料。BMI树脂也是1970年以后开发的,其使用温度比固化型聚酰亚胺树脂低,但比环氧树脂高,一般可达200~300 ℃。最近几年改进的BMI树脂的成型条件,接近于环氧树脂的成型条件,因此易于应用。

除上述的几种热固性基体材料以外,还有一些其他的热固性基体材料(如苯酚树脂等)。由于其他的热固性基体材料与复合材料的联系不大,在此就不做一一介绍了。一般来说,热固性基体材料在常温下呈液体状态,黏度低,树脂与纤维束的浸渍性能好。与热塑性基体材料不同,热固性基体材料是通过化学结合状态的变化而形成固化的,而且此化学结合状态的变化是不可逆的。因此,热固性基体材料一旦成型以后就不能再成型使用。部分热固性基体材料的力学和物理性质见表4.1。

表4.1　部分热硬化性聚合物基体材料的力学和物理性质

树　脂	密度/($g \cdot cm^{-3}$)	弹性模量/GPa	拉伸强度/MPa	伸长率/%	玻璃化迁移温度/℃
Unsaturated Polyester	1.2	2.8~3.5	50~80	2~5	80
Epoxy	1.1~1.5	3.0~5.0	60~80	2~5	150~200
Polyimide (PMR-15)	1.32	3.9	38.6	1.5	340
BMI	1.22~1.30	4.1~4.8	41~82	1.3~2.3	230~290

4.1.3 热塑性基体

热塑性基复合材料是20世纪80年代发展起来的，主要有长纤维增强粒料（LFP）、连续纤维增强预浸带（MITT）和玻璃纤维毡增强型热塑性复合材料（GMT）。根据使用要求不同，树脂基体主要有PP、PE、PA、PBT、PEI、PC、PES、PEEK、PI、PAI等热塑性工程塑料，纤维种类包括玻璃纤维、碳纤维、芳纶纤维和硼纤维等一切可能的纤维品种。随着热塑性基复合材料技术的不断成熟以及可回收利用的优势，该品种的复合材料发展较快，欧美发达国家热塑性树脂基复合材料已经占到树脂基复合材料总量的30%以上。

高性能热塑性基复合材料以注射件居多，基体以PP、PA为主。产品有管件（弯头、三通、法兰），阀门，叶轮，轴承，电器及汽车零件，挤出成型管道，GMT模压制品（如吉普车坐椅支架），汽车踏板及坐椅等。玻璃纤维增强聚丙烯在汽车中的应用包括通风和供暖系统、空气过滤器外壳、变速箱盖、坐椅架、挡泥板垫片、传动皮带保护罩等。

滑石粉填充的PP具有高刚性、高强度、极好的耐热老化性能及耐寒性。滑石粉增强PP在车内装饰方面有着重要的应用，如用做通风系统零部件、仪表盘和自动刹车控制杆等。美国HPM公司用20%滑石粉填充PP制成的蜂窝状结构的吸音天花板和轿车的摇窗升降器卷绳筒外壳。

云母复合材料具有高刚性、高热变形温度、低收缩率、低挠曲性、低密度、尺寸稳定以及低价格等特点，利用云母/聚丙烯复合材料可制作汽车仪表盘、前灯保护圈、挡板罩、车门护栏、电机风扇、百叶窗等部件，利用该材料的阻尼性可制作音响零件，利用其屏蔽性可制作蓄电池箱等。

我国的热塑性基复合材料的研究近十年来取得了快速发展，2000年产量达到12万吨，约占树脂基复合材料总产量的17%所用的基体材料仍以PP、PA为主，增强材料以玻璃纤维为主，少量为碳纤维，在热塑性复合材料方面未能有重大突破，与发达国家尚有差距。

热塑性基复合材料是以玻璃纤维、碳纤维、芳纶纤维等增强各种热塑性树脂的总称，国外称“FRTP”（Fiber Rinforced Thermo Plastics）。由于热塑性树脂和增强材料种类不同，其生产工艺和制成的复合材料性能差别很大。

从生产工艺角度分析，塑性基复合材料分为短纤维增强复合材料和连续纤维增强复合材料两大类：一类是短纤维增强复合材料，包括注射成型工艺、挤出成型工艺和离心成型工艺；另一类是连续纤维增强及长纤维增强复合材料，包括预浸料模压成型、片状模塑料冲压成型、片状模塑料真空成型、预浸纱缠绕成型和拉挤成型。

热塑性基复合材料的特殊性能如下：

（1）密度小、强度高

热塑性复合材料的密度为1.1～1.6 g/cm^3，仅为钢材的1/5～1/7，比热固性玻璃钢轻1/3～1/4。它能够以较小的单位质量获得更高的机械强度。一般来讲，无论是通用塑料还是工程塑料，用玻璃纤维增强后，都会获得较高的增强效果，提高强度应用档次。

（2）性能可设计性的自由度大

热塑性复合材料的物理性能、化学性能、力学性能，都是通过合理选择原材料种类、配比、加工方法、纤维含量和铺层方式进行设计。由于热塑性基复合材料的基体材料种类比热固性基复合材料多很多，因此其选材设计的自由度也就大得多。

(3)热性能

一般塑料的使用温度为50～100 ℃,用玻璃纤维增强后,可提高到100 ℃以上。尼龙6的热变形温度为65 ℃,用30%玻纤增强后,热形温度可提高到190 ℃。聚醚醚酮树脂的耐热性达220 ℃,用30%玻纤增强后,使用温度可提高到310 ℃。这样高的耐热性,热固性基复合材料是达不到的。热塑性基复合材料的线膨胀系数比未增强的塑料低1/4～1/2,能够降低制品成型过程中的收缩率,提高制品尺寸精度。其导热系数为0.3～0.36 W/(m·K),与热固性基复合材料相似。

(4)耐化学腐蚀性

复合材料的耐化学腐蚀性主要由基体材料的性能决定,热塑性基树脂的种类很多,每种树脂都有自己的防腐特点,因此,可以根据复合材料的使用环境和介质条件,对基体树脂进行优选,一般都能满足使用要求。热塑性基复合材料的耐水性优于热固性复合材料。

(5)电性能

一般热塑性基复合材料都具有良好的介电性能,不反射无线电波,以及透过微波性能良好等。由于热塑性基复合材料的吸水率比热固性玻璃钢小,故其电性能优于后者。在热塑性基复合材料中加入导电材料后,可改善其导电性能,防止产生静电。

(6)废料能回收利用

热塑性基复合材料可重复加工成型,废品和边角余料能回收利用,不会造成环境污染。由于热塑性基复合材料有很多优于热固性玻璃钢的特殊性能,应用领域十分广泛,从国外的应用情况分析,热塑性基复合材料主要用于车辆制造工业、机电工业、化工防腐及建筑工程等方面。

4.2 聚合物基复合材料设计

4.2.1 材料设计的概念

材料设计(materials design)是指通过理论与计算预测新材料的组分、结构与性能,或者说,通过理论设计来“定做”具有特定性能的新材料。这当然说的是人们所追求的长远目标,并非目前就能充分实现的。尽管如此,由于凝聚态物理学、量子化学等相关基础学科的深入发展,以及计算机能力的空前提高,使得材料研制过程中理论和计算的作用越来越大,直至变得不可缺少。“materials by design”(设计材料)一词正在变为现实,它意味着在材料研制与应用过程中理论的分量不断增长,研究者今天已处在应用理论和计算来“设计”材料的初级阶段。

从广义来说,材料设计可按研究对象的空间尺度不同而划分为三个层次:微观设计层次,空间尺度在约1 nm量级,是原子、电子层次的设计;连续模型层次,典型尺度在约1 μm量级,这时材料被看成连续介质,不考虑其中单个原子、分子的行为;工程设计层次,尺度对应于宏观材料,涉及大块材料的加工和使用性能的设计研究。这三个层次的研究对象、方法和任务是不同的。

4.2.2 聚合物材料的设计

聚合物材料主要分两类:聚合物结构材料与聚合物功能材料。聚合物结构材料主要是用其力学性能,而功能材料主要是用其光学、电学、磁学等性能。聚合物结构材料所具有的力学性能是由聚合物链形成的聚集结构所决定的。该聚集结构是指结晶结构与非晶结构。在多组分体系中,聚合物共结晶的体系尚未发现,而非晶聚合物共混体系,互溶的与不互溶的,在应用中甚为多见。

聚合物的晶体可以通过分子力学方法从聚合物重复单元的化学结构出发模拟得很好。聚合物的非晶态也能通过分子动力学与分子力学方法进行模拟。多组分不互溶的共混体系,往往因组分间相互作用的差别与组分比例不同而形成复杂的聚集结构,如其中的一个组分分散成球形、片形、棍形和“金刚石互穿网络”等。目前,这些结构也能够通过最近发展的“介观尺度模拟”(mesoscale simulation)方法而准确地被描述出来。

结晶聚合物的熔点(T_m)和非晶聚合物的玻璃化转变温度(T_g)是聚合物材料使用的上限温度。可以在恒温恒压下通过分子动力学方法计算聚合物体系的比容与温度的关系,从转折点的位置实现 T_m 对 T_g 的预测。聚合物结构材料的力学性能,包括各向异性弹性常数,可以通过加外力场的分子力学或分子动力学方法得到。聚合物功能材料的光学、电学性能首先通过量子力学对“功能基因”的特定结构性质进行设计,进而通过主链或侧链等拓扑结构设计来实施“功能基因”的聚合物化。

高性能聚合物材料就是高强度高模量的聚合物结构材料。对该材料进行分子设计,是化学家们天天思索的事情。从经验上讲,高聚物的分子链应当是刚性的,分子链的排列应当是容易结晶的。然而,当给出确定的化学结构以后,究竟能有什么样的晶体结构相对应并不能确定;给出的确定的晶体结构会有什么样的力学模量,也没有成熟的理论可以预测。而计算机模拟在聚合物材料力学性能的设计中却扮演了重要角色,如图 4.3 所示。

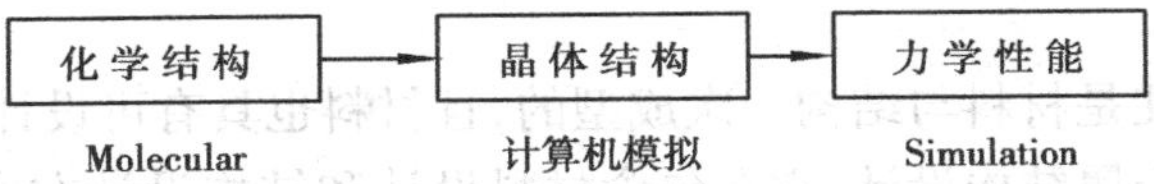

图 4.3　计算机模拟在聚合物材料力学性能的设计作用

晶体的力学性能是各向异性的,在聚合物晶体中这一点更加显著。一般正交晶体的晶体有 9 个弹性常数,三斜晶系中有 21 个,包括拉伸模量、剪切模量与泊松比,是聚合物材料设计中的重要基础。然而很久以来,从实验与理论上一直就没有得到聚合物完整的各向异性弹性常数。首先,聚合物晶体结构的确定是很困难的。这是因为,要获得完整的晶体三维结构信息,只有通过该样品的单晶在四圆衍射仪上得到的试验数据。而聚合物材料中能够得到单晶的为数甚少,大部分聚合物晶体结构是从记录样品二维信息的“纤维图”中推算出来的,因而存在着一些不确定因素。其次,在力学实验中,用目前常用的纤维方法难以测到准确可靠的数据。原因在于,虽然晶格的形变能够通过 X 光较准确地测定,但是,由于存在非晶区,真正加到晶面上的应力难以确定。如用单晶做实验,对于给定的一种聚合物却不一定能得到单晶,即使得到单晶,测量其各向异性弹性常数仍然很困难。计算机分子模拟方法的发展则打开了测量这些常数的大门。因此,用分子模拟方法从聚合物材料的化学结构出发,预测最可几的晶体结构,最终可以得到聚合物材料的理论模量。

4.2.3 聚合物基复合材料结构设计

(1)概述

1)复合材料结构设计过程

复合材料结构设计是选用不同材料综合各种设计(如层合板设计、典型结构设计、连接设计等)的反复过程。在综合过程中必须考虑的一些主要因素有:结构质量、研制成本、制造工艺、结构鉴定、质量控制、工装模具的通用性及设计经验等。复合材料结构设计的综合过程如图4.4所示,大致分为三个步骤:①明确设计条件,如性能要求、载荷情况、环境条件、形状限制等;②材料设计,包括原材料选择、铺层性能的确定、复合材料层合板的设计等;③结构设计,包括复合材料典型结构件(如杆、梁、板、壳等)的设计,以及复合材料结构(如桁架、钢架、硬壳式结构等)的设计。

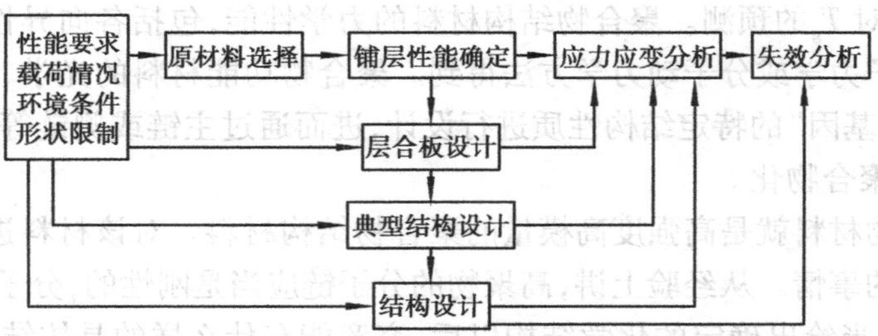

图4.4 复合材料结构设计综合过程

在上述材料设计和结构设计中都涉及应变、应力与变形分析,以及失效分析,以确保结构的强度与刚度。

复合材料结构往往是材料与结构一次成型的,且材料也具有可设计性。因此,复合材料结构设计不同于常规的金属结构设计,它是包含材料设计和结构设计在内的一种新的结构设计方法,它比常规的金属结构设计方法要复杂得多。但是,在复合材料结构设计时,可以从材料与结构两方面进行考虑,以满足各种设计要求,尤其是材料的可设计性,可使复合材料结构达到优化设计的目的。

2)聚合物基复合材料结构设计条件

在结构设计中,首先应明确设计条件,即根据使用目的提出性能要求,搞清载荷情况、环境条件以及受几何形状和尺寸大小的限制等,这些往往是设计任务书的内容。

在某些至今未曾遇到过的一些结构中,通常是结构的外形也不很清楚。这时,为了明确设计条件,就应首先大致假定结构的外形,以便确定在一定环境条件下的载荷。为此,常常经过多次反复才能确定合理的结构外形。

设计条件有时也不是十分明确的,尤其是结构所受载荷的性质和大小在许多情况下是变化的,因此,明确设计条件有时也有反复的过程。

一般来说,体现结构性能的主要内容有:结构所能承受的各种载荷,确保在使用寿命内的安全;提供装置各种配件、仪器等附件的空间;对结构形状和尺寸有一定的限制;隔绝外界的环境状态而保护内部物体。

结构的性能与结构质量有密切关系。在运输用的结构(如车辆、船舶、飞机、火箭等)中,若结构本身的质量轻,则运输效率就高,用于运输自重所消耗的无用功就少,特别是在飞机中,只要减轻质量,就能多运载旅客、货物和燃料,使效率提高。另一方面,对于在某处固定的设备结构,看起来它的自重不直接影响它的性能,实际上减重能提高经济效益。例如,在化工厂的处理装置中往往使用大型圆柱形结构,它的主要设计要求是耐腐蚀性,因此其结构质量将直接影响到圆柱壳体截面的静应力和由风、地震引起的动弯曲应力等,减轻质量就能起到减少应力腐蚀的作用,从而提高结构的经济效益。

此外,由于复合材料还可以具有功能复合的特点,因此对于某些结构物,在结构性能上还需满足一些特殊的性能要求。如上述化工装置要求耐腐蚀性,雷达罩、天线等要求有一定的电、磁方面性能,以及飞行器上的复合材料构件要求有防雷击的措施等。

结构承载分静载荷和动载荷。所谓"静载荷",是指缓慢地由零增加到某一定数值以后就保持不变或变动得不显著的载荷,这时构件的质量加速度及相应的惯性力可以忽略不计。例如,固定结构的自重载荷一般为静载荷。所谓"动载荷",是指能使构件产生较大的加速度,并且不能忽略由此而产生的惯性力的载荷。在动载荷作用下,构件内所产生的应力称为"动应力"。例如,风扇叶片由于旋转时的惯性力将引起拉应力。动载荷又分为瞬时作用载荷、冲击载荷和交变载荷。

瞬时作用载荷是指在几分之一秒的时间内,从零增加到最大值的载荷。例如,火车突然启动时所产生的载荷。冲击载荷是指在载荷增加的瞬间,产生载荷的物体具有一定的动能。例如,打桩机打桩。交变载荷是连续周期性变化的载荷。例如,火车在运行时各种轴杆和连杆所承受的载荷。

在静载荷作用下结构一般应设计成具有抵抗破坏和抵抗变形的能力,即具有足够的强度和刚度。在冲击载荷作用下,应使结构具有足够抵抗冲击载荷的能力。而在交变载荷作用下的结构(或者使结构产生交变应力)疲劳问题较为突出。应按疲劳强度和疲劳寿命来设计结构。

一般在设计结构时,应明确地确定结构的使用目的,要求完成的使命,且还有必要明确它在保管、包装、运输等整个使用期间的环境条件,以及这些过程的时间和往返次数等,以确保在这些环境条件下结构的正常使用。为此,必须充分考虑各种可能的环境条件。一般为下列四种环境条件:①力学条件,加速度、冲击、振动、声音等;②物理条件,压力、温度、湿度等;③气象条件,风雨、冰雪、日光等;④大气条件,放射线、霉菌、盐雾、风沙等。

这里,条件①和②主要影响结构的强度和刚度,是与材料的力学性能有关的条件;条件③和④主要影响结构的腐蚀、磨损、老化等,是与材料的理化性能有关的条件。

一般来说,上述各种环境条件虽有单独作用的场合,但是受两种以上条件同时作用的情况更多一些。另外,两种以上条件之间不是简单相加的影响关系,而往往是复杂的相互影响,因此,在环境实验时应尽可能接近实际情况,同时施加各种环境条件。例如,当温度与湿度综合作用时会加速腐蚀与老化。

分析各种环境条件下的作用与了解复合材料在各种条件下的性能,对于正确进行结构设计是很有必要的。除此之外,还应从长期使用角度出发,积累复合材料的变质、磨损、老化等长期性能变化的数据。

现代的结构设计,特别是飞机结构设计,对于设计条件往往还提出结构可靠度的要求,必须进行可靠性分析。所谓"结构的可靠性",是指结构在所规定的使用寿命内,在给予的载荷情况和环境条件下,充分实现所预期的性能时结构正常工作的能力,这种能力用一种概率来度量称为“结构的可靠度”。由于结构破坏一般主要为静载荷破坏和疲劳断裂破坏，所以结构可靠性分析的主要方面也分为结构静强度可靠性和结构疲劳寿命可靠性。

结构强度最终取决于构成这种结构的材料强度，若要确定结构的可靠度，必须对材料特性做统计处理，整理出它们的性能分布和分散性的资料。

结构设计的合理性最终主要表现在可靠性和经济性两方面。一般来说，要提高可靠性就得增加初期成本，而维护成本是随可靠性增加而降低的，所以总成本最低时（即经济性最好）的可靠性为最合理。

(2) 材料设计

材料设计是指选用几种原材料组合制成具有所要求性能的材料的过程。这里所指的原材料主要是指基体材料和增强材料。不同的原材料构成的复合材料将会有不同的性能，而且纤维的编织形式不同，将会使与基体复合构成的复合材料的性能也不同。对于层合复合材料，由纤维和基体构成的基本单元是单层，而作为结构的基本单元（即结构材料）是由单层构成的复合材料层合板。因此，材料设计包括原材料选择、单层性能的确定和复合材料层合板设计。

1) 原材料的选择和复合材料性能

原材料的选择与复合材料的性能关系紧密，因此，正确选择合适的原材料就能得到需要的复合材料的性能。

①原材料选择原则

A. 比强度、比刚度高的原则。对于结构物，特别是航空、航天结构，在满足强度、刚度、耐久性和损伤容限等要求的前提下，应使结构质量最轻。对于聚合物基复合材料，比强度、比刚度是指单向板纤维方向的强度、刚度与材料密度之比。然而，实际结构中的复合材料为多向层合板，其比强度和比刚度要比上述值低 30% ~50%。

B. 材料与结构的使用环境相适应的原则。通常要求材料的主要性能在结构整个使用环境条件下，其下降幅值应不大于 10%。一般引起性能下降的主要环境条件是温度，对于聚合物基复合材料，湿度也对性能有较大的影响，特别是在高温、高湿度的影响下会更大。聚合物基复合材料受温度与湿度的影响，主要是基体受影响的结果。因此，可以通过改进或选用合适的基体，以达到与使用环境相适应的条件。通常，根据结果的使用温度范围合材料的工作温度范围，对材料进行合理的选择。

C. 满足结构特殊性要求的原则。除了结构刚度和强度以外，许多结构物还要求有一些特殊的性能。如飞机雷达罩要求有透波性，隐身飞机要求有吸波性，以及客机的内装饰件要求阻燃性等。通常，为了满足这些特殊性要求，要着重考虑合理地选取基体材料。

D. 满足工艺性要求的原则。复合材料的工艺性包括预浸料工艺性、固化成型工艺性、机加装配工艺性和修补工艺性四个方面。预浸料工艺性包括挥发物含量、黏性、高压液相色谱特性、树脂流出量、预浸料储存期、处理期、工艺期等参数。固化成型工艺性包括加压时间带、固化温度、固化压力，以及层合板性能对固化温度和压力的敏感性、固化后构件的收缩率等。机加装配工艺性主要是指机加工工艺性。修补工艺性主要是指已固化的复合材料与未固化的复合材料通过其他基体材料或胶粘剂黏结的能力。工艺性要求与选择的基体材料和纤维材料有关。

E. 成本低、效率高的原则。成本包括初期成本和维修成本，而初期成本包括材料成本和制造成本。效益指减重获得节省材料、性能提高、节约能源等方面的经济效益。因此，成本低、效益高的原则是一项重要的选材原则。

②纤维选择

目前已有多种纤维可作为复合材料的增强材料，如各种玻璃纤维、开芙拉纤维、氧化铝纤维、硼纤维、碳化硅纤维、碳纤维等，有些纤维已经有多种不同性能的品种。选择纤维时，首先要确定纤维的类别，其次是要确定纤维的品种规格。

选择纤维类别，是根据结构的功能选取能满足一定的力学、物理和化学性能的纤维。

a. 若结构要求有良好的透波、吸波性能，则可选取E或S玻璃纤维、开芙拉纤维、氧化铝纤维等作为增强材料。

b. 若结构要求有高的刚度，则可选用高模量碳纤维或硼纤维。

c. 若结构要求有高的抗冲击性能，则可选用玻璃纤维、开芙拉纤维。

d. 若结构要求有很好的低温工作性能，则可选用低温下不脆化的碳纤维。

e. 若结构要求尺寸不随温度变化，则可选择用开芙拉纤维或碳纤维。它们的热膨胀系数可以为负值，可设计成零膨胀系数的复合材料。

f. 若结构要求既有较大强度又有较大刚度时，则可选用比强度和比刚度均较高的碳纤维和硼纤维。

工程上通常选用玻璃纤维、开芙拉纤维或碳纤维作增强材料。对于硼纤维，一方面由于其价格昂贵，另一方面由于它的刚度大和直径粗，弯曲半径大，成型困难，所以应用范围受到很大限制。表4.2列出了玻纤、开芙拉-49及碳纤维增强树脂复合材料的特点，以供选择纤维时参考。

表4.2 几种纤维增强树脂的特点

项目	玻纤/树脂	开芙拉-49/树脂	碳纤维/树脂
成本	低	中等	高
密度	大	小	中等
加工	容易	困难	较容易
抗冲击能	中等	好	差
透波性	良好	最佳	不透电波，半导体性质
可选用形式	多	厚度规格较少	厚度规格较少
使用经验	丰富	不多	较多
强度	较好	比拉伸强度最高，比压缩强度最低	比拉伸强度高，比压缩强度最高
刚度	低	中等	高
断裂伸长率	大	中等	小
耐湿性	差	差	好
热膨胀系数	适中	沿纤维方向接近零	沿纤维方向接近零

除了选用单一纤维外，复合材料还可以由多种纤维混合构成混杂复合材料。这种混杂复合材料既可以由两种以上纤维混合铺层构成，也可以由不同纤维构成的铺层混合构成。混杂复合材料的特点在于能以一种纤维的优点来弥补另一种纤维的缺点。

选择纤维规格是按比强度、比刚度和性能价格来选取的。对于要求较高的抗冲击性能和充分发挥纤维作用时,应选取有较高断裂伸长率的纤维。关于各种纤维的比强度、比刚度、性能价格比和断裂伸长率列于表4.3中,供选择纤维品种时参考。

表4.3　各种纤维的比强度、比刚度、性能价格比和断裂伸长率

项目＼纤维	E玻璃纤维	S玻璃纤维	芳伦纤维49	芳伦纤维149	氧化铝纤维	钨芯硼纤维	钨芯碳化硼纤维	钨芯碳化硅纤维	碳纤维T300	碳纤维TM6	碳纤维T800	高模量碳纤维P75
比强度	0.67	1.04	1.9	1.93	0.35	1.41	1.64	0.98	1.74	2.69	3.11	1.0
比模量	29.6	32.1	85.5	119	97.4	161	160	135	130	170	163	250
强度价格比	—	0.22	0.11	0.007	0.007	0.013	0.021	0.01	0.153	—	—	—
模量价格比	—	6.67	4.96	—	1.9	2.0	2.0	2.13	8.51	—	—	—
断裂应变%	2.43	3.25	2.23	1.9	0.36	0.88	1.03	0.73	1.33	1.66	1.9	1.59

纤维有交织布形式和无纬布或无纬带形式。一般玻璃纤维或芳伦纤维采用交织布性形式,而碳纤维两种形式都采用,一般形状复杂处采用交织布容易成型,操作简单,且交织布构成复合材料表面不易出现崩落和分层,适用于制造壳体结构。无纬布或无纬带构成的复合材料的比强度、比刚度大,可使纤维方向与载荷方向一致,易于实现铺层优化设计,另外材料的表面较平整光滑。

③树脂选择

目前可供选择的树脂主要有两类:一类为热固性树脂,其中包括环氧树脂、聚酰亚胺树脂、酚醛树脂和聚酯树脂,另一类为热塑性树脂,如聚醚砜、聚砜、聚醚醚酮、聚苯撑砜、尼龙、聚苯二烯、聚醚酰亚胺等。

目前树脂基复合材料中用的最多的基体是热固性树脂,尤其是各种牌号的环氧树脂和聚酯树脂,它们有较高的力学性能,但工作温度较低,只能在 -40 ~ 130 ℃范围内长期工作,某些牌号树脂的短期工作温度能达到150 ℃,由其构成的复合材料基本上能满足结构材料的要求,工艺性能好,成本低。对于需耐高温的复合材料,目前主要是用聚酰亚胺作为基体材料,它能在200 ~ 259 ℃温度下长期工作,短期工作温度可达350 ~ 409 ℃。加工成型聚酰亚胺(如PRM-15)其耐高温性不如另一种缩合型聚酰亚胺(如NR159B),但后者工艺性差,要求高温、高压成型。

玻璃纤维复合材料的基体一般采用不饱和聚酯树脂和环氧树脂。开芙拉-49复合材料的基体主要是环氧树脂。内部装饰件常采用酚醛树脂,因为酚醛树脂具有良好的耐火性、自熄性、低烟性和低毒性。

树脂的选择是按如下各种要求选取的:

a. 要求基体材料能在结构使用温度范围内正常工作。

b. 要求基体材料具有一定的力学性能。

c. 要求基体的断裂伸长率大于或者接近纤维的断裂伸长率,以确保充分发挥纤维的增强作用。

d. 要求基体材料具有满足使用要求的物理、化学性能。主要指吸湿性、耐介质、耐候性、阻燃性、低烟性和低毒性等。

e. 要求具有一定的工艺性。主要指黏性、凝胶时间、挥发成分含量、预浸带的保存期和工艺期、固化时的压力和温度、固化后的尺寸收缩率等。

2）单层性能的确定

复合材料的单层是由纤维增强材料和树脂体组成的，它的性能（例如刚度和强度）往往不容易由所组成的材料性能来推定。简单的混合法则，即单层性能与体积含量呈线性关系的法则，仅适用于复合材料密度和单向铺层方向上的弹性模量等一类特殊情况的性能，而实际上，单层性能的上下限不能简单地说成是由组成复合材料的原材料的性能确定的。例如，以任意热膨胀系数为正的基体材料所制成的复合材料，其某一方向上的热膨胀系数可能是零或负数。再如，在单向铺层中，与纤维成90°方向上的强度通常比基体的强度还低。总之，已知原材料的性能欲确定单层的性能是较为困难的。然而设计的初级阶段，为了层合板设计、结构设计的需要必须提供必要的单层性能参数，特别是刚度和强度参数。为此，通常是利用细观力学分析方法推得的预测公式确定的。而在最终设计阶段，一般为了单层性能参数的真实可靠，使设计更为合理，单层性能的确定需用试验的方法直接测定。

①单层树脂含量的确定

为了确定单层的性能，必须选取合适的纤维含量与树脂含量，即纤维和树脂的复合百分比。对此，一般是根据单层的承力性质或单层的使用功能选取的。具体的复合百分比可参考表4.4。

表4.4　单层树脂含量的选取

单层的功用	固化后树脂含量/%
主要承受拉伸、压缩、弯曲载荷	27
主要承受剪切载荷	30
用做受力构件的修补	35
主要用做外表层防机械损伤和大气老化	70
主要用做防腐蚀	70～90

在前面给出的刚度和强度的预测公式中，往往采用的是纤维体积含量 V_f，其与质量含量之间的关系式为：

$$V_f = \frac{M_f}{M_f + \frac{\rho_f}{\rho_m} M_m} \tag{4.1}$$

式中　M_f, M_m——分别为纤维、树脂的质量百分比；

ρ_f, ρ_m——分别为纤维、树脂密度。

另外，在最终设计阶段，一般为了单层性能参数的真实可靠，使设计更为合理，单层性能的确定需用试验的方法直接测定。试验可依据国家标准《定向纤维增强塑料拉伸性能试验方法》（GB 3352—88）和《纤维增强塑料纵横剪切试验方法》（GB 3355—88）等进行。

②刚度的预测公式

单向层的工程弹性常数预测公式和正交层的工程弹性常数预测公式见表4.5和表4.6。

③强度的预测公式

表 4.5 单向层的工程弹性常数预测公式

工程弹性常数	预测公式	说明
纵向弹性模量	$E_L = E_{fv_f} + E_m(1 - V_f)$	此式基本上符合试验测定值
横向弹性模量	$E_T = \dfrac{E_f E_m}{E_m V_f + E_f(1 - V_f)}$	按此式预测的值往往低于试验测定值,对此可改用修正公式 $\dfrac{1}{E_{T_1}} = \dfrac{Vf}{E_f} + \dfrac{V_m}{E_m}$ 式中,$V''_f = \dfrac{V_f}{V_f + \gamma_f V_m}$,$V''_m = \dfrac{\gamma_T V_m}{V_f + \gamma_T V_m}$ 系数 γ_T 由试验确定,对于玻璃/环氧可取用 0.5
纵向泊松比	$\gamma_L = \gamma_f V_f + \gamma_m(1 - V_f)$	此式基本上复合试验测定值
横向泊松比	$\gamma_T = \gamma_L \dfrac{E_T}{E_L}$	此式为工程弹性常数之间的关系式
面内剪切弹性模量	$G_{LT} = \dfrac{G_f G_m}{G_m V_f + G_f(1 - V_f)}$	按此式预测的值往往低于试验测定值,对此可使用修正公式 $\dfrac{1}{G_{LT}} \dfrac{V'_f}{G_f} + \dfrac{V''_f}{G_f} + \dfrac{V''_m}{G_m}$ 式中,$V''_f = \dfrac{V_f}{V_f + \eta_T V_m}$,$V''_m = \dfrac{\eta_T V_m}{V_f + \eta_T V_m}$ 系数 η_T 由试验确定,对于玻璃/环氧可取用 0.5

式中:E_f——纤维弹性模量;

E_m——基体弹性模量;

γ_f——纤维泊松比;

γ_m——基体泊松比;

V_f——纤维体积含量;

G_f——纤维剪切弹性模量;

G_m——基体剪切弹性模量。

下面分别给出纵向拉伸强度和纵向压缩强度的预测公式

$$X_t = \begin{cases} \sigma_{f\max} V_f + (\sigma_m)\varepsilon_{f\max}(1 - V_f)\,(V_f \geqslant V_{f\max}) \\ \sigma_{m\max}(1 - V_f)\,(V_f \leqslant V_{f\max}) \end{cases} \tag{4.2}$$

$$V_{f\max} = \frac{\sigma_{m\max} - (\sigma_m)\varepsilon_{m\max}}{\sigma_{f\max} + \sigma_{m\max} - (\sigma_m)\varepsilon_{f\max}} \tag{4.3}$$

式中 $\sigma_{f\max}$——纤维的最大拉伸应力;

$\sigma_{m\max}$——基体的最大拉伸应力;

$(\sigma_m)\varepsilon_{f\max}$——基体应变等于纤维最大拉伸应变时的基体应力;

V_f——纤维体积含量;

$V_{f\max}$——强度由纤维控制的最小纤维体积含量。

$$X_c = \begin{cases} 2V_f\sqrt{\dfrac{V_fE_fE_m}{3(1-V_f)}} \\ \dfrac{G_m}{1-V_f} \end{cases} \tag{4.4}$$

E_f——纤维弹性模量；

G_m——基体剪切弹性模量；

E_m——基体弹性模量；

V_f——纤维体积。

纵向压缩强度 X_c 取用由上述两公式计算所得的小者。即使如此，一般由上述公式所得的预测值要高于实测值。试验证明，应将上式的 E_m 或 G_m 乘以小于 1 的修正系数 K。

表 4.6　正交层的工程弹性常数预测公式

工程弹性常数	预测公式	说　明
纵向弹性模量	$E_L = k\left(E_{L_1}\dfrac{n_L}{n_L+n_T} + E_{T_2}\dfrac{n_T}{n_L+n_T}\right)$	将正交层视为两层单向层的组合，即经线和纬线分别作为单向层的组合。由于织物不平直，使计算值大于实测值，故而采用小于 1 的折减系数，称为“波纹影响系数”
横向弹性模量	$E_T = k\left(E_{L_2}\dfrac{n_L}{n_L+n_T} + E_{T_1}\dfrac{n_T}{n_L+n_T}\right)$	同　上
纵向泊松比	$\gamma_L = \gamma_{L_1}E_{T_1}\dfrac{n_L+n_T}{n_LE_{T_1}+n_TE_{L_2}}$	将正交层视为两层单向层的组合，即经线和纬线分别作为单向层的组合
横向泊松比	$\gamma_T = \gamma_L \cdot \dfrac{E_T}{E_L}$	采用正交各向异性材料的关系式
面内剪切弹性模量	$G_{LT} = kG_{L_1T_1}$	正交层的剪切模量 G_{LT} 与具有相同纤维含量的单向层的剪切模量 $G_{L_1T_1}$ 是一样的，k 为考虑波纹影响的折减系数

式中：n_L, n_T——分别为单位宽度的正交层中经向和纬向的纤维量，实际上只需知道两者的相对比例即可；

E_{L_1}, E_{L_2}——分别为经线和纬线作为单向层时纤维方向的弹性含量；

E_{T_1}, E_{T_2}——分别为经线和纬线作为单向层时垂直于纤维方向的弹性模量；

V_{L_1}——由经线作为单向层时的纵向泊松比；

$G_{L_1T_1}$——由经线作为单向层时的面内剪切弹性模量；

K——波纹影响系数，取 0.90～0.95。

3）复合材料层合板设计

复合材料层合板设计是根据单层的性能确定层合板中各铺层的取向、铺设顺序、各定向层相对于总层数的百分比和总层数（或总厚度）。复合材料层合板设计通常又称为“铺层设计”。

①层合板设计的一般原则

层合板设计时目前一般遵循如下设计原则：

A. 铺层定向原则。由于层合板取向过多会造成设计工作的复杂化，目前多选择 0°、45°、90°和⊥45°四种铺层方向。如果需要设计成准各向同性的层合板，除了用[0/45/90/－45]$_s$层合板外，为了减少定向数，还可采用[60/0/－60]$_s$层合板。

B. 均衡对称铺设原则。除特殊需要外，一般均设计成均衡对称层合板，以避免拉—剪、拉—弯耦合而引起固化后的翘曲等变形。

C. 铺层取向按承载选取原则。如果承受拉(压)载荷，则使铺层的方向按载荷方向铺设；如果承受剪切载荷，则铺层按45°向成对铺设；如果承受双轴向载荷，则铺层按受载方向0°、90°正交铺设；如果承受多种载荷，则铺层按0°、90°、⊥45°多向铺设。

D. 铺层最小比例原则。为了避免基体承载，减少湿热应力，使复合材料与其相连接的金属泊松比相协调，以减少连接诱导应力等，对于方向为0°、90°、⊥45°铺层，其任一方向的铺层最小比例应大于6% ~10%。

E. 铺设顺序原则。应使各定向层尽量沿层合板厚度均匀分布，也即使层合板的单层组数尽量得大，或者说使每一单层组中的单层尽量得少，一般不超过4层，这样可以减少两种定向层之间的层间分层可能性。

如果层合板中含有⊥45°层、0°层和90°层，应尽量使⊥45°层之间用0°层或90°层隔开，也尽量使0°层和90°层之间用+45°或-45°层隔开，以降低层间应力。

F. 冲击载荷区设计原则。冲击载荷区层合板应有足够多的0°层，用以承受局部冲击载荷；也要有一定量的45°层以使载荷扩散。除此之外，需要时还需局部加强以确保足够的强度。

G. 防边缘分层破坏设计原则。除了遵循铺设顺序原则外，还可以沿边缘区包一层玻璃布，以防止边缘边层破坏。

H. 抗局部屈曲设计原则。对于有可能形成局部屈曲的区域，将⊥45°层尽量铺设在层合板的表面，可提高局部屈曲强度。

I. 连接区设计原则。沿载荷方向的铺层比例应大于30%，以保证足够的挤压强度；与载荷方向成⊥45°的铺层比例应大于40%，以增加剪切强度，同时有利于扩散载荷和减少孔的应力集中。

J. 变厚度设计原则。变厚度零件的铺层阶差、各层台阶设计宽度应相等，其台阶宽度应等于或大于2.5 mm。为了防止台阶处剥离破坏，表面应由连续铺层覆盖。

各定向层百分比和总层数的确定(也即各定向层层数的确定)，是根据对层合板设计的要求综合考虑确定的。一般情况下，根据具体的设计要求，可采用等代设计法、准网络设计法、毯式设计法、主应力设计法、层合板系列设计法、层合板优化设计法等。

②等代设计法

等代设计法是复合材料问世初期的设计方法，也是目前工程复合材料中较多采用的一种设计方法。

等代设计法是指在载荷和使用环境不变的条件下，用相同形状的复合材料层合板来代替其他材料，并用原来材料的设计方法进行设计，以保证强度或刚度。由于复合材料比强度和比刚度高，所以代替其他材料一般可减轻质量。这种方法有时是可行的，有时却是不可行的。对于不受力或受力很小的非承力构件是可行的，对于受很大力的主承力构件是不可行的，而对于受较大力的次承力构件是可行的，有时是不可行的。因此，需进行强度或刚度的校核，以确保安全可靠。

在这一设计方法中，复合材料层合板可以设计成准各向同性的，也可以设计成非准各向同性的。究竟采用什么样的层合板结构形式，一般可按应力性质来选择。另外，在等代设计中，一般根据表 4.7 选择的层合板结构形式，构成均衡对称的层合板作为替代材料。不要误认为等代设计法必须采用准各向同性层合板。

表 4.7　等代设计中供选择参考的层合板结构形式

受力性质	层合板结构形式	用　途
承受拉伸载荷、压缩载荷，可承受有限的剪切载荷	(0/90/90/0)或(90/0/0/90)	用于主要应力状态为拉伸应力或压缩应力，或拉、压双向应力的构件设计
承受拉伸载荷、剪切载荷	(45/－45/－45/45)或(－45/45/45/－45)	用于主要应力为剪切应力的构件设计
承受拉伸载荷、压缩载荷、剪切载荷	(0/45/90/－45/－45/90/45/0)	用于面内一般应力作用的构件设计
承受压缩载荷、剪切载荷	(45/90/－45/－45/90/45)	用于压缩应力和剪切应力，而剪切应力为主要应力的构件设计
承受拉伸载荷、剪切载荷	(45/0/－45/－45/0/45)	用于拉伸应力和剪切应力，而剪切应力为主要应力的构件设计

对于有刚度和强度要求的等代设计，其各种层合板结构形式构成的实际层合板的刚度或强度校核，可根据所选单层材料的力学性能参数，利用层合理论进行计算。

还需指出：由于复合材料独特的材料性质和工艺方法，有些情况下，如果保持原有的构件形状显然是不合理的，或者不能满足刚度或强度要求，因此，可适当地改变形状或尺寸，但仍按原来材料的设计方法进行设计，这样的设计方法仍属等代设计的范畴。

③层合板排序设计方法

层合板排序设计法是基于某一类(即选定几种铺层角)或几类层合板选取不同的定向层比所排成的层合板系列，以表格形式列出各个层合板在各种内力作用下的强度或刚度值，以及所需的层数，供设计选择。

层合板排序设计法需给出一系列层合板的计算数据，一般需用计算机实施。这种设计方法与网络设计法、毯式曲线设计法比较，后两者认为单独强度可叠加成复杂应力强度，因而在复杂应力状态下是不够合理的，而层合板排序设计法在复杂应力状态下是按复杂应力状态求其强度的。

在多种载荷情况下，必须用层合板排序设计法才有效。层合板排序设计法与选择的层合板种类有关，而层合板种类的多少将决定于计算机的容量和运算速度，因此，不可能无限制地选择供层合板设计的层合板种数。

其他几种层合板设计方法在此不做详细介绍。

(3)结构设计

复合材料结构设计除了具有包含材料设计内容的特点外，就结构设计本身而言，无论在设计原则、工艺性要求、许用值与安全系数确定、设计方法和考虑的各种因素方面都有其自身的特点，一般不完全沿用金属结构的设计方法。

1)结构设计的一般原则

复合材料结构设计的一般原则，除已经讨论过的连接设计原则和层合板设计原则外，尚需要遵循满足强度和刚度的原则。满足结构的强度和刚度是结构设计的基本任务之一。复合材料结构与金属在满足强度、刚度和总原则是相同的,但由于材料特性和结构特性与金属有很大差别,所以复合材料结构在满足强度、刚度的原则上还有别于金属结构。

①复合材料结构一般采用按使用载荷设计、按设计载荷校核的方法。

②按使用载荷设计时,采用使用载荷所对应的许用值称为"使用许用值";按设计载荷校核时,采用设计载荷所对应的许用值称为"设计许用值。"

③复合材料失效准则只适用于复合材料的单层。在未规定使用某一失效准则时,一般采用蔡—胡失效准则,且正则化,相互作用系数未规定时也采用 -0.5。

④没有刚度要求的一般部位,材料弹性常数的数据可采用试验数据和平均值,而有刚度要求的重要部位需要选取基准值。

2)结构设计应考虑的工艺性要求

工艺性包括构件的制造工艺性和装配工艺性。复合材料结构设计时结构方案的选取和结构细节的设计对工艺性的好坏也有重要影响。主要应考虑的工艺性要求如下:

①构件的拐角应具有较大的圆角半径,避免在拐角处出现纤维断裂、富树脂、架桥(即各层之间未完全黏结)等缺陷。

②对于外形复杂的复合材料构件设计,应考虑制造工艺上的难易程度,可采用合理的分离面分成两个或两个以上构件;对于曲率较大的曲面,应采用织物铺层;对于外形突变处,应采用光滑过渡;对于壁厚变化,应避免突变,可采用阶梯形变化。

③结构件的两面角应设计成直角或钝角,以避免出现富树脂、架桥等缺陷。

④构件的表面质量要求较高时,应使该表面为贴膜面,或在可加均压板的表面加均压板,或分解结构件使该表面成为贴膜面。

⑤复合材料的壁厚一般应控制在 7.5 mm 以下。对于壁厚大于 7.5 mm 的构件,除必须采用相应的工艺措施以保证质量外,设计时应适当降低力学性能参数。

⑥机械连接区的连接板应尽量在表面铺贴一层织物铺层。

⑦为减少装配工作量,在工艺上可能的条件下,应尽量设计成整体件,并采用共固化工艺。

3)许用值与安全系数的确定

许用值是结构设计的关键要求之一,是判断结构强度的基准,因此,正确地确定许用值是结构设计和强度计算的重要任务之一,安全系数的确定也是一项非常重要的工作。

①许用值的确定

使用许用值和设计许用值的确定的具体方法如下:

A. 使用许用值的确定方法

a. 拉伸时使用许用值的确定方法。拉伸时使用许用值由下述三种情况得到的较小值。第一,开孔试样在环境条件下进行单轴拉伸试验,测定其断裂应变,并除以安全系数,经统计分析得出使用许用值,开孔试样见有关标准;第二,非缺口试样在环境条件下进行单轴拉伸试验,测定其基体不出现明显微裂纹所能达到的最大应变值,经统计分析得出使用许用值;第三,开孔试样在环境条件下进行拉伸两倍疲劳寿命试验,测定其所能达到的最大应变值,经统计分析得出使用许用值。

b. 压缩时使用许用值的确定方法。压缩时使用许用值由下述三种情况得到的较小值。第一,低速冲击后试样在环境条件下进行单轴压缩试验,测定其破坏应变,并除以安全系数,经统计分析得出使用许用值,有关低速冲击试样的尺寸、冲击能量见有关标准;第二,带销开孔试样在环境条件下进行单独压缩试验,测定其破坏应变,并除以安全系数,经统计分析得出使用许用值,试样见有关标准;第三,低速冲击后试样在环境条件下进行压缩两倍疲劳寿命试验,测定其所能达到的最大应变值,经统计分析得出使用许用值。

c. 剪切时使用许用值的确定方法。剪切时使用许用值由下述两种情况得到的较小值。第一,±45°层合板试样在环境条件下进行反复加载、卸载的拉伸(或压缩)疲劳试验,并逐渐加大峰值载荷的量值,测定无残余应变下的最大剪应变值,经统计分析得出使用许用值;第二,±45°层合板试样在环境条件下经小载荷加载、卸载数次后,将其单调地拉伸至破坏,测定其各级小载荷下的应力—应变曲线,并确定线性段的最大剪应变值,经统计分析得出使用许用值。

B. 设计许用值的确定方法

设计许用值是在环境条件下对结构材料破坏试验进行数量统计后给出的。环境条件包括使用温度上限和1%水分含量(对于环氧类基体为1%)的联合情况。对破坏试验结果应进行分布检查(韦伯分布还是正态分布),并按一定的可靠性要求给出设计使用值。

②安全系数的确定

在结构设计中,为了确保结构安全工作,又应考虑结构的经济性,要求质量轻、成本低,因此,在保证安全的条件下,应尽可能降低安全系数。下面简述选择安全系数时应考虑的主要因素:

A. 载荷的稳定性。作用在结构上的外力,一般是经过力学方法简化或估算的,很难与实际情况完全相符。动载比静载应选用较大的安全系数。

B. 材料性质的均匀性和分散性。材料内部组织的非均匀和缺陷对结构强度有一定的影响。材料组织越不均匀,其强度试验结果的分散性就越大,安全系数要选大些。

C. 理论计算公式的近似性。对实际结构经过简化或假设推导的公式一般都是近似的,选择安全系数时,要考虑到计算公式的近似程度。近似程度越大,安全系数应选取越大。

D. 构件的重要性与危险程度。如果构件的损坏会引起严重事故,则安全系数应取大些。

E. 加工工艺的准确性。由于加工工艺的限制或水平,不可能完全没有缺陷或偏差,因此工艺准确性差,则应取安全系数大些。

F. 无损检验的局限性

G. 使用环境条件。通常,玻璃纤维复合材料可保守地取安全系数为3,民用结构产品也有取至10的,而对质量有严格要求的构件可取为2;对于硼/环氧、碳/环氧、Kevlar/环氧构件,安全系数可取1.5,对重要构件也可取2。由于复合材料构件在一般情况下开始产生损伤的载荷(即使用载荷)约为最终破坏的载荷(即设计载荷)的70%,故安全系数取1.5~2是合适的。

4)结构设计与应考虑的其他因素

复合材料结构设计除了要考虑强度和刚度、稳定性、连接接头设计等以外,还需要考虑应力、防腐蚀、防雷击、抗冲击等。

①热应力　复合材料与金属零件连接是不可避免的。当使用温度与连接装配时的温度不同时,由于热膨胀系数之间的差异常常会出现连接处的翘曲变形。与此同时,复合材料与金属中会产生由温度变化引起的热应力。如果假定这种连接是刚性连接,并忽略胶接接头中胶粘剂的剪应变和机械连接接头重金固件(铆钉或螺栓)的应变,则复合材料和金属构件中的热应力分别由下式计算

$$\sigma_c = \frac{(a_m - a_c)\Delta T E_m}{\frac{A_c}{A_m} + \frac{E_m}{E_c}}; \quad \sigma_m = \frac{(a_c - a_m)\Delta T E_c}{\frac{A_m}{A_c} + \frac{E_c}{E_m}} \tag{4.5}$$

式中　σ_c、σ_m——分别为复合材料和金属材料中的热应力；

a_c、a_m——分别为复合材料和金属材料的热膨胀系数；

E_c、E_m——分别为复合材料和金属材料的弹性模量；

A_c、A_m——分别为复合材料和金属材料的横截面面积；

ΔT——连接件使用温度与装配时温度之差。

通常，$a_m > a_c$，复合材料在温度升高时产生拉伸的热应力，而金属材料中产生压缩的应力，温度下降时正好相反。复合材料结构设计时，对于工作温度与装配温度不同的环境条件，不但要考虑条件对材料性能的影响，还要在设计应力中考虑这种热应力所引起的附加应力，确保在工作应力下的安全。例如，当复合材料工作应力为拉应力，而热应力也为拉应力时，其强度条件应改为

$$\sigma_I + \sigma_c \leqslant [\sigma] \tag{4.6}$$

式中　σ_I——根据结构使用载荷算得复合材料连接件的工作应力；

σ_c——根据上式计算得到的热应力；

$[\sigma]$——许用应力。

为了减小热应力，在复合材料连接中可采用热膨胀系数较小的钛合金。

②防腐蚀　玻璃纤维增强塑料是一种耐腐蚀性很好的复合材料，其广泛应用于石油和化工部门，制造各种耐酸、耐碱及耐多种有机溶剂腐蚀的贮罐、管道、器皿等。

这里所指的防腐蚀是指碳纤维复合材料与金属材料之间的电位差使得它对大部分金属都有很大的电化学腐蚀作用，特别是在水或潮湿空气中，碳纤维的阳极作用而造成金属结构的加速腐蚀，因而需要采取某种形式的隔离措施，以克服这种腐蚀。如在紧固件钉孔中涂漆或在金属与碳纤维复合材料表面之间加一层薄的玻璃纤维层(厚度约 0.08 mm)使之绝缘或密封，从而达到防腐蚀的目的。对于胶接装配件，可采用胶膜防腐蚀。另外，钛合金、耐蚀钢和镍铬合金等可与碳纤维复合材料直接接触连接而不会引起电化学腐蚀。

玻璃纤维复合材料和开芙拉-49 复合材料不会与金属间引起电化学腐蚀，故不需要另外采用防腐蚀措施。

③防雷击　雷击是一种自然现象。碳纤维复合材料是半导体材料，它比金属构件受雷击损伤更加严重。这是由于雷击引起强大的电流通过碳纤维复合材料后会产生很大的热量，使复合材料的基体热解，引起其机械性能大幅度下降，以致造成结构破坏。因此，当碳纤维复合材料构件位于容易受雷击影响的区域时，必须进行雷击防护。如加铝箔或网状表面层，或喷涂金属层等。在碳纤维复合材料构件边界装有金属元件，也可以减小碳纤维复合材料构件的损伤程度，这些金属表面层应构成防雷击导电通路，通过放置的电刷来释放电路。

玻璃纤维复合材料和开芙拉-49 复合材料在防雷击方面是相似的，因为它们的电阻和介电常数相近。它们都不导电，因而对内部的金属结构起不到屏蔽作用。因此，要采用保护措施，如加金属箔、金属网或金属喷涂等，而不能采用夹结构中加金属蜂窝的方法。

大型民用复合材料结构(如冷却塔等)，应安装避雷器来防雷击。

④抗冲击　冲击损伤是复合材料结构中所需要考虑的主要损伤形式，冲击后的压缩强度

是评定材料和改进材料所需要考虑的主要性能指标。

冲击损伤可按冲击能量和结构上的缺陷情况分为三类:①高能量冲击,在结构上造成贯穿性损伤,并伴随少量的局部分层;②中等能量冲击,在冲击区造成外表凹陷,内表面纤维断裂和内部分层;③低能量冲击,在结构内部造成分层,而在表面只产生目视几乎不能发现的表面损伤。高能量冲击与中等能量冲击造成的损伤为可见损伤,而低能量冲击造成的损伤为难见损伤。损伤会影响材料的性能,特别是会使压缩强度下降很多。

因此,在复合材料结构设计时,如果受有应力作用的构件,同时考虑低能量冲击载荷引起的损伤,则可通过限制设计的许用应变或许用应力的方法来考虑低能冲击损伤对强度的影响。从材料方面考虑,碳纤维复合材料的抗冲击性能很差,不宜用于易受冲击的部位。玻璃纤维复合材料与开芙拉-49 复合材料的抗冲击性能相类似,均比碳纤维复合材料的抗冲击性能好得多。因此,常用碳纤维和开芙拉-49 纤维构成混杂纤维复合材料来改善碳纤维复合材料的抗冲击性能。另外,一般织物铺层构成的层合板结构比单向铺层构成的层合板结构的抗冲击性能好。

4.3　聚合物基复合材料的制造工艺和方法

聚合物基复合材料的制造与传统的金属材料的制造是完全不同的。除少数产品以外,金属材料的制造基本上是原材料的制造,各种产品是利用原材料的金属材料经过加工而制成的。与此相比,大部分聚合物基复合材料的制造,实际上是复合材料的制造和产品的制造融合为一体。聚合物基复合材料的原材料是纤维等增强体和聚合物基体材料。聚合物基复合材料的制造主要涉及怎样将纤维等增强体均匀地分布在基体的树脂中,怎样按产品设计的要求实现成型、固化等。因此,与金属材料的制造相比,聚合物基复合材料的制造有很大的灵活性。根据增强体和基体材料种类的不同,需要应用不同的制造工艺和方法。聚合物基复合材料的制造方法有很多,常见的主要制造方法可以按基体材料的不同分为两类:一类是热固性复合材料的制造方法,其中主要有手工成型法、喷涂成型法、压缩成型法、注射成型法、SMC 压缩成型法、RTM 成型法(注塑成型法)、真空热压成型法、连续缠绕成型和连续拉挤成型法;另一类是热塑性复合材料的制造方法,类似于热固性复合材料的制造方法,其中主要有压缩成型法、注射成型法、RTM 成型法、真空热压成型法和连续缠绕成型法等。由此可见,两类复合材料的制造方法有很多是类似的。各种成型法有各自的特点,采用时可根据产品的质量、成本、纤维和树脂的种类来选择适当的成型法。当然,根据基体材料的不同,即使成型方法一样,相应的加压、加热的条件和过程会有所不同。以下将对这些主要方法给以详细的介绍。

4.3.1　手工成型法和喷涂成型法

手工成型法(Hand lay-up)是聚合物基复合材料制造的最基本的方法,多用于玻璃纤维/聚酯树脂复合材料的产品制造。例如,浴缸、船艇、房屋设备等。手工成型法主要以玻璃纤维布或片材和聚酯树脂为原材料。在根据产品的形状制造的底模上,先涂一层不粘胶或铺一层不粘布或不粘薄膜等,然后铺一层玻璃纤维布,再利用刷子或滚轮等工具将树脂涂抹在玻璃纤维布上,使树脂均匀地渗透到玻璃纤维布里,重复此过程直到达到产品要求的厚度,然后将铺层完成后的制品送进固化炉实现固化。固化的条件主要根据树脂的固化条件而定。许多玻璃纤维/聚酯树脂复合材料的产品是可以在室温条件下固化的，制造工艺如图4.5。

图4.5 手工成型法的基本制造工艺

与其他的制造方法相比，手工成型法的特点是：设备、工具等成本低，能用长纤维布和短纤维布，能适应各种形状产品的成型，如图4.6所示。但是，由于以人工为主，生产效率低，不易实行大量生产，仅适于小数量产品的制造。

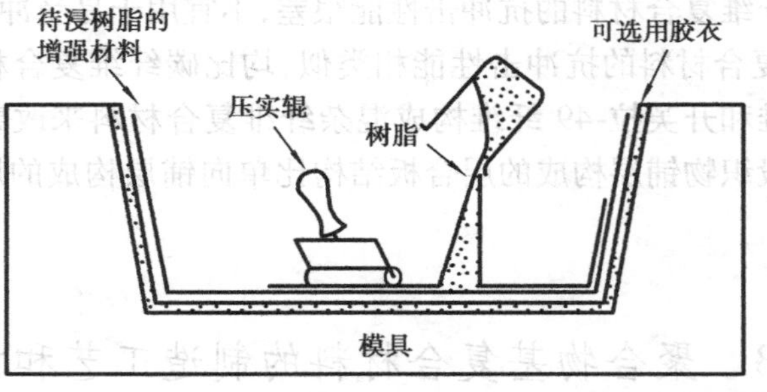

图4.6 手工成型法

喷涂成型法(Spray-up)是在人工铺层涂抹成型法上改进的一种成型法。喷涂成型法以长纤维和树脂为原材料，它使用的主要工具是能自动切断纤维并喷出切断的短纤维和树脂的自动化喷枪。它是利用自动化喷枪将自动切断的短(玻璃)纤维和树脂一起喷涂在底模上来实现积层。与手工成型法相比，喷涂成型法省略了人工铺层涂抹的过程，易于实行自动控制生产。

但是，它仅适用于制造短纤维增强复合材料制品。喷涂成型法的制造工艺与手工成型法类似，如图4.7所示。

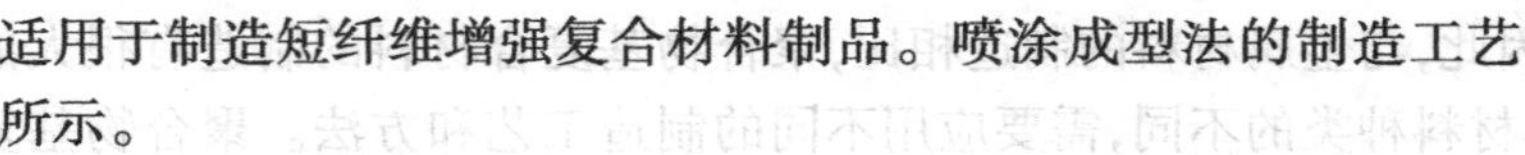

图4.7 喷涂成型法的制造工艺

4.3.2 压缩成型法

压缩成型法(Compression molding)是将增强材料的纤维和树脂等一起先放入底模，然后再加压、加热，使之成型、固化的一种复合材料制造方法。在实际制造中，还需要考虑到压膜的空气出口、多余纤维和树脂的出口等。此外，根据基体材料的不同，需采用不同的加压、加热过程。利用压缩成型法制造复合材料时，需要的基本设备是一台压力机(油压机或水压机等)，其次将纤维和树脂等放入底模时，需要预成型，有时也使用一台预成型机，另外，根据树脂的固化条件，有时需要一固化炉。

压缩成型法的特点是：可制造大型的、含纤维量高的、高强度的产品，也可用于制造热固性复合材料和热塑性复合材料，短纤维增强复合材料制品应用得较多。

4.3.3　注射成型法

与压缩成型法不同，注射成型法（Injection molding）是先将底模固定、预热，然后利用注射机械在一定的压力条件下，通过一注入口将增强材料的纤维和树脂等一起挤压入模型内使之成型，因此，也称其为“挤压成型法”，如图4.8所示。在实际制造中，还需要考虑到模型的空气出口，也有采用抽真空的方式来排除空气。注射成型法不需要预成型，需要的基本设备是一台注射机，可用于制造短纤维增强的热固性复合材料和热塑性复合材料，特别是热塑性复合材料的产品多采用此成型法。注射成型法的特点是：易于实现自动化和大批生产。因此，汽车用短玻璃纤维增强复合材料产品多采用此成型法生产。注射成型法制造的产品的纤维含有量不高，一般（体积分数）为20%～50%，多数为20%～40%。此外，由于纤维和树脂的混合物在模型内的流动引起纤维的排列，产品的强度分布会不均匀。注射机的注射口由于与纤维的摩擦，因而易于磨损。

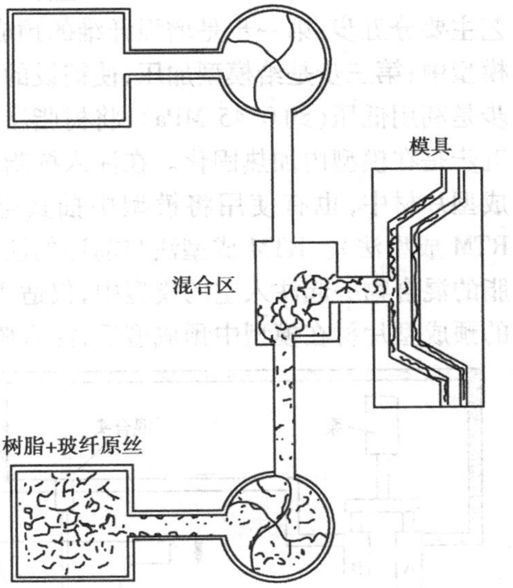

图4.8　注射成型法

4.3.4　SMC压缩成型法

“SMC”是Sheet Molding Compound的缩写，是指经过热固性树脂浸渍后的、未固化的玻璃纤维/树脂预制片。一般有3种预制片：短纤维随机分布的预制片、短纤维单方向分布的预制片和长纤维单方向分布的预制片。纤维的含量（体积分数）为30%～70%，预制片的厚度一般在5～10 mm之间。因此，SMC本身就是复合材料，或是复合材料的预备产品。SMC是在32 ℃左右的温度条件下制造的，然后可在20 ℃的条件下保存四周。与前述的成型法的最大的不同点是：SMC压缩成型法使用的原材料不是纤维和树脂，而是SMC这种为固化的玻璃纤维/树脂预制片。因此，SMC压缩成型法实际上是分两步来实现的一种成型法：第一步是未固化的玻璃纤维/树脂预制片的制作，第二步是SMC压缩成型。由于这一分工，复合材料产品的生产厂家可以不去顾虑原材料的纤维和树脂，而只需要买进未固化的玻璃纤维/树脂预制片即可。由此，复合材料产品生产的工序大为减少，易于实现自动化和大批量生产。SMC压缩成型所需要的基本设备是一台压力机（液压机）和一台片裁剪机。如果预制片也是同一厂家生产的话，可以在预制片生产的同时，将其裁剪为所需要的尺寸。先将裁剪、计量好的SMC片材置放入预热好的模型中，然后逐步加热、加压，使预制片流动，直至充满模型内部各处后，再加热、加压固化。

加压时的空气排出方式有利用排气口的方式，也有抽真空的方式。加压时的速度和加温的过程对产品的成型有很大的影响，应充分注意。

由此可见，SMC压缩成型法（Compression molding of SMCs）基本上也是一种压缩成型法。虽然工艺流程看起来比较复杂，其实由于它分为两步来做，而且易于实现自动化，实际的工艺流程是比较简单的。SMC压缩成型法生产的产品尺寸精度高、表面光滑、强度较高，但是其初期设备投资较大,适用于大批量生产。因此,电器产品、汽车的复合材料产品多用这一成型法制造。

4.3.5 RTM 成型法

RTM 成型法(Resin Transfer Molding)是一种树脂注入成型法,如图 4.9 所示。其制造工艺主要分五步:第一步是增强纤维的预成型片材的制作;第二步是将纤维的预成型片材铺设在模型中;第三步是给模型加压,使铺设的纤维的预成型片材在模型内按产品形状预成型;第四步是利用低压(约 0.45 MPa),将树脂注入模型,使树脂均匀地渗透到纤维的预成型片材中;第五步是在模型内加热固化。在注入树脂的过程中,为了使树脂更快地、均匀地渗透到纤维的预成型片材中,也有使用将模型中抽真空的 VRTM(Vacuum-assisted RTM)成型法(真空辅助 RTM 成型法)。RTM 成型法与前述的注射成型法有些类似。但是,注射成型法是将纤维和树脂的混合物一起注入空的模型中,仅适用于短纤维复合材料制品。而 RTM 成型法是先将纤维的预成型片材在模型中预成型后,注入树脂使之一体化,多用于长纤维复合材料制品,因此也可以称 RTM 成型法为“注塑成型法”。由于 RTM 成型法只需将树脂注入模型内,因此它需要的压力比注射成型法要小得多,注塑装置的成本也低得多。RTM 成型法与其他的成型法相比有很多优点:成本低,质量高,产品尺寸形状稳定,可以适应多种热固化树脂和热塑性树脂,也可以适应两种以上的不同增强纤维的组合复合材料的成型,还可以适应多种二维编织和三维编织的复合材料制品的成型。因此,RTM 成型法是很有发展潜力的成型法之一。

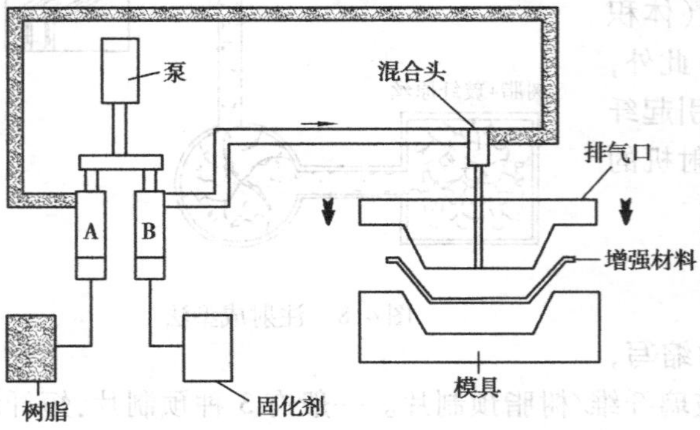

图 4.9 RTM 成型法

4.3.6 真空热压成型法

真空热压成型法(Autoclaved Molding,Hot Press Molding)是一种用于先进长纤维复合材料的成型法。它使用未固化的碳纤维/树脂等预制片作为原材料,然后经过铺层、真空包装、抽真空、加热和加压等过程,使产品固化成型。由此可见,与以上的成型法不同,真空热压成型法是一种将纤维的树脂浸渍过程和复合材料的成型完全分开的一种成型法。一般地,未固化的碳纤维/树脂等片材可在许多纤维生产的厂家购买到,也有许多大型的复合材料厂家自己生产预制片。预制片可在冷冻柜里保存,根据树脂的种类保存期有所不同,几个月至半年或一年。

用真空热压成型法制造平板以外的产品,如制造有曲线等部分的产品时,需要先制造底模。底模与复合材料制品之间一般用防粘薄膜(如聚四氟乙烯薄膜),防止底模与复合材料制品粘连。在铺层的过程中,应尽可能保持周围环境的清洁,以免灰尘等混入层间,引起层间强度的下降。在真空包装过程中,要保持达到成型所要求的真空度,以保证产品的质量。如果真空度达不到成型的要求,层间的空气排不出来,由此在产品中会产生较多的空间。真空热压成型法的加热、加压过程主要根据基体材料树脂的种类而定。真空热压成型法的加热、加压的设备主要有两种:一种是加热、加压釜(Autoclave),另一种是热压机(Hot press)。加热、加压容器利用蒸汽和压缩空气加热、加压，也有一种简易的加热、加压容器是利用电热板加热。热压机是利用油压或水压来加压，利用电热板加热。由此可见，真空热压成型法是一种生产成本较高的复合材料制造法。大型产品的成型需要很大的加热、加压釜或热压机，其产品的质量高，空孔率低。因此，宇宙航空工业的产品多采用此成型法制造复合材料产品。

4.3.7　连续缠绕成型法

连续缠绕成型法(Filament Winding)是一种制造筒状复合材料制品的特殊成型法。其工作原理是：将经过树脂浸渍过的纤维通过纤维输出梭子送出，随着梭子的移动和转筒的旋转，将纤维连续缠绕在转筒上，直到达到需要的厚度。缠绕的角度可由转筒的旋转速度和梭子的移动速度来调节，根据产品的要求可以不同。很明显，连续缠绕成型法也是一种连续纤维增强复合材料的制造方法。它需要的基本设备是连续缠绕机，有点类似于机械加工用的车床。纤维的树脂浸渍方法主要有两大类：一类是通过树脂浸渍过的滚子，另一类是直接通过液体的树脂。滚子式的纤维树脂浸渍方法用得较多，树脂浸渍量易于控制。固化过程根据树脂的种类而定，如果是室温固化，可以等固化后将产品从转筒上取下来；如果另需要加热或加压，就要将缠绕好的产品取下来，然后送到固化炉去加热或加压固化。

4.3.8　热塑性复合材料制备工艺概述

热塑性树脂基复合材料(FRTP)具有很多独特的优点：例如，韧性高，耐冲击性能好，预浸料稳定，无储存时间限制，制造周期短，耐化学性能好，吸湿率低，以及可重复加工等。自 1951 年 R. Bradit 首次采用玻璃纤维增强聚苯乙烯制造复合材料以来，热塑性复合材料的基体树脂、增强材料及成型方法的研究不断深入，产量与应用领域不断扩大，已经在汽车、电子、电器、医药、建材等行业得到了广泛的应用。近几年来，热塑性树脂基复合材料的发展速度已大大超过热固性树脂基复合材料。

由于热塑性树脂熔融温度高，化学性质稳定，其复合材料成型加工与热固性复合材料有很多不同之处。预浸、成型等每一个阶段对设备和工艺都有特殊的要求。如制备热塑性预浸料，采用热固性预浸料常用的熔融法、溶液法难度较大，因而出现了悬浮法、粉末法等特殊的预混工艺。通常热塑性复合材料制备过程如图 4.10 所示。

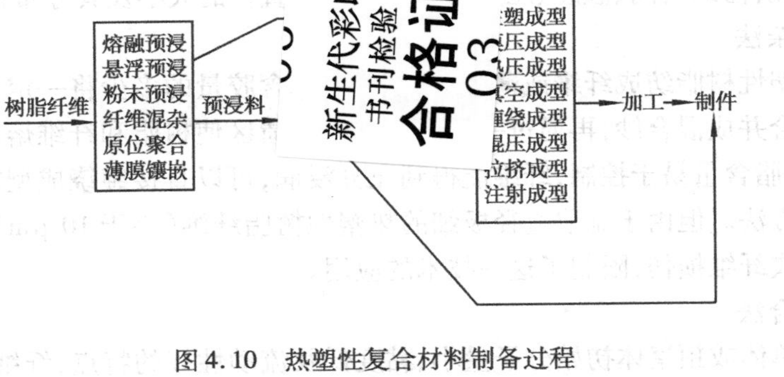

图 4.10　热塑性复合材料制备过程

(1)预浸料的制备

热塑性树脂的熔体黏度很高，一般大于 100 Pa·s，难以使增强纤维获得良好浸渍。因此，制备 FRTP 的关键技术是解决热塑性树脂对增强纤维的浸渍，如图 4.11 所示。各国对此进行了大量的研究,主要开发了熔融浸渍、悬浮浸渍、粉末预浸、纤维混杂、原位聚会以及薄膜镶嵌等多种制备技术。

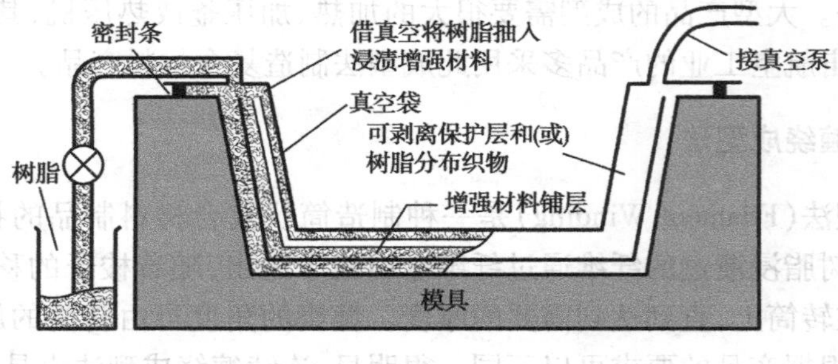

图 4.11　热塑性复合材料制备工艺

1)熔融预浸法

它是先将树脂加热熔融,纤维通过熔融树脂得到浸渍。这是一种最常用的方法,无溶剂污染,特别适用于结晶性树脂制备预浸带。早在 1972 年,美国 PPG 公司采用这一技术生产连续玻璃纤维毡增强聚丙烯复合材料。具体是将两层玻璃纤维原丝针刺毡夹在三层聚丙烯层之间,其中间层是挤出机挤出的熔融树脂;上下两层树脂既可用挤出机挤出,也可直接用树脂薄膜;将这种夹层结构置于高于树脂基体熔化温度下热压成型。

2)悬浮预浸法

它是根据树脂情况选定合适的悬浮剂配成悬浮液,纤维通过悬浮液使树脂粒子均匀地分布在纤维上,然后加热烘干悬浮剂,同时使树脂熔融浸渍纤维得到预浸带。悬浮浸渍法生产的片材中玻璃纤维分布均匀,成型加工时预浸料流动性好。它适合制作复杂几何形状和薄壁结构制品,但与熔融制备方法一样,存在技术难度高和设备投资大的缺点。

3)粉末预浸法

它是纤维预先经过扩散器被空气吹松散后进入流化床中,带静电的树脂粉末很快沉积于接地的纤维上,沉积量由流化床电压和纤维通过的速率控制,再经烘炉加热熔化。这种工艺能快速连续生产热塑性预浸带,纤维损伤少,聚合物无降解,具有成本低的潜在优势。适合于这种技术的树脂粉末直径以 5 ~ 10 μm 为宜。此法的不足之处是:浸润仅在成型加工过程中才能完成,且浸润所需的时间、温度、压力均依赖于粉末直径的大小及其分布状况。

4)纤维混杂法

它是将热塑性树脂纺成纤维或薄膜带,然后根据含胶量的多少将一定比例的纤维与树脂纤维束紧密地合并成混合纱,再通过一个高温密封浸渍区使树脂和纤维熔成连续的基体。该法的优点是:树脂含量易于控制,纤维能得到充分浸润,可以直接缠绕成型得到制件。它是一种很有前途的方法。但由于制取直径极细的热塑性树脂纤维(小于 10 μm)非常困难,同时编织过程中易造成纤维损伤,限制了这一技术的应用。

5)原位聚合法

它是利用单体或预聚体初始分子量小、黏度低及流动性好的特点,纤维与之一边浸润、一边反应,从而达到理想的浸渍效果。采用反应浸渍法要求单体聚合速度快,反应易于控制。存在的主要问题是:工艺条件比较苛刻,反应不易控制,尚不具有实用价值。

6)薄膜镶嵌法

它是先将热塑性树脂热熔制成衬有脱模纸的薄膜。铺层时,撕去脱模纸与增强纤维之间的间隔薄膜,然后加热、加压将树脂压入纤维区。该法加工比较简单,但要加工低孔隙率的复合材料很困难,且仅能用于模压制品的加工。

(2)成型工艺

采用上述工艺制备的FRTP只是半成品——预混料,通过进一步成型加工才可制得最终产品。热塑性树脂基复合材料的成型方法主要是从热固性树脂基复合材料及金属成型技术借鉴而来。按照所用的设备可以分为注塑成型(IM)、热压成型、真空模压成型工艺、纤维缠绕成型、辊压成型喷挤成型及树脂注射成型等。

1)注塑成型

它是生产短纤维增强塑料的主要方法。短纤维增强塑料至少有50%(质量分数)是通过注塑机成型的。生产工艺包括加料及熔融,并在一定的压力下将熔体(短玻璃纤维和塑料混合)注入金属模腔中;然后,制品固化成所设计的形状。优点是制品加工成本低,加工数量不受限制,甚至无需后续加工,基本上是一种连续性批量生产方法。

2)模压成型

它是近年来以金属超塑性成型和热固性复合材料热压罐成型为基础,开发出的一种新型的适合于热塑性树脂基复合材料的成型方法。它广泛应用于航空、航天器件的制造。成型时,将剪裁成要求尺寸的片材,预热后移到金属模具上,然后密封片材和金属模具的外周边;模腔内抽成真空,片材紧贴在模腔壁上,冷却后脱模即可得到所需形状的制品。

3)热压成型

它是一种快速、批量成型热塑性树脂基复合材料制品的工艺方法。用热成型工艺制造复合材料制品与制造纯塑料制品不同,预浸料在模具内不能伸长,也不能变薄。模具闭合之前,预浸料要从夹持框架上松开,放在下半模具上。闭合模具时,预浸料铺层边缘将向模具中滑移,并贴敷到模具型面上,预浸料层厚保持不变。

4)真空成型

它是一种成本较低的简便成型方法。预浸料铺层放在模具上后,利用真空袋及密封胶密封,然后对预浸料铺层加热融溶,预浸料在大气压力及温度作用下成型。在第三十六届JEC复合材料展览会上,英国的SP Systems公司展示了这种新工艺,使用真空袋模压法生产复合材料制件。据称,它具有空隙含量低,制件性能高,省劳力,以及降成本等特点,可用于汽车部件的生产。

5)缠绕成型

它是一种连续化制备复合材料的方法。目前,热塑性复合材料在纤维缠绕制品中的应用研究工作正在积极进行。一般将纤维与树脂制成预浸带,然后在缠绕机上成型。成型过程中可采用红外灯、石英炉或热空气对芯模与冷压辊之间的预浸料局部加热,制品成型在缠绕中完成。

6)辊压成型

它主要借鉴于金属成型方法。设备由一系列(一组或多组)热压辊和冷压辊组成,铺好的预浸料受热后首先通过一组热辊,使预混料变形,然后通过一组间距逐渐减小的冷辊成型。

7)拉压成型

自从1951年第一个关于拉挤工艺的专利诞生以来,拉挤工艺已经发展成一种广泛用于制造连续纤维增强塑料型材的成型方法。实现拉挤工艺的设备主要是拉挤机。拉挤成型是将预浸带或预浸纱在一组拉挤模具中固结,预浸料或是边拉挤边预浸,或是另外浸渍。一般的浸渍方法是纤维混纺浸渍和粉末流化床浸渍。

8)注射成型

注射成型也称为“树脂传递模塑”。它是一种从热固性树脂基复合材料 RTM 成型技术借鉴过来的成型方法。在成型制品时,首先将环状齐聚物树脂粉末在室温下放入不锈钢压力容器中;绝热的容器逐渐加热到注入温度时,加入引发剂粉末,搅拌均匀;再用氮气给压力容器充压,树脂通过底部开口和加热管道注入纤维层状物或预成型物的模腔中。当树脂充满模腔后,将模具温度提高到聚合温度,树脂进一步聚合;聚合完成后,将模具按要求降温、开模即得到最终制品。

(3)FRTP 应用前景

由于与许多材料相比具有的独特性能,热塑性复合材料在航天航空、汽车、电子、电器、医药、建材等行业得到广泛的应用。美国洛克希德·马丁公司在一份报告中指出:用碳纤维增强热塑性复合材料制造发动机进气道,可使成本降低 30%。而玻璃纤维毡增强热塑性片材(GMT)是目前国际上极为活跃的复合材料开发品种,被视为新世纪新材料之一。目前欧美各国热塑性树脂基复合材料占到了玻璃纤维增强复合材料总量的30%以上,估计全世界 GFRTP 年产量已达 200 万吨,而我国 GFRTP 年产量不足 5 000 t,因此,我国要加快 FRTP 特别是 GFRTP 的研究与发展。

4.4 聚合物基复合材料的应用

聚合物基复合材料自20世纪40年代诞生以来已有了近60年的历史。由于它特有的高刚度比,高强度比,耐腐蚀,以及耐疲劳等各种力学性能,在与传统的金属材料竞争中,聚合物基复合材料的应用范围不断扩大。从民用到军用,从地下、水中、地上到空中都有应用。据不完全统计,复合材料的产量年年有所增加,2000 年的聚合物基复合材料的总产量已超过 500 万 t。全世界的玻璃纤维的年产量约为180万吨,其中80%用于复合材料生产,碳纤维的年产量约为 1.8 万吨,芳香族聚酰胺合成纤维的年产量约 1.2 万吨,其中大部分用于复合材料。预计21 世纪中,复合材料的产量将会继续增加,复合材料的研究、开发、生产仍然将会继续引起科学工作者和生产厂家的注意。为了增加对聚合物基复合材料的理解,以下将简单地介绍一些复合材料在航空航天、汽车、船舶、体育用具等方面的应用。

4.4.1 聚合物基复合材料在航空航天工业上的应用

以碳纤维、芳香族聚酰胺合成纤维、玻璃纤维、硼纤维等为增强材料的先进聚合物基材料在宇宙航空有广泛的应用。例如,大型民用飞机中聚合物基复合材料的使用从主要结构的尾翼垂直稳定板、尾翼水平稳定板、地板梁等到二次结构的活动翼、地板等范围广泛,“波音 777”客机中以碳纤维、芳伦纤维、玻璃纤维等为增强材料的聚合物基复合材料结构的重量已超过结构总重量的10%,据估计近几年内在大型民用飞机中复合材料的使用量将达到总的结构材料的20%~30%。世界上两大大型民用飞机生产厂家波音公司和空中客车公司都积极地利用复合材料,以减轻重量,降低成本,提高飞行性能等。客车公司的A3系列客机中聚合物基复合材料结构的重量已占结构总重量的15%~20%。此外,在各种不同类型的战斗机上复合材料的应用更多一些,如以碳纤维等为增强材料的聚合物基复合材料的主翼、尾翼、水平翼,以玻璃纤维为增强材料的聚合物基复合材料的外板等,聚合物基复合材料结构的重量高的已达到结构总重量的40%以上。在航天工业中,多段火箭的连接结构和固体火箭壳体,卫星的主结构,太阳能板结构部分,宇宙卫星用广播电视天线,以及宇宙电波望远镜反射板等都是由碳纤维增强聚合物基复合材料等制作的。由此可见,由于航空航天结构对材料的重量、刚度、强度的要求很高,聚合物基复合材料在航空航天工业上是很有竞争力的。尽管复合材料仍存在着成本高、产品成型自动化程度低等问题,但是,随着复合材料的材料研究和成型技术研究的发展,随着人类社会对航空、宇宙广播、通信的要求的增加,可以相信在21世纪复合材料在航空航天工业上的应用将会有更大的发展。

4.4.2 选进聚合物基复合材料在工业产品上的应用

虽然上述的先进聚合物基复合材料在航空航天工业上的应用很突出,但是,在所有的聚合物基复合材料的应用中它占的比例却很小,仅在5%左右。可是由此而来的研究成果却大力促进了聚合物基复合材料在其他工业产品上的应用。例如,在汽车工业上,短玻璃纤维增强聚合物基复合材料,以及在汽车的各种外板、车体,碳纤维增强聚合物基复合材料的板簧等上使用很多。由于汽车的产量大,因此,聚合物基复合材料在汽车产品上的使用量也是很大的。除了汽车以外,聚合物基复合材料在其他交通车辆上也有广泛的应用。如高速列车的车头部分、车内底板、顶板以及各种结构、设施等都是由碳纤维增强聚合物基复合材料或玻璃纤维增强聚合物基复合材料制作的。

玻璃纤维增强聚合物基复合材料在船舶工业、海洋工业上应用广泛,如大型鱼雷快艇、游览小船、客船、渔船、游览船、各种海岸结构等。在日本,汽车、列车和船舶等交通车辆上的聚合物基复合材料占整个聚合物基复合材料总产量的20%左右。

除了上述的交通车辆上的应用以外,聚合物基复合材料使用量的最大的一个部分是各种基础建设,包括建筑、土木工程、桥梁建设等。在日本,此方面的聚合物基复合材料使用量约占聚合物基复合材料总产量的40%。如由玻璃纤维增强聚合物基复合材料建造的人行天桥,在桥梁结构中使用的由碳纤维增强聚合物基复合材料制作的桥梁用缆绳。除此以外,近年来在高速公路的钢筋混凝土支柱表面缠绕碳纤维增强聚合物基复合材料,以提高支柱的耐振性能也引人注目。由此而来,以碳纤维增强聚合物基复合材料代替钢筋的混凝土结构材料等聚合物基复合材料,在各种基础建设上的应用近年来增加很快。

此外,聚合物基复合材料在其他的民用产品中应用也是不能忽视的。在电气、电子工业上,印刷电路的基板、许多电器产品的外板、外壳,各种天线设施,埋设在地下的电缆管,以及风力发电机的叶片、支柱等都以聚合物基复合材料为其主要材料。在化工方面,各种化工用液体的容器、输送管道等也是由玻璃纤维增强聚合物基复合材料制作的。在体育用品方面,聚合物基复合材料的应用也是很广泛的。如由碳纤维增强聚合物基复合材料制作的自行车的车身、滑雪板、网球拍、羽毛球拍、高尔夫球棍及钓鱼竿等都有聚合物基复合材料的产品。

综上所述,由于其高比刚度、比强度、耐冲击等优异的力学性能,聚合物基复合材料在各个工业方面已有广泛的应用。原则上说,只要使用温度在聚合物基体材料的使用温度范围内,所有的结构物都有可能使用聚合物基复合材料作为其主要结构材料。当然,以碳纤维、芳伦纤维、玻璃纤维、硼纤维与先进的聚合物基体材料组成的先进聚合物基复合材料还存在着原材料成本高和自动化成型程度低等缺点,因此,无论是原材料还是成型技术等的继续不断地研究是必要的。事实上,除聚合物基复合材料外,金属基复合材料、陶瓷基复合材料、碳纤维增强碳素复合材料,以及最新引人注目的纳米复合材料等的研究也都是复合材料研究的热门课题。

第5章 金属基复合材料

金属基复合材料是一门相对较新的材料学科，它涉及材料表面、界面、相变、凝固、塑性形变和断裂力学等。金属基复合材料大规模的研究与开发工作起步于20世纪80年代，它的发展与现代科学技术和高技术产业的发展密切相关，特别是航空、航天、电子、汽车以及先进武器系统的迅速发展，同时这些领域的发展也对金属基复合材料特殊性能提出了更高的要求。金属基复合材料的制备工艺过程涉及高温、增强材料的表面处理、复合成型等复杂工艺，而金属基复合材料的性能、应用、成本等在很大程度上取决于其制造技术。因此，研究和开发新的制造技术，在提高金属基复合材料性能的同时降低成本，使其得到更广泛的应用，是金属基复合材料能否得到长远发展的关键所在。

5.1 金属基复合材料概论

最初关于金属基复合材料的研究主要集中在航空航天领域，因而人们一开始的注意力就放在铝合金、钛合金和镁合金等比强度、比刚度及其延展性等综合性能较好的轻合金上。但是，由于这类合金自身的成本较高，因而应用范围受到了很大的制约。随着研究的不断深入和应用领域的迅速发展，如航天技术和先进武器系统的迅速发展，对轻质高强度结构材料的需求十分强烈；大规模集成电路迅速发展，对热膨胀系数小、导热系数高的电子封装材料的急切需要等，使人们也不再将眼光局限于铝、镁等合金，而是根据不同的设计和使用性能要求，相续研究和开发了铜基、镍基、铝基、银基、锡基、铅基、锌基、铁基和钢为基体的多种金属基复合材料。以铁和钢为基体的金属基复合材料的研究与发展，长期以来一直没有引起人们的重视，主要是因为钢铁材料熔点高、比重大、制造工艺困难等。然而现代工业的发展又迫切需要能够在高温、高速和高磨损条件下工作的结构件，如高速线材轧机的辊环和导向轮等，这也就使得铁基和钢基复合材料的研究显得十分必要。目前在航空航天、汽车等领域中，应用相对较成熟的基体材料有铝基、镁基、镍基、钛基和铜基等多种类型。

5.1.1　金属基复合材料的分类

金属基复合材料(MMC)是一类以金属或合金为基体,以金属或非金属线、丝、纤维、晶须或颗粒状组分为增强相的非均质混合物,其共同点是具有连续的金属基体。由于其基体是金属,因此金属基复合材料具有与金属性能相似的一系列优点,如高强度、高弹性模量、高韧性、热冲击敏感性低、表面缺陷敏感性低、导电导热性好等。通常增强相是具有高强度、高模量的非金属材料,如碳纤维、硼纤维和陶瓷材料等。增强相的加入主要是为了弥补基体材料的某些不足的性能,如提高刚度、耐磨性、高温性能和热物理性能等。

经多年研究,金属基复合材料已发展成为一个庞大的家族体系,性能是千差万别,成分各个不同,金属基体有铝、镁、钛、超耐热合金、难熔合金和金属间化合物等多种金属材料,增强相有线、丝、颗粒、晶须和短纤维等多种类型。按复合材料的定义,金属基复合材料可分为宏观组合型和微观强化型。宏观组合型是指金属基复合材料的组成成分可用肉眼识别出来的兼备两种组分性能的材料,有包覆材料、涂镀材料、双金属及压层金属复合材料等。对微观强化型金属基复合材料组分只有用显微镜才能分辨出来,它是以提高材料的强度为主要目的。

金属基复合材料也可以按照基体分为铝基、镁基、镍基、钛基和金属间化合物基的复合材料。按增强体分类,可分为纤维增强型、颗粒增强型等。纤维增强金属基复合材料是利用纤维或金属细丝的极高强度来增强金属,根据增强相纤维长度不同有长纤维、短纤维和晶须,纤维直径为 3 ~ 150 μm(晶须直径小于 1 μm),长度与直径比在 100 以上。有纤维增强金属基复合材料均表现出明显的各向异性特征。基体的性能对复合材料横向性能和剪切性能的影响比对纵向性能更大。当韧性金属基体用高强度脆性纤维增强时,基体的屈服和塑性流动是复合材料性能的主要特征,但是,纤维对复合材料弹性模量的增强具有相当大的作用。

颗粒增强金属基复合材料是指弥散的硬质增强相的体积分数超过 20% 的复合材料,而不包括那种弥散质点体积比很低的弥散强化金属。此外,这种复合材料的颗粒直径和颗粒间距很大,一般在 1 μm 以上,最大体积分数可以达 90%。在这种金属基复合材料中,增强相是主要的承载荷相,而基体金属的作用则在于传递载荷和便于加工。增强相造成的对基体的束缚作用能阻止基体屈服。颗粒增强金属基复合材料的强度通常是取决于颗粒的直径、间距和体积比,同时,基体的性能也是很重要。除此以外,这种材料的性能对界面性能及其颗粒排列的几何状态十分敏感。

5.1.2　金属基复合材料的基体材料选择

目前所研究的各种增强材料与基体组成的金属基复合材料,其研究主要集中在应用较广泛的结构材料铝、镁等轻金属及其合金,铜、铅基复合材料,作为功能材料也有部分研究,但是主要的研究方向在于对以钛、镍以及金属间化合物为基的高温金属基复合材料。基体材料是金属基复合材料的主要组成部分,起着固结增强相、传递和承受各种载荷(力、热、电)的作用。在选择基体金属时,应考虑以下几个方面:

(1)金属基复合材料的使用要求

金属基复合材料的构(零)件的使用性能要求是选择金属基体的最重要的依据。航空航天、电子、先进武器、汽车等领域对复合材料构件的性能要求有很大的差别。在航空航天领域,对复合材料性能最重要的要求是其有高比强度、高比模量及尺寸稳定性。作为航天飞行器和卫星的构件宜选用密度较小的轻金属合金——镁合金、铝合金作为基体，与其高强度、高模量的石墨纤维、硼纤维等组成连续纤维复合材料。

在汽车发动机中，要求零件耐热、耐磨，热膨胀系数小，具有一定高温强度，同时又要求成本低廉、适合于批量生产，则选用铝合金与陶瓷颗粒、短纤维组成复合材料。如碳化硅/铝、碳/铝氧化铝/铝等用来制造发动机活塞、缸套、连杆等。在高性能发动机领域（如喷气发动机增压叶片），要求高比强度、高比模量、优良的耐高温持久性能，能在高温氧化性气氛中长期工作，通常选用钛基合金或镍基合金及其金属间化合物；增强体选用碳化硅纤维（增强钛基合金）、钨丝（增强镍基超合金）等。在电子工业领域（如集成电路散热元件和基板等）对基体技术的性能要求有高导电、高导热、低热膨胀系数，基体选用银、铜和铝等，增强体用高模量石磨纤维等。

(2) 金属基复合材料组成特点

复合材料的比强度、比刚度、耐高温、耐介质、导电、导热等则是更与金属基体密切相关，其中有些主要由基体决定。基体在复合材料中所占的体积比很大，在连续纤维增强金属基复合材料中，基体占50%～70%；在颗粒增强金属基复合材料中，其根据不同的性能要求，基体含量多数为80%～90%；在短纤维、晶须增强金属基复合材料中，基体含量在70%以上，一般为80%～90%。

在连续纤维增强金属基复合材料中，纤维是主要的承载体，它们本身具有很高强度和模量，如高强度碳纤维的最高强度已达7 GPa，超高模量石墨纤维的弹性模量也已高达900 GPa。因此，基体的作用是保证纤维的性能的充分的发挥，并不需要基体有高强度和高模量，也不需要基体金属具有热处理强化等性质，但要求基体有好的塑性和纤维良好的相容性。研究发现，在碳纤维增强铝基复合材料中，用自身强度较低且热处理强化效果差的纯铝或低合金防锈铝合金作基体，要比用高强度铝合金作基体所制成的金属基复合材料的性能更佳。且在碳/铝复合材料基体合金优化过程研究中发现，铝合金的强度越高，复合材料的性能越低，这与基体本身的塑性、脆性相的存在及基体与纤维的界面状态等因素有密切关系。而对于非连续增强的金属基复合材料，金属基体是主要的承载体，它的强度是影响材料的决定性因素。若要获得高性能的复合材料，必须选用高强度的、能热处理强化的合金作为基体。

(3) 基体与增强体之间的兼容性

复合材料的兼容性是指在加工与使用过程中，复合材料中的各组分之间相互配合的程度。复合材料的兼容性包括两大方面：物理兼容性和化学兼容性。在金属基复合材料的制备过程中，大部分增强相与基体材料本身并不是兼容的，在制造复合材料时，如果不能对界面进行一定的修整，它将很难使这些材料相得到很好地复合而制得复合材料。在某些金属基复合材料中，增强相与基体金属之间结合是很差的，必须予以加强。而对于那些由活性本身很强的成分制成的金属基复合材料，其关键是避免界面上过度的化学反应，因为这将降低材料的性能。这个问题通常是通过表面处理或涂覆增强剂或改变基体合金成分的方法予以解决。对蠕变强度低的基体，采用高压低温工艺也可获得良好的固结和黏合。如硼/镁或钨/铜等复合材料，因两相之间不发生反应，不相互溶，因而可以采用熔液渗透法制造。

化学兼容性主要是与复合材料加工制造过程中的界面结合、界面化学反应以及环境的化学反应等因素有关。在高温复合过程中，金属基体与增强材料会发生不同程度的界面反应，生成脆性相。基体金属中含有的不同类型的合金元素也会与增强材料发生不同程度的反应，生成各类反应产物,这些产物往往对复合材料的性能有一定的危害,即也就是常说的基体与增强体之间的化学兼容性不好。如在碳纤维增强纯铝基复合材料中添加少量的钛、锆等元素即能明显改善复合材料的界面结构和性质,也能大大提高复合材料的性能。铁、镍等是能促进碳石墨化的元素,在高温时它们能促进碳纤维石墨化,从而破坏碳纤维结构,使其丧失原有的强度,因此,在选择铁、镍基体的增强材料时,不宜选碳纤维作为增强材料。

物理兼容性问题是指基体应有足够的韧性和强度,从而能够将外部结构载荷均匀地传递到增强物上,不会有明显的不连续现象。此外,由于裂纹或位错移动,在基体上产生的局部应力不应该在纤维上形成高的局部应力。对很多应用来说,要求基体的机械性能应包括高的延展性和屈服性。基体与增强体之间的一个非常重要物理兼容性问题就是热相容,它是指基体与增强体在热膨胀方面相互配合的程度。因此,通常所用的基体材料是韧性较好的材料,而且也最好是有较高的热膨胀系数。这是因为对热膨胀系数较高的而言,从较高的加工温度冷却时将受到张应力。对于脆性材料的增强体,一般多是抗压强度大于抗拉强度,处于压缩状态比较有利。而如钛这类高屈服强度的基体,一般却要求避免高的残余热应力,因而其热膨胀系数不应相差过大。

5.2 金属基复合材料的制造方法

制备技术不仅很大程度上影响着金属基复合材料的性能,同时也是它进一步应用发展的重要影响因素。随着人们对金属基复合材料研究的深入,近年来金属基复合材料的制备技术也得到了迅速地发展。尽管金属基复合材料可以二次加工最终成型,但是,改进工艺的重点主要在于能够降低加工成本、工艺简单、操作方便的净成型工艺,因为这将是金属基复合材料商业化成功的关键。

5.2.1 金属基复合材料的制造方法概述

金属基复合材料的加工方法分为初加工制造和精加工两大类。初加工制造就是指从原材料合成复合材料的制造工艺,包括将适量的增强相引到基体的适当位置上,并在各种成分之间形成合适的结合。精加工就是指将粗加工的复合材料进行进一步的辅助加工,使其在尺寸和结构等方面满足实际工程等需要,得到最终所需零件。由于金属基体与增强体的组合不同,因此在制造工艺过程中所注意的事项也不同,所得到的复合材料的性能进而也就不同。

(1)连续纤维增强金属基复合材料的特点

连续纤维增强的金属基复合材料的制造工艺相比颗粒、晶体和短纤维增强的金属基复合材料,其工艺相对比较复杂。为了能够顺利地进行最终成型,制造出满足实际需求的高质量的连续纤维金属基体复合材料制品,其重要的是事先要将制造成为预制带、预浸线和预成型体,然后在通过不同的工艺制备技术将其制成所需制品。预制带和预制丝是用固相扩散结合法和液相浸渗法制造复合材料的中间制品,它们可以直接使用,也可以先将其做成预成型体后再用于复合材料的成型。纤维增强金属基复合材料制造过程如图 5.1 所示。

纤维的表面处理一般是指对纤维表面涂覆适当的薄涂层,其目的是:为了防止或抑制界面反应,以获得合适的界面结构和结合强度;改善增强体与基体间在复合过程中的润湿与结合;

有助于纤维的规则排列；减少纤维与基体之间的应力集中。纤维表面处理技术包括梯度涂层（即覆以双层或多重涂层）、物理其相沉积、溶胶—凝胶处理、电镀和化学镀等。

预制带包括半固化带、喷涂带、PVD带和单层带等。如图5.2所示为不同类型的预制带。

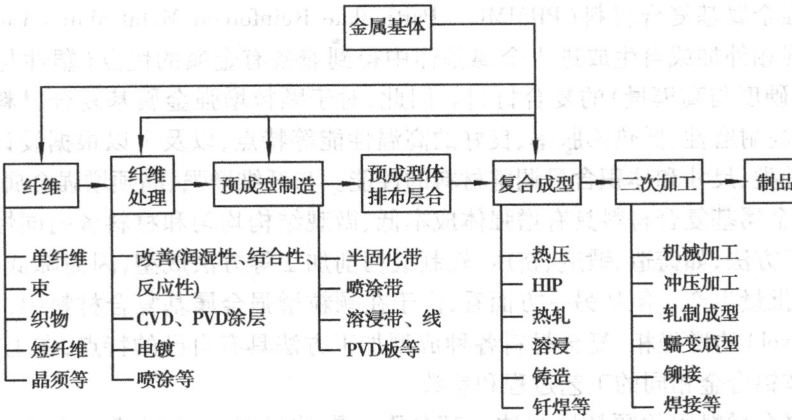

图5.1　纤维增强金属基复合材料制造过程

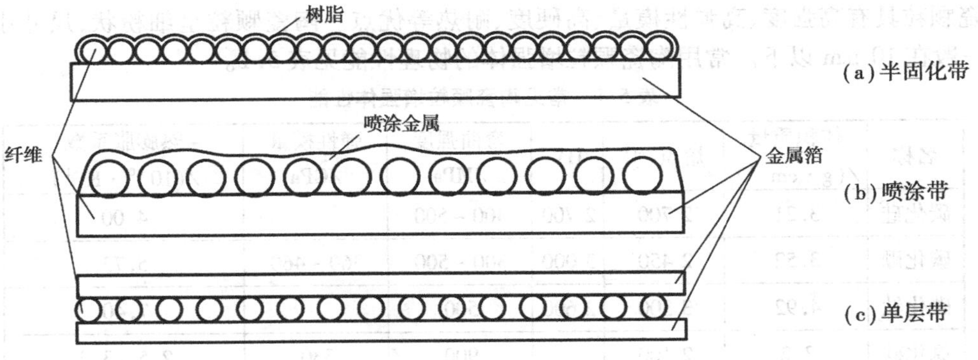

图5.2　各种复合预制带

半固化带是用于较粗的纤维增强复合材料（如对B/Al复合材料），在制造时将硼纤维丝以一定间隔单向排列在铝箔上，再用树脂将其固定。喷涂带是将金属液喷涂在已排布好的纤维，使得纤维固定在金属箔上，对于粗纤维和细纤维都可行。单层带是先在金属箔上开槽，然后将纤维下到槽里，再在上面放同样的金属箔，它是一种有纤维夹层的金属箔带。

预制线的制造有连续挤拉法、电镀法和真空沉积法等。用连续挤拉法制备预制带时，先将纤维束通过金属液，使金属液渗到纤维之间，然后在将纤维间多余的金属液挤出，并同时对其固化，从而制得预制线。

预成型体是根据所需的纤维的排列方向和分布状态，将预制带或预制丝按纤维的取向和规定的厚度进行层合、加温和加压成型，进而制成预成型体。预成型体的制造有物理方法、化学方法及机械方法，可以用单一的方法制造，也可以采用几种方法的组合制造。

(2)非连续增强金属基复合材料的特点

由于连续纤维增强金属基复合材料其成本高、制备过程复杂，制造的局限性使得它很难得到广泛的应用。这也就使得人们较普遍地专注非连续纤维增强金属基复合材料，进而使研究发展较为迅速,特别是短纤维和陶瓷颗粒增强金属基复合材料,尤其碳化硅颗粒增强的金属基复合材料,因其制造成本低,可用传统的金属加工工艺进行加工,如铸造、挤压、轧制、焊接等,而成为金属基复合材料发展的一个主要方向之一。

颗粒增强金属基复合材料(PRMMC Particulate Reinforced Metal Matrix Composites)是将陶瓷颗粒增强相外加或自生成进入金属基体中得到兼备有金属的优点(塑性与韧性)和增强颗粒优点(高硬度与高模量)的复合材料。因此,对于颗粒增强金属基复合材料,它具有良好的力学性能、高耐磨性、低热膨胀率、良好的高温性能等特点,以及可以根据设计需求,通过选择增强相的种类、尺寸和体积含量调整材料的性能。与纤维增强、晶须增强金属基复合材料相比,颗粒增强金属基复合材料具有增强体成本低、微观结构均匀和材料各向同性,它可采用传统的成型加工方法,如铸造、锻造、挤压、轧制或切削加工等方法成型,因而降低了零件成型费用,较易实现批量生产。但从另一方面看,由于在颗粒增强金属基复合材料中,具有相当数量(10% ~20% vol)的增强相,复合材料各种成型加工方法具有自己的特点,在工艺制度上不能完全采用基体铝合金相同的工艺过程和参数。

金属基复合材料用的颗粒增强体大都是陶瓷颗粒材料,主要有氧化铝(Al_2O_3)、碳化硅(SiC)、氮化硅(Si_3N_4)、碳化钛(TiC)、硼化钛(TiB_2)、碳化硼(B_4C)及氧化钇(Y_2O_3)等。对上述陶瓷颗粒具有高强度、高弹性模量、高硬度、耐热等优点。陶瓷颗粒呈细粉状,尺寸小于50 μm,一般在10 μm以下。常用陶瓷颗粒增强体的物理性能见表5.1。

表5.1 常见陶瓷颗粒增强体性能

名称	体积质量 /($g \cdot cm^{-3}$)	熔点/℃	HV	弯曲强度 /MPa	弹性模量 /GPa	热膨胀系数 /($10^{-6} \cdot K^{-1}$)
碳化硅	3.21	2 700	2 700	400 ~500		4.00
碳化硼	3.52	2 450	3 000	300 ~500	360 ~460	5.73
碳化钛	4.92	3 300	2 600	500		7.40
氮化硅	3.2	2 100		900	330	2.5 ~3.2
氧化铝	3.9	2 050				9.00
硼化钛	4.5	2 980				

颗粒增强金属基复合材料按增强颗粒的加入方式,其制备技术可分为原位生成和强制加入两种。原位生成金属基复合材料的增强颗粒不是外加的,而是通过内部相的析出或化学反应生成的。原位反应复合制备的复合材料其成本低,增强体分布均匀,基本上无界面反应,而且可以使用传统的金属熔融铸造设备,制品性能优良。但是,其工艺过程要求严格,比较难掌握,且增强相的成分和体积分数不易控制。强制加入复合材料其增强相与原位反应法是正好相反,其增强相是外加入的,这也因此使其制备技术中有很多因素。目前发展的强制加入复合材料的制备技术包括有粉末冶金技术、共喷射沉积技术、搅拌混合技术、挤压制造技术和电渣重熔技术等。

(3)片层状增强相增强金属基复合材料特点

这类金属基复合材料是指在韧性和成型性较好的金属基体材料中含有重复排列的高强度、高模量片层状增强物的复合材料。片层的间距是微观的,在正常的比例下,材料按其结构组元看,可以认为是各向异性和均匀的。这类金属基复合材料属于结构复合材料,因此不包括包覆材料。对层状增强金属基复合材料的强度与大尺寸增强物的性能比较接近,而与晶须或纤维类小尺寸增强物的性能差别较大。因为增强薄片在二维方向上的尺寸相当于结构件的大小,所以增强物中的缺陷也就可以成为长度和构件相同的裂纹的核心。此外,由于薄片增强的强度不如纤维增强相的高,因此层状金属基复合材料的强度受到了限制。但是,在增强平面的各个方向上,薄片增强物对强度和模量都有增强效果,这与纤维单向增强的复合材料相比,具有明显的优越性。

金属层状复合材料的加工方法有许多,包括爆炸复合、压力加工复合、电磁复合等力学复合方法;钎焊、铸造、自蔓延高温合成(SHS)、喷射沉积、粉末冶金等冶金方法,以及胶黏、表面涂层等化学方法。但是,对于金属层状复合材料的加工生产,主要是采用力学复合方法为主。

综合目前的各种加工制造方法,将其主要分为以下三个大类:固态法、液态法、其他制造方法。金属基复合材料的主要制造方法及适用范围见表5.2。

表5.2 金属基复合材料的主要制造方法及适用范围

制造方法		适用体系		典型的复合材料及产品
		增强材料	金属基体	
固态法	粉末冶金法	SiC_p、Al_2O_3、SiC_w、B_4C_p等	Al、Cu、Ti	SiC_p/Al、SiC_p/Al、TiB_2/Ti、A_2O_3/Al等复合材料
	热压固结法	B、SiC、C、W	Al、Cu、Ti、耐热合金	SiC_p/ Ti、C/ Al 等零件、管、板等
	热轧法、热拉法	C、A_2O_3	Al	C/ Al、Al_2O_3/ Al 棒、管
液态法	挤压铸造法	SiC_p、Al_2O_3、C 等纤维、短纤维、晶须	Al、Cu、Zn、Mg 等	SiC_p/Al、SiC/Al、C/Al、C/ Mg 等零件、板、锭
	真空压力浸渍法	各种纤维、短纤维、晶须	Al、Cu、Mg、Ni 合金	C/Al、C/Mg、C/Cu、SiC_p/Al、SiC_w + SiC_p/Al 等零件、板、锭、坯
	搅拌铸造法	SiC_p、Al_2O_3、短纤维	Al、Zn、Mg	铸件、锭、坯
	共喷沉积法	SiC_p、Al_2O_3、B_4C_p、TiC 等颗粒	Al、Ni、Fe 等金属	SiC_p/Al、Al_2O_3/ Al 等板坯、锭坯、管坯零件
其他制造方法	反应自生成法	—	Al、Ti	铸件
	电镀及化学镀法	SiC_p、B_4C、Al_2O_3颗粒、C 纤维	Ni、Cu 等	表面复合层
	热喷镀法	颗粒增强材料、SiC_p、TiC	Ni、Fe	管、棒等

随着人们研究的深入,到目前为止,已有很多种金属基复合材料的制造方法。但是,对各种制造方法而言,并不是说对任何类型的增强相都是可行的。就连续纤维增强金属基复合材料而言,其具体的工艺也是不同,如液态模锻法,无论是从自身优势还是使用角度考虑,都认为是一种较佳的成型金属基复合材料制品的方法。它不仅适用于各种长纤维,对短纤维、晶须及颗粒等增强型复合材料的成型都可行。有些纤维或颗粒,可以直接与金属复合成型。有的则

需要改善两者之间的润湿性和结合性,控制界面反应,因此,这也就要求对纤维或颗粒进行表面涂覆或对金属液进行处理。短纤维增强金属基复合材料通常采用液体金属渗透(LMI)或挤压铸造技术。对于局部或全部增强的构件,如汽车发动机活塞、连杆等,强烈推荐使用近净成型技术。下面就分别进行论述。

5.2.2 固态制造技术

固态法是指在金属基复合材料中基体处于固态下制造金属基复合材料的方法。它是先将金属粉末或金属箔与增强体(纤维、晶须、颗粒等)以一定的含量、分布、方向混合排列在一起,再经过加热、加压,将金属基体与增强体复合黏结在一起。在其整个制造工艺过程中,金属基体与增强体均处于固体状态,其温度控制在基体合金的液相线与固相线之间。在某些方法中(如热压法),为了使金属基体与增强体之间复合得更好,有时也希望有少量的液相存在。其特点是:加工温度较低,不发生严重的界面反应,能较好地控制界面的热力学和动力学。在整个反应过程中,为了避免金属基体和增强体之间的界面反应,其尽量将温度控制在较低范围内。固态法包括粉末冶金法、热压法、热等静压法、轧制法、挤压法、拉拔法和爆炸焊接法等。

(1)粉末冶金法

粉末冶金法是用于制备与成型非连续增强型金属基复合材料的一种传统的固态工艺法。它是利用粉末冶金原理,将基体金属粉末和增强材料(晶须、短纤维、颗粒等)按设计要求的比例在适当的条件下均匀混合,然后再压坯、烧结或挤压成型,或直接用混合粉料进行热压、热轧制、热挤压成型,也可将混合料压坯后加热到基体金属的固—液相温度区内进行半固态成型,从而获得复合材料或其制件。

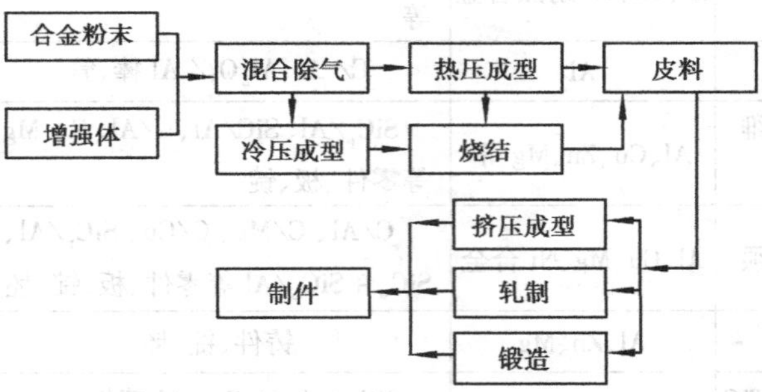

图 5.3 粉末冶金法制备颗粒增强金属基复合材料的工艺流程

粉末冶金成型主要包括混合、固化、压制三个过程。粉末冶金工艺是:首先采用超声波或球磨等方法,将金属粉末与增强体混匀,然后冷压预成型,得到复合坯件,最后通过热压烧结致密化获得复合材料成品,该工艺流程如图 5.3 所示。

基体合金粉末和颗粒(晶须)的混合均匀程度及基体粉末防止氧化的问题是整个工艺的关键。该方法的主要优点是:增强体与基体合金粉末有较宽的选择范围,颗粒的体积分数可以任意调整,并可不受到颗粒的尺寸与形状限制,可以实现制件的少无切削或近净成型。不足之处是:制造工序繁多,工艺复杂,制造成本较高,内部组织不均匀,存在明显的增强相富集区和贫乏区,不易制备形状复杂、尺寸大的制件。目前,美国 Lockheed(洛克希德公司)、G. E(通用动力)、Northrop(诺斯罗普公司)、DEA 公司和英国的 BP 公司及前苏联的军工厂等已能批量的生产 SiC 和 Al_2O_3颗粒增强的铝基复合材料。

(2)固态扩散结合法

固态扩散法是将固态的纤维与金属适当地组合,在加压、加热条件下,使它们相互扩散结合成为复合材料的方法。固态扩散结合法可以一次制成预制品、型材和零件等,但一般主要是应用于预制品的进一步加工制造。固态扩散结合法制造连续纤维增强金属基复合材料主要有两步:第一步,先将纤维或经过预浸处理的表面涂覆有基体合金的复合丝与基体合金的箔片有规则地排列和堆叠起来;第二步,通过加热、加压使它们紧密得扩散结合成整体。固态扩散结合法制备金属基复合材料主要有扩散黏结法、变形法等。

1)扩散黏结法

扩散黏结法也称“扩散焊接”或“固态热压法”。它是在较长时间高温及其塑性变形不大的作用下,利用金属粉末之间和金属粉末与增强体之间接触部位的原子在高温下相互扩散,进而使纤维与基体金属结合到一起的复合方法。扩散黏结过程可分为三个阶段:第一阶段,黏结表面的最初接触,由于加热和加压,使表面发生变形、移动、表面膜(通常是氧化膜)破坏;第二阶段,随着时间的进行,发生界面扩散和体扩散,使接触面紧密黏结;第三阶段,由于热扩散结合界面最终消失,黏结过程完成。

影响扩散黏结过程的主要参数有温度、压力和一定温度及压力下维持的时间,其中温度是最为重要,气氛对产品质量也有一定影响。对于扩散黏结法,由于基体的变形受到刚性纤维的限制,为了使基体材料充分填满纤维的所有间隙,因此要求基体必须是具有较高的软化程度,即要求有较高的黏结温度。对于合金,一般温度要求要稍高于固相线,有少量的液相为好。但是,为了防止纤维的软化或与基体金属的相互作用,其温度又不能过高。扩散黏结法一般常用的方法有热压扩散法和热等静压法。

①热压扩散法

热压扩散法是制备和成型连续纤维增强金属基复合材料及其制件的典型方法之一。其工艺过程一般为:先将经过预处理的连续纤维按设计要求在某方向堆垛排列好,用金属箔基体夹紧、固定,然后将预成型层合体在真空或惰性气体中加热至基体金属熔点以下,进行热加压,通过扩散焊接的方式实现材料的复合化和成型,其制造过程如图5.4所示。

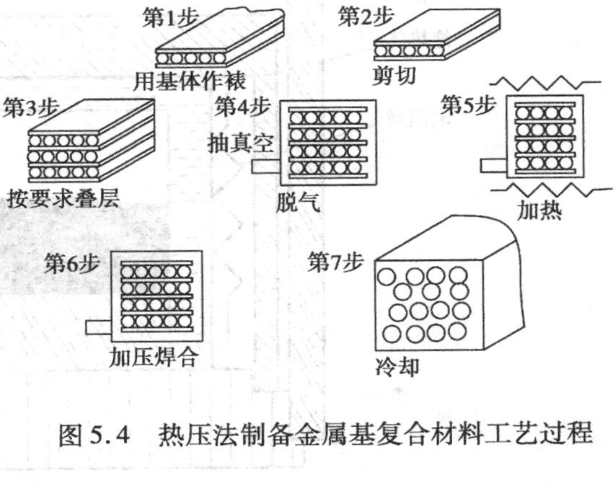

图5.4 热压法制备金属基复合材料工艺过程

热压扩散法的特点是:利用静压力使金属基体产生塑性变形、扩散而焊合,并将增强纤维固结在其中而成为一体。复合材料的热压温度比扩散焊接高,但是也不能过高,以免纤维与基体之间发生反应,影响材料的性能,一般控制在稍低于基体合金的固相线以下。有时也为了能更好地使材料复合,将纤维用易挥发黏结剂贴在金属箔上制得的预制片,希望有少量的液相存在,温度控制在固相线与液相线之间。对于压力的选择,可以在较大范围内变化,但是过高也容易损伤纤维,一般控制在10 MPa以下。压力的选择与温度有关,温度高,则压力可适当降低,时间在10~20 min即可。但是,为了得到性能良好的金属基复合材料,同时要防止界面反应,就要控制温度的上限。例如,W芯的B纤维为803 K,SiC或B_4C涂覆的W芯B纤维为873 K。而SiC纤维在973 K也不与Al反应而影响复合材料的强度,热稳定性好。

对于热压法制造纤维增强金属基复合材料的条件,因所用的材料的种类、部件的形状等不同而有所不同。对于其纤维的热稳定性好时,可以将基体金属加热到固相线以上半固态成型,这样可以不用高压和不用大型压力机,因而设备规模也就小了,制造成本将有所降低。如用涂层为B_4C的B纤维增强的6061Al合金复合材料,在加热温度为883 K,其温度是在6061Al合金的固相线以上15 K,用1.4~2.7 MPa的低压就能够成型。此外,对热压稳定性好的表面涂覆的B和SiC纤维可用于增强钛合金,用纯Ti和Ti/6Al/4 V等箔材制造半固化带,在1170 K,其用压力为10 MPa就能成型。

热压扩散法通常先将连续纤维与金属基体制成复合丝(半成品),再将复合丝按一定顺序排列后热压成型的。复合材料预制片(带)的制造方法有:等离子喷涂法、液态金属浸渍法、合理自涂覆法等。热压法适用于用较粗直径的纤维(如CVD法制成的硼纤维、SiC纤维)与纤维束丝的预制丝增强铝基及钛基复合材料的制造,或应用于钨丝/超合金、钨丝/铜等复合材料的制造。

②热等静压法

热等静压法(HIP)也是热压的一种,但是所用的压力是等静压,工件的各个方向上都受到均匀压力作用。热等静压工艺过程为:在高压容器内装置加热器。将金属基体(粉末或箔)与增强材料(纤维、晶须、颗粒)按一定的比例混合排列(或用预制片叠层)放入金属包套中,抽气密封后装入热等静压装置中加热、加压,得到金属基复合材料。热等静压装置如图5.5所示。

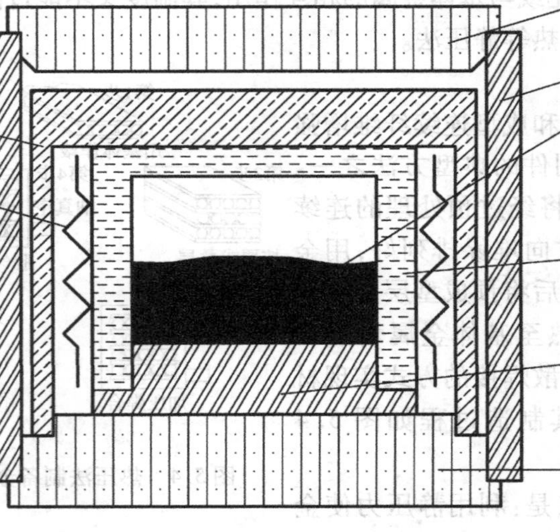

图5.5　热等静压装置

热等静压工艺有三种:一是先升压后升温,其特点是无须将工件压力升到最终所要求的最高压力,随着温度的升高,气体膨胀,压力不断升高达到所需压力,这种工艺适合于用金属包套工件的制造;二是先升温后升压,此工艺对于用玻璃包套制造复合材料比较适合,因为玻璃在一定温度下软化,加压时不会发生破裂,又可有效传递压力;三是同时升温升压,这种工艺适合于低压成型、装入量大、保温时间长的工件制造。

在用热等静压法制造金属基复合材料过程中,主要工艺参数有温度、压力、保温保压时间,温度是保证工件质量的关键因素,一般选择的温度低于热压温度,以防止严重的界面反应。热等静压装置的温度可在数百到2 000 ℃范围内选择。压力是根据基体金属在高温下变形的难易程度而定,一般高于扩散黏结压力,工作压力为100~200 MPa。对于易变形的金属,相应的压力选择低一些;对于难变形的金属,则选择较高的压力。保温保压时间主要根据工件的大小确定,工件越大,保温时间越长,一般为30 min到数小时。

因所用压力是等静压,所以用较简单的模具和夹具就能压制出复杂形状的部件。与热压法相比,它可以进行大型部件的复合成型,但是其设备费用高。热等静压适用于多种复合材料的管、筒、柱及形状复杂零件的制造,特别适用于钛、金属间化合物、超合金基复合材料。热等静压法的优点是:产品的组织均匀致密,无缩孔、气孔等缺陷,形状、尺寸精确,性能均匀。其主要缺点是:设备投资大,工艺周期长,成本高。

2)变形压力加工

变形法就是利用金属具有塑性成型的工艺特点,通过热轧、热拉、热挤压等加工手段,使复合好的颗粒、晶须、短纤维增强金属基复合材料进一步加工成型。此工艺由于是在固态下进行加工,速度快,纤维与基体作用时间短,纤维的损伤小,但是不一定能保证纤维与基体的良好的结合,而且在加工过程中产生的高应力容易造成脆性纤维的破坏。

①热轧法

热轧法主要用来将已用粉末冶金或热压工艺复合的颗粒、晶须、短纤维增强金属基复合材料锭坯进一步加工成板材,或直接将纤维与金属箔材热轧成复合材料,也可以将半固化带、喷涂带夹在金属箔材之间热轧。由于增强纤维塑性变形困难,在轧制方向上不能伸长,因此,轧制过程主要是完成将纤维与基体的黏结过程。为了提高黏结强度,常对纤维进行涂层处理,如Ag、Cu、Ni等涂层。

在用热轧制造C/Al复合材料时,是将铝箔和涂银纤维交替铺层,然后将其在基体的固相点附近轧制。也可以用等离子喷涂法做成预制带,叠层后热轧。对于Be/Al复合材料的制造,是先将铍丝缠绕在钛箔上,用等离子喷涂9091Al合金或用黏结剂固定,然后叠层热轧制。与金属材料的轧制相比,长纤维-金属箔轧制时每次的变形量小,轧制道次多。对于颗粒或晶须增强的金属基复合材料,先经粉末冶金或热压成坯,再经轧制成复合材料板材。例如:SiC_p/Al、SiC_w/Cu、Al_2O_{3w}/Al、Al_2O_{3w}/Cu等。

②热拉和热挤压

热拉和热挤压主要用于颗粒、晶须、短纤维增强金属基复合材料的进一步加工制成各种形状的管材、型材、棒材等。其工艺要点大致是在金属基体材料上钻孔,将金属丝(或颗粒、晶须)插入其中,然后封闭,再挤压或拉拔成复合材料。经过挤压、拉拔,使复合材料的组织变得更均匀,减少或消除缺陷,性能明显提高;如果增强体是短纤维或晶须,则它们还会在挤压或拉拔过程中沿着材料流动方向择优取向,从而提高复合材料在该方向上的模量和强度。

此外,热拉拔法还于后面的熔浸法组合。将用熔浸法制成的预浸线封入真空不锈钢型中,通过加热到一定的温度,再经拉模拉拔,就可制造出复合棒或管。其拉拔温度应取在基体金属的固相线下或上,由于此时金属基体的塑性变形阻力极小,可以将纤维的机械损伤控制在最小的限度内,同时减少拉拔力。对于用熔浸法制备的预浸线束,热拔不是为了材料的断面积减小,而是为了消除预成型体内的空隙,使其致密化。热拉拔金属基复合材料工艺如图5.6所示。

在利用变形压力加工制造复合材料时,若加大基体金属的塑性变形,纤维与基体将在界面处产生很大的应力,容易造成界面的削离,纤维表面损伤甚至破断,而且在复合材料中将产生大量的残余应力,影响复合材料的性能。对于热拔法,与其他形变压力加工相比,该方法可以将全部基体金属的塑性变形控制在比较小的程度,此外,由于在拉拔加工过程中,纤维主要是

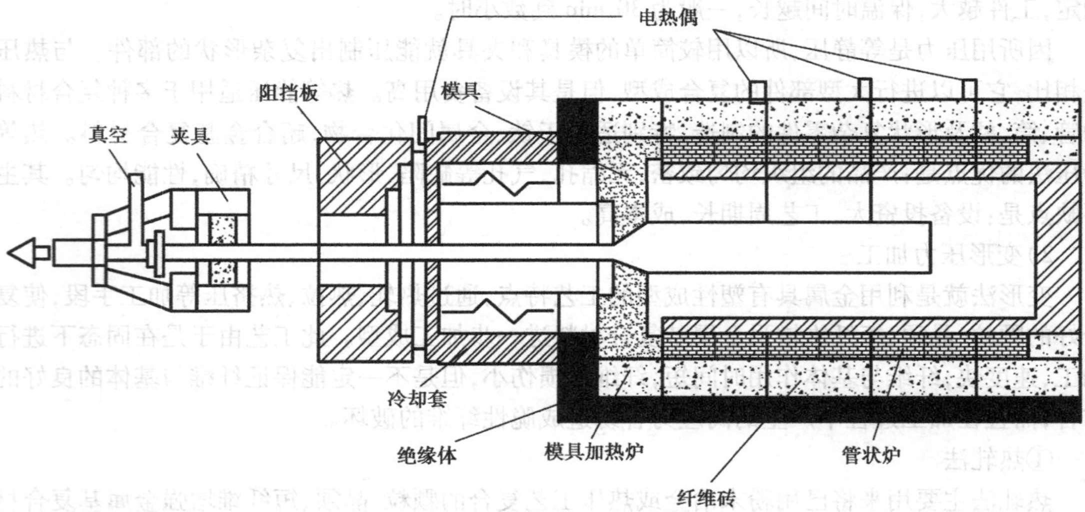

图 5.6　热拉拔金属基础复合材料工艺

受到拉的作用，几乎没有弯曲应力，这将避免纤维的断裂和界面的削离。

(3)爆炸焊接法

爆炸焊接法（又称为“爆炸复合法”）是采用炸药的爆炸为能源，由于炸药的高速引爆和冲击作用下（7～8 km/s），在微秒级时间内使两块金属板在碰撞点附近产生高达 10^4～10^7 s^{-1} 的应变速率和 10^4 MPa 的高压，使材料发生塑性变形，在基体中和基体与增强体的接触处产生焊接从而成型复合材料。爆炸焊接前，应将金属丝等编织或固定好，基体与金属丝必须除去表面的氧化膜和污物。爆炸焊接用的底座材料的密度和声学性能应尽可能与复合材料的接近，一般是将金属平板放在碎石层等上能够作为焊接底座。爆炸焊接法适合于制造金属层合板和金属丝增强金属基复合材料，例如，钢丝/铝、钼丝/钛、钨丝/钛、钨丝/镍等。

爆炸焊接法的工艺特点是：由于加载压力和界面高温持续时间极短，阻碍了基体与增强体之间界面的化合反应，焊合区的厚度常在几十微米以内；复合界面上看不到明显的扩散层，不会生产脆性的金属间化合物，产品性能稳定；可以制造形状复杂的零件和大尺寸的板材，还可以一次作业制得多块复合材料板；采用的是块式法生产，无法连续生产宽度较大的复合坯料，而且爆炸所带来的振动和噪音难以控制。关于爆炸复合法的结合机制，目前也还没有统一的定论，目前主要是集中在对界面的研究。

爆炸焊接工艺方法在复合制备难焊接金属往往不适用，因为此工艺制备的复合材料，其焊接接头强度差异很大，存在大面积断裂现象。焊接材料层间结合强度下降，在某些极端条件下发生分层，都是由于层间界面存在未焊合区、缩孔、带有裂纹和不带裂纹的高硬度熔化区等缺陷的缘故，产生这些缺陷的主要原因是，焊接时金属的最大位移量与各接触层的最佳位移量存在偏差。研究表明，为了提高焊接接头的强度和可靠性，必须进行：热处理，以减少或完全消除高硬度熔化区对接头断裂的影响，使残余应力场重新分布；轧制或锻造，通过塑性变形来消除裂纹和未焊透形式的缺陷。

5.2.3　液态制造技术

液态法是指在金属基复合材料制造过程中，金属基体处于熔融状态下与固体增强物复合的方法。为了减少高温下基体与增强材料之间的界面反应,改善液态金属基体与固态增强体的润湿性,通常可以采用加压浸渗、增强材料的表面(涂覆)处理、基体中添加合金元素等措施。液态法包括铸造法、液态金属浸渍法、真空压力浸渍法、液态模锻法、共喷沉积法和热喷涂法等。

(1)铸造法

在铸造生产中,用大气压力重力铸造法难以得到致密的铸件时,常采用真空铸造法和加压铸造法。加压铸造法可按加压手段和所加压力的大小分类,见表5.3。

表5.3 加压铸造法分类

分 类	方 法	压力/MPa	适用金属
加压浇铸法	压铸	50~100	Al、Zn、Cu
	低压铸造	0.3~0.7	Al
加压凝固法	高压凝固铸造	50~200	Al、Cu
	气体加压	0.5~1	Al、Cu
	离心铸造	相当于1~2	Al、Fe、Cu

为了使金属液能充分地浸渗到预成型体纤维间隙内,制得致密铸件的加压铸造法有高压凝固铸造法和压铸法。

1)高压凝固铸造法

高压凝固铸造法是将纤维与黏结剂制成的预制件放在模具中加热到一定温度,再将熔融金属液注入模具中,迅速合模加压,使液态金属以一定的速度浸透到预制件中,而其中的黏结剂受热分解除去,经冷却后得到复合材料制品。为了避免气体或杂质等的污染,要求整个工艺过程都在真空条件下进行。由于纤维与熔融的金属基体所处在高温时间较短,因此纤维与金属基体之间的界面反应层厚度较小,制得的金属基复合材料性能也不会受到大的影响。此外,这种方法可用于加工复杂形状的制品。如果其温度与压力控制适当,可以制备出其致密性好而又不损坏纤维的金属基复合材料。

2)真空吸铸法

真空吸铸法是我国设计出的一种制造碳化硅纤维增强铝基复合材料的新工艺。它是在铸型内形成一定负压条件,使液态金属或颗粒增强金属基复合材料自上而下吸入型腔凝固后形成固件的工艺方法。

以SiC/Al复合材料为例,说明真空吸铸法的工艺过程:将用化学沉积法(CVD)制备的碳化硅纤维(以甲基三氯硅烷为反应气体,利用CVD技术在钨丝上沉积碳化硅而制成的纤维)装入钢管中,钢管的一端用铝塞密封,另一端连接真空系统。在真空条件下,将装有纤维的钢管部位预热到高温,然后将带有铝塞的一端插入熔融的铝液中,铝塞将立即熔化,而铝液被吸入钢管中渗透到纤维。冷却后用硝酸腐蚀掉钢管,制成复合材料。该方法不但简单,而且提供了极为有利的润湿条件:纤维是在真空下预热至高温,无空气阻碍铝液的渗透,并可活化纤维的表面;密封塞在铝液深处熔化,吸入铝液后的浸润过程中无氧化膜干扰。例如,以Al-10%Si合金为基体时,700~750 ℃的吸铸温度即可使得CVD法碳化硅纤维在较短是内完成浸润,对纤维的损伤很少,所得到的棒材的拉伸强度可达到1 600~1 700 MPa。对于纺织成型的碳化硅纤维,由于润湿性较差,单靠真空吸铸的方法不能使纤维很好的浸润,一般需要施加一定压力。

3)搅拌铸造法

搅拌铸造法是最早用于制备颗粒增强金属基复合材料的一种弥散混合铸造工艺。搅拌法铸造有两种方式:一种是在合金液高于液相线温度以上进行搅拌,称为“液态搅拌”;另一种是当合金液处于固相线与液相线之间时进行搅拌,称为“半固态搅拌铸造法”或“流变铸造”。无论是哪种方式,其基本原理都是在一定条件下,对处于熔化和半熔化状态的金属液,施加以强烈的机械搅拌,使其能形成高速流动的旋涡,并导入增强颗粒,使颗粒随旋涡进入基体金属液中,当在搅拌力作用之下增强颗粒弥散分布后浇注成型。该工艺受搅拌温度、时间、速度等因素影响较大。同时,还必须要考虑增强颗粒与基体润湿性和反应性,还要防止搅拌过程中基体的氧化和卷入气体。搅拌铸造颗粒增强金属基复合材料工艺过程如图5.7所示。

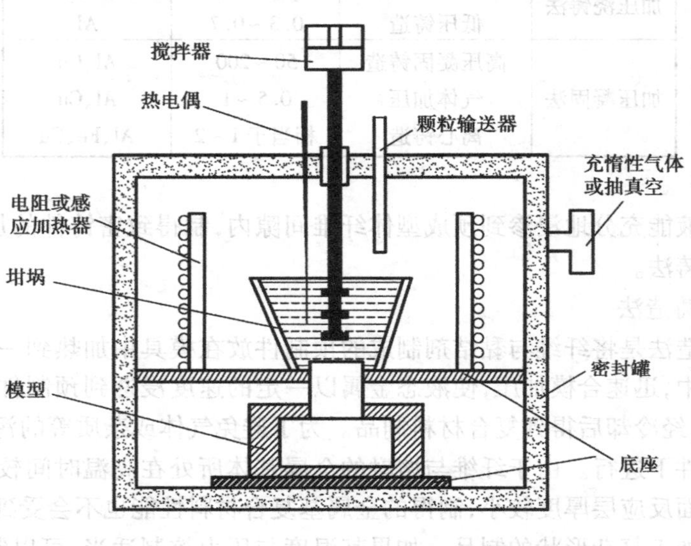

图5.7　搅拌铸造颗粒增强金属基复合材料工艺过程

最早采用搅拌法制备金属基础复合材料的是Surappa和Rohtgi。随后,人们对此铸造方法进行了不断的改进。例如,在搅拌方式上开发的有:高能超声法、磁力搅拌法、复合铸造法、底部真空反旋涡搅拌法等。其中,以Skibo和Schuster开发的Duralcan工艺最具有突破,该工艺可用普通的铝合金和未经涂层处理的陶瓷颗粒,通过搅拌引入增强相,颗粒的尺寸可以小于10 μm,而体积分数也可达到25%。

高能超声波法的原理是利用超声波在铝合金熔体中产生的声空化效应和声流效应所引起的力学效应中的搅拌、分散、除气等来促使颗粒混入铝合金熔体,改善颗粒与熔体间的润湿性,迫使颗粒在熔体中均匀分散。高能超声波法是高效的复合方法,它能在极短的时间内一次同时实现颗粒在基体中的润湿和分散,并能完成除气、除渣的任务,是一种工艺简单、成本低廉的颗粒增强金属基复合材料的制备方法,尤其是在极细颗粒增强铝基复合材料的研制领域,它有着独特的优势。

磁力搅拌法是磁铁搅拌器的高速旋转会在空间产生交变的磁场,根据麦克斯韦的电磁场理论,它将会在空间感应出交变的电场,在导电的金属熔体内部产生交变的电流,使熔体产生旋涡,将加入的增强颗粒卷入金属熔体中。用电磁搅拌工艺制备金属基复合材料是一种比较独特新颖的方法,与其他制备金属基复合材料的搅拌法相比,利用电磁力对金属熔体进行搅拌具有不直接接触、对金属熔体无污染等机械搅拌法所无法比拟的优点。

复合铸造法是将颗粒增强体加入正在搅拌中的含有部分结晶颗粒的基体金属熔体中，半固态金属熔体中有40%～60%的结晶粒子，介入的颗粒与结晶粒子相互碰撞、摩擦，导致颗粒与液态金属润湿并在金属熔体中均匀分散，然后再升温至浇铸温度进行浇铸，获得金属基复合材料零件或坯件。复合铸造法的特点是：可以用来制造颗粒直径较小、颗粒体积分数高的金属基复合材料；还可以用来制造晶须、短纤维增强金属基复合材料。

搅拌铸造法的优点在于：工艺简单，效率高，成本低、铸锭可重熔进行二次加工，是一种实现商业化规模生产的颗粒增强金属基复合材料的制备技术。但是，由于该方法颗粒与金属液之间的比重的偏差，因此容易造成密度偏析，凝固时形成枝晶偏析，造成颗粒在基体合金中分布不均倾向。另外，颗粒的尺寸和体积分数也受到一定的限制，颗粒尺寸一般大于10 μm，体积分数小于25%。

4）压力铸造法

压力铸造法是制备颗粒、晶须或短纤维增强金属基复合材料比较成熟的工艺，包括挤压铸造、低压铸造和真空铸造等。其原理是：在压力作用下，将液态金属浸入增强体预制块中，制成复合材料坯锭，再进行二次加工。对于尺寸较小、形状简单的制件，也可一次实现工件形状的铸造。压力铸造装置如图5.8所示。

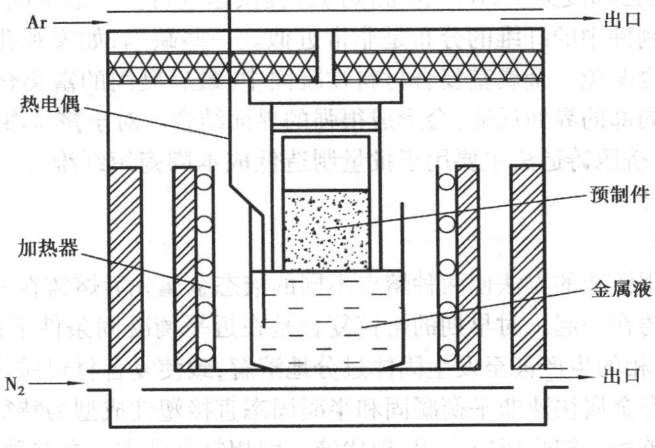

图5.8 压力铸造装置

对压力铸造法，其主要的影响因素有：压力模具和预制块的预热温度、预制块中颗粒的体积分数、颗粒尺寸、颗粒的表面性质、加压速度和浸渗压等。该工艺的特点是：工艺简单，对设备的要求低，压铸浸渗时间短，通过快速冷却可减轻或消除颗粒与基体的界面反应，同时可降低材料的孔隙率，对形状简单工件可以实现工件形状的成型。其不足是：对模具的要求较高，在压铸浸渗压力作用下预制块容易发生变形，难以制备形状复杂的制件。该工艺方面获得应用的是日本的丰田公司、德国的Mahle公司和英国的Schmidt公司。该工艺也已成功的制备出Al_2O_3短纤维增强的铝基复合材料，用于汽车发动机的活塞。

挤压铸造法是通过压机将液态金属压入增强材料预制件中制造复合材料的一种方法。其工艺过程是：先将增强材料按照设计要求制成一定形状的预制件，经干燥预热后放入同样预热的模具中，在基体金属熔化后，抽出坩埚滑动底板，熔融金属进入模具腔内，然后将压头向下移

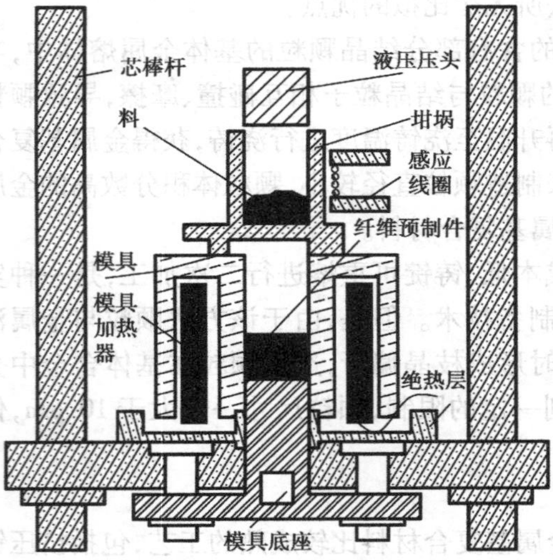

图5.9 挤压渗透装置

动,对熔融金属加压,压力为70~100 MPa,使液态金属在压力之下渗透入放置在模具中的纤维预制件中,并在压力下凝固成型,制成接近最终形状和尺寸的零件,或供用塑性成型法二次加工的锭坯。模具与底座之间有一定间隙,以利于空气逸出。挤压渗透装置如图5.9所示。

预制件的质量,模具的设计,以及预制件的预热温度、熔体温度、压力等参数的控制是得到高性能复合材料的关键。挤压铸造的压力相比后面介绍的真空浸渍的压力高很多,因此,要求预制件具有很高的机械强度,能够承受高的压力而不变形。在制造纤维增强预制件时加入少量的颗粒,不但能够提高预制件的机械强度,还能防止纤维在挤压过程中发生偏聚,最终保证纤维在复合材料中分布的均匀性。

为了能够克服熔融金属通过纤维间通道的黏滞性的阻力,必须有压力梯度。由于熔融金属的黏度低,一般压力梯度为1 MPa,保证渗透过程快速进行。一般情况下,金属基复合材料中纤维的分布与预制件中的纤维的分布是非常近似。一些缺陷,如宏观孔洞、显微孔隙、显微断裂或分布不均都也避免。金属基复合材料在凝固中,最后凝固的富集合金元素熔体和高等静压作用下加上有局部的界面反应,会形成很强的界面结合。对于挤压渗透的复合材料,界面层没氧化膜。目前,挤压铸造法主要用于批量制造低成本陶瓷短纤维、晶须、颗粒增强铝和镁基复合材料的零部件。

(2)熔铸复合法

熔铸复合是采用铸造的方法使两种熔点不同的液态金属先后熔铸在一起或一种液态金属与一种固态金属凝铸在一起。对早期的熔铸复合是在近平衡凝固条件下进行,常导致界面元素的过分扩散,有害相的生产甚至发生固体过分地溶解,致使复合材料质量不好。现代液—固相复合技术是以液态金属快速非平衡凝固和半凝固态直接塑性成型为特征,因此,可以克服早期熔铸技术的一些弊病。初步研究表明,现代液—固相复合常常存在多种复合机制,包括热反应机制、扩散机制和压合机制。由于液态金属的快速凝固、结晶以及半凝固态塑性变形的作用,可以有效地控制异种材料复杂界面反应(润湿、结晶、扩散、溶解、新相的生成和成长)的方向和限度,从而可以保证复合界面反应良好结合、复合材料的高质量和复合工艺的高效率。

电磁控制双金属层状复合材料连铸造工艺其原理是:将电磁制动技术研究利用在结晶器宽度方向上的水平磁场,通过磁场对流动粒子产生的洛仑兹力对金属液流动施加作用,阻止两种金属液的混合,在连铸过程中形成界面清楚的层状复合坯料。

用水平磁场(Level Magnetic Field 简称"LMF")制造双金属层状复合材料连铸工艺,其原理是:水平磁场安装于结晶器的下半部分,两种不同的钢液同时通过长型的短型浸入式浇道进入结晶器,使结晶器内形成上下两个区域。电磁场对上层流动金属产生足够的洛仑兹力,使之能与金属液体本身中立相均衡,从而阻止上面区域中金属液与下层区域中的金属液的混合。这样,以水平磁场为界形成了上层和下层两个区域,在连铸过程中,上层区域中的金属液形成外层金属,而下层区域中的金属液进入心部成为内层金属。研究显示,利用电磁场作用将结晶器内分为上下两部分,从而解决了两种金属混熔的问题,而且通过控制磁场强度、拉坯速度以及两种金属液浇注的速度,保证得到稳定的外层金属厚度和均匀的组织性能。电磁控制连铸工艺原理如图5.10所示。

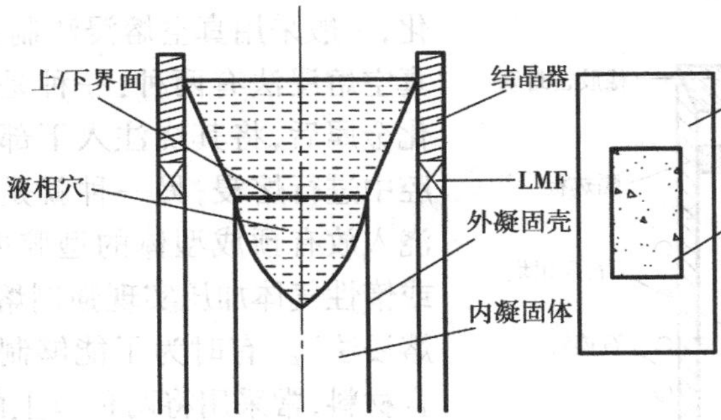

图5.10　电磁控制连铸工艺原理

(3)熔融金属浸渗法

熔融金属浸渗法是通过纤维或纤维预制件浸渍熔融态金属而制成金属基复合材料的方法。其工艺效率较高,成本较低,适用于制成板材、线材和棒材等。加工时,可以抽真空,利用渗透压使得熔融的金属浸透到纤维的间隙中,也可以在熔融的金属一侧用惰性气体或外载荷施加压力的方法实现渗透。纤维束连续熔浸装置和几种不同种类的制品如图5.11所示。

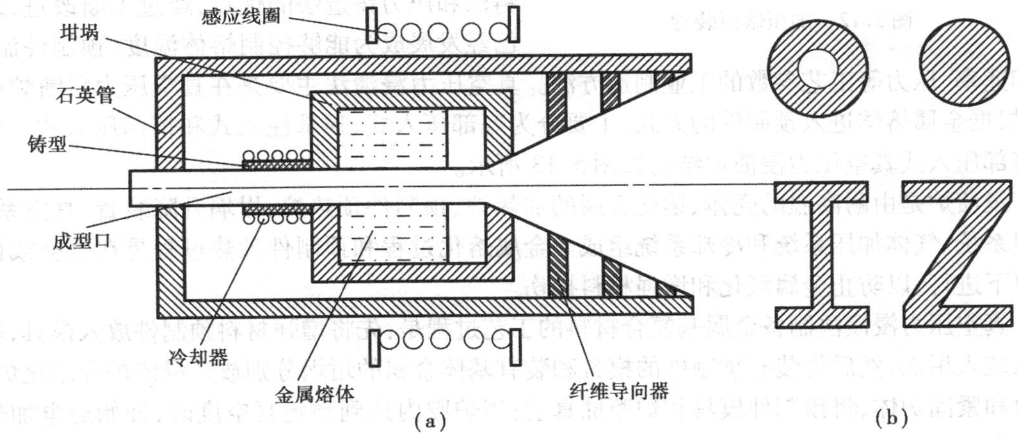

图5.11　纤维束连续熔浸装置及制品种类

制造过程中因纤维与熔融的金属直接接触,它们之间容易发生化学反应,影响制品性能,故该方法更宜适用于高温下稳定性好的纤维与基体金属。此外,由于金属液对纤维的润湿性不好,接触角大,金属液不能浸入到纤维的窄缝和交叉纤维的间隙,因此,用此方法制备的铸造复合材料预成型体,其内部40%～80%的范围内不可避免地存在大量孔洞。即使对纤维进行了表面处理,对金属液也进行一定处理,改善了金属液与纤维的润湿性,也避免不了内部孔洞的生成。

熔浸法是要求其增强纤维的热力学稳定或者经表面处理后稳定,并且与金属液的润湿性要良好。熔浸法有大气压下熔浸、真空熔浸、加压熔浸和组合熔浸几种。一般大气压下连续熔浸用得较多,它是纤维束通过金属液后由出口模成型。此工艺可以通过改变出口模的形状,进而制备出不同形状的制品,如棒材、管材、板材以及复杂形状的型材等。

为了能够很好地改善纤维表面活性和润湿性,避免复合材料中出现气孔,并防止其被氧化,一般采用真空熔浸法制备金属基复合材料。真空熔浸法有两种:一种是在上部真空炉中熔化金属后,将其浇注入下部放有预成型体的型腔中进行熔浸;另一种就是将真空熔化的金属浇入放有预成型体的型腔内后,再用压缩气体或惰性气体加压实现强制熔浸,此方法称"加压熔浸法"。有时为了能够制备出设计要求的复合材料,常采用将两种以上的方法进行组合,如真空熔浸和热压组合,以及熔浸束的轧制等。加压熔浸装置如图5.12所示。

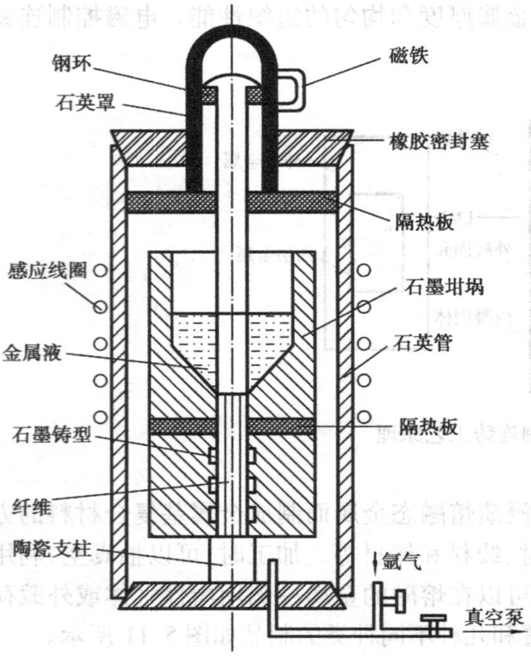

图5.12　加压熔浸装置

(4)**真空压力浸渍法**

真空压力浸渍法是在真空和高压惰性气体的共同条件下,使熔融金属浸渗入预制件中制造金属基复合材料的方法。它是综合了真空吸铸法和压力铸造法的优点,经过不断改进,现在已经发展成为能够控制熔体温度、预制件温度、冷却速率、压力等工艺参数的工业制造方法。真空压力浸渍法主要是在真空压力浸渍炉中进行,根据金属熔体进入预制件的方式,主要分为底部压入式、顶部注入式和顶部压入式。典型的底部压入式真空压力浸渍炉结构如图5.13所示。

浸渍炉是由耐高温的壳体、熔化金属的加热炉、预制件预热炉、坩埚升降装置、真空系统、控温系统、气体加压系统和冷却系统组成。金属熔化过程和预制件预热过程是在真空或保护气氛下进行,以防止金属氧化和增强材料损伤。

真空压力浸渍法制备金属基复合材料的工艺过程是:先将增强材料预制件放入模具,基体金属装入坩埚,然后将装有预制件的模具和装有基体金属的坩埚分别放入浸渍炉和熔化炉内,密封和紧固炉体,将预制件模具和炉腔抽真空;当炉腔内达到预定真空度时,开始通电加热预制件和熔化金属基体;通过控制加热过程使预制件和熔融基体金属达到预定温度,保温一定时间,提升坩埚,使模具升液管插入金属熔体,再通入高压惰性气体,由于在真空和惰性气体高压的共同作用下,液态金属浸入预制件中形成复合材料;降下坩埚,接通冷却系统,待完全凝固,即可从模具中取出复合材料零件或坯料,且凝固在压力条件下进行,无一般的铸造缺陷。

在真空压力浸渍法制备金属基复合材料过程中,预制件制备和工艺参数控制是制得高性能复合材料的关键。预制件应有一定的抗压缩变形能力,防止浸渍时增强材料发生位移,形成增强材料密集区和富金属基体区,使复合材料的性能下降。

真空压力浸渍过程中外压是浸渍的直接驱动力,压力越高,浸渍能力越强。浸渍所需压力与预制件中增强材料的尺寸和体积分数密切相关,增强材料尺寸越小,体积分数越大,则所需外加浸渍压力越大。浸渍压力也与液态金属对增强材料的润湿性及黏度有关,润湿性好。黏度小，则所需浸渍压力也小。因此，必须根据增强材料的种类、尺寸和体积分数，以及基体的种类、过热温度进行综合考虑，选择合适的浸渍压力，浸渍压力过大，可能使得增强材料偏聚变形，造成复合材料内部组织的不均匀性，一般采取短时逐步升压，在30～60 s内升到最高压力，使金属熔体平稳地浸渍到增强材料之间的空隙中。加压速度过快，易造成增强材料偏聚变形，影响复合材料组织的均匀性。

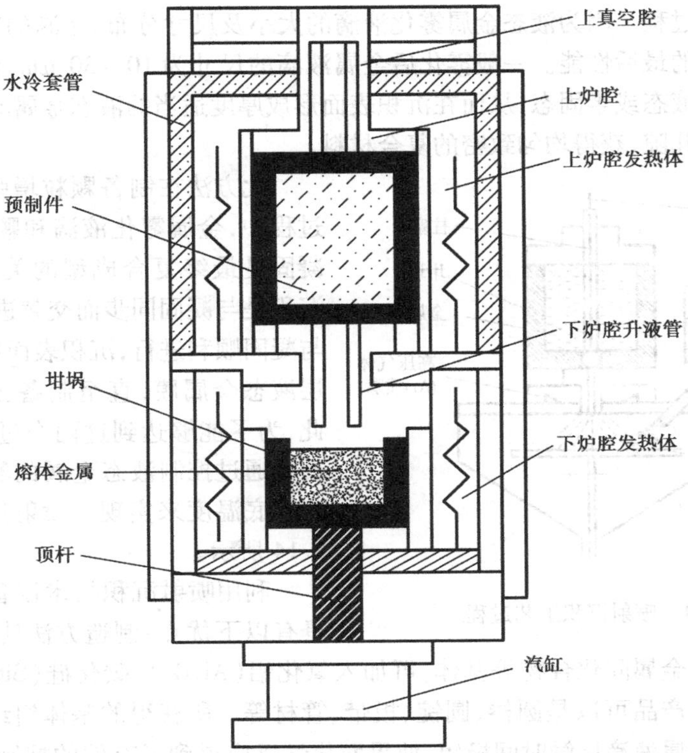

图5.13　底部压入式真空压力浸渍炉结构

该工艺制造方法的优点是：适用面广，可以用于多种金属基复合材料和连续纤维、短纤维、晶须和颗粒增强的复合材料的制备，增强材料的形状、尺寸、含量基本上不受限制；该工艺可以直接制备出复合材料零件，特别是形状复杂的零件，基本上无需进行后续加工；由于浸渍是在真空下进行，压力下凝固，无气孔、疏松、缩孔等铸造缺陷，组织致密，材料性能好；该制备方法工艺简单，参数容易控制，可以根据增强材料和基体金属的物理化学特性，严格控制温度、压力等参数，避免严重的界面反应。但是，此真空压力浸渍法的设备比较复杂，工艺周期长，成本较高，制备大尺寸的零件投资更大。

(5)喷射沉积

喷射沉积法（又称“喷射铸造成型法”）是一种将金属熔体与增强颗粒在惰性气体的推动下，通过快速凝固制备颗粒增强金属基复合材料的方法。其基本原理是：在高速惰性气体流的作用下，将液态合金雾化，分散成极细小的金属液滴，同时通过一个或几个喷嘴向雾化的金属液滴流中喷入增强颗粒，使金属液滴和增强颗粒同时沉积在水冷基板上形成复合材料，该法称为“多相共沉积技术”（VCM　Variable Codeposition of Multiphase Materials）。

喷射沉积工艺过程包括基体金属熔化、液态金属雾化、颗粒加入及其与金属雾化流的混合、沉积和凝固等。喷射沉积的主要工艺参数有:熔融金属温度、惰性气体压力、流量和速度、颗粒加入速率、沉积底板温度等。这些参数都将不同程度地影响复合材料的质量,因此,需要根据不同的金属基体和增强相进行调整组合,从而获得最佳工艺参数组合,必需严格地加以控制。

喷射沉积法主要是用于制造颗粒增强的金属基复合材料,在其工艺过程中,其中液态金属雾化是关键工艺过程。因为液态金属雾化液滴的大小及尺寸分布、液滴的冷却速度都将直接影响到复合材料的最后性能。一般雾化后金属液滴的尺寸为 10 ~ 30 μm,使到达沉积表面时金属液滴仍保持液态或半固态,从而在沉积表面形成厚度适当的液态金属薄层,便于能够充分填充颗粒之间的孔隙,获得均匀致密的复合材料。

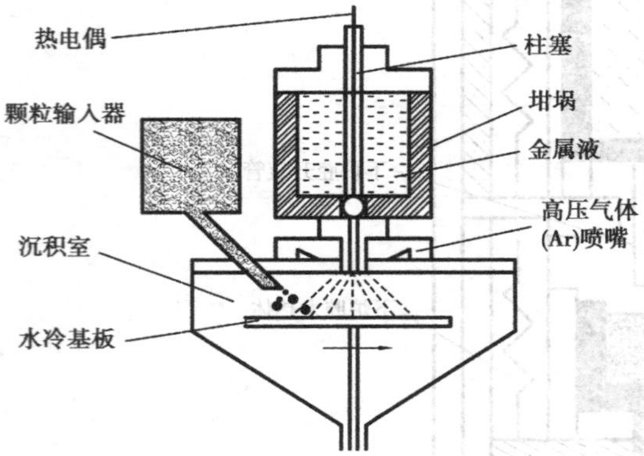

图 5.14 喷射沉积工艺过程

此方法在制备颗粒增强金属基复合材料过程中,金属雾化液滴和颗粒的混合、沉积和凝固是最终复合成型的关键工艺过程之一。沉积是与凝固同步而交替进行,为了使得沉积与凝固顺利进行,沉积表面应该始终保持一薄层液态金属膜,直至制备工艺过程结束。因此,为了能够达到这两个过程的动态平衡,主要是通过控制液态金属的雾化工艺参数和稳定衬底温度来实现。喷射沉积工艺过程如图 5.14 所示。

利用喷射沉积技术制备金属基复合材料具有以下优点:制造方法使用面广,可以用于铝、铜、镍、钴、铁、金属间化合物等基体,可加入氧化铝(Al_2O_3)、碳化硅(SiC)、碳化钛(TiC)、石墨等多种颗粒,产品可以是圆棒、圆锭、板带、管材等。所获得的基体组织属于快速凝固范畴,增强颗粒与金属液滴接触时间极短,使界面化学反应得到了有效的抑制,控制工艺气氛可以最大限度地减少氧化,冷却速度可高达 10^3 ~ 10^6℃/s,这可以使增强颗粒均匀分布,细化组织。此外,该工艺生产工艺简单,效率高。与粉末冶金法相比,不必先制成金属粉末,然后再依次经过与颗粒混合、压制成型、烧结等工序,而是快速一次复合成坯料,雾化速率可达到 25 ~ 200 kg/min,沉积凝固迅速。但此方法制备的金属基复合材料存在一定的孔隙率,一般需要进行热等静压(HIP)或挤压等二次加工。其制备成本也高于搅拌铸造法。

5.2.4 其他制造方法

随着人们研究的深入和对各方面技术问题不断地解决,同时也适应现实应用与制造技术的发展,研发了更新的制造技术。主要包括原位自生成法、物理气相沉积法、化学气相沉积法、化学镀和电镀法、复合镀法等。

(1)原位自生法

金属基复合材料原位反应合成技术的基本原理是:在一定的条件下,通过元素与化合物之间的化学反应,在金属基体内原位生成一种或几种高硬度、高弹性模量的陶瓷增强相,从而达到强化金属基体的目的。增强材料可以共晶的形式从基体凝固析出,也可由加入的相应的元素之间的反应、合成熔体中的某种组分与加入的元素或化合物之间的反应生成。前者得到定向凝固共晶复合材料,后者得到反应自生成复合材料。

与传统的金属基复合材料制备工艺相比,该工艺具有以下特点:增强体是从金属基体中原位形核和长大的,具有稳定的热力学特性,而且增强体表面无污染,避免了与基体相容性不良的问题,可以提高界面的结合强度;通过合理地选择反应元素或化合物的类型、成分及其反应性,可有效地控制原位生成增强体的种类、大小、分布和数量;由于增强相是从液态金属基体中原位生成,因此可以用铸造方法制备形状复杂、尺寸较大的近净构件;在保证材料具有较好的韧性和高温性能的同时,可较大幅度地提高复合材料的强度和弹性模量。不足之处则是:在大多数的原位反应合成过程中,都伴随有强烈的氧化或放出气体,而当难于逸出的气体滞留在材料中时,将在复合材料中形成微气孔,还可能形成氧化夹杂或生成某些并不需要的金属间化合物及其他相,从而影响复合材料的组织与性能。原位反应合成所产生的增强相主要为氧化物、氮化物、碳化物和硼化物等陶瓷相,常见的几种为 Al_2O_3、MgO、TiC、AlN、TiB_2、ZrC、ZrB_2 等陶瓷颗粒,这些颗粒的主要性能见表5.4。

表5.4　陶瓷颗粒相的性能

陶瓷相	密度/($g \cdot cm^{-3}$)	热膨胀系数/($10^{-6}℃^{-1}$)	强度/MPa	温度/℃	弹性模量/MPa	温度/℃
Al_2O_3	3.98	7.92	221	1 090	379	1 090
MgO	3.58	11.61	41	4 090	317	1 090
AlN	3.26	4.84	2 069	24	310	1 090
TiC	4.93	7.6	55	1 090	269	24
ZrC	6.73	6.66	90	1 090	359	24
TiB_2	4.50	8.82	—	—	414	1 090
ZrB_2	6.90	8.82	—	—	503	24

由于此方法制备的复合材料一个明显的特点是所制备的复合材料为疏松开裂状态,因此SHS—致密一体化是该复合材料的一个研究方向。常将反应烧结、热挤压、熔铸和离心铸造等致密化工艺过程与SHS技术相配合,其中对于SHS—熔铸法和SHS—热压反应烧结法是目前用SHS技术制备致密复合材料的研究热点。原位自生金属基复合材料的制备方法包括定向凝固法和反应自生成法。

1)定向凝固工艺

定向凝固法是将某种共晶成分的合金原料在真空或惰性气氛中通过感应加热熔化,控制冷却方向(例如,均匀地以一定速率将感应线圈向一个方向移动),进行定向凝固工。在定向凝固反应过程中,析出的共晶相沿着凝固方向整齐排列,其中连续相为基体,条状或片状的分散相为增强体。

定向凝固的速率大小直接影响定向凝固共晶复合材料中增强相的体积分数和形状。在一定的温度梯度下,条状或层片状增强相的间距 λ 与凝固速率 V 之间存在以下关系:

$$\lambda^2 \cdot V = 常数$$

在满足平面凝固生长的条件下,增加定向凝固时的温度梯度,可以加快定向组织的生长速度,同时可以降低条状或层片间距,有利于提高定向凝固共晶复合材料的性能。

定向凝固法的特点是:在定向凝固共晶复合材料中,纤维、基体界面具有最低的能量,即使在高温下也不会发生反应，因此，适于高温结构用材料（如发动机的叶片和涡轮叶片）。例如TaC/Ni（TaC为增强体）具有良好的力学性能与环境抗力。研究得较多的是金属间化合物增强镍基和钴基合金。此外，定向凝固共晶复合材料也可以作为功能复合材料，主要应用于磁、电和热相互作用或叠加效应的压电、电磁和热磁等功能器件，如InSb/NiSb定向凝固共晶复合材料可以制作磁阻无接触电开关，以及不接触位置和位移传感器等。存在的主要问题是：定向凝固速率非常低，可选择的共晶材料体系有限，共晶增强材料的体积分数无法调整。

2）反应自生成法

反应自生成法包括VLS法、Lanxide法、放热合成法（XD）等。

①VLS法　这种方法是由M. J. Koczak等人发明的，并申请了美国专利。其具体的工艺是：将含有C或N的气体通入高温合金液中，使气体中的C或N与合金液中的个别组分发生反应，在合金基体中形成稳定的高硬度、高模量的碳化物或氮化物，经冷却凝固后即可获得这种陶瓷颗粒增强的金属基复合材料。该工艺一般包括如下两个过程：

气体分解，如

$$CH_4 \rightarrow C(s) + 2H_2(g)$$

$$2NH_3(g) \rightarrow N_2 + 3H_2(g)$$

气体与合金之间的发生化学反应及增强颗粒的形成，如

$$C(s) + Al\text{-}Ti(l) \rightarrow Al(s) + TiC(s)$$

$$N_2(g) + Al\text{-}Ti(l) \rightarrow Al(s) + TiC(s) + AlN(s)$$

为了保证上述两个反应过程的顺利进行，一般要求较高的合金熔体温度和尽可能大的气—液两接触面积，并应采用一定措施抑制不利反应的发生，如此反应中Al_4Ti和Al_3C_3等有害化合物的产生。为此，有人研究了原位TiC/Al-Cu复合材料的气—液反应合成工艺，其工艺操作是将混合气体CH_4（Ar）通过一个特制的多孔的气泡分散器，导入到含Ti的Al-4.5Cu合金液中。结果表明，这种工艺能保证上述两个过程充分进行，并认为，CH_4的分解、C与Ti的反应时间和温度取决于气体的分压、合金的成分，以及所需的TiC颗粒的大小、分布和数量。当反应时间为20～120 min、反应温度为1 200～1 300 ℃时，原位形成的TiC尺寸为0.1～3 μm，其体积分数可达到11%，从而使所得的复合材料具有优良的性能。尽管如此，该工艺仍然存在一些不足：合成处理温度为1 200～1 300 ℃，这对于含有易挥发元素的铝合金烧损很大；反应产物中有Al_3C_3等有害相，且相组成较难控制；导入过量的气体可能形成凝固组织中的气孔等缺陷。因此，该工艺仍然是处于实验室阶段。

②Lanxide法（即金属定向氧化法）　这种方法是由美国Lanxide公司开发的，也是利用了上述气—液反应原理，它由金属直接氧化法（DIMOX）和金属无压浸渗法（PRIMEX）两种组合而成。目前，此方法主要用于制造铝基复合材料或陶瓷基复合材料，其制品已在汽车、燃气涡轮机和热交换机沙锅内得到一定的应用。

DIMOX法是让高温金属液（如Al、Ti、Zr等）暴露于空气中，使其表面首先氧化产生一层氧化膜（如Al_2O_3、TiO_2、ZrO_2等），里面金属再通过氧化层逐渐向表面扩散，暴露空气中后又被氧化，如此反复，最终形成金属氧化物复合材料或金属增韧的陶瓷基复合材料。为了保证金属的氧化反应不断地进行下去，在Al中加入一定量的Mg、Si等合金元素，可破坏表层Al_2O_3膜的连续性，并可降低液态Al合金的表面能，从而改善生产的Al_2O_3与铝液的相容性，这样使得氧化反应能不断地进行下去。目前，关于DIMOX的方法研究包括Al_2O_3形成的反应动力学、材

料的显微组织结构分析等。

在PRIMEX工艺中,同时发生的有两个过程:一是液态金属在环境气氛的作用下向陶瓷预制件中的渗透;二是液态金属与周围气体的反应而生产新的增强粒子。例如,将含有质量分数为3%~10% Mg的铝锭和Al_2O_3陶瓷预制件一起放入N_2(Ar)混合气氛炉里,当加热到900 ℃以上并保温一段时间后,上述两个过程同时发生,冷却后即获得原位自生的AlN粒子与预制件中原有Al_2O_3粒子复合增强的铝基复合材料。研究发现,原位自生的AlN的数量和大小主要取决于Al液的浸透速度,而Al液的浸透速度又与环境气氛中N_2的分压、熔体的温度和成分有关。因此,复合材料的组织与性能容易通过调整熔体的成分、N_2的分压和处理温度而得到有效的控制。

③放热合成法(XD) 这种方法是由美国Martin Marietta实验室发明的。该工艺制备的金属基复合材料可以再通过传统金属加工方法,如挤压和轧制进行二次加工,且该工艺可以生成颗粒、晶须单独或共同增强的金属基或金属间化合物基复合材料。XD法制备复合材料的原理如图5.15所示。

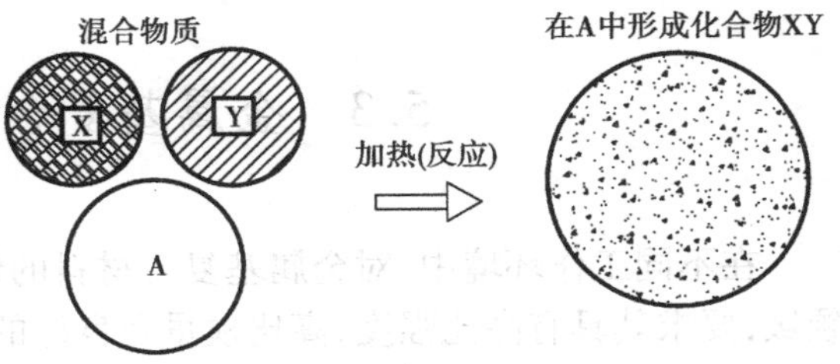

图5.15 XD法制备复合材料原理

它是将两个固态的反应元素粉末与金属基体粉末混合均匀,并压实除气,再将压坯迅速加热到金属基体熔点以上温度或自蔓延反应发生的温度,这样,在金属熔体的介质中,两固态反应元素相互扩散、接触,并不断反应析出稳定的微观增强颗粒、晶须和片晶等增强相,然后再将熔体进行铸造、挤压成型。另外,也可以用XD方法制备出增强体含量很高的母体复合材料,然后在重熔的同时加入适量的基体金属进行稀释,铸造成型后即得到所需增强体含量的金属基复合材料。

XD工艺的特点是:增强相原位生成,具有热稳定性;增强相的类型、形态可以选择和设计;各种金属或金属间化合物均可以作为基体;复合材料可以采用传统金属加工进行二次加工。XD材料包括Al、Ti、Fe、Cu、Pb和Ni基复合材料。增强相包括硼化物、氮化物和碳化物等,其形状可以是颗粒、晶须和杆状。目前,已经利用该方法制备出TiC/Al、TiB_2/Al和TiB_2/Al-Ti等复合材料,具有很高的使用价值。

④接触反应法 该方法是由哈尔滨工业大学铸造教研室开发研制,并申请国家专利的技术。该技术是在综合SHS法和XD法的优点的基础上发展起来的一种制备原位自生金属基复合材料的方法。其工艺过程是:先将反应元素粉末按一定的比例混合均匀,并压实成预制块,然后用钟罩等工具将预制块压入一定温度的金属液中,在金属液的高温作用下,预制块中的反应元素将发生化学反应,生成所需增强相,搅拌后浇注成型。

(2)等离子喷涂法

等离子喷涂法是利用等离子弧向增强材料喷射金属微粒子,从而制成金属基纤维复合材料的方法。例如,将碳化硅连续纤维缠绕在滚筒上,用等离子喷涂的方法将铝合金喷溅在纤维上,然后将碳化硅/铝合金复合片堆叠起来进行热压,制成铝基复合材料,其抗拉强度和模量分别超过1 500 MPa和200 GPa,而密度仅仅为2.77 g/cm^3。该方法的优点是:熔融金属粒子能够与纤维牢固地结合,金属与纤维的界面比较密实,而且由于金属粒子离开等离子喷枪后,迅速冷却,金属几乎不与纤维发生反应,但纤维上的喷涂体比较疏松,需要进行热固化处理。

(3) 电镀法

电镀法是利用电解沉积的原理在纤维表面附着一层金属而制成金属基复合材料的方法。其原理是:以金属为阳极,位于电解液中的卷轴为阴极,在金属不断电解的同时,卷轴以一定的速度或电流大小,可以改变纤维表面金属层的附着厚度,将电镀后的纤维按一定方式层叠、热压,可以制成多种制品。例如,利用电镀法在氧化铝纤维表面附着镍金属层,然后将纤维热压固结在一起,制成的复合材料在室温下显示出良好的力学性能。但是,在高温环境中,可能因纤维与基体的热膨胀系数不同,强度不高。又如,在直径为 7 μm 的碳纤维的表面上镀一层厚度为 1.4 μm 的铜,将长度切为 2 ~ 3 mm 的短纤维,均匀分散在石墨模具中,先抽真空预制处理,再在 5 MPa 和 700 ℃下处理 1 h,得到碳纤维体积含量为 50% 的铜基复合材料。

5.3 金属基复合材料的性能与应用

在不同工作环境中,对金属基复合材料的使用性能有着不同的特殊要求。在航空和航天领域,要求其具有高比强度、高比模量及良好的尺寸稳定性。因此,在选择金属基复合材料的基体金属时,要求必须选择体积质量小的金属与合金,如镁合金和铝合金。对于汽车发动机,工作环境温度较高,这就要求所使用的材料必须具有高温强度、抗气体腐蚀、耐磨、导热等性能。因此,为了满足各种多性能等特性材料的需求,人们从各种基体到各种增强相对金属基复合材料进行了大量的开发研究。

在金属基复合材料发展的几十年中,世界各国分别都从不同的角度、不同的方法对金属基复合材料进行了大量深入的研究。据有关资料预计,在不久的将来,这类材料将逐渐取代传统的金属材料而广泛用于航空、航天、汽车、机电、运动机械等领域内一些要求具有重量轻、刚度高、耐热、耐磨等性能的特殊场合,见表 5.5。

表 5.5 金属基复合材料的部分潜在应用

领 域	应用举例	使用材料
航天	宇宙飞船、卫星、导弹上的结构件、天线等	B/Al、B/Mg、SiC/Al、C/Mg
航空	直升机的转换机构、起落架、框架、筋板等结构件,喷气发动机的涡轮叶片、扇形板、压缩机叶片、高温发动机零部件等	Al_2O_3/Al、B/Al、SiC/Al、C/Al、C/Mg、Al_2O_3/Mg、W/耐热合金、Ta/耐热合金
汽车	内燃机活塞、连杆、活塞销、刹车片、离合器片、隔板、蓄电池极板等	Al_2O_3/Al、SiC/Al、Al_2O_3/Pb、C/Pb
机电	电缆、触电材料、电机刷、轴承、蓄电池极板等	C/Cu、Al_2O_3/Pb、C/Pb
运动机械	高尔夫球棒、网球拍、自行车车架、钓竿、雪橇、滑雪板、摩托车车架等	Al_2O_3/Al、B/Al、SiC/Al、C/Al
其他	医疗用 X 射线台、车椅、手术台、纺织机械零件等	Al_2O_3/Al、B/Al、SiC/Al、C/Al

此外,随着研究的深入,最近对金属基复合材料在功能复合材料方面的研究开始了新的关注。电子、信息、能源等工业用的金属基功能复合材料,要求要有较高的力学性能、高导热、高导电、低热膨胀、高抗电弧烧蚀、良好的摩擦性能。例如,对于 SiC 纤维增强的铝基复合材料,

由于 SiC 纤维与铝基体之间存在很大的热电特性和热膨胀的差异，因此利用此特性研制出 Al/SiC 复合材料的制动器，期待能将其应用于控制元件或微型驱动元件。

5.3.1　铝基复合材料

(1)铝基复合材料的特点

在众多金属基复合材料中，铝基复合材料发展最快且成为当前该类材料发展和研究的主流，这是因为铝基复合材料具有密度低、基体合金选择范围广、热处理性好、制备工艺灵活等许多优点。另外，铝或铝合金与许多增强相都有较好接触性能，如连续状硼、Al_2O_3、SiC 和石墨纤维及其各种粒子短纤维和晶须等。在长纤维硼增强的铝基复合材料、颗粒碳化硅(SiC)增强的铝基复合材料和短纤维 Al_2O_3增强的铝基复合材料等中，人们普遍重视颗粒增强铝复合材料的开发应用，这是因为这种材料具有比强度高、比模量高、耐磨性好、热膨胀系数可根据需要调整等优异的性能，还可以采用传统的金属成型加工工艺方法，如热压、挤压、轧制、旋压以及精密铸造等。对于连续纤维增强金属基复合材料，这种材料具有制备工艺简单、原材料来源较广、生产率高、成本低等优点。大部分工业金属基复合材料都是集中在铝基复合材料上，且部分铝基复合材料已进入商业化生产阶段，因此铝基复合材料具有很大的应用潜力。

目前普遍使用的铝合金有变形铝合金、铸造铝合金、焊接铝合金和烧结铝合金等。但是，在铝基复合材料中，对每一类增强体并不是所有的铝合金都是完全地适应。例如，在用铝箔和等离子喷涂预制合金粉制造复合材料时，使用较多的是多种变形铝合金。铝合金的性能见表5.6。

表5.6　铝基体合金的性能

合　金	弹性模量/GPa	屈服强度/MPa	抗拉强度/MPa	断裂应变量/%
1100	63	43	86	20
2024	71	128	240	13
5052	68	135	265	13
6061	70	77	136	16
Al-7Si	72	65	120	23

对于1000和3000系列的铝合金，容易购买，其延展性和可焊接性极好，但其抗拉强度和蠕变强度低。对于7000系列和4000系列的合金，断裂韧性一般低于平均水平。5000系列其断裂韧性较好，用于制造高强度的硼纤维增强的铝基复合材料。6061和2024铝合金因能够进行热处理，因此受到普遍的重视。2024合金 Al-4.5Cu-1Mg 的好处在于：箔材和粉末有现成供应的，时效硬化后强度高，高温蠕变强度好，以及在结构应用上有丰富的经验。6061铝合金是最常用的结构合金之一，可以热处理形成很细的镁硅化合物沉淀，但由于合金含量较低，使得熔点较高，而塑性使得缺口敏感性较低，这在硼纤维系列的金属基复合材料中表现得最为明显。6061合金还具有抗蚀性好和应力腐蚀敏感性低的优点，而且这种材料在低温条件下也表现出较好的韧性，强度较低的合金如2024和7075合金更容易成型，因而受到了普遍的关注。

用粉末冶金制造的碳化硅(SiC)增强6061铝合金复合材料，与用铸造法生产的未经增强的6061铝合金在288 ℃时最小蠕变速率的比较，如图5.16所示。对碳化硅晶须(SiC_W)和碳化硅颗粒(SiC_P)铝基复合材料其蠕变速率是明显低于6061铝合金的。另外，晶须比颗粒更有效地提高了复合材料的蠕变抗力。

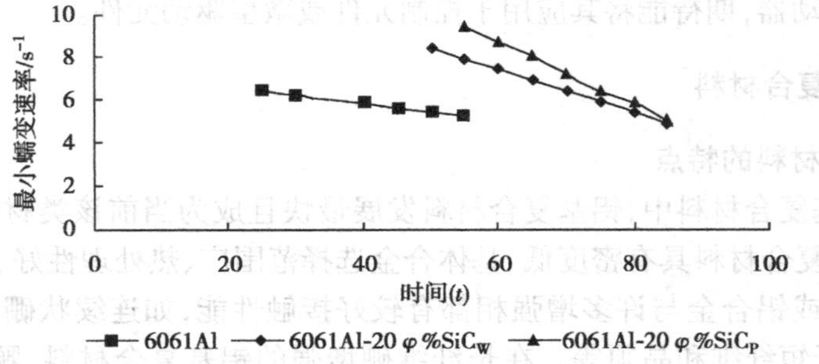

图5.16 增强与未增强的6061铝合金在288 ℃时最小蠕变速率的比较

导热性是金属材料的一大特点,为了减轻质量又能不影响其导热性能,研究人员制造了一系列金属基复合材料。在铝基体中,单向排列的碳纤维沿纤维方向具有很好的导热性。测试结果显示,在 -20 ~ 140 ℃的温度范围内,这种复合材料沿纤维方向的导热性优于铜的。以单位质量计的导热性,这种复合材料约为纯铝的4倍,为Al6061的2.6倍。

纯铜和碳纤维/铝复合材料的导热性与温度关系的比较如图5.17所示。在一些要求减轻零件质量方面,金属基复合材料的这一性能就显得相当地突出,代替铜作为导热材料就是一个实例,如卫星、高速航空、航天器等。

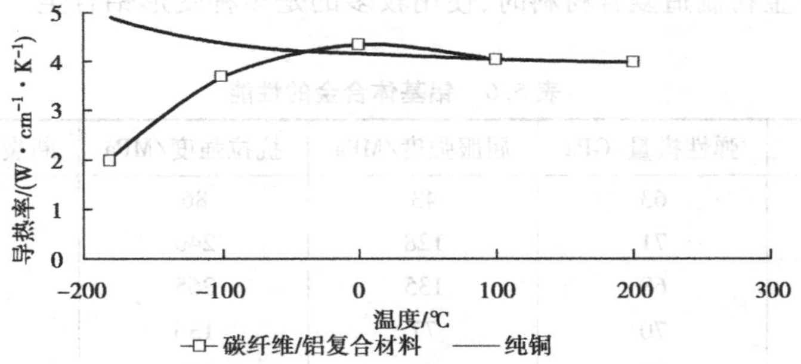

图5.17 铜和碳纤维/铝复合材料的导热性与温度关系的比较

在实际的应用中,不仅要求材料有较好的强度、韧性等,而且还必须有很好的耐磨性能。因此,对材料提高其他性能的同时也提高耐磨性等,成为研究人员逐渐转移的研究方向。研究表明,在铝基材料中加入7%的硅酸铝短纤维,就可使耐磨性成倍提高。不同体积含量的硅酸铝增强铝基复合材料耐磨性的关系如图5.18所示。

由于铝基复合材料有优良的物理性能和机械性能,制备相对简单而成熟,对它的研究开发也相对较多。目前,应用比较成熟的有航空航天工业中需要大型的、机械性能比较好的、重量相对较轻的结构材料;要求有高耐磨性、热疲劳特性等的发动机活塞等。

(2)铝基复合材料的制备与应用

铝基复合材料的研究主要集中在两方面:一是采用连续纤维增强的复合材料,二是采用不连续颗粒增强的复合材料。相对而言,采用颗粒增强的复合材料具有制备工艺简单、增强体成本低廉、材料各向同性、应用范围更广、工业化生产潜力更大等优点,因而成为铝基复合材料较为关注的研究对象。

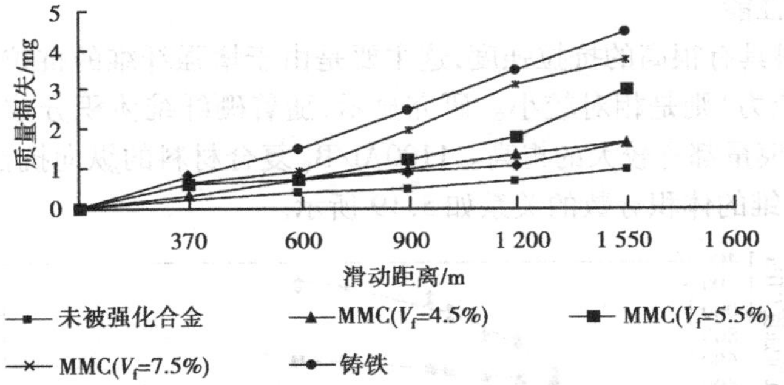

图 5.18　$Al_2O_3 \cdot SiO_2$/Al 复合材料的耐磨性与体积含量的关系

在使用温度为 450 ℃以下时,常用的金属是铝、镁及它们的合金。因此,在金属基复合材料的使用温度不是很高的工作环境下,一般大多基体材料都选用铝或铝合金为基体材料。L系列的工业纯铝用做连续纤维复合材料的基体。为了满足不同的使用要求,根据使用性能在纯铝中加入相应的合金元素配制成铝合金,从而改变其组织结构与性能,经常加入的元素有硅、铜、锌、镁、锰及稀土元素,这些合金元素在固态铝中的溶解度一般都很有限。因此,铝合金的组织中除形成铝基固溶体外,还有第二相(金属间化合物)出现。根据合金元素的含量和加工工艺性能特点,铝合金可分为铸造铝合金和变形铝合金。目前国内研究发展的主要轻金属MMC 体系见表 5.7。

表 5.7　国内主要的轻金属基复合材料体系

名　称	典型性能
硼纤维/铝(B/Al)	σ_b >1 380 MPa,E >220 GPa
碳化硅纤维/铝(SiC_P/Al)	50% V_fSCS-6:σ_b:1 600 ~ 1 700 MPa,E:200 ~ 237 GPa 50% V_fSCS-2:σ_b:1 190 ~ 1 560 MPa,E:200 ~ 237 GPa
石墨纤维/镁(C_P/Mg)	M40 + SiO_2涂层/ZM6. 40% V_f,σ_b:500 ~ 520 MPa,E:110 ~ 130 GPa M40/ZM5,M40/Mg-2Al,32% ~46% V_f,σ_b:500 ~ 600 MPa,E:120 ~ 180 GPa
碳(石墨)纤维/铝(C/Al)	强度可达(3 ~ 4) × 10^2 MPa,模量可达(6 ~ 8) × 10 GPa
碳化硅晶须/铝(SiC_W/Al)	SiC_W/Al7075Al 强度达到 750 ~ 800 MPa,弹性模量达到 120 GPa
碳化硅颗粒/铝(SiC_P/Al)	515 进行超塑性拉伸,拉伸率 δ 为 300% ~685%
碳化硼/铝(B_4C/Al)	σ_b >70 ~ 100 MPa;σ_τ >56 MPa;δ >0.4%;λ >43.2 W/(m · ℃)

1)长纤维增强铝基复合材料

对于长纤维增强铝基复合材料,目前主要用的长纤维有硼纤维、碳纤维、碳化硅和氧化铝等。但是,在制备过程中,为了纺织纤维与基体的界面反应,一般要对纤维进行表面处理,例如,对硼纤维常用 SiC、B_4C 和 BN 作为表面涂层。

①硼/铝基复合材料

硼纤维是用化学气相沉积法由钨丝上用氢还原三氯化硼制成的。在实际应用制备中,为了防止硼纤维与铝在界面发生反应,改善纤维的抗氧化性能等,通常是对硼纤维表面进行涂覆处理,所用涂层物有 SiC、B_4C 和 BN 等。硼/铝基复合材料的制造方法为:先用等离子喷涂法获得铝—硼预制带,再将其用热压法制成零件,由于固态热压温度较低,界面反应较轻,不会过分影响复合材料的性能。

硼/铝复合材料具有很高的抗拉强度,这主要是由于增强纤维的抗拉强度高,其他影响因素(如成分和残余应力)则是相对较小。研究显示,随着硼纤维体积分数增加,铝基复合材料的抗拉强度和弹性模量都有较大的提高。1100 Al/B_W复合材料的纵向抗拉强度和弹性模量与直径为 95 μm 硼纤维的体积分数的关系如 5.19 所示。

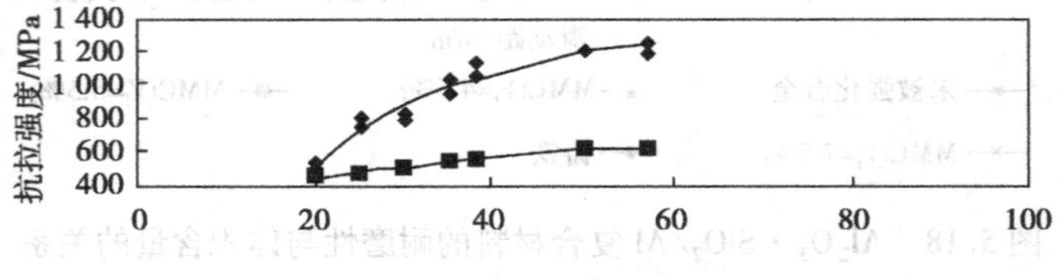

图 5.19 1100Al/B_W 复合材料的纵向抗拉强度和弹性模量的关系

如果纤维强度的重复性好,那么复合材料的轴向抗拉强度随纤维的含量的变化实质上呈现出线性关系。但是,在实际中,由于不同试样之间纤维强度有所变化和其他的测试影响因素,因此所得图像显示结果与线性有很大的偏离。

不同成分的铝合金与硼纤维复合材料的室温性能见表 5.8。表 5.8 列举了 2024 Al/B_W、2024(T6) Al/B_W、6061 Al/B_W和 6061(T6) Al/B_W的拉伸性能。硼/铝复合材料有优异的疲劳强度,含硼纤维体积分数为 47% 时,10 的循环后室温的疲劳强度约 550 MPa。

表 5.8 铝/硼长纤维复合材料的室温度纵向拉伸性能

基 体	硼纤维体积分数/%	抗拉强度/MPa	弹性模量/GPa	纵向断裂应变/%
2024	47	1 421	222	0.795
	64	1 528	276	0.72
2024(T6)	46	1 459	229	0.81
	64	1 924	276	0.755
6061	48	1 490	217	
	50	1 343		
6061(T6)	51	1 417	232	0.735

含有高体积比的硼或其他高模量脆性增强相的复合材料,在轴向加载条件下,显示出接近弹性和有限应变能力。这是因为在等应变的条件下,模量较高的纤维承受着大部分载荷,并成为纵向模量的主要因素。对硼纤维增强的铝基复合材料的断裂韧性来说,硼纤维的直径越大,材料的断裂韧性也越高。

硼纤维的直径对铝基复合材料韧性的影响见表 5.9。其基体铝合金的性能对铝复合材料断裂韧性影响也很大,基体的抗拉强度越高,相应断裂韧性越低。

表 5.9 硼纤维直径对铝/硼复合材料韧性的影响

基 体	纤维直径/μm	断裂能/($kJ \cdot m^{-2}$)
1100	100	90
	140	150
	200	200 ~ 300

基体合金对铝/硼复合材料韧性的影响见表5.10。其纯Al(1100)的韧性最高,而2024铝合金的韧性最低。

表5.10　铝基体对铝/硼复合材料韧性的影响

基　体	夏氏冲击功/($kJ \cdot m^{-2}$)	基　体	夏氏冲击功/($kJ \cdot m^{-2}$)
1100	200~300	6061	80
5025	170	2024	40

材料能否应用于航空航天领域方面,对其不仅要有高的强度,而且必须要有很好的高温抗蠕变性能和良好的持久强度。硼/铝复合材料在高温条件下长时间暴露的性能比许多单一材料复杂得多,不仅有每种组元单独在冶金上的变化,而且还存在有残余应力的变化以及纤维与基体材料之间的反应等。在500 ℃以下,单向增强的硼/铝复合材料的轴向蠕变和持久强度超过目前所有的工程合金。这主要是由于硼纤维具有良好的高温性能和特殊的抗蠕变性能所致。它在600 ℃时,仍保持75%强度,其直到650 ℃的温度下才能测到蠕变,在815 ℃的蠕变率仍大大低于冷拉钨丝。

②铝/碳化硅复合材料

碳化硅纤维具有优异的室温、高温力学性能和耐热性,与铝的界面状态较好。由于有芯碳化硅纤维单丝的性能突出,复合材料的性能较好。对于有芯SCS-2碳化硅长纤维增强6061铝合金基复合材料的碳化硅体积分数为34%时,室温抗拉强度为1 034 MPa;对于无芯Nicalon碳化硅纤维增强铝基复合材料,在其碳化硅体积分数为35%时,其无芯Nicalon碳化硅纤维增强铝基复合材料室温抗拉强度为800~900 MPa,拉伸弹性模量为100~110 GPa,抗弯曲强度为1 000~1 100 MPa,在25~400 ℃之间能保持很高的强度。因此铝/碳化硅复合材料可用于飞机、导弹结构件以及发动机构件。

③铝/氧化铝复合材料

氧化铝长纤维增强铝基复合材料具有高强度和高刚度,并有高蠕变抗力和高疲劳抗力。氧化铝纤维的晶体结构有α-Al_2O_3和γ-Al_2O_3两种。不同结构的氧化铝纤维增强的铝基复合材料的性能有差别。体积分数都为50%的α-Al_2O_3和γ-Al_2O_3两种纤维增强的铝基复合材料的性能特点见表5.11。

表5.11　50%不同类型氧化铝纤维增强铝基复合材料性能的比较

纤维种类	体积质量/($g \cdot cm^{-3}$)	抗拉强度/MPa	弹性模量/GPa	弯曲模量/GPa	弯曲强度/MPa	抗压强度/MPa
α-Al_2O_3	3.25	585	220	262	1 030	2 800
γ-Al_2O_3	2.9	860	150	135	1 100	1 400

含少量锂的铝锂合金可以抑制界面反应和改善对氧化铝的润湿性。氧化铝纤维增强铝基复合材料在室温到450 ℃范围内仍保持很高的稳定性。例如,体积分数为50%的γ-Al_2O_3纤维增强的铝基复合材料,在450 ℃时抗拉强度仍保持860 MPa,拉伸弹性模量也只从150 GPa降低到140 GPa。

连续纤维增强金属基复合材料的低应力破坏现象,即增强纤维没有受损伤、性能没有下降、纤维与基体复合良好，但是材料的抗拉强度远低于理论计算值，纤维的性能与增强作用没有能充分地发挥。碳—铝基复合材料经加热后纤维和复合材料的强度如图 5.20 所示。

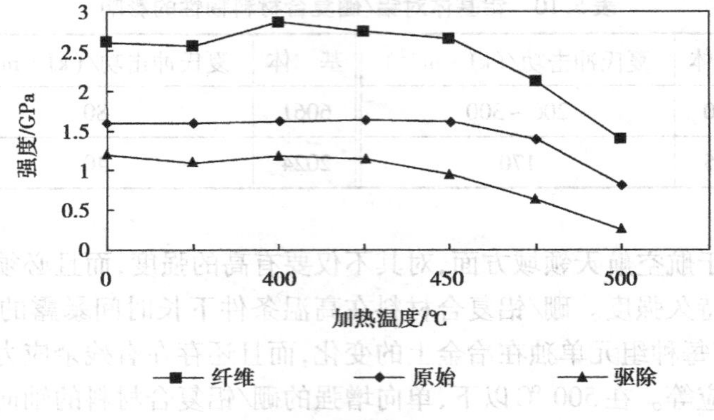

图 5.20　碳—铝基复合材料经加热后纤维和复合材料的强度

由图 5.20 表明，碳—铝复合材料经 500 ℃加热 1 h 后，脱除铝基体的碳纤维强度没有下降(2.6 GPa)，而复合材料强度下降了 26%。其主要原因是：处理时发生的界面反应使得纤维与铝基体的界面结合增强，但是界面没能起调节应力分布和阻止裂纹扩展的作用，造成复合材料低应力破坏。可以采用热循环处理等方法改善界面性能，使复合材料性能有所提高。

2）晶须和颗粒增强铝基复合材料

晶须和颗粒增强铝基复合材料由于具有优异的性能，生产制造方法简单，其应用规模越来越大。目前人们主要应用的晶须和颗粒是碳化硅和氧化铝。氧化铝短纤维增强的铝合金复合材料的室温强度并不比基体铝合金的高，但是，在较高温度的范围内，其强度是明显优于基体铝合金的强度。短纤维增强铝基复合材料优点主要表现为：复合材料在室温和高温下的弹性模量有较大的提高，耐磨性改善，有良好的导热性，热膨胀系数有所下降。氧化铝短纤维增强 Al-Si-Cu 合金抗拉强度与温度的关系如图5.21所示。温度在 200 ℃以上随机取向的氧化铝短纤维仍具有很好的高温强度。

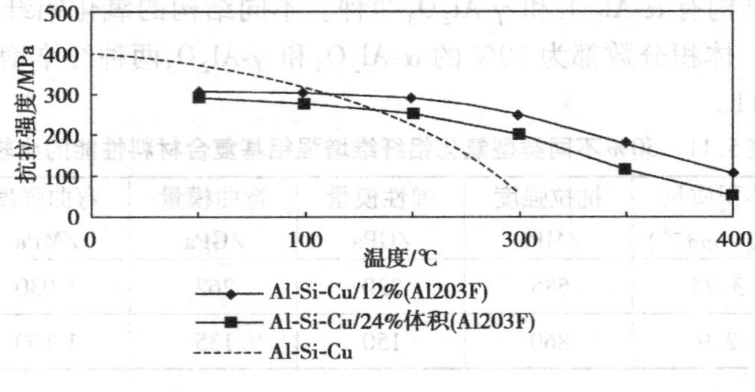

图 5.21　氧化铝短纤维增强 Al-Si-Cu 合金抗拉强度与温度的关系

氧化铝颗粒增强的铝基复合材料同样具有密度低、比刚度高，其韧性也满足要求。以体积分数为 20% Al_2O_3 颗粒增强的 6061 铝合金复合材料来制造汽车驱动轴，主要考虑是因为有高刚度和低密度，复合材料的坯料由芯杆穿孔后以无缝挤压成管状轴杆，使轴杆的最高转速提高约 14%。

对铝基复合材料而言，由于其增强体的存在，既影响基体铝合金的形变和再结晶过程，也同时影响其时效析出行为。研究表明，对于可时效强化的铝合金，如：Al-Mg-Si、Al-Si、Al-Cu-Mg 等时效处理可使 SiC_p/Al 复合材料的强度提高 30% ~50%，所获得的强化效果不亚于增强相的作用。因此，SiC_p/Al 复合材料的时效行为的研究受到普遍重视，时效已成为优化基体为可时效强化合金复合材料的重要手段。影响可时效强化合金及其复合材料时效析出动力学的因素有：增强相的体积分数、增强相的形状和颗粒尺寸、固溶温度、固溶时间等。在铝合金基体中，Al-Cu 系中的 θ′相和 2124 合金中的 S′相的析出会因为增强体颗粒的含量逐渐增加而逐渐降低 θ′相或 S′相的形成温度，加速时效硬化过程。

SiC 晶须增强 2124 铝合金复合材料经不同热处理后的力学性能见表 5.12。从表 5.12 中可以看出，不同热处理状态对弹性模量影响较小，而对强度和伸长率影响较大。

表 5.12　SiC 晶须增强 2124 铝合金复合材料经不同热处理后的力学性能

热处理状态	体积含量/%	抗拉强度/MPa	屈服强度/MPa	弹性模量/GPa	伸长率/%
再结晶退火(0)	0	214	110	75	19
	8	324	145	90	10
	20	504	221	128	2
固溶处理自然时效(T4)	0	587	—	79	18
	8	669	—	97	9
	20	890	—	130	3
固溶处理人工时效(T6)	0	566	400	69	17
	8	642	393	95	8
	20	800	497	128	2
固溶处理冷却人工时效(T4)	0	587	428	72	23
	8	662	511	94	9
	20	897	718	128	3

对于铝基复合材料，由于铝基复合材料形变后基体的储存能比相同的未增强合金的高，因此它的再结晶温度相应地变低。如用粉末冶金法制备的 SiC_p/Al 复合材料经 60% 变形后，其再结晶分数为 50% 的再结晶温度随 SiC 增强体体积分数增加而降低，这是由于增强体体积含量增高时，储存能增大，形核数目随 SiC 增强体颗粒直径减小而增加。其效应也越强，因而使再结晶温度降低。

碳化硅晶须(SiC)是目前已合成出晶须中硬度最高、模量最大、抗拉强度最大、耐高温，它有 α-SiC 和 β-SiC 两种类型，其中 β 型的性能优于 α 型的。对于 SiC 晶须增强铝基复合材料，具有高比强度、高阻尼、高比模量、耐磨损、耐高温、耐疲劳、尺寸稳定性好以及热膨胀系数小等优点，因此，它被应用于制造导弹和航天器的构件及发动机部件，汽车的汽缸、活塞、连杆，以及飞机尾翼平衡器等，具有广阔的应用前景。其制备方法大体可采用液相法和固态法。

对于碳化硅颗粒增强的铝基复合材料，其制备方法具体的有浆体铸造法和粉末冶金法，制成坯后再经热挤压，也可将二者机械混合后直接热挤压成复合材料。对于碳化硅颗粒增强的铝基复合材料，复合材料的强度也随着碳化硅颗粒的体积分数增加而升高。

SiC 颗粒增强的 6061 铝合金复合材料的强度和弹性模量与其增强体含量的关系如图 5.22所示。随着碳化硅颗粒体积分数增加，其复合材料的强度和弹性模量均有不同程度的提高。对碳化硅颗粒增强的铝基复合材料进行强化热处理之后，随着碳化硅颗粒体积分数增高，其复合材料的强度和弹性模量也同样有不同程度的升高。

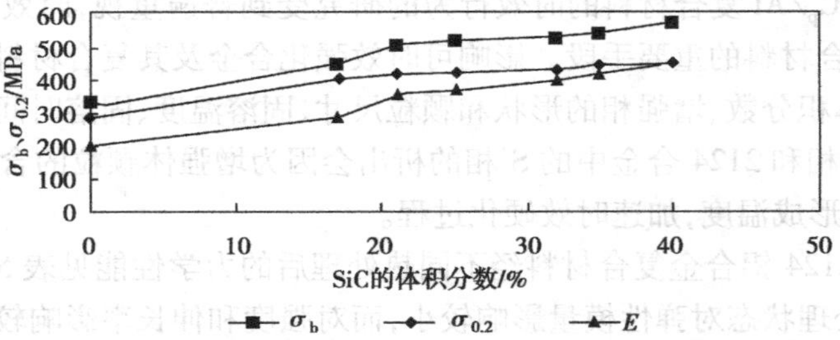

图 5.22 SiC 颗粒增强的 6061 铝合金复合材料的强度和弹性模量与其 SiC 颗粒体积分数的关系

碳化硅颗粒增强的铝基复合材料有优异的耐磨性，远优于稀土铝硅合金、高镍奥氏体铸铁和氧化铝长纤维增强铝基复合材料。研究表明，以 2024 铝合金为基体，含有 20%（体积）的 SiC 颗粒的复合材料在刚性表面做无润滑滑动时，其磨损率比 2024 铝合金的磨损明显降低，量纲一的磨损系数 B 值从 2.0×10^{-3} 降低到 1.0×10^{-4}。对于从德国新型引进的铝合金 Mahle142，该铝合金是一种新型的活塞用共晶 Al-Si 合金，它具有较好的常温和高温性能，以它为基体的 SiC 颗粒增强复合材料具有更低的线膨胀系数，更好的尺寸稳定性及耐磨性，能更好满足低能耗、长寿命、大功率柴油机活塞对材料性能的要求。该合金 SiC 颗粒增强的复合材料的磨损性能与其他材料的磨损性能的变化比较如图 5.23 所示。

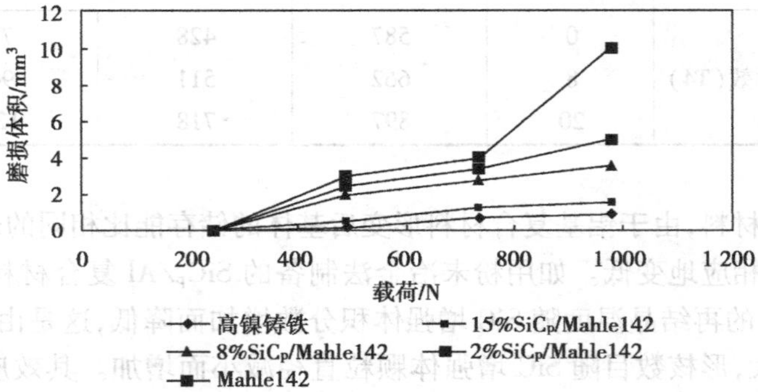

图 5.23 磨损体积与载荷变化的关系

由图 5.23 可以看出，材料的磨损体积均随载荷的增强呈现增大的趋势，但增大的速率不同。在试验载荷范围内，基体合金的磨损体积增大速率最快。在 245 ~ 735 N 之间，增大速率较平稳；在 980 N 时，磨损体积增大速率加剧。复合材料在试验载荷范围内，随着含 SiC_p 体积分数的增大而表现出磨损体积减小的现象，其中尤其以含 SiC_p 体积分数为 15% 的复合材料的磨损体积为最小，并且表现出与高镍铸铁相当的优良耐磨性。

由于碳化硅增强铝基复合材料比强度和比刚度很高，因此可用于制造导弹和航天器的结构、发动机部件，汽车的汽缸、活塞、连杆，以及飞机尾翼平衡器等。如洛克希德公司用 6061Al-25% SiC_p 复合材料制造飞机上放置电器设备的架子，其刚度比所用的 7075 铝合金高 65%，以防止在飞机转弯和旋转时重力引起的弯曲。由于其耐磨性好、密度低、导热性好，用来制作制动器转盘。也可以用2124Al/20%(体积)SiC复合材料来制造自行车支架,车架不仅比刚度好,而且疲劳持久良好。另外,微电子器件基座要求机械的、热的和电的稳定性要好,体积分数为20%～65%SiC_p颗粒增强的铝基复合材料,由于热膨胀系数匹配、热导率高、密度低、尺寸稳定性好并适合于钎焊,用来制造支撑微电子器件的Al_2O_3陶瓷基底的基座,从而能使集成件重量得到很大的减轻。

北美大约有15家公司生产铝基复合材料。其中大部分公司是采用其略有不同的浸渍浇铸法制造SiC颗粒增强铝基复合材料,阿尔坎(Alcan)工程铸造产品公司采用搅拌铸造法生产Al_2O_3颗粒增强铝基复合材料,还有两家北美公司从事纤维增强铝基复合材料生产,一家北美公司从事晶须增强铝基复合材料开发和商品化工作。其用途主要为制造汽车驱动轴、微处理机罩盖、飞机发动机零件和运动手表外壳等零件。

5.3.2　镍基复合材料

金属基复合材料在各种应用中,最有前途的应用之一是做燃气涡轮发动机的叶片。由于这类零件在高温和接近现有合金所能承受的最高应力下工作,因此成为复合材料研究开发的一个主要方向。而镍合金作为一种耐高温材料,具有很强的抗氧化、抗腐蚀、抗蠕变等高温特性,因此,被视为一种很有潜力的复合材料的基体材料。

(1)镍复合材料的特点

在使用温度高于1 000 ℃以上时,所用高温金属基复合材料的基体材料主要是镍基、铁基耐热合金和金属间化合物,目前相对较成熟的是镍基和铁基高温合金,而金属间化合物和铌基复合材料作为更高温度下使用的金属基复合材料正处于研究阶段。在各种燃气轮机所用的材料中主要是镍基高温合金,且用钨丝等增强后可以大幅度地提高其高温持久性能和高温蠕变性能,一般可提高100 h持久强度1～3倍,主要用来制造高性能航空发动机叶片和涡轮叶片等重要零件。

镍基高温合金按加工工艺分为变形高温合金和铸造高温合金两类。镍基变形高温合金是以镍为基(含量一般大于50%)的可塑性变形高温合金,在650～1 000 ℃温度下具有较高的强度、良好的抗氧化和抗燃气腐蚀的能力。合金中除奥氏体基体外,还添加多种合金元素,因而析出各类强化相。按强化方式镍基变形高温合金分为固溶强化型和沉淀强化型两种。镍基铸造高温合金是以镍为基,用铸造工艺成型的高温合金,能在600～1 000 ℃的氧化和燃气腐蚀气氛中承受复杂应力,并能长期可靠地工作。镍基铸造高温合金在燃气涡轮发动机上得到广泛应用,主要用做各类涡轮转子叶片和导向叶片,也可用做其他在高温条件下工作的零件,是航天、能源、石油化工等方面的重要材料。根据强化方式镍基铸造高温合金分为固溶强化型、沉淀强化型和晶界强化型三种。

(2)镍基复合材料的制备与应用

欧洲THERM和德国MARCKO项目已将电站锅炉的蒸汽参数设定为37.5 MPa和700 ℃,在此温度和压力下,奥氏体钢和镍基高温合金不能同时满足长期使用过程中的强度和耐蚀性的要求。而且,目前使用的汽车阀门钢材料,如5Cr8Si2、21-2N及RS914、Inconel751、Inconel80A等,也不能同时满足废气温度达800 ℃以上时的高负荷车辆发动机阀门在强度、耐蚀性和耐磨性上的要求。美国特殊金属公司为此发展一种新的镍基高温合金,以满足37.5 MPa及700 ℃过热器管材和850 ℃汽车发动机阀门长期使用的需求。

对于在高温条件下使用的零件,由于各种综合的因素,因此也就使得制造这类金属基复合材料的难度和纤维与基体之间的反应得可能性都增加了。同时,这也要求必须具有能在高温下仍具有足够的强度和稳定性的增强纤维,符合这些要求的纤维有氧化物、碳化物、硼化物和难熔金属。几种镍基复合材料体系的相容性见表5.13。

表5.13 镍基复合材料界面相容性

体系	产物	稳定性	备注
Ni/W	Ni_4W	971 ℃时分解,在常温下稳定;在1 000 ℃以上使用的复合材料,只要使用的温度条件稳定,可以认为Ni与W在热力学上是相容的	Ni_4W中W的含量范围为17.6%~20.0%
Ni/Mo	MoNi、$MoNi_3$、$MoNi_4$	镍与钼在热力学上是不相容的,生成三种化合物。化合物在常温都稳定,MoNi在1 364 ℃分解,可以认为$MoNi_3$和$MoNi_4$分别在911 ℃和876 ℃分解,两者都是固相反应产物	—
Ni/SiC	镍的硅化物,如Ni_2Si、NiSi及更复杂的化合物	Ni和SiC不相容,在500 ℃时两者的作用即发生明显反应,在1 000 ℃两者已完成反应,SiC作为增强物将消失	—
Ni/TiN		Ni和TiN不发生化学反应,它们在热力学上是相容的	液态镍对TiN的润湿性差
Ni/金属碳化物	含Ti、Cr、Nb、Mo、W等镍基高温合金中的碳总是与过渡元素结合成碳化物	一定的温度和时间范围内,某些碳化物纤维或碳化物涂层能与镍基体稳定共存	—
Ni/C		Ni和C之间不发生化学反应	Ni能促进碳纤维再结晶

目前较常用的增强纤维是单晶氧化铝(α-Al_2O_3蓝宝石)为主,它的优点是:高弹性模量、低密度、纤维形状的高强度、高熔点、良好的高温强度和抗氧化性。但是,在高温条件下,氧化铝和镍或镍合金将发生反应,而除非这个反应能均匀地消耗材料或纤维表面形成一层均匀的反应产物,否则就会因局部表面变粗糙而降低纤维的强度,因此,这很大程度地影响到制备的复合材料的性能。为了得到最高的纤维强度并在复合材料中充分利用它,这就必须要对纤维进行一定的处理,以防止或阻滞纤维同基体之间的不利反应。

目前镍基复合材料制备的主要方法是将纤维夹在金属板之间进行加热,通常称为"扩散结合"。而且用此方法已成功地制备Al_2O_3/NiCr复合材料,其最成功的工艺就在于在纤维上先涂一层Y_2O_3(约1 μm厚),随后再涂一层钨(约0.5 μm厚)。涂钨的主要目的除了可以进一步加强防护外,还赋予表面以导电性,这样便于电镀相当厚的镍镀层。这层镍可以防止在复合材料叠层和加压过程中纤维与纤维的接触和最大限度地减少对涂层可能造成的损伤。

除了热压法制备镍基复合材料外,人们也曾尝试其他各种方法,如电镀、液态渗透法、爆炸成型和粉末冶金等,但是结果均不是很成功。例如,对粉末冶金制得的复合材料进行的研究结果表明,在粉末压制过程中,由于晶须排列不当而大量断裂,测试性能也很差,对体积分数为25%的晶须增强镍基复合材料,室温强度最高只有690 MPa。

镍基复合材料主要用于液体火箭发动机中的全流循环发动机。这种发动机的涡轮部件要求材料在一定温度下具有高强度，抗蠕变，抗疲劳，耐腐蚀，与氧相容。这些部件选用镍基高温合金为基体材料。如 Ni_3A1 基金属间化合物是一种高温结构抗磨蚀材料，具有熔点高、密度小、高温强度好、抗氧化和耐磨等特点，已在我国工业生产中获得了应用。研究发现，Ni_3A1 基合金具有非常好的抗气蚀性能，水轮机叶片强气蚀区的模拟气蚀试验也证实了这种性能。

5.3.3　钛基复合材料

(1)钛基复合材料的特点

自20世纪50年代航空航天工业飞速发展，钛合金因其突出的比强度等性能，使得在高温结构材料应用方法得到了迅速的发展。高温钛合金的室温抗拉强度已由当初的300~400 MPa，提高到今天的1 500 MPa，工作温度也由300 ℃提高到了600~650 ℃。但是，随着科学技术发展，工业对多特性材料的追求，使得传统的钛合金已不能再满足其现代科技需要，如涡轮发动机的各个部件对于高温高效性材料的不断的需求等，进而激发人们对钛基复合材料广泛的兴趣。

钛合金密度小、强度高、耐腐蚀，其在450~650 ℃温度范围内仍具有高强度。但在通过纤维强化和颗粒强化之后，钛基复合材料的使用温度可得到进一步的提高，性能也得到很大的改进。纤维增强钛合金复合材料与钛合金相比，它具有很高的强度和使用温度，其比强度、比模量则分别提高约50%和100%，最高使用温度可达800 ℃以上。例如，在飞机结构件中，钛基复合材料就要比铝基复合材料显示出更大的优越性。纤维增强钛基复合材料强度性能主要受高温复合成型过程中纤维与钛合金基体的反应、纤维组织结构稳定性和内部残余应力等因素的影响。

钛基复合材料可简单地分为两类：连续纤维增强钛基复合材料和非连续纤维增强钛基复合材料。目前的研究重点主要集中在以下几个方面：钛基体与增强体的选择；钛基复合材料的制造方法和加工工艺的研究；增强体与基体界面反应特性和扩散障碍涂层；性能评价和实验方法；应用领域的开拓。

钛基复合材料基体有钛合金与钛铝化合物两种。理论上，α 型、α + β 型和 β 型钛合金均可作为复合材料的基体。但是，对于连续纤维增强复合材料，常需考虑制造工艺的要求和性能、成本等因素，因此，对易加工成箔材、能时效强化的 α + β 型和亚稳定 β 型钛合金更为重视。此外，Ti_3Al 合金不仅强度性能好，而且高温抗氧化能力强，并能轧制成箔材，是一种很有前途的复合材料基体。目前用做复合材料基体的钛合金箔，一般厚度为0.08~0.38 mm，最好为0.13 mm左右。

在钛基复合材料制造过程中，高温成型时钛合金与纤维之间将发生界面反应，且界面层的厚度是随着保温时间的增加而变厚。纤维与钛基体之间的界面如图5.24所示。界面的反应是通过钛合金以及纤维涂层SCS中的各种合金元素的相互扩散而进行，因此，一般认为界面反应层的生长是遵循一种抛物线规则。为了提高 SiC（SCS-6）纤维增强钛基复合材料的力学性能，避免界面反应或减少界面的不必要的反应，研究人员提出了很多相应的纤维涂层技术，即用一定的涂层技术方法，如化学蒸气沉积、物理蒸气沉积、喷镀

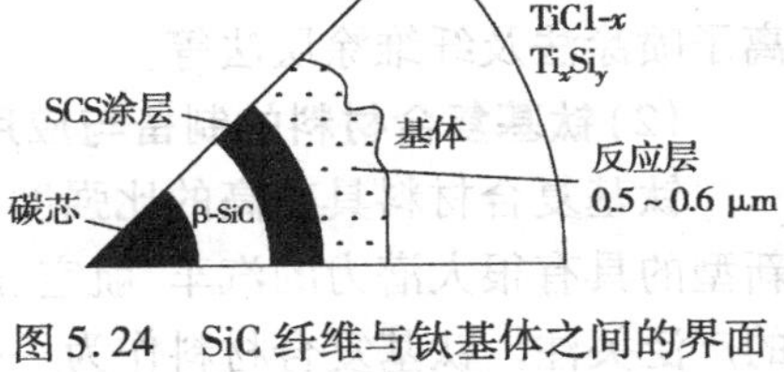

图5.24　SiC纤维与钛基体之间的界面

和喷射技术等，在纤维表面沉积一定厚度的既不与金属基体也不与纤维发生反应的涂层。

由于钛熔点高，因此易于发生化学反应，使得钛合金复合材料制造显得很困难，大多数传统的不连续增强金属基复合材料的增强体中，可供选择的颗粒增强相有：金属陶瓷 BN、SiC、TiC、TiB 和 TiB_2 等；金属间化合物 TiAl、Ti_5Si_3、Ti_3Al、Ti_2Co 等；氧化物 Al_2O_3 短纤维、Zr_2O_3、R_2O_3（R 为稀土元素）等，其共同的特点是熔点、比强度、比刚度高以及化学稳定性好。研究显示，其在钛中是化学不稳定的。在高温处理工艺中，导致增强体的破坏和降低性能。因此，钛合金强化所用纤维主要采用与钛不易反应的 SiC 系或 SiC 包覆硼纤维。SiC（SCS-6）纤维增强钛基复合材料是目前研究较多的。SiC（SCS-6）/Ti-6Al-4V 和 SiC（SCS-6）/Ti-15-3 复合材料在不同状态条件下的抗拉强度和弹性模量见表 5.14。这两种材料的使用温度可达到 600 ℃左右。

表 5.14　SiC（SCS-6）/钛金属基复合材料的性能

复合材料	状　态	抗拉强度/MPa		弹性模量/GPa		断裂应变/%	
		$\overline{X}$	S	$\overline{X}$	S	$\overline{X}$	S
SiC（SCS-6）/Ti-6Al-4V 体积分数 35%	室温	1 690	119.3	186.2	7.58	0.96	0.091
	905 ℃/7 h	1 434	108.9	190.3	8.3	0.86	0.087
SiC（SCS-6）/Ti-15-3 体积分数为 38% ~41%	室温	1 572	138	197.9	6.21	—	—
	480 ℃/16 h	1 951	96.5	213.0	4.83	—	—

注：$\overline{X}$ 平均值，S 为标准偏差。

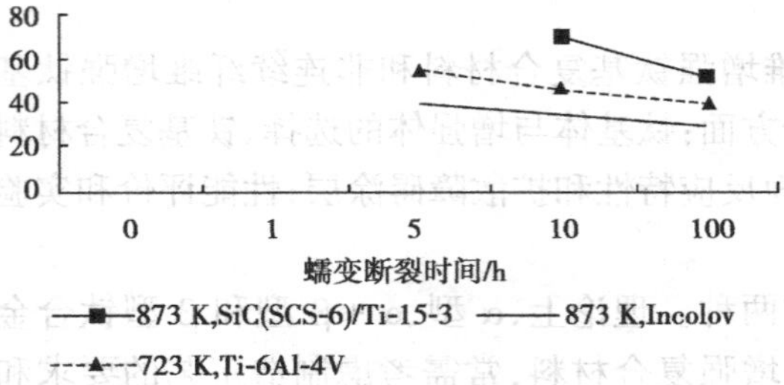

图 5.25　SiC 纤维增强钛基复合材料蠕变强度

SiC（SCS-6）/Ti-15-3 复合材料的蠕变强度以及一些作为比较的超合金的蠕变强度如图 5.25 所示。对于硼纤维因与钛易反应，一般不用其单体，而是用化学气相沉积（CVD）法包覆 B_4C、SiC 的硼纤维。研究发现，对 TiC 和 TiB 适合于钛合金，而 TiB_2 适于钛铝化合物，这是由于在基体中它们的热动力性稳定，能与基体完全互容，并且具有较高的模量和强度，此外，与基体界面干净、光滑、无反应物生成。

由于钛的化学性很强，极易与纤维产生化学反应，因此在制备时不能用液体浸渍方法生产，只能用固态的方法制备。目前采用的主要的制备方法有：钛箔/纤维法、浆料带铸造法、等离子喷涂法及纤维涂层法等。

（2）钛基复合材料的制备与应用

钛基复合材料具有高的比强度、比刚度，以及优良的抗高温、耐腐蚀特性，因此，作为一种新型的具有很大潜力的汽车、航空、航天、军工高性能发动机材料，受到国内外材料科学研究者的广泛关注。钛基复合材料作为一种新型的汽车材料，可用做排气门、排气门座、导向杆等工作环境恶劣、对材料性能要求苛刻的发动机零件的材料。

钛基复合材料一般按照增强相的特征，分为纤维增强钛基复合材料（FTMCs）和颗粒增强钛基复合材料(PTMCs)。钛基复合材料中最常用的增强体是硼纤维,这是由于钛与硼的热膨胀系数比较接近。几种基体与纤维的热膨胀系数见表 5.15。

表 5.15　基体与增强体热膨胀系数

基　体	热膨胀系数(10^{-6}/℃)	增强体	热膨胀系数(10^{-6}/℃)
铝	23.9	硼	6.3
钛	8.4	涂 SiC 硼	6.3
铁	11.7	碳化硅	4.0
镍	13.3	氧化铝	8.3

1)纤维增强钛基复合材料

目前,在国内外都在考虑利用碳化硅(SiC)纤维连续增强的钛合金基体复合材料作为如高性能涡轮发动机和特超音机飞行器这类现代航空航天用途的结构材料。与钛和镍基合金相比,纤维增强的钛合金复合材料在比强度和刚度方面具有优异的特点;而且,通过选择复合材料的适当结构,能够改善与温度有关的各种性能,增加抗裂纹生长能力。

传统的制造 SiC/Ti 复合材料的方法是用 Ti 箔—纤维织物的预制条带折叠经真空热压(VHP)或热等静压(HIP)扩散复合而成,将该工艺成为 FFF 法。近来,随着研究的不断深入,产生了许多具有创新意义的新的 CVD 复合材料的制造方法。主要有:铸造条带法(SPM)、纤维织物/粉末热等静压法、真空等离子喷涂法(VPS)、物理气相沉积法(PVD)等。国外文献表明,采用 FFF 法制造的 SCS-6/Ti-6Al-4V 的复合材料抗拉强度为 1 455 MPa,模量为 145 GPa,纤维体积比达到 25%;采用粉末料浆法制造的 SCS-6/Ti-153 复合材料,其抗拉强度为 1 450 ~ 1 770 MPa,模量为 179.5 GPa,纤维的体积比为 34%;而采用 PVD 法制造的 SCS-6/Ti-153 复合材料的抗拉强度为 1 951 MPa,模量为 213 GPa,纤维体积比可达 60%。

美英两国开发了一种新的制备复合材料的工艺称为“MCF”,即采用高速物理气相沉积法将基体钛合金预涂一厚层于 SiC 纤维上,然后将涂有钛的纤维折叠,热压成最终的复合材料。用此工艺已能制得长 1 000 m 的涂 Ti-6Al-4V 的 SiC 纤维,适合于生产纤维体积分数 35% 的钛基复合材料。而且预料,涂钛纤维长度最长将超过 5 000 m,采用电子束加热蒸涂,Ti-6Al-4V 的蒸气压较高,只用一个蒸发源就够了;对于含铌、钴一类低蒸气压的钛合金,则需要多个蒸发源。该工艺制取的钛合金蒸涂纤维,成分均匀。合金涂层为极细的等轴晶粒,与纤维结合牢固,不易开裂与剥离,涂层纤维的最终成型采用真空热压或热等静压,制备的复合材料纤维十分有序,Ti-6Al-4V/SiC 复合材料的纤维含量可高达 80vol%,一般体积含量在 15% ~ 80% 之内。

此工艺的特点为:好的纤维分布,无接触聚集,只要纤维之间保留足够的间距(如 30 μm 以上),材料就不会因热应力而造成裂纹;成型工艺不像交替叠层法那样要求严格;纤维/基体界面区几乎没有被扰乱;既不需要箔材也不需要粉末材料,原则上几乎任何合金都可作为基体;该方法适合于单丝缠绕制备环、盘、轴和管材,其他方法则很难或其成本很高;纤维的体积含量可高达 80%;金属涂层保护了陶瓷纤维在加工处理和成型工艺中的不被破坏;很低的离群性,加工中能保持完整的纤维,这对于环形件成型是十分重要的。

当然,有优点也有局限性,对于那些含有化学稳定性很好的金属元素的合金,特别是含难熔金属元素的成分复杂的合金,很难蒸涂在陶瓷纤维上,不宜用此工艺生产。因此,在选择纤维增强钛合金的制备工艺时，应该对不同工艺的优缺点做出综合评价以后再做决定。

2）颗粒增强钛基复合材料

与纤维增强钛基复合材料（FTMCs）相比，颗粒增强钛基复合材料（PTMCs）由于制造工艺简单、价格较便宜、工程化应用前景看好，因此而成为近年研究热点。颗粒增强钛基复合材料（PTMCs）制备工艺方法很多，如机械合金化法、自蔓延燃烧合成法、放热合成（XD）法、熔铸法和粉末冶金法。对颗粒增强钛基复合材料的制造方法，如根据增强体的加入或生成方式，又可分为外加入和内部反应生成法两种。其中熔铸法具有工艺简单、成本低，以及可得到近净型铸件等优点，是民用工业上最具有应用潜力的制备方法之一。但此工艺对于外加法来说，制备的主要问题是：由于颗粒相与液态金属之间不易润湿和凝固过程中颗粒被推进的固—液界面排斥，出现所谓的"颗粒推移效应"，难以使颗粒在基体中均匀分布；另外，钛熔点高、活性大，容易与增强体发生对性能不利的界面反应。而粉末冶金法属于固相复合，界面反应程度大大减弱，颗粒易均匀分布，粒度和体积比可在较大范围调整，经过热等静压或烧结后，利用传统的挤、锻、轧加工可使材料进一步致密化和改善性能。因此，对粉末冶金法制备 PTMCs 是研究较多的。

自生颗粒增强钛基复合材料制备方法很多，上述几种制备方法都可用。由于增强体是在系统中自生的，因此它很好地克服了在外加法制备工艺中出现的界面反应，以及结合不好等问题。

要开发一种优良的颗粒增强钛基复合材料（PTMCs），除了选择适当的增强体之外，还要设计适当成分的基体合金。从混合法则看，体积比大的基体对性能的作用更大。从实用性能要求，要开发的多元合金化合金基体，同时应考虑到耐腐蚀性能和强度硬度等要求。

将钛基复合材料应用在高温环境下，应首先要考虑其高温蠕变特性。在过去多年的研究中，由于钛基复合材料的蠕变的研究还仍处于起步阶段，因此研究成果多建立在较窄的蠕变速率范围内，通常为 2~3 个数量级，而且多数钛基复合材料的蠕变研究都在 848 K 以上，这对分析钛基复合材料的蠕变行为带来了很大不便。

5.3.4 石墨纤维增强金属基复合材料

碳纤维密度小且具有非常优异的力学性能（强度、模量高），被广泛应用于宇航工业、交通运输、运动器材、土木建筑、医疗器材等方面。而采用碳纤维与多种金属基体复合，则能够制成高性能的金属基复合材料。如用碳/铝制造的卫星天线、反射镜及卫星用波导管等，具有良好的刚性和极低的热膨胀系数，质量比碳/环氧的还轻 30%；用 A1-Si 合金/12% Al_2O_3短纤维 +9% 碳短纤维制造的发动机缸体，具有耐磨性好、抗疲劳性好、密度低、高温稳定性好、强度高、减震性强等优点。近年来，随着高性能的碳纤维新品种（如高模量型的碳纤维可达 900 GPa，高强型的强度可高达 700 MPa）以及新的复合工艺的出现，为碳/金属基复合材料的发展提供了新的基础。

石墨纤维与许多金属缺乏化学相容性，同时在制备时还存在一些问题，这些因素妨碍了石墨纤维增强金属基复合材料的发展。就目前的与石墨纤维的相容性比较好的有铝、镁、镍等，而由于钛容易形成碳化物，所以不能与石墨纤维进行直接复合制备复合材料。因此，研究人员就其相应的问题进行了大量的研究，如在石墨纤维表面的处理等，使表面能形成一层隔离层，阻挡纤维与基体的直接接触，以避免发生反应。碳纤维几乎不与 Mg 发生界面反应。C/Mg 及

C/Mg 合金复合材料的性能均优于基材的，如图 5.26 所示。

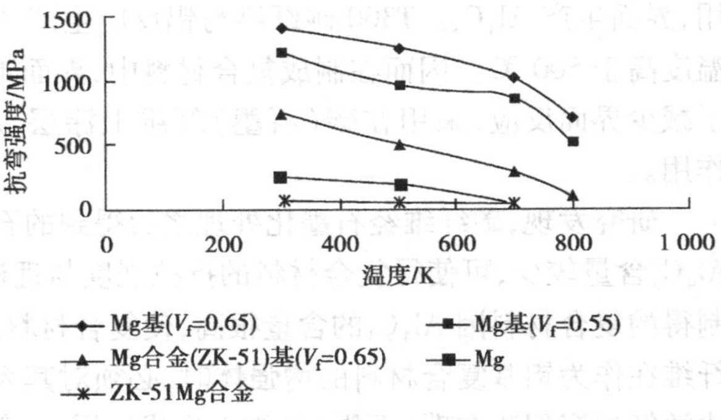

图 5.26　C/Mg 复合材料的性能

对于碳短纤维增强金属基复合材料的制备，一般都采用液态金属渗透短纤维预制件的工艺。本工艺的关键在于制备出合格的碳纤维预制件。在碳短纤维预制件制备工艺中，碳纤维长径比是质量控制的关键因素。当长径比过大时，预制件成型过程中纤维与纤维之间不易黏结，表层会出现纤维团聚，预制件在烘干过程中出现膨胀、分层现象。同时，过长纤维的存在，不但使纤维不易分散，而且会对基体的连续性产生破坏作用，最终影响复合材料性能；当长径比过小时，纤维只能起着颗粒增强的作用，所得复合材料的性能不能满足要求。要获得合适的长径比，就必须对碳纤维进行预处理。

此外，碳纤维模压预制件强度较低，不足以抵抗流转与压力渗流过程中外力的作用而导致变形甚至破坏，模压后必须对预制件进行烧结，使其具有一定的强度。但碳纤维在高温下易氧化烧损，会导致复合材料中纤维在基体上分布不均匀，并可能伴有孔隙存在，从而降低复合材料力学性能，所以必须对预制件的烧结气氛进行控制。

石墨纤维增强的金属基复合材料，除了作结构件材料用，也有很多其他优异的性能。石墨/铝复合材料与巴氏合金摩擦系数相当，而重量可减少一半，因此能作为轴承材料应用。由于石墨具有很好的润滑性，因此在作为润滑材料方面有较好的应用前景。

以石墨作为润滑剂时，其体积分数与复合材料摩擦系数的关系如图 5.27 所示。从图可以看出，无论 Fe、Al、Cu 基复合材料，其摩擦系数是随着石墨含量的增加而降低。但是，当始末含量高于 25% 以后，各种材料的摩擦系数达到一个稳定的数值，而不再随石墨添加量而改变。一些研究表明，此时在相对滑动的表面上形成了一层较为稳定的润滑膜，而金属基体对于这种摩擦磨损性能的影响甚微。对于金属基自润滑材料的磨损主要取决于：润滑膜的结构、厚度和分布状态；润滑膜与基体的结合方式和强度；基体金属的特性；实验参数（滑动速度、接触压力等）以及环境因素（温度、湿度等）。

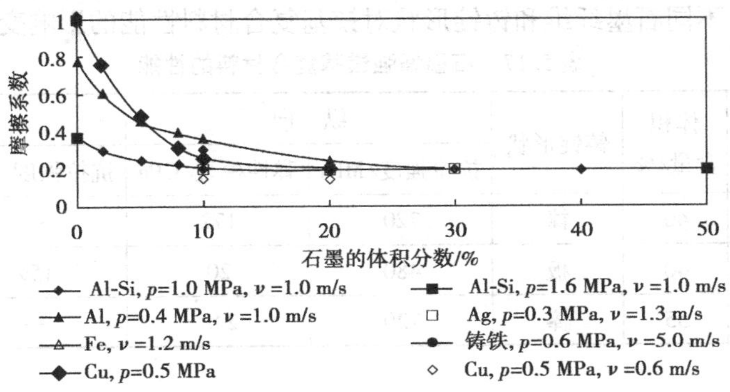

图 5.27　金属基自润滑复合材料的摩擦系数随石墨的体积分数 C 变化的曲线

碳（石墨）纤维具有密度小、强度和模量高的特点。铝与碳（石墨）纤维都发生明显的作用,界面生产 Al_4C_3。T300 碳纤维与铝反应生产 Al_4C_3 的温度高于 400 ℃,而石墨纤维反应的温度高于 500 ℃。因而在制成复合材料中,界面不可避免的产生 Al_4C_3,影响材料的性能。为了减少界面反应,采用在碳(石墨)纤维上涂层,从而起到阻碍纤维与基体之间发生反应的作用。

研究发现,碳纤维经石墨化处理之后得到的石墨纤维增强铝基复合材料,界面反应生产的 Al_4C_3 含量较少,可使得复合材料的抗拉强度与理论值比较接近,可达到78% ~94%;而碳纤维制得的复合材料因 Al_4C_3 的含量很高,使复合材料的抗拉强度仅为理论强度的28%。因此,碳纤维在作为铝基复合材料的增强体时,必须对其表面进行一定的涂层处理等。目前,对可采用化学气相沉积法在碳(石墨)纤维上生成涂层,一般 SiC 涂层的效果最好,TiN 涂层的次之。为了改善与熔融铝之间的润湿性,往往在 SiC 涂层外再生成一层铬。

由于使用了不同的类型的碳(石墨)纤维和基体铝合金,不同的制造工艺方法,加上碳(石墨)纤维性能的离散,所得到的碳(石墨)纤维增强铝基复合材料的性能值比较分散。人造丝基 Thornel50 石墨纤维增强的不同铝基复合材料的力学性能见表 5.16。铝合金有 Al3(纯铝)、6061(LD2)。

表 5.16 石墨纤维增强铝基复合材料的力学性能

基体合金	纤维组织(体积)含量/%	热压温度/℃	延伸率/%	拉伸模量/GPa	抗拉强度/MPa	弯曲模量/GPa	弯曲强度/MPa
Al3	36.8	645	1.20	179	686	160	682
	36.9		0.68	155	488	169	750
	37.1		1.03	163	537	166	886
	42.8		0.73	189	543	162	670
6061(LD2)	26.7	675	1.03	142	447	—	—
	30.0	685	0.93	154	525	157	574
	42.5	670	0.83	215	641	169	760

连续碳纤维增强镁基复合材料的弹性模量较低,一般在 70 ~92 GPa。而对于石墨纤维增强的镁基复合材料的性能却有很大的提高,其石墨增强镁基复合材料的比模量是 EK60A 镁基复合材料的 4 倍。不同石墨纤维和铸锭形状对镁基复合材料性能的影响变化见表 5.17。

表 5.17 石墨增强镁基复合材料的性能

纤 维	体积含量/%	铸锭形状	纵 向		横 向	
			抗拉强度/MPa	弹性模量/GPa	抗拉强度/MPa	弹性模量/GPa
P55(缠绕预成型)	40	棒	720	172	—	—
P55(预浸处理)	40	板	480	20	159	21
P100(缠绕预成型)	35	棒	720	248	—	—

由于石墨增强镁基复合材料具有很高的比强度和比模量,极好的抗热变形阻力,因此用于卫星的 10 m 直径抛物面天线和支架。此外,由于其热膨胀系数很小,使环境温差引起的结构变形很小,进而可使天线能够在高频带上工作,其效率也是石墨增强铝基复合材料的 5 倍,因

此也应用于航空和航天系统的构件中。

随着人们意识的转变和复合材料的不断地发展，对石墨增强镁基复合材料的发展，人们提出新的研究方向，将改变用高强度镁合金作为基体材料进而来改变石墨镁基复合材料的性能。预测将可研制出其强度超过 700 MPa 的石墨/镁基复合材料，根据现有的经验，预期这种石墨—镁基复合材料在 600 ℃以下将会有极好的机械性能。

由于高级石墨纤维的发展，进而推动了石墨—铜基复合材料的发展。铜具有很好的热传导性，但是其密度较大，同时高温机械性能也不是很好。随着人们对螺旋基石墨纤维的开发成功，其在室温时的轴向热传导率比铜的还要好。将这种纤维加入铜中可减少密度，增加刚度，提高工作温度，并可调整热膨胀系数。这种材料其通常所用的制造方法是粉末冶金法。

用石墨纤维增强铅及其合金，既可发挥铅所具有的良好的消声性、减摩性及很高的抗腐蚀性能，又可克服铅及其合金低强度的弱点。对于石墨纤维增强铅基复合材料的制备，研究不是很多，曾经采用液态渗透法和点沉积技术成功地制备出过。且发现用热压法能够得到其致密的材料，其强度可达到490 MPa，为混合定则预测值的80%，拉伸模量可达到120 GPa。由此可以看出，用复合材料的工艺能生产出强度和模量都很高的铅基复合材料。这种材料可能将应用于化学加工装置中的结构构件、铅—酸蓄电池的极板、隔音强板和承受高负荷的自润滑轴承等。

目前对石墨纤维增强金属基复合材料的研究，除了上述各种金属基体之外，人们也研究了锌、铍等基体的复合材料，而且多数石墨纤维增强金属基复合材料的研究均处于实验室研究阶段。

第6章 陶瓷基复合材料

陶瓷是用无机非金属天然矿物或人工合成的粒状化合物(例如碳化硅、氮化硅、氧化铝等)为原料,经过原材料处理、成型、干燥和高温烧结而成的。同金属材料相比,陶瓷材料在耐热性、耐磨性、抗氧化、抗腐蚀以及高温力学性能等方面都具有不可替代的优点。但是,它具有脆性大的缺点,在工业上的应用受到很大限制。因此,提高韧性是陶瓷材料领域的重要研究课题。陶瓷基复合材料是在陶瓷基体中引入第二相材料,使之增强、增韧的多相材料,又称为"多相复合陶瓷"或"复相陶瓷"。

6.1 陶瓷基复合材料概述

科学试验已证明,第二相颗粒的引入可以改善陶瓷材料的力学性能。引入的第二相可以是金属颗粒,也可以是无机非金属颗粒,该类复合材料完全可以沿用陶瓷材料的普通工艺,制备工艺简单。此外,通常还加入晶须、连续纤维和层状材料来增强陶瓷基体的性能。陶瓷基复合材料的主要类型如图 6.1 所示。

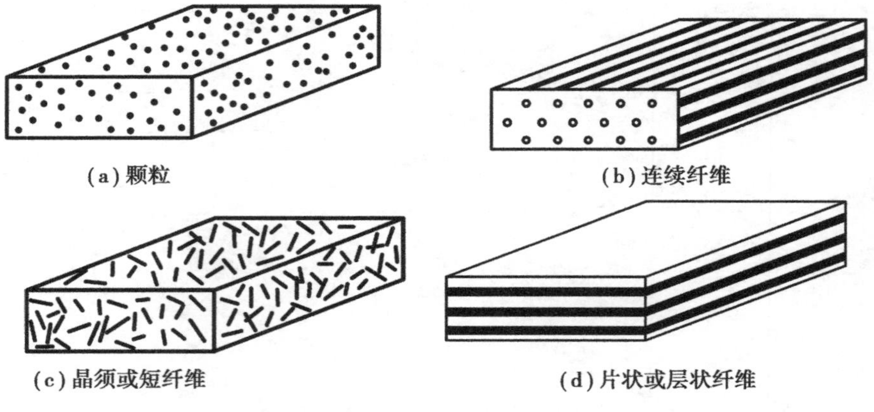

图 6.1　不同增强材料的陶瓷基复合材料

6.1.1 陶瓷基体材料

陶瓷基体材料主要由已结晶和非结晶两种形态的化合物存在，按照组成化合物的元素不同，可以分为氧化物陶瓷（Al_2O_3、ZrO_2、SiO_2、MgO）、碳化物陶瓷（SiC、B_4C、TiC）、氮化物陶瓷（BN、Si_3N_4）等。另外，还会以一些混合氧化物（$3Al_2O_3 \cdot 2SiO_2$）的形态存在。

(1)氧化物陶瓷基体

1)氧化铝陶瓷

以氧化铝为主要成分的陶瓷称为"氧化铝陶瓷"，常用的有以下三类：刚玉瓷，主晶相是α-Al_2O_3，具有稳定晶型，属于六方晶系，熔点为2 050 ℃；刚玉—莫来石，主晶相是α-$Al_2O_3 \cdot 3Al_2O_3$、$2SiO_2$；莫来石瓷（Al_2O_3的含量约为53.44%，SiO_2的含量约为25.54%），主晶相是$3Al_2O_3 \cdot 2SiO_2$，属斜方晶系，熔点为1 810 ℃。按照氧化铝的含量，可将氧化铝陶瓷分为75瓷、85瓷、95瓷、99瓷和高纯瓷，其氧化铝的含量（质量分数）依次为75%、85%、95%、99%和99.9%，烧结温度依次为1 360 ℃、1 500 ℃、1 650 ℃、1 700 ℃和1 800 ℃。陶瓷的Al_2O_3含量越高，性能越好。缺点是制备工艺更复杂，成本更高。氧化铝的硬度很高，仅次于金刚石、氮化硼和碳化硅，有很好的耐磨性，而且氧化铝还有很好的电绝缘性，耐腐蚀性很强，因此，由氧化铝制备的氧化铝陶瓷具有较高的室温和高温强度、高的化学稳定性和介电性能，但热稳定性不高，而且氧化铝的缺点是脆性大，抗热振性差，不能承受环境温度的变化。氧化铝的结构和主要性能见表6.1。

表6.1 氧化铝陶瓷的结构和主要性能

名　称	刚玉—莫来石瓷	刚玉瓷	刚玉瓷
牌　号	75瓷	95瓷	99瓷
Al_2O_3含量(质量)/%	75	95	99
主晶相	α-Al_2O_3和$3Al_2O_3 \cdot 2SiO_2$	α-Al_2O_3	α-Al_2O_3
密度/($g \cdot cm^{-3}$)	3.2~3.4	3.5	3.9
抗拉强度/MPa	140	180	250
抗弯强度/MPa	250~300	280~350	370~450
抗压强度/MPa	1 200	1 200	2 500
热膨胀系数/$\times 10^{-6} \cdot ℃^{-1}$	5~5.5	5.5~7.5	6.7
介电强度/($kV \cdot mm^{-1}$)	25~30	15~18	25~30

2)氧化锆陶瓷

以氧化锆（ZrO_2）为主要成分的陶瓷称为"氧化锆陶瓷"。氧化锆陶瓷的密度为5.6~5.9 g/cm^3，它的熔点为2 680 ℃。氧化锆由三种晶型：立方相(c)、四方相(t)和单斜相(m)。氧化锆从熔点冷却结晶为立方相，到约2 300 ℃转变为四方相，在1 100~1 200 ℃转变为单斜相，伴随有明显的体积变化，烧结时容易开裂，因此，需要在氧化锆陶瓷中加入一定量的烧结稳定剂，一般加入CaO、MgO或Y_2O_3等，形成稳定的立方相结构。稳定的氧化锆陶瓷的比热容和导热系数小，韧性好，化学稳定性良好，高温时具有良好的酸性和抗碱性。

(2)碳化物陶瓷基体

1)碳化硅陶瓷基体

以碳化硅(SiC)为主要成分的陶瓷称为“碳化硅陶瓷”。SiC 主要有 α-SiC(六方晶型)和 β-SiC(立方晶型)两种,Si-C 键属于典型的共价键结合。通常将石英、碳和木屑装入电弧炉中,在1 900 ~2 000 ℃的高温下合成碳化硅粉,再通过反应烧结或热压烧结工艺制成碳化硅陶瓷。反应烧结法是将一种高温型碳化硅(α-SiC)粉末与碳粉混合,加入适量的黏结剂后,压制成所需要的形状,放入炉中,加热到1 600 ~1 700 ℃,使熔融的硅和硅的蒸气渗透到制件中,与碳反应生成低温型碳化硅(β-SiC),与高温型碳化硅紧密结合在一起制备成碳化硅陶瓷。热压烧结法是在碳化硅中加入烧结促进剂,然后热压烧结,热压时的温度和压力要根据烧结剂的温度而有所改变。SiC 是一种非常硬的抗磨蚀材料,具有良好的抗腐蚀性能和抗氧化性能,密度为3.17 g/cm³。用不同方法制备的碳化硅,其性能见表6.2。

表6.2 不同制备方法的碳化硅的部分性能

性能 / 制备方法	弯曲强度(4点)/MPa			弹性模 E/GPa	热膨胀系 α/ ($10^{-6}\cdot K^{-1}$)	热传导率/ ($W\cdot m^{-1}K^{-1}$)
	25 ℃	1 000 ℃	1 375 ℃			
热压(加 MgO)	690	620	330	317	3.0	30 ~15
烧结(Y_2O_3)	655	585	275	236	3.2	28 ~12
反应烧结(密度为2.45 g/cm³)	210	345	380	165	2.8	6 ~3

2)碳化硼陶瓷基体

以碳化硼(B_4C)为主要成分的陶瓷称“为碳化硼陶瓷”。碳化硼晶体的密度为2.52 g/cm³,在2 350 ℃左右分解,属于六方晶体。碳化硼晶胞中碳原子构成链状位于立体对角线上,同时碳原子处于十分活跃的状态,这就会使它有可能被硼原子代替形成置换固溶体,并且可能脱离晶格,形成有缺陷的碳化硼。

碳化硼的突出特点是:它的密度低、熔点高、硬度高(仅次于金刚石),且耐磨性好。碳化硼的热膨胀系数很低,具有良好的热稳定性和很高的耐酸、耐碱性,能抵抗大多数熔融金属的侵蚀。碳化硼粉体是由 B_2O_3 和 C 在电弧炉中发生下列反应所得,即

$$2B_2O_3 + 7C = B_4C + 6CO \tag{6.1}$$

碳化硼陶瓷的烧结温度范围窄,难于烧结。温度低,则烧结不致密;温度高,则碳化硼会分解。一般通过无压烧结、热压烧结等制备技术形成致密的材料,其主要性能见表6.3。

表6.3 用不同制备方法制备的碳化硅的主要性能

性能 / 制备方法	孔隙率 /%	堆积密度/ ($g\cdot cm^{-3}$)	弯曲强度 /MPa	弹性模量/GPa	泊松比	断裂韧性/ ($MPa\cdot m^{1/2}$)	剪切模量 /GPa
热压	0.5	<2.51	480 ±40	441	0.17	3.6 ±0.3	188
烧结[加1%(质量分数)]	2	<2.44	351 ±40	390	0.17	3.3 ±0.2	166
烧结[加3%(质量分数)]	2	<2.46	353 ±40	372	0.17	3.2 ±0.2	158

(3)氮化物陶瓷基体

1)氮化硅陶瓷基体

以氮化硅(Si_3N_4)为主要成分的陶瓷称为"氮化硅陶瓷"。氮化硅陶瓷有α和β两种六方晶型,氮化硅的Si—N键结合强度很高,属于难烧结物质。常用的制备方法有反应烧结(RBSN)与热压烧结(HPSN)两种。前者以硅粉为原料,然后冲入95% N_2 +5% H_2,氮化1~1.5 h,氮化温度为1 180~1 210 ℃,为了精确控制试样的尺寸公差,通常将反应烧结后的制品在一定氮气压力和较高温度下再次烧成,使之进一步致密化,这就是所谓的"RBSN的重烧结"或"重结晶"。后者是用α-Si_3N_4含量高于90%的Si_3N_4细粉,加入适量的烧结助剂(如MgO、Al_2O_3),在高温(1 600~1 700 ℃)和外压力下烧结而成。近年来,在热等静压方面也取得了一定的进展。利用烧结助剂使Si_3N_4在常压下液相烧结也是可行的。氮化硅陶瓷的热膨胀系数低(2.75×10^{-6}/K)、强度高、弹性模量高、耐磨耐腐蚀,抗氧化性好,在1 200 ℃下,不氧化,强度也不下降。反应烧结和热压烧结制备的氮化硅的部分性能见表6.4。

表6.4 反应烧结和热压烧结制备的氮化硅的部分性能

性能 制备方法	密度/ ($g\cdot cm^{-3}$)	弹性模量 /GPa	泊松比	剪切模量 /GPa	弯曲强度(4点) /MPa
反应烧结	2.8	210	0.22	86	288
热压烧结	3.2	300	0.25	120	760

2)氮化硼陶瓷基体

以氮化硼(BN)为主要成分的陶瓷称为"氮化硼陶瓷"。氮化硼是共价键化合物,它有六方晶型和立方晶型两种晶体类型。六方晶型具有类似石墨的层状结构,被称为"白石墨",理论密度为2.27 g/cm³,在热压陶瓷过程中被当作脱模剂使用,它的硬度不高,是唯一易于机械加工的陶瓷。六方晶型氮化硼粉末可以通过含有硼的化合物引入氨基来制造,然后通过气相合成、等离子流合成或气固相合成等制备成六方晶型的氮化硼陶瓷。立方晶型氮化硼的结构和硬度都接近金刚石,是一种极好的耐磨材料,通常有黑色、棕色、暗红色、白色、灰色或黄色成品出现,当用氮化物作催化剂时,它几乎为无色。氮化硼的抗氧化性能优异,可在900 ℃以下的氧化气氛中和2 800 ℃以下的氮气和惰性气氛中使用。将其粉末加入到氮化硅和氧化铝中,则混合物在20 ℃时的热导率为15.07~58.89 W/m·K,且随温度的变化不大;热膨胀系数约为$(5\sim7)\times10^{-6}$/K,热稳定性好。高纯氮化硼的电阻率为10^{11} Ω·m,1 000 ℃高温下为$10^2\sim10^4$ Ω·m,介电常数为3.0~3.5,介电损耗因子为$(2\sim8)\times10^4$,击穿电压为950 kV/cm,高温下也能保持绝缘性,耐碱、酸、金属、砷化镓和玻璃熔渣侵蚀,对大多数金属和玻璃熔体不湿润,也不反应。立方晶型氮化硼粉末一般都是由六方晶型氮化硼经高温高压处理后合成转换而得到的。

6.1.2 陶瓷基复合材料的增强材料

陶瓷基复合材料的增强材料根据增强材料的形态可以分为连续纤维、短纤维、晶须或颗粒等。

(1)纤维增强体

在高温结构的增强材料中,以连续纤维增强的陶瓷基复合材料,由于具有较高的强度和弹性模量而成为增强材料的主要形式。用于陶瓷基复合材料的纤维增强材料主要有以下几种:玻璃纤维、硼纤维、碳纤维、氧化铝纤维、碳化硅纤维、氮化硅纤维和氮化硼纤维等。下面简单介绍玻璃纤维、硼纤维和碳纤维。

1)玻璃纤维

玻璃纤维是将熔化玻璃液以极快的速度拉成的,通常有钙酸盐基E玻璃纤维和低碱(Na_2O)S纤维。E玻璃纤维具有很好的电绝缘性、较高的强度和相应的弹性模量。S玻璃纤维具有较高的强度和耐温性,只是价格较高。在目前市场中,90%的玻璃纤维是E玻璃纤维产品。

2)硼纤维

硼纤维是用化学沉积法将无定形硼沉积在钨丝上或碳纤维制成的,为了避免高温氧化,可以在硼纤维表面涂一层SiC。通常硼纤维的平均拉伸强度为3~4 GPa,弹性模量为380~400 GPa,密度为2.34 g/cm^3,熔点为2 040 ℃。商品化的硼纤维都有比较大的直径,一般大于142 μm。Wallenberger和Nordine曾运用激光重排化学气相沉积法生产出了直径小于25 μm的硼纤维。

3)碳纤维

碳纤维是由元素碳构成的一类纤维,由有机纤维经过高温碳化而成。按碳纤维的模量特性可以分为低模量、高模量、高强度、耐火或石墨纤维等不同型号。碳纤维具有低密度、高强度、高模量、耐高温、抗化学腐蚀、低电阻、高热导、耐化学辐射等优良特性。同时,碳纤维具有脆性和高温抗氧化性较差的特点,所以它很少单独使用,主要用做树脂、碳、金属、陶瓷等复合材料的增强体。

(2)颗粒增强体

颗粒增强体按其相对于基体的弹性模量大小,可以分为两类:一类是延性颗粒复合于强基质复合体系,主要通过第二相粒子的加入,在外力作用下产生一定的塑性变形或沿晶界滑移产生蠕变来缓解应力集中,达到增强增韧的效果;另一类是刚性粒子复合于陶瓷中,通过裂纹桥或者裂纹偏转来增韧。颗粒增强体的平均尺寸为3.5~10 μm,最细的为1~100 nm,最粗的颗粒粒径大于30 μm。在复合材料中,颗粒增强体的体积分数一般约为15%~20%。颗粒的增强效果由其在复合材料中的体积分数、分布的均匀程度、颗粒直径以及粒径分布等因素决定。陶瓷增强颗粒有Si_3N_4、SiC、TiB_2等,主要用于增强相同组分的陶瓷,作为多相陶瓷的组元和其他基体增强剂合并使用。与纤维相比,颗粒的制造成本低,各向同性,强韧化效果明显;除相变增韧粒子外,颗粒增强在高温下仍然起作用。颗粒增强材料被用来生产气体涡轮发动机的锭子叶片、热流通道的元件、涡轮增压器轮子、火箭喷管、内燃发动机零件以及高温热结构零部件,还可以用来生产切割工具、油漆、轴承、核材料的支架和隔板等技术产品。

6.1.3 增韧机理

颗粒、纤维及晶须加入到陶瓷基体中,使其强度尤其韧性得到大大提高。对于给定的陶瓷复合材料,实际上可能有多种增韧机理,其中有一种增韧机理起主要作用。增韧效果取决于:增强材料的尺寸大小、形状、界面的结合情况、基体与增强材料的力学和热膨胀性能及相变情况。由于基体和增强材料不同,因此增韧机理也会有所不同。有些复杂的复合材料很难确定是哪种增韧机理起主要作用。下面将分别介绍颗粒增韧、纤维(晶须)增韧以及相关的增韧机理。

(1)颗粒增韧

颗粒增韧是最简单的一种增韧方法,它具有同时提高强度和韧性等优点。以下讨论非相变第二相颗粒增韧、延性颗粒增韧、纳米颗粒增韧和相变增韧机理。

1)非相变第二相增韧

断裂力学的理论表明:反映材料韧性本质的是裂纹扩展性质。固体中裂纹扩展的临界条件是弹性应变能释放率等于裂纹扩展单位面积所需的断裂能。因此,凡是影响这一平衡的因素均可改变材料的强度和韧性。而非相变第二相颗粒可以改变能量平衡,从而达到强韧化的目的。

①热膨胀适配增韧和裂纹偏转增韧

热膨胀适配增韧是陶瓷基复合材料颗粒增韧的重要机制,影响第二相颗粒复合材料的增韧效果主要因素是基体与第二相颗粒的弹性模量 E、热膨胀系数 a 以及两相的化学相容性。假设第二相颗粒与基体之间不存在化学反应,在一个无限大基体中存在第二相颗粒时,由于冷却收缩的不同,颗粒将受到一个力 $\boldsymbol{F}$:

$$\boldsymbol{F} = \frac{\Delta a \Delta T}{(1+\mu_m)/2E_m + (1-2\mu_P)/E_P} \tag{6.2}$$

式中,Δa 为第二相颗粒与基体之间的热膨胀系数失配,即 $\Delta a = a_P - a_m$,公式中的下标 m、$\boldsymbol{F}$ 分别代表基体和颗粒。ΔT 为材料降温过程中开始产生残余应力的温度与室温之间的温度差。

当忽略颗粒效应场之间的相互作用时,这一内应力将在距离颗粒中心 R 处的基体中产生正应力 σ_r 和切应力 σ_τ:

$$\sigma_r = \boldsymbol{F}\left(\frac{r}{R}\right)^3 \tag{6.3}$$

$$\sigma_\tau = -\frac{1}{2}\boldsymbol{F}\left(\frac{r}{R}\right)^3 \tag{6.4}$$

式中,r 是球颗粒的半径,如图 6.2 所示。

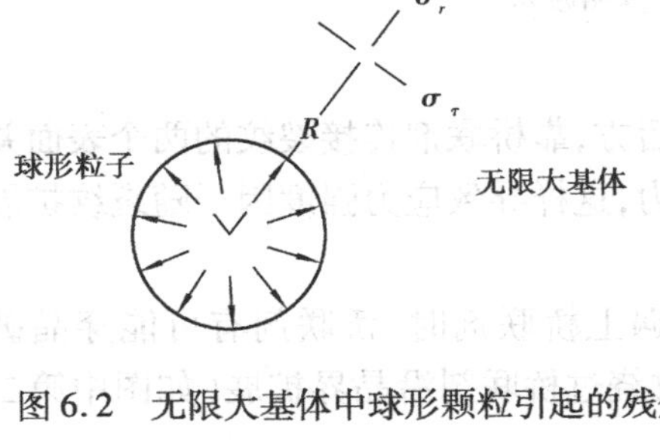

图 6.2　无限大基体中球形颗粒引起的残余应力

当 $\Delta a > 0$ 时,即 $a_p > a_m$,$\boldsymbol{F} > 0$,$\sigma_r > 0$,$\sigma_\tau < 0$,第二相颗粒内部产生等静拉应力,而基体径向处于拉伸状态,切向处于压缩状态,当应力足够大时,可能产生具有收敛性的环向微裂;当 $\Delta a < 0$ 时,即 $a_P < a_m$,$\boldsymbol{F} > 0$,$\sigma_r < 0$,$\sigma_\tau > 0$,第二相颗粒内部产生等静压力,而基体径向处于压缩状态,切向处于拉伸状态,当应力足够大时,可能产生具有发散性的径向微裂。使产生微裂纹的应力临界值与微裂纹开裂相关的断裂能有关,因此,要考虑在颗粒及周围基体中存在的弹性应变能,它们分别为:

$$U_P = \frac{2\pi \boldsymbol{F}^2 (1-2\mu_P) r^3}{E_P} \tag{6.5}$$

$$U_m = \frac{\pi F^2(1+2\mu_m)r^3}{E_m} \tag{6.6}$$

储存的总应变能 U 为：

$$U = U_P + U_m = 2k\pi F^2 r^3 \tag{6.7}$$

$$k = \frac{1+\mu_m}{2E_m} + \frac{1-2\mu_P}{E_P} \tag{6.8}$$

当 $\Delta a > 0$ 时，由于基体中压应力 σ_τ 和拉应力 σ_r 的共同作用，当裂纹遇到第二相颗粒时，并不是直接朝着第二相颗粒扩展，而是在基体中沿着与 σ_τ 方向平行和与 σ_r 方向垂直的方向发展，绕过第二相颗粒后，在沿原方向扩展，这样增加了裂纹扩展的路径，因此增加了裂纹扩展的阻力。$\Delta a > 0$ 时，裂纹扩展的路径如图 6.3 所示。

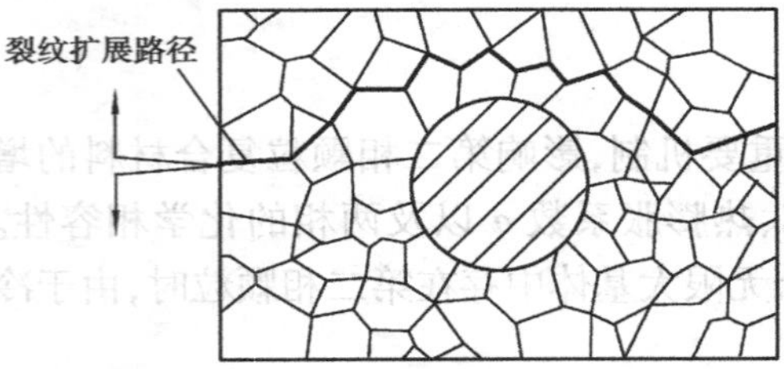

图 6.3　$\Delta a > 0$ 时，裂纹扩展的路径

当 $\Delta a < 0$ 时，由于基体中拉应力 σ_τ 和压应力 σ_r 的共同作用，当裂纹遇到第二相颗粒时，裂纹将沿着与 σ_τ 方向垂直和与 σ_r 方向平行的路径扩展，如果外应力不再增加，裂纹就在第二相颗粒前终止。若外力进一步增大，裂纹会继续扩展，有可能穿过第二相颗粒（穿晶断裂）或者绕着基体和颗粒的界面继续扩展（裂纹偏转）。裂纹究竟沿哪一条途径扩展，取决于颗粒的表面能、颗粒半径 r、取向及基体与颗粒界面结合状况。$\Delta a < 0$ 时裂纹扩展的路径如图 6.4 所示。

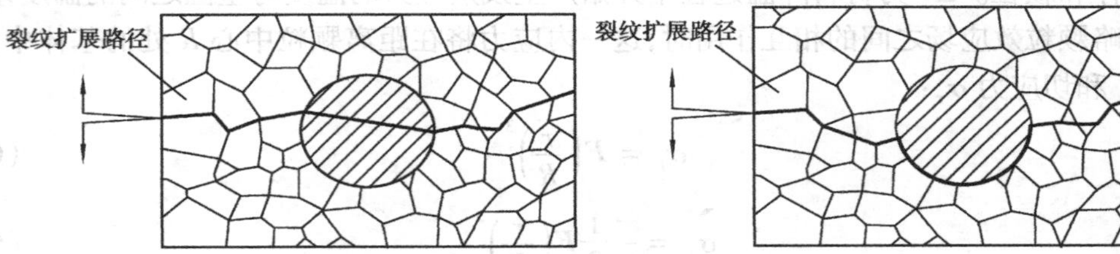

(a)裂纹穿晶扩展　　(b)裂纹沿颗粒晶界扩展

图 6.4　$\Delta a < 0$ 时，裂纹扩展的路径

②裂纹桥联增韧

裂纹桥联是一种裂纹尾部效应，发生在裂纹尖端后方，靠桥联剂连接裂纹的两个表面并提供一个使两个裂纹面相互靠近的应力，也就是闭合应力，这样导致应力强度因子随裂纹扩展而增加。

脆性颗粒裂纹桥联模型如图 6.5 所示。当裂纹遇上桥联剂时，桥联剂有可能穿晶破坏（如图中第一个颗粒），也有可能出现互锁现象，即裂纹绕过桥联剂沿晶界扩展（如图中第二个颗粒）并形成摩擦桥，而第三、第四个颗粒形成裂纹联。

由于应力强度因子具有可加性，外加应力强度因子 K_A 与裂纹长度决定的断裂韧性 K_{RC} 相平衡，即

$$K_A = K_{RC} = K^1 + K^2 = [E(J^C + \Delta J^{cb})]^{1/2} \tag{6.9}$$

式中　K^1——裂纹尖端断裂韧性（受裂纹偏转影响）；

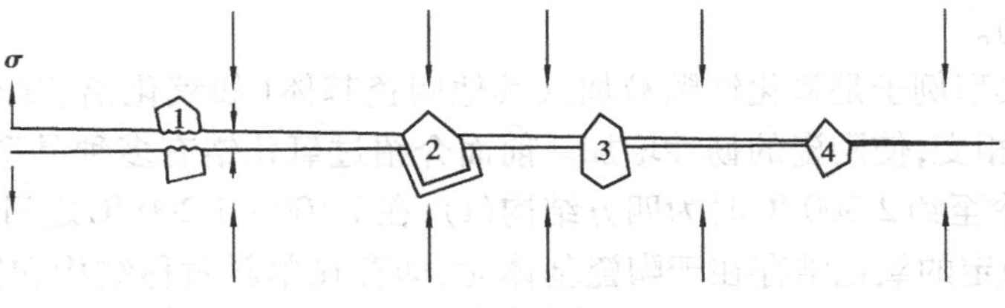

图6.5　脆性颗粒裂纹桥联模型

K^2——由于裂纹尾部桥联产生的平均闭合应力导致的增韧值；

E——复合材料的弹性模量；

J^C——复合材料裂纹尖端能量耗散率；

ΔJ^{cb}——由于裂纹桥联导致的附加能量耗散率。

延性颗粒裂纹桥联模型如图6.6所示。第一个、第二个颗粒呈穿晶断裂，第三个颗粒在应力场作用下发生塑性变形并形成裂纹桥联，第四个颗粒未变形但也产生桥联。其增韧机理包括由于塑性变形区导致的裂纹尖端屏蔽，主裂纹周围微开裂以及延性裂纹桥。其中裂纹尖端屏蔽是由于裂纹尖端形成塑性变形区，使材料的断裂韧性得到明显增加，断裂韧性 K_{IC} 表达式为：

$$K_{IC} = K_{cm} + \left(\frac{\pi D}{2}\right)^{1/2} \frac{\sigma_y \phi}{\left[1 + \frac{2}{3}\left(\frac{1}{f_p} - 1\right)\right]^2} \tag{6.10}$$

式中　K_{cm}——基体的临界断裂强度因子；

D——裂纹桥长度；

σ_y——延性颗粒的屈服强度；

ϕ——常数。

当基体与延性颗粒的热膨胀系数相等时，利用延性裂纹桥可以达到最佳增韧效果。例如，调节Na-Li-Al-Si玻璃热膨胀系数和弹性模量，使其与金属Al的相同，复合材料的断裂性能比基体玻璃提高60倍，而当热膨胀系数和弹性模量相差足够大时，裂纹将绕过金属颗粒发展，难以发挥金属的延性性能，增韧效果较差。

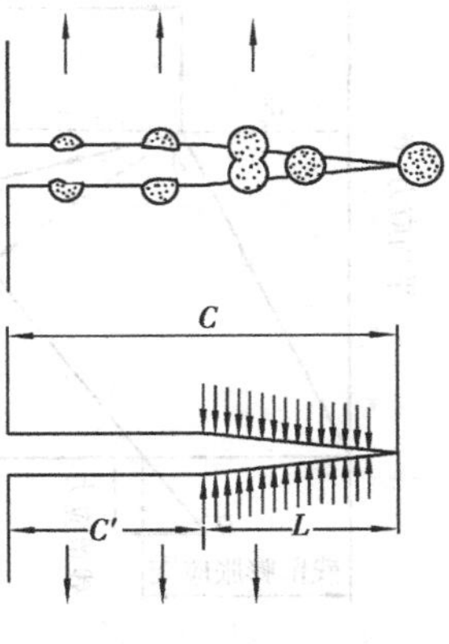

图6.6　延性颗粒裂纹桥联模型

2）相变第二相颗粒增韧

材料的断裂过程要经历弹性变形、塑性交形、裂纹的形成与扩展，整个断裂过程要消耗一定的断裂能。因此，为了提高材料的强度和韧性，应尽可能地提高其断裂能。对于金属来说，塑性功是其断裂能的主要组成部分，而陶瓷材料主要以共价键和离子键键合，晶体结构较为复杂，室温下的几乎没有可动位错，塑性功很低，所以需要寻找其他的强韧化途径，相变第二相颗粒增韧补强即是途径之一。相变第二相颗粒增韧主要分为相变增韧和微裂纹增韧。

①相变增韧

相变增韧是在应力场存在下，由分散相的相变产生应力场，抵消外加应力，阻止裂纹扩展，达到增强增韧目的。

相变增韧的典型例子是氧化锆颗粒加入其他陶瓷基体(如氧化铝、莫来石、玻璃陶瓷等)中,由于氧化锆的相变,使陶瓷的韧性增加。前面介绍过氧化锆有多种晶型,在接近其熔点时为立方结构(c),冷至约2 300 ℃时为四方结构(t),在1 100 ~1 200 ℃之间转变为单斜对称结构(m)。当部分稳定的氧化锆存在于陶瓷基体时,即存在单斜对称结构和四方结构可逆相变特征。晶体结构的转变伴随有3% ~5%的体积膨胀。这一相变温度正处于烧结温度与室温之间,因此,对复合材料的韧性和强度有很大影响。氧化锆颗粒弥散在其他陶瓷中,由于两者具有不同的热膨胀系数,烧结完成后,在冷却过程中,氧化锆颗粒周围则有不同的受力情况,当它受到周围基体的压抑,氧化锆的相变也将受到压抑。另外一个特征是其相变温度随颗粒尺寸的降低而降低,一直可降到室温或室温以下,这样在室温时氧化锆颗粒仍可以保持四方相结构。当材料受到外应力时,基体对氧化锆的压抑作用得到松弛,氧化锆颗粒随即发生由四方结构向单斜对称结构的转变,这一转变引起了体积膨胀和一种切变,在裂纹的尖端产生了一种封闭裂纹的应力,一部分断裂能量被用于应力诱发转移。围绕着裂纹区产生的膨胀挤向周围不转移的材料,这些材料又产生一种反作用力挤向裂纹,使裂纹扩展困难,达到增加断裂韧性的效果。

伴随 t-ZrO_2 粒子发生 t→m 相变产生体积膨胀时应力—应变曲线的理想模式如图6.7所示。从原点到点 A 为陶瓷的线性行为,从 A 开始发生体积膨胀,其后的应力—应变曲线可以根据体积膨胀的方式而沿图中实线或虚线进展,到点 B 体积膨胀达到饱和,随后应力—应变恢复为线性变化(B→C)。应力随距裂纹尖端距离的接近而增大,且在尖端附近形成马氏体相变(t→m)或发生微裂纹区域(称为"相变区"),如图6.8所示,该区域随载荷的增加而扩展。随着裂纹的扩展,在两侧留下一定宽度为 H 的残留膨胀应变区,该区的膨胀应变在陶瓷的韧化中起着重要作用。

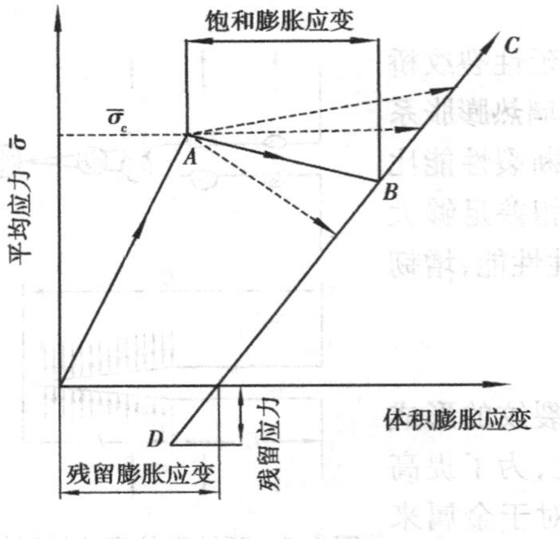

图6.7 t-ZrO_2 粒子相变应力应变行为

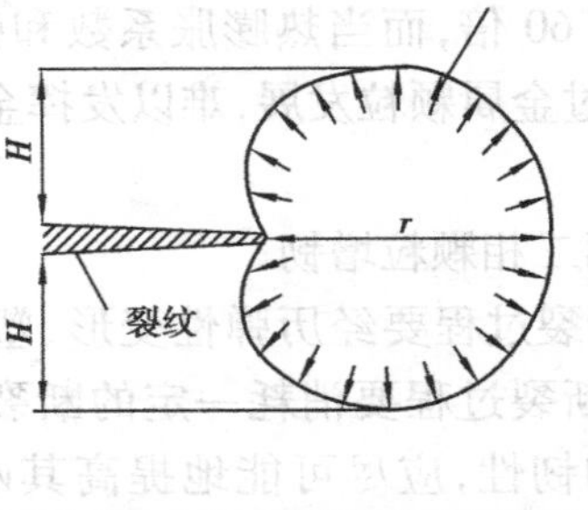

图6.8 体积膨胀应变激活区的边界

②微裂纹增韧

在含有 ZrO_2 弥散相的陶瓷基体中,高温稳定的四方结构 ZrO_2 随着温度的下降而逐步转化为单斜结构。不同的 ZrO_2 颗粒各有其相应的相变温度,并有其相应的膨胀程度。ZrO_2 颗粒愈大,其相变温度愈高,膨胀亦愈大,这种体积膨胀可以在主裂纹尖端过程区诱发弹性压应变能或激发产生显微裂纹,从而提高断裂韧性和强度。

为了阻止裂纹扩展,在主裂纹尖端有一个较大范围的相变诱导微裂纹区,在相变未转化之前,裂纹尖端诱导出的局部压力起着提高抗张强度的作用,一旦相变转化而导致微裂纹带,就能在裂纹扩展构成中吸收能量,起到提高断裂韧性的作用。

微裂纹强韧化的理论基础是在 ZrO_2 发生 t→m 转化过程中产生的体积膨胀诱发的弹性压应变能或激发产生的微裂纹。因此,合理地控制 ZrO_2 弥散粒子的相变过程,就能达到提高强韧化效果的目的。合理控制弥散粒子的相变过程,应遵循以下原则:

A. 控制 ZrO_2 弥撒粒子的尺寸。由于 ZrO_2 弥散粒子的相变温度随着其颗粒的减小而降低,因此首先是大颗粒的 ZrO_2 在高温下发生相变。在温度达到常规相变温度(1 100 ℃左右),颗粒直径大于相变临界颗粒直径,ZrO_2 颗粒都发生相变。这一阶段的相变是突发性的,微裂纹的尺度也较大,可导致主裂纹自扩展过程中的分岔,陶瓷基体韧性的提高作用较小;而当颗粒直径小于室温相变临界颗粒直径时,陶瓷基体不含相变诱发裂纹,而是储存着相变弹性压应变能,当材料承受了适当的外加应力,使其克服了相变能得以释放,ZrO_2 弥散粒子才由四方相转化为单斜相,并相应诱发出极细小的微裂纹。由于相变弹性应变能和微裂纹作用区共同作用,材料的韧性有较大幅度的提高,而且材料的强度也有一定程度的增长。

B. 减小 ZrO_2 颗粒的分布宽度。当 ZrO_2 弥散粒子的颗粒分布宽度较大,降温过程中持续相变的温度范围必将较宽,相变诱发裂纹的过程也相应复杂化了,不同的颗粒范围各有其相应的韧化机制,因此,应要求减小 ZrO_2 颗粒的分布宽度。

C. 最佳的 ZrO_2 体积分数和均匀的 ZrO_2 弥散程度。提高 ZrO_2 体积分数,可提高韧化作用区的能量吸收密度。但是,过高的 ZrO_2 含量将导致微裂纹的合并,会降低韧化效果,甚至恶化材料的性能。因此,要求将 ZrO_2 的体积分数控制在最佳值。同理,均匀程度不高的弥散将导致基体中局部的 ZrO_2 含量不足和过高,因而均匀弥散是最佳的 ZrO_2 体积分数发挥作用的前提。

D. 陶瓷基体和 ZrO_2 粒子热膨胀系数的匹配。为了保证基体和 ZrO_2 粒子之间的在冷却中的结合力和在 t-ZrO_2 与 m-ZrO_2 转化时激发起微裂纹,从而能很好地表现出增韧效果,就应该使 ZrO_2 弥撒相与基体的热膨胀系数接近,即它们的差值必须很小。

E. 控制 ZrO_2 基弥散粒子的化学性质。改变 ZrO_2 基的弥散粒子的化学组分,可以控制相变前后的化学自由能差,即调节相变的动力。例如,往 ZrO_2 中渗入 HfO_2 就可提高 ZrO_2 以基粒子的相变前后自由能差。

(2)纤维、晶须增韧

纤维和晶须的引入不仅提高了陶瓷材料的韧性,更重要的是使陶瓷材料的断裂行为发生的根本变化,由原来的脆性断裂变为非脆性断裂。对典型的陶瓷基复合材料断裂行为的研究表明,材料的断裂过程一般为:基体中出现裂纹、纤维、晶须与基体发生界面解离(也称为“脱粘”)、纤维、晶须的断裂和拔出,如图 6.9 所示。纤维、晶须的增韧机制有裂纹偏转,纤维、晶须拔出,脱粘和桥联。

1)裂纹偏转

在扩展裂纹尖端应力场中的增强体会导致裂纹发生弯曲和偏转,从而干扰应力场,致使应力强度降低,起到阻碍裂纹扩展的作用。陶瓷基体中的裂纹很难穿过纤维或晶须,在原来的扩展方向进行扩展,相对地,它更容易绕过纤维或晶须并尽量贴近纤维或晶须表面进行扩展,即

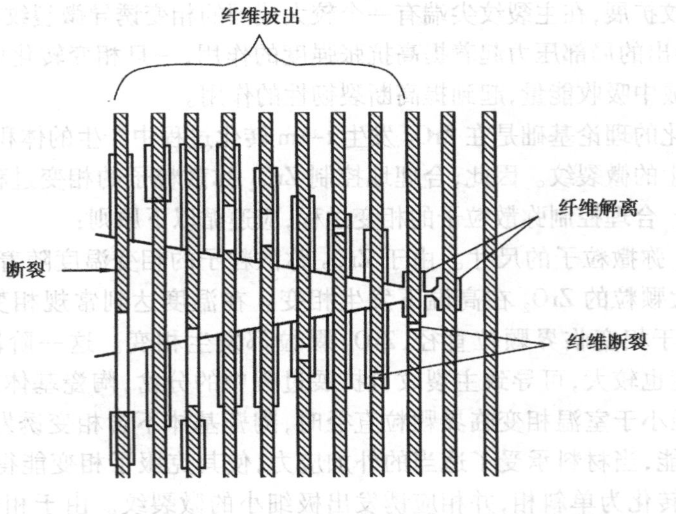

图6.9 纤维、晶须增韧陶瓷基复合材料的增韧机制

发生裂纹偏转。裂纹偏转可以绕着增强体发生偏转或扭转偏转，增强体的长径比对裂纹扭转偏转有很重要的影响。偏转后的裂纹受到的拉应力往往低于偏转前，由于裂纹的扩展路径增长，裂纹扩展中需消耗更多的能量，因此通过裂纹扩展路径的增长起到了增韧的作用。

一般认为，裂纹偏转增韧主要是由于裂纹偏转机制起作用。裂纹偏转又主要是由于裂纹扭转机制起作用。裂纹偏转主要是由于增强体与裂纹之间的相互作用而产生，增强体的长径比越大，裂纹偏转增韧效果越好。

2）脱粘增韧

脱粘是指在复合材料中，纤维与基体产生解离，产生了新的表面（图6.9中纤维解离部分），尽管单位面积的表面能很小，但是所有脱粘纤维总的表面能则很大。脱粘可以使基体的内部应力释放，从而起到增韧的作用。

3）纤维、晶须拔出

纤维、晶须拔出是指靠近裂纹尖端的纤维在外应力作用下沿着它和基体的界面滑出的现象。纤维、晶须的拔出的前提条件是纤维或晶须应首先发生脱粘，当纤维、晶须上的拉伸应力小于其断裂强度，同时，作用于纤维、晶须上的剪切应力大于基体与其界面结合强度时，就产生纤维、晶须的拔出。纤维、晶须拔出会使裂纹尖端的应力松弛，从而减缓了裂纹的扩展，起到增韧作用。纤维拔出所做的功 W_p 等于拔出纤维、晶须时克服的阻力乘以其拔出的距离，即

$$W_p = \text{平均力} \times \text{距离}$$

$$= (k\pi dl/2) \times l = (k\pi dl^2)/2 \qquad (6.11)$$

式中，假设 k 为常数，l 为纤维或晶须的长度，l_c 为纤维、晶须临界拔出长度。假如拔出的纤维或晶须嵌入长度大于其临界拔出长度，作用在纤维或晶须上的应力超过断裂应力，即纤维或晶须发生断裂，此时纤维或晶须的最大长度为 $l_c/2$。将 $l = l_c/2$ 代入式(6.11)中可以求出拔出每根纤维所做的最大功，即

$$W_{pmax} = (k\pi dl_c^2)/8 = (k\pi d\sigma_c l_c)/16 \qquad (6.12)$$

式中，σ_c 为纤维拉伸断裂强度。

4) 晶须桥联

对于特定位向和分布的纤维,裂纹很难偏转,只能沿着原来的扩展方向继续扩展,如图6.10所示。这时,紧靠裂纹尖端处的纤维并未断裂,而是在裂纹两边架起小桥,使两边连在一起,这会在裂纹表面产生一个压应力,以抵消外加拉应力的作用,从而使裂纹难于进一步扩展,起到增韧作用。

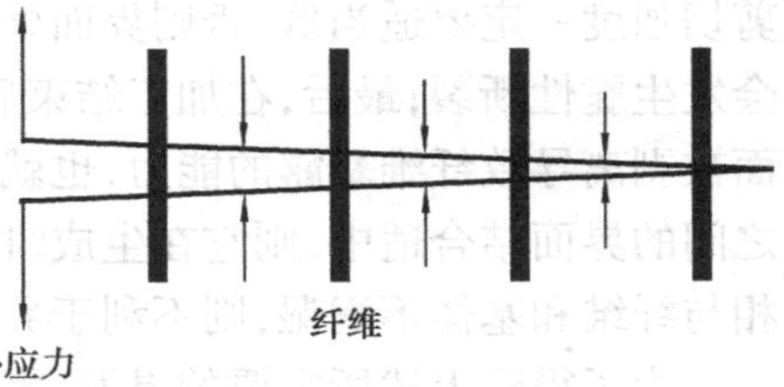

图 6.10　晶须桥联

6.1.4　陶瓷基复合材料的界面

复合材料是两种或两种以上材料组成的新型材料,界面的存在就有必然性。纤维与基体的界面结合强度以及界面区微观结构对复合材料力学性能起着极其重要的作用。当增强材料和基体被选定后,复合材料的最终性能与界面有着很大的关联。

界面之所以是复合材料的关键,是因为:首先,界面是基体和增强体材料的结合处,即二者的分子在界面形成原子动力;其次,界面有作为基体和增强体材料之间传递媒介和过渡段,硬化和强化依赖于跨越界面的载荷传递,韧性受到裂纹偏转和纤维拔出的影响。

从一些陶瓷基的微观界面分析中发现,界面是极其复杂和不稳定的,材料中的各种化学组分、界面间的结晶相和化学属性、加工条件等都在很大程度上影响界面的性能。在这一方面,陶瓷基复合材料与金属基复合材料、聚合物复合材料具有共性。

界面问题是复合材料的核心问题,它涉及表面物理、表面化学、力学等多个学科,陶瓷基复合材料中存在的界面可以分为以下几类:

(1) 机械结合

基体与增强体之间没有发生化学反应,纯粹靠机械连接。机械结合主要是靠基体与纤维的表面产生的摩擦力来实现的。

(2) 溶解和润湿结合

基体润湿增强体材料相互之间通过发生原子扩散和溶解形成结合,其界面是溶质原子的过渡带。

(3) 反应结合

基体与增强体材料之间发生化学反应,在界面上生成一层化合物,将基体与增强体材料结合在一起。

(4) 混合结合

这种结合较普遍,也是最重要的一种结合方式。它是以上几种结合方式中的几个结合。

适当地控制界面的性能是获得韧性陶瓷的关键。首先,要求陶瓷基复合材料的各组分在复合时的温度和使用时的温度都是比较稳定的,由于绝大多数陶瓷基复合材料的使用温度较高,这类材料的界面相在高温下的稳定性非常重要,因此要求界面相在高温下不会出现组织和结构的变化,以免引起界面相的作用失效,进而应影响整个材料的性能;其次,要求在陶瓷基复合材料的制备过程中,应该避免基体与增强材料之间发生对界面性能造成不良影响的化学反应,也不能在纤维与界面相或基体与界面相之间产生较大的内应力,因此,界面相与纤维和基体之间的化学稳定性以及界面相与纤维和基体之间的热膨胀系数匹配是首先应考虑的因素;再次,界面相必须具有低的剪切强度,因为界面区是基体裂纹发生偏转的地方,因此界面相的剪切强度一定要适当低,否则界面处不易发生解离,裂纹无法在界面处发生偏转,复合材料仍会发生脆性断裂;最后,在加工结束后,界面应该具有较好的开裂韧性,即有阻止纤维和基体界面被剥离导致纤维暴露的能力,也就是界面相与纤维和基体的润湿,如果界面相与纤维和基体之间的界面结合适中,则它在生成时将润湿纤维和基体,获得适当的界面结合,反之,如果界面相与纤维和基体不润湿,则不利于界面结合。

为了得到上述所需要的界面,需要对界面进行控制,界面的控制方法有以下几类:

①改变强化体表面的性质　改变强化体表面的性质是用化学手段控制界面的方法。例如,在 SiC 晶须表面形成富碳结构的方法,在纤维表面以化学气相沉积(CVD)、物理气相沉积(PVD)进行 BN 或碳涂层的方法等。这些方法的目的都是为了防止强化体(纤维)与基体间的反应,从而获得最佳的界面力学特性。

②向基体添加特定的元素　在用烧结法制造陶瓷基复合材料中,为了有助于烧结,往往在基体中添加一些元素。有时为了使纤维与基体发生适度的反应以控制界面,也可以添加一些元素。

③强化体的表面涂层　涂层的目的是形成阻碍扩散的覆盖层,以保护纤维不受化学浸蚀。涂层技术可以分为化学气相沉积(CVD)、物理气相沉积(PVD)、喷镀和喷射等。在玻璃、陶瓷作为基体时,使用的涂层材料有 C、BN、Si、B 等多种。

6.2　陶瓷基复合材料的成型加工技术

陶瓷基复合材料的制造通常分为两个步骤:第一步,将增强材料掺入未固结(或粉末状)的基体材料中,排列整齐或混合均匀;第二步,运用各种加工条件在尽量不破坏增强材料和基体性能的前提下,制成复合材料制品。

针对不同的增强材料,陶瓷基复合材料的成型方法主要有四类:第一类是传统的混合方法和黏合液浸渍方法。短纤维和晶须增强复合材料多采用直接混合然后固化的方法;纤维增强玻璃和玻璃—陶瓷基材料加工采用黏合液浸渍方法预成型,然后加热固化,但这种技术对耐热基体就不太合适,因为过高的热压温度易使纤维受氧化和产生损伤。第二类是化学合成技术。如溶胶—凝胶方法和高聚物先驱体热解工艺方法,前者指从化学溶液和胶体悬浮液中形成陶瓷的方法。这种方法可用来涂敷纤维,加工温度比第一种技术低。第三类是熔融浸渍方法。它与金属基、聚合物基复合材料的常规加工方法相似,这也要求陶瓷基体熔点不能太高。第四类是化学反应形式的方法,有化学气相沉积(CVD)、化学气相浸润(CVI)和反应结合法,不过这类技术的缺陷是形成结构的速率低。

下面具体介绍几种陶瓷基复合材料的成型方法:

(1)冷压和烧结法

将陶瓷粉末、增强材料(颗粒或纤维)和加入的黏结剂混合均匀后,冷压制成所需形状,然后进行烧结,这是一种传统工艺(借鉴聚合物生产工艺中的挤压、吹塑、注射等成型工艺),为了快速生产的需要,可以在一定的条件下将陶瓷粉体与有机载体混合后压制成型,除去有机黏结剂然后烧成制品。工艺简单、制备速度快是这种方法的优点,但是这种方法在生产过程中,通常会遇到烧结过程中制品收缩,导致最终产品中有许多裂纹,而且在用纤维和晶须增强陶瓷基材料进行烧结时,除了会遇到陶瓷基收缩的问题外,还会因为增强材料就有较高的长径比,增强材料在烧结和冷却时产生缺陷或内应力。

(2)热压烧结成型法

热压是目前制备纤维增强陶瓷基复合材料最常用的方法,热压烧结成型是使松散的或成型的陶瓷基复合材料混合物在高温下,通过外加的压力纵向(单轴)加压使其致密化的成型方法。热压时导致复合材料致密化的可能机制是基体颗粒重排、晶格扩散和包括黏滞变形的塑性流动,但究竟哪种机制起主要作用,则因复合材料体系和烧结的不同阶段而异。有效压应力的作用可促进陶瓷基体的致密化,同时使增强体容易发生位移,从而获得接近理论密度的复合材料。

热压烧结成型工艺的主要过程如图6.11所示,将纤维用陶瓷料浆浸渗处理,这个泥浆由陶瓷基体粉末、载液(通常是蒸馏水)和有机黏结剂组成,然后缠绕在轮毂上,经烘干制成无纬布,将无纬布切成一定尺寸,按照层叠在一起,最后经热压烧结得到复合材料。为了使纤维表面均匀黏附料浆,要求陶瓷粉体颗粒粒径小于纤维直径并能悬浮于载液和黏结剂混合的溶液中。纤维应选用容易分散的、捻数低的丝束,保持其表面清洁无污染。在操作过程中尽量避免纤维损伤,并注意排除气泡。

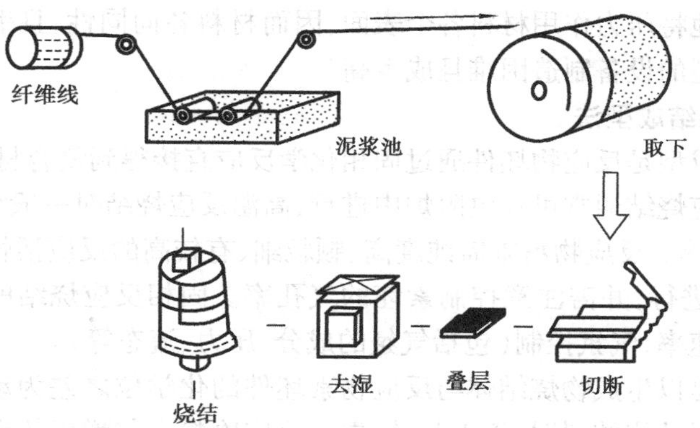

图6.11 热压烧结成型

热压设备通常采用间隙式的热压炉,大规模生产则用连续式的热压炉。按热压材料的要求选择不同的热压模具材料。对结构陶瓷主要用高强石墨,功能陶瓷则主要用氮化硅、碳化硅陶瓷或高温合金等材料。

热压烧结的重要参数有热压温度、保温时间、压力、气氛和升降温速率。热压烧结与无压烧结相比,能降低烧结温度,缩短保湿时间,使基体的晶粒较细;热压烧结能获得高致密度、高性能的复合材料;材料性能的重复性好,使用可靠,控制热压模具的尺寸精度能减少复合材料的加工余量;其缺点是只能制造形状简单的零件;模具的消耗大,一次只能单件或少件烧结,成本较高;由于热压力的方向性,材料性能有方向性,垂直于热压方向的强度往往比平行于热压方向上的强度要大些。热压烧结法工艺非常适合玻璃或玻璃陶瓷基复合材料,主要是它的热压温度低于这些晶体基体材料的熔点。

(3)热等静压烧结成型法

热等静压烧结成型是在气体介质高温和高压作用下,将陶瓷粉末均匀地作用于复合材料表面并使之固结的工艺方法。在烧结工艺中,由于第二相(粒子、晶须、纤维等)的存在,特别是晶须的架桥作用,阻碍了陶瓷基复合材料的致密化过程,而且晶须、纤维在高温下比基体有更强烈的分解趋势,要求烧结的温度不能太高而热等静压主要以均匀外加应力,而不是自由能变化为烧结驱动力,可以再降低烧结温度,使用少量添加剂甚至不使用添加剂的条件下获得致密制件,从而防止了第二相(主要是晶须和纤维)的分解,以及与基体或烧结助剂发生反应,因而能制备性能良好的陶瓷基复合材料。

热等静压烧结成型法工艺可分为:包封烧结和无包封烧结。

1)包封烧结

包封烧结的包封材料主要有石英玻璃、硼玻璃和耐高温的金属,包封之前先将其抽成真空再加热,抽掉内部空气及成型黏结剂,再升温、加压,软化的玻璃包套或金属包套会填充坯件周围空隙,传递压力来完成烧结。

2)无包封烧结

无包封烧结的包封材料是指先将材料成型和预烧封顶,使坯料成为基本无开口气孔的烧结体,然后再实施热等静压烧结。

等压烧结基本上可以消除材料内部的气孔,使致密化速度和程度大大提高,改善了制品的性能,同无压烧结相比,可降低烧结温度、缩短烧结时间;与热压相比,材料性能基本相似,但由于热等静压是均匀地将压力作用材料各个表面,因而材料各向同性,且韦伯模数要高得多,不过热等静压烧结成型的设备制造困难且成本高。

(4)固相反应烧结成型法

固相反应烧结成型是反应物坯件通过固相化学反应直接得到复合材料烧结体的一种烧结工艺方法。固相反应烧结通常可在电阻炉中进行,高温反应烧结时一般须保持一定的气氛,例如 Ar 气氛、N_2 气氛等。反应物粉末需纯度高、颗粒细、有较高的反应活性,也可添加一些催化剂加速固相反应的进行,并需注意控制素坯的气孔率。固相反应烧结的重要参数有:反应温度,反应时间,升温速率,气氛控制(包括气氛的成分、压力、流态等)。

固相反应烧结是以生成物烧结体与反应物素坯件的化学位之差为动力,在进行固相化学反应的同时完成材料的烧结,其具体工艺是:先将反应物粉末与增强体混合均匀,再成型得到素坯,在某一温度下使素坯中反应物通过固相反应生成新的化合物基体,同时素坯内发生物质传递、填补空隙、基体与增强体结合,即得到复合材料烧结体。

固相反应烧结可以在比基体烧结温度低得多的温度下,制备出基体本身有较高熔点、较难烧结的复合材料。例如,用 $ZrSiO_4$ 和 Al_2O_3 进行固相反应烧结,得到 ZrO_2 增韧莫来石复合材料,该反应在 1 400 ℃左右就可进行,可制备出形状复杂、尺寸精确要求较高的陶瓷基复合材料部件,但固相反应烧结成型法所得的制品一般气孔率较大。

(5)液态浸渍成型法

这种方法适用于长纤维尤其是玻璃或玻璃陶瓷基复合材料,因为它的热压温度低于这些晶体基体材料的熔点。浸渍法示意图如图 6.12 所示。陶瓷熔体的温度要比聚合物和金属的温度要高得多,这使得浸渍预制件相当困难。陶瓷基体和增强材料之间在高温下会发生反应,陶瓷基体与增强材料的热膨胀失配,室温与加工温度相当大的温度区间以及陶瓷的应变失效都会增加陶瓷复合材料产生裂纹。因此,用液态浸渍法制备陶瓷基复合材料,化学反应性、熔体黏度、熔体对增强材料的浸润性是首要考虑的问题,这些因素直接影响陶瓷基复合材料的性能。

由于任何形式的增强材料制成的预制体都具有网络孔隙,而毛细作用陶瓷熔体可渗入这些孔隙,因此,通过施加压力或者抽真空有利于浸渍过程。假设预制件中的孔隙呈一束有规则

的平行通道,则可用 Poisseuiue 方程计算出浸渍高度 h,即

$$h = \sqrt{(\gamma r t \cos\theta)/(2\eta)} \tag{6.13}$$

式中,r 是圆筒形孔隙管道的半径;t 是时间;γ 是浸渍剂表面能;θ 是接触角;η 是黏度。

由公式可知,浸渍高度与时间的开方成正比。若接触角较小,表面能和孔隙半径较大,那么浸渍也容易些。但是,若孔隙管道半径不大,就会没有毛细作用效果。

液态浸渍法也成功地应用于制备 C/C 复合材料(HIPIC　High Pressure Impregnation of Carbon)、氧化铝纤维增强金属间化合物(如 $TiAl_2$、Ni_3Al、Fe_3Al)复合材料。

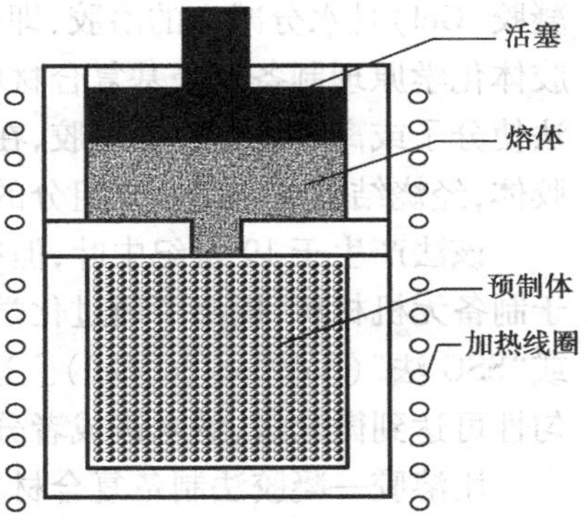

图 6.12　浸渍法示意图

用液态浸渍法可以获得纤维定向排列、低孔隙率、高强度的陶瓷基复合材料,而且获得的基体比较密实。但是,由于陶瓷的熔点较高,熔体与增强材料之间会产生化学反应,基体与增强材料的热膨胀系数相差较大会由于收缩率的不同而产生裂纹。

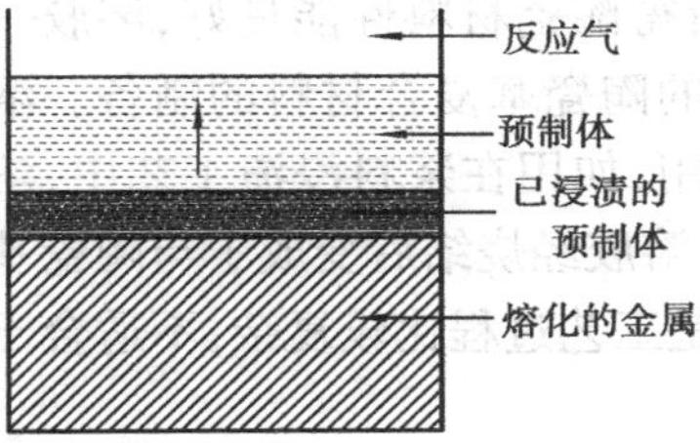

图 6.13　熔化金属的生长

(6)直接氧化法

直接氧化法(direct oxidating deposition procee)可以说是由液态浸渍法演变而来,就是利用熔融金属直接与氧化反应而制备陶瓷基复合材料的工艺方法。它又称为"Lanxide 法",因为它是由 Lanxide 公司发明的。这种方法首先按部件的形状制备增强材料的预制体,增强材料可以是颗粒或由缠绕纤维压成的纤维板等,然后在预制体表面上放上隔板来组织基体材料的增长。熔化的金属在氧气作用下将发生直接氧化反应,并在熔化金属的表面形成所需要的反应产物。由于在氧化产物中的孔隙管道的液吸作用,熔化金属会连续不断供给到反应前沿。液态金属的生长过程如图 6.13 所示。以金属铝为例,在空气或氮气气氛中主要发生下列反应:

$$4Al + 3O_2 = 2Al_2O_3 \tag{6.14}$$

$$Al + \frac{1}{2}N_2 = AlN \tag{6.15}$$

用此方法得到的最终产品是纤维中含有 5% ~30% 未反应金属相互连接的陶瓷材料。若将增强颗粒放在熔融金属表面,则会在颗粒周围形成陶瓷。这种方法可以用来制造高温热能交换器的管道等部件,具有较好的机械性能(强度、韧性等)。在此方法中,控制反应动力学是非常重要的。化学反应速率决定着陶瓷的生长速率,一般陶瓷的生长速率为 1 mm/h,可制备零部件的尺寸厚度可达 20 cm。

直接氧化沉积工艺的优点是:对增强体几乎无损伤,所制得的陶瓷基复合材料中纤维分布均匀;在制备过程中不存在收缩,因而复合材料之间的尺寸精确;工艺简单,生产效率较高,成本低。所制备的材料具有高比强度、良好韧性及耐高温等特性。这种工艺的主要缺点是:生产的产品中残余的金属很难完全被氧化或除去;难以用来生产一些较大的和比较复杂的部件。

(7)溶胶—凝胶成型法

溶胶(Sol)是由于溶液中化学反应沉积而产生的微小颗粒(直径小于 100 nm)的悬浮液。

凝胶(Gel)是水分减少的溶胶,即比溶胶黏度大些的胶体。溶胶—凝胶成型法(sol-gel)是采用胶体化学原理制备陶瓷基复合材料的工艺方法。将含有多种组分的溶液通过物理或化学的方法使分子或离子成核制成溶胶,在一定的条件下,再经凝胶化处理,获得多组分的复合相的凝胶体,经烧结后可获得所需组分的陶瓷基复合材料。该工艺广泛用于制备玻璃和玻璃陶瓷。

该法产生于19世纪中叶,但在20世纪30年代至70年代,材料学家才将胶体化学原理用于制备无机材料,提出了通过化学途径制备优良陶瓷的概念。并将该方法称为"化学合成法"或"SSG法"(Solution-Sol-Gel)。这种方法在制备材料初期就着重于控制材料的微观结构,均匀性可达到微米级、纳米级或者分子级水平。

用溶胶—凝胶法制备复合材料,通常有两种方法:一种是将复合陶瓷粉末烧结获得陶瓷基复合材料,另一种是将复合的溶胶相经凝胶化后直接烧结制得整块陶瓷基复合材料。制备复合凝胶体可以是复合的各相或分子级均匀混合,共同形成溶胶和凝胶;也可以是复合的其中一相以微粒或纤维的形式存在,而另一相则是通过溶液的成核和生长形成溶胶,该种溶胶将均匀地分散在颗粒或纤维的表面,经凝胶化处理后形成复合相。

溶胶—凝胶法具有反应条件温和,通常不需要高温和高压,对设备技术要求不高,均匀性好,使各组分能高纯、超细、均相的分子级或包裹式复合,而且所得陶瓷材料性能良好,溶胶—凝胶法可广泛地应用于颗粒—基质相、颗粒—纤维—基质相等的陶瓷基复合材料的制备。溶胶—凝胶法与一些传统的制造工艺相结合,可以发挥更好的作用,如用在浆料浸渍工艺中,溶胶可以作为纤维和陶瓷的黏结剂,在随后除去黏结剂的工艺中,溶胶经烧结后变成了与陶瓷基相同的材料,有效地减少了复合材料的孔隙率。该方法的缺点是工艺过程比较复杂,不适合于部分非氧化物陶瓷基复合材料的制备。

(8)高聚物先驱体热解成型法

高聚物先驱体热解成型法又称为"热解法"。它是通过对高聚物先驱体(通常是有机硅高聚物先驱体)进行热解,直接获取块状体陶瓷材料的工艺方法。除单相陶瓷材料外,应用该方法还可获得粒子弥散复相陶瓷和纤维补强陶瓷基复合材料。现在常用高聚物先驱体成型的方法有两种:一种是制备纤维增强复合材料,先将纤维编织成所需形状,然后浸渍上高聚物先驱体,热解,再浸渍,热解,如此循环;另一种使用高聚物先驱体与陶瓷粉体直接混合,模压成型,再进行热解获得所需材料。与传统陶瓷材料的制备方法相比,具有烧成温度低,工艺简单,影响因素少,重复性高,可以精确控制产品的化学组成、纯度以及形状,能制备一些形状复杂的制件等优点。但是,在上述两种方法中,前者周期较长,后者气孔率较高,收缩变形大,两者均难以得到具有较高密度的材料。近来研究对第二种方法做了改进,通过混料时加入金属粉,高温热解时,金属粉反应生成碳化物或氧化物,成为复合陶瓷的一相,同时体积膨胀,解决高聚物先驱体热解时收缩大和气孔率高的问题,该工艺具有较好的应用前景。

(9)化学气相沉积(CVD)成型法

CVD法原来是用于陶瓷的涂层和制造纤维等的方法。化学气相沉积是使用CVD技术,在颗粒、纤维、晶须以及其他具有开口气孔的增强骨架上沉积所需陶瓷基质制备陶瓷基复合材料的方法。其工艺过程为:将增强颗粒、纤维或晶须做成所需形状的预成型体,保持开口气孔率为25%~45%,然后将预成型体置于对应沉积温度下,通入源气体,利用源气扩散作用或使其穿过预成型体,源气在沉积温度下热解或反应生成所需的陶瓷基质沉积在预成型体上,当沉积下来的基质逐步填满开口气孔后,各个工艺过程即结束。从化学反应的原理上看,CVD法有几种反应：热分解反应、氢还原反应、复合反应和与基板的反应。在复合材料的制造中，上述方法的前三种使用比较多。

CVD 法有很多优点：通过 CVD 法可以得到晶体结构良好的基体；对由强化材料构成的预成型体的附着性好；可以制得形状复杂的复合材料；纤维和晶须析出基体间的密着性好等。但它也有本身的缺点：它的工序时间比较长；对预成型体的加热反应可能会引起纤维或晶须等强化材料的性能下降等。

(10)化学气相浸渍(CVI)成型法

CVI 法起源于20世纪60年代，经过40多年，CVI 法在制备连续纤维增强陶瓷基复合材料方面已取得很大的进展，并已发展成为商业化的方法。CVI 法是将反应物气体浸渍到多孔预制件的内部，发生化学反应并进行沉积，从而形成陶瓷基复合材料。总之，CVI 过程是由传质过程和化学反应过程组成。传质过程主要包括：反应物通过主流到达固体的表面，然后到达孔洞的壁面，产生的副产物由壁面进入主气流。在此期间的化学反应非常复杂，其中可能涉及在气相进行的均相发应和在固体壁面上进行的非均相反应，会产生很多中间产物，最后才能得到所期望的沉积物。伴随着沉积条件的改变，CVI 各个过程的相对速度也会发生相应的改变，因为起决定作用的过程不同，CVI 过程产物的结构和沉积速度也不同，由此可以决定 CVI 复合材料的结构的差异。

CVI 过程主要是将复合材料致密化。在一般沉积条件下，预制体的外部特征尺寸大于反应物气体的平均自由程，而内部孔洞的特征尺寸等于或小于反应物气体的平均自由程，这样就决定了多孔预制体外部和内部所依赖的物质传输机制不同。外部为 Fick 扩散传质，而内部为分子流扩散传质，因而传质速度与化学反应速度在预制体的不同位置而有所不同。原因可能是外部处于化学反应动力学控制范围，而内部处于传质控制范围，这样会使预制体内外的沉积不同，外部沉积多而内部沉积少，而且还会造成内部孔洞的传质通道堵塞，出现“瓶颈效应”，使复合材料存在严重密度梯度。

为了得到结构均匀的 CVI 复合材料，以及缩短复合材料的制备周期，在原始等温 CVI 技术的基础上又发展了几类 CVI 技术。

1)等温 CVI

等温 CVI 又称为“静态法”。它是将预制体置于等温的空间，反应物气体通过扩散渗入到多孔预制件内，发生化学反应并沉积，而副产物气体再通过扩散向外逸出。在等温 CVI 过程中，传质过程主要是通过气体的扩散进行，因此，沉积过程要消耗很多时间，而且只能用于薄壁部件。为了提高浸渍深度，一般通过降低气体的压力和沉积温度这两种方法来进行。沉积一段时间后，还需将部件进行表面加工处理，有利于提高复合材料的致密度，因为当预制体内孔隙尺寸小于1 μm 时，很容易造成入口处沉积速度变慢，从而导致孔隙封闭，通过表面加工可使孔洞敞开。

等温 CVI 的优点：预制体的各个部分基本都保持相同的温度，而且温度和压力均相对较低；对预制体形状没有要求，一次可以同时沉积多个部件；由于这种方法的工艺和设备简单，目前被广泛采用。

等温 CVI 的缺点：工艺周期太长；如果要提高沉积速率，就必须提高沉积温度，但这又会造成孔洞外口封闭，在材料中形成大的密度梯度和较高的气孔率；适用范围窄，只适用于薄壁部件。

2）温度梯度 CVI

温度梯度 CVI 是使预制体处于不均匀的温度场中，一般使其外部温度较低，内部温度较高，在工件中形成一个温度梯度。源气体从工件外部向内渗透，外部温度低，沉积慢，内部温度高，沉积快，这样就不容易发生传质通道的堵塞。随着沉积的进行，使复合材料的致密度和热导率增加，从而使填充从高温区逐渐向低温区转移，直至预制体中的孔隙全部被沉积物所填充。

温度梯度 CVI 使复合材料的密度梯度减小，结构均匀性变好。但设备结构复杂，需要专用夹具；对形状复杂的部件不适用；一次只能制备一个部件，效率比较低。

3）压力梯度 CVI

压力梯度 CVI 就是使工件两端保持一定的压力差，源气体在压力差的作用下从工件的一端到达另一端，气体先驱体在穿过工件的途中发生沉积反应。该技术可用来生产截面较厚、形状简单而规整的部件。由于气体在压力差下流动，而工件等温，此技术又称为“等温强制流动 CVI”。它并没有完全避免出现表面橘皮状堵塞孔洞通道的现象。

4）温度梯度—强制对流 CVI

温度梯度—强制对流 CVI 是将温度梯度 CVI 和压力温梯度 CVI 的技术结合，是动态 CVI 法中最典型的方法。在纤维多孔体内施加一个温度梯度，同时还施加一个反向的气体压力梯度，迫使反应气体强行通过多孔体，在温度较高处发生沉积。在此过程中，沉积界面不断由高温区向低温区推移，或在适当的温度梯度沿厚度方向均匀沉积。其原理如图 6.14 所示。

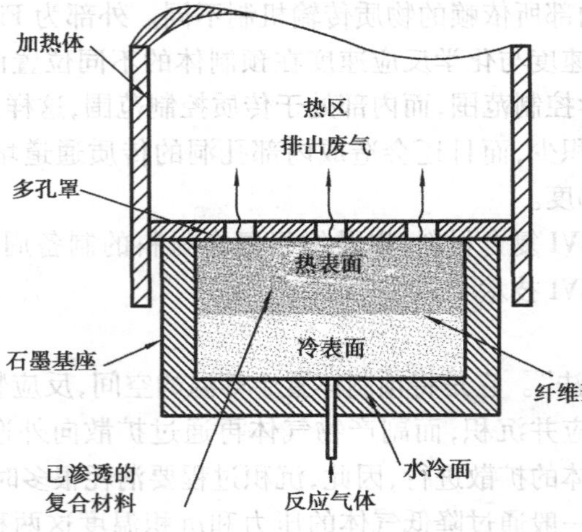

图 6.14　温度梯度—强制对流 CVI 原理图

在温度梯度—强制对流 CVI 过程中，由于温度梯度和压力梯度的存在，既避免了孔洞过早封闭，又能有效地提高沉积速率。它适用于制作较厚部件，并能大大缩短致密化时间。一般地，这种技术特别适用于大尺寸、形状复杂的结构件。其缺点是：设备更为复杂，而且源气体消耗多，材料有内应力，热稳定性不好。

5）脉冲 CVI

脉冲 CVI 源气体的充气方式是间歇的。先充入源气体，当气态先驱体发生沉积反应后，再对设备进行抽真空，将生成的气体副产物排出，然后重新充入源气体，如此循环，所以称为“脉冲 CVI”。由于废气被抽出，充入的气态先驱体很容易向工件渗透并发生沉积反应。这对于气体难以渗入的预制体无疑会提高渗透率，同时也能减小坯体之间的密度梯度。它的缺点是：设备更为复杂，而且源气体消耗多。

除上面所介绍的CVI技术外，还有为保温辅助CVI、等离子辅助CVI等。

CVI技术有很多优点：适应面广，能制备碳化物、氮化物、氧化物、硼化物和硅化物等多种陶瓷材料；制备温度低，传统的粉末烧结法的烧结温度在2 000 ℃以上，而陶瓷基体是通过气体先驱体形成的，因此，可以在800～1 200 ℃反应温度下形成高熔点的陶瓷基体，从而有效地避免了纤维在较高温度下的性能降低；对纤维的机械损伤小，CVI不需要对预制体施加外力，避免了纤维的机械损伤；如果使预制体具有最终制品要求的形状和尺寸，在CVI过程中，它将基本上保持不变，因而制得的复合材料具有与之相同的形状和尺寸，不需要后续加工或经过少许机加工即可。它的缺点就是：制备周期比较长、效率低，为了得到较致密的CVI复合材料，要求CVI过程在化学反应过程的控制范围，CVI工艺一般在较低的温度下进行，沉积速度较低，需要很长的沉积时间才能得到较高致密的复合材料，甚至中间需要将外层沉积物磨掉进行反复沉积，因此，CVI工艺一般制备周期较长；致密度低，CVI是通过孔隙渗透沉积基体的，随着基体材料的不断沉积，由于该过程始终存在物质传输和化学气相沉积之间的矛盾，必然造成预制体外部沉积多，内部沉积少，材料内部形成许多闭气孔而使气态物质无法继续进入。因此，复合材料一般含有5%～20%的残留气孔。此外，所用的源气体消耗多，制造成本高。

(11)无压烧结成型法

无压烧结成型是指在正常压力(0.1 MPa)下，将具有一定形状的陶瓷素坯在高温下经过物理化学过程变为致密、坚硬、体积稳定的具有一定性能的固结体的工艺方法。

“无压”是相对于“热压”和“气氛加压”而言，即在烧结过程中是没有外加驱动力的通过系统本身自由能的变化(即粉末表面积减少，表面能下降)来进行。无压烧结过程中物质传递可以通过固相扩散来进行，也可通过材料的蒸发凝聚来进行。对于陶瓷基复合材料，将物质加热到足够高的温度，以便有蒸汽压来进行气相传质是很困难的，这主要是受陶瓷材料高熔点性的影响，所以气相传质对陶瓷材料的作用甚小。

有些材料单靠固相烧结无法取得致密的制品，一般采用添加烧结助剂、降低烧结温度的方法，使陶瓷基在高温下生成液相，从而获得致密的制品。添加烧结助剂还可以降低固相扩展的晶界能，抑制材料晶粒的异常长大，使材料纤维结构均匀化。由于第二相(粒子、晶须、纤维等)的存在，陶瓷基复合材料的无压烧结比单相陶瓷的无压烧结要困难得多，与单相陶瓷烧结相比，通常要加入相对多的烧结助剂来获得比较致密的陶瓷基复合材料。原料的粒度、纯度、活性、粒度分布等，第二相(颗粒、纤维、晶须等)散布的均匀程度，素坯的密度，烧结助剂的种类和添加量，以及烧结工艺参数(气氛、升温速率、保温时间等)是影响制品的纤维结构最终性能的因素。另外，无压烧结的必不可少的设备粉末床，可以有效地抑制分解，减少失重，使样品均匀收缩，抑制开裂变形，对无压烧结也有重要的影响。无压烧结成型法的工艺简单，设备容易制造，成本低，并且易于制备复杂形状制品和批量生产，适应于工业化生产。但是，由于无压烧结是在没有外加驱动力的情况下进行的，陶瓷基复合材料的致密度和性能比热压、热等静压等工艺制得的材料低一些。

(12)压力渗滤成型法

压力渗滤成型法(Pressure filtration)是利用压滤原理，使料浆中水分在毛细管力和外压力下通过微孔模具渗滤出来，而料浆中的颗粒在模具控制下，形成具有一定形状、密度的素坯。压力渗滤工艺是在注浆成型基础上发展起来的,可避免一般工艺中发生的超细粉团聚和重力再团聚现象,并可获得较高的生坯密度。具体的成型方法是将基体粉料、水(或有机溶剂)、表面活性剂、黏结剂制成一定浓度的料浆,再将料浆倒入晶须或纤维预成型体中并加压渗滤。晶须或纤维必须进行表面处理,使之所带电荷与泥浆相同,互相之间产生强烈的斥力,这样可以使料浆充满预制块的各个部分,否则,如果两者带电荷相反,由于静电吸引力料浆首先在表面沉积堵塞其进一步流动,而造成分散不均匀。由于料浆是通过与晶须或纤维静电排斥作用而流经预制块各部分,因此,只有当电解质浓度使两者排斥力最大时,才能获得分散性好的素坯。

压力渗滤成型工艺克服了晶须或纤维与团聚、难分散现象,没有排除黏结剂过程,样品去水性好,素坯在干燥、烧结过程中收缩变形小,易控制精度,而且工艺简单,工作周期短,特别适合形状复杂(如薄壁、异形、大零件)材料的成型。但这种工艺制备实心大截面陶瓷坯体时,由于渗滤阻力大及压力损失等问题,易使坯体产生密度不均匀。有人提出,对模具各部位合理选用不同的过滤模材,并在压滤中辅以超声波振荡,可望获得均匀密度的坯体。

(13)注射成型法

注射成型法(Injection moulding)与塑料的注射成型原理类似,不过它的过程更复杂。注射成型是有机物载体(黏结、增塑、分散和表面活性剂等有机物)制成热塑性坯料,由注射成型机加料漏斗定量加料,柱塞旋转将料推进加热室塑化,再推动柱塞用较高压力将其注入模腔,在模内以更高温度固化成型,迅速冷凝后脱模取出坯体。成型时间为数十秒,脱模后加热排除有机物即获成致密度达60%的素坯体。注射成型与传统的陶瓷热压铸工艺也有类似之处,如都是将混合有机物的物料压入模具中,冷却固化成型,不过热压铸是将陶瓷原料与有机物质加热至具有一定流动性后压入模具,压力只有几个大气压;而注射成型需将陶瓷物料和有机物的混合物压碎、造粒后才能用来成型,压力有几十个大气压。热压铸和注射成型所用的机械也不相同。

注射成型的主要优点是:适合大批量生产陶瓷部件,而且大批量生产时成本很低,产品的最终尺寸可以控制,一般不必再修整,易于经济地制作具有不规则表面、孔道等复杂形状的制品。不过脱脂时间长是注射成型的最大缺点,且塑化过程可能使树脂轻度固化,故应严格控制温度和时间,此外,浇口封凝后内部不均匀性也是一个问题。

(14)自蔓燃高温合成法

自蔓燃高温合成法(SHS　self-propagation high-temperature synthesis)即自蔓延高温烧合成法。它是利用反应物之间高的化学反应热的自加热和自传导作用来合成材料的一种技术。具有较大生成热的化合物材料,一经点火引燃反应物,反应则以燃烧波的方式向尚未反应的区域迅速推进,一般为0.1~20.0 cm/s,最高可达25.0 cm/s,并随之放出大量热,可达1 500~4 000 ℃高温,直至反应物耗尽。根据燃烧波蔓延方式,可分为稳态和不稳态燃烧。一般认为:反应绝热温度低于1 527 ℃的反应不能自行维持。对于不稳态燃烧,应采取化学炉或预热等方法,以防止反应中途熄灭。

自蔓燃高温合成法是苏联科学家于1967年在研究金属钛和硼的混合块的燃烧时,发现燃烧能以很快的速率传播,后来又发现许多金属和非金属反应形成难熔化物时都有强烈的放热现象,由于此反应受到固态反应产物的阻碍,所以这种快速燃烧模式在当时被视为一种发现,称之为"固体火焰"。在此后又发现"固体火焰"的产物很多是用常规方法难以合成的材料,人们开始认识到这是科学上的一次发现，从而首次完整地提出了“自蔓延高温合成”概念。自蔓延高温合成法，现已广泛应用于碳化物、硼化物、氮化物、金属间化合物和复合材料。自蔓延高温合成法的最大特点是：利用外部提供能量诱发，使高热反应体系的局部发生化学反应，形成反应前沿燃烧波，此后化学反应在自身放出热量的支持下，继续向前进行，使邻近的物料发生化学反应，结果形成一个以一定速度蔓延的燃烧波，随着燃烧波的前进，原始混合物料转化为产物，利用自我维持反应可以节省能源，设备、工艺简单，从实验室走向工业生产的转化，产品因反应高温使杂质挥发而使其纯度更高，可以实现陶瓷材料的合成与致密同步进行，或者得到高密度的燃烧产品。目前，用该方法已可制造碳化物基(SiC/Al_2O_3、B_4C/Al_2O_3、TiC/Al_2O_3)复合材料，氮化物基(TiN/Al_2O_3)复合材料，硼化物基(BN/Al_2O_3、TiB_2/Al_2O_3、TiB_2/TiC)复合材料、硅化物基($TiSi_2/Al_2O_3$)复合材料等达数百种，最有代表性的技术是在特殊压力容器内控制自蔓延高温合成过程。自蔓延高温合成还可以用来实现金属基体表面涂覆陶瓷，两种材料之间焊接。

(15)原位生长工艺

原位生长工艺是利用化学反应在原位生成补强组元—晶须或高长径比晶体来补强陶瓷基体的工艺过程。

原位生长工艺制备陶瓷基复合材料是近年来发展的新工艺，根据晶须生长的热力学，在陶瓷基体中均匀加入可生成晶须的元素或化合物，控制其生成条件，使其在陶瓷基体致密化过程中在原位同时生长出晶须，形成陶瓷基复合材料。利用陶瓷液相烧结时某些晶相的生长高长径比的习性，控制烧结工艺使基体中生长出高长径比晶体，形成陶瓷基自补强复合材料，如氮化硅陶瓷在高氮压气氛中烧结生成 $\beta\text{-}Si_3N_4$ 晶体长径比可达 1:10 的自补强氮化硅陶瓷。

原位生长工艺的优点是：有利于制作形状复杂的结构件，可使用低价原料，环境污染小，工艺简单，同时还能有效地避免人体与晶体的直接接触；但是，原位生长工艺是难以制备完全致密的复合材料，通常采用预先在低温度下热处理坯件，使生成一定量的晶须，然后再热压烧结可获得接近完全致密的复合材料。

在陶瓷基复合材料的制备中，增强材料的处理(如纤维的处理、分散、烧结与致密等)，对复合性能影响较大，根据陶瓷基复合材料的制备步骤，在加工制备陶瓷材料时，要考虑使用要求来选用那种增强材料和基体复合，要针对不同的增强材料选择不同的加工条件。选择那种增强材料和基体，除了根据使用要求(如温度、强度、弹性模量等)，两种材料间性能的一些配合也直接影响复合材料的性能。

上述各种方法的普遍问题是增强体与基体间界面结合情况难以控制，在工艺过程中易发生界面反应，使增强体退化，而这正是高性能陶瓷基复合材料的关键因素。此外，有些技术过程复杂，仍需要简化，降低成本。

近年来，受自然界高性能生物材料的启发，材料界提出了模仿生物材料结构制备高韧性陶瓷材料的思路。1990 年，Clegg 等人制备的 SiC 薄片和石墨片层交替叠层结构复合材料与常规 SiC 陶瓷材料相比，其断裂韧性和断裂功提高了几倍甚至几十倍，成功地实现了仿贝壳珍珠层的宏观结构增韧。

陶瓷基层状复合材料力学性能优劣的关键在于界面层材料，能够应用在高温环境下，抗氧化的界面层材料还有待进一步开发；此外，在应用 C、BN 等弱力学性能的材料作为界面层时，虽然能够得到综合性能优异的层状复合材料，但是基体层与界面层之间结合强度低的问题也有待进一步解决。

陶瓷基层状复合材料的制备工艺具有简便易行、易于推广、周期短而廉价的优点,可以应用于制备大的或形状复杂的陶瓷部件。这种层状结构还能够与其他增韧机制相结合,形成不同尺度多级增韧机制协同作用,实现了简单成分多重结构复合,从本质上突破了复杂成分简单复合的旧思路。这种新的工艺思路是对陶瓷基复合材料制备工艺的重大突破,将为陶瓷基复合材料的应用开辟广阔前景。

6.3 陶瓷基复合材料的应用

随着现代高科技的迅速发展,要求材料能在高温下保持优良的综合性能。陶瓷基复合材料可以较好地满足这一要求。具有高强度、高模量、低密度、耐高温和良好韧性的陶瓷基复合材料,已在高速切削工具和内燃机部件上得到应用,而更大的潜在应用前景则是作为高温结构材料和耐磨耐蚀材料,如航空燃气涡轮发动机的热端部件、大功率内燃机的增压涡轮、固体发动机燃烧室与喷管部件以及完全代替金属制成车辆用发动机、石油化工领域的加工设备和废物焚烧处理设备等。

陶瓷基复合材料刀具材料的种类已经有 TiC 颗粒增强 Si_3N_4、Al_2O_3、SiCw/Al_2O_3 等材料,在美国切割工具市场的50%是由碳化钨/钴制成的。由美国格林利夫公司研制、一家生产切削工具和陶瓷材料的厂家和美国大西洋富田化工公司合作生产的 WC-300 复合材料刀具具有耐高温、稳定性好、强度高和优异的抗热震性能,熔点为 2 040 ℃,比常用的 WC-Co 硬质合金刀具的切削速度提高了一倍,WC-Co 硬质合金刀具切削速度限制在 35 m/min 以内,否则会因为表面温度到达 1 000 ℃左右时软化变形,影响切削精度。某燃气轮机厂采用这种新型复合材料道具后,机加工时间从原来的 5 h 缩短到 20 min,仅此一项,每年就可以节约 25 万美元。国内研制生产的 SiCw/Al_2O_3 复合材料刀具切削镍基合金时,不但刀具使用寿命增加,而且进刀量和切削速度也大大提高。

热机的循环压力和循环气体的温度越高,其热效率也就越高。现在普遍使用的燃气轮机高温部件还是镍基合金或钴基合金,它可使汽轮机的进口温度高达 1 400 ℃,但这些合金的耐高温极限受到了其熔点的限制,因此,采用陶瓷材料来代替高温合金已成了目前研究的一个重点内容。为此,美国能源部和宇航局开展了 AGT(先进的燃气轮机)100/101/CATE(陶瓷在涡轮发动机中的应用)等计划。德国、瑞典等国也进行了研究开发。这个取代现代耐热合金的应用技术是难度最大的陶瓷应用技术。

涡轮增压器需要在每分钟十几万转的高速旋转和 900 ℃的高温条件下工作,同时承受压力和机械应力,开发此类产品需要材料开发、成型技术开发、接合技术开发等。日本特殊陶业使用气氛加压烧结 Si_3N_4,采用注射成型制成了转子部分,并用活性金属钎焊的方法制造了涡轮增压器。与金属转子相比,惯性力矩减小 34%,加速相应性可以大幅度提高,达到 10^5 r/min。该零件已于 1986 年用于汽车,取得了好的效果。用于柴油发动机也可以提高功率和排气效果。

对在航空和航天领域使用的材料主要有三点要求:

①制造和维护费用低;

②减轻质量，以减少燃油消耗；

③可以承受较高的使用温度。

航空飞行器一般都有高的推动力和快的飞行速度等，这些性能转化为对材料的要求就是强度、密度、硬度以及复合材料在高温中的耐损伤能力。耐高温复合材料是先进航天领域的关键技术，连续纤维增强陶瓷复合材料已经被广泛应用于该领域，法国的 SEP 已经用柔性好的细直径纤维（如高强度 C_f 和 SiC_f）编制成二维、三维预制件，用 CVI 法制备了 C_f/SiC 复合材料（商品名为“Sepcarbinox”）、SiC_f/SiC 复合材料（商品名为“Cerasep”）。这些材料具有高断裂韧性（KIC 可达 30 $MPa \cdot m^{1/2}$）和高温强度，可用于火箭或喷气发动机的零部件，如液体推进火箭马达、涡轮发动机部件、航天飞机的热结构件等。Sepcarbinox 复合材料已用于制造欧洲航天飞机 Hermes 的外表面，Hermes 航天飞机将经历 1 300 ℃表面温度和高的机械载荷。Allied-signal 公司生产的商品名为“BlackglasTM”材料是非晶结构，用聚合物先驱法制成，成分为 SiC_xO_y，经 SiC_f 纤维束或编制物增强后制成的各种结构样机，如气体偏转管、雷达天线罩、喷管和叶片等，在 1 350 ℃滞止气流中 51 h 后，该材料仅有少量的晶化 SiC 和 SiO_2。

陶瓷基复合材料还在 ATF（advanced tactical fighter，先进技术战斗机），导弹，以及高硬度装甲和喷气发动机等领域应用，美国曾计划生产 HSCT（high speed civil transport，高速民航运输机），这是一种载客量很大的超音速飞机，将大量使用陶瓷基复合材料，目的是为了增加推动力，耐高温，降低飞机的噪音，以及减少 NO_x 的排放等。

现在，人们已开始对陶瓷基复合材料的结构、性能及制造技术等问题进行系统的科学研究，但这其中还有许多尚未研究清楚的问题。因此，一方面，还需要陶瓷专家们对理论问题的进一步研究；另一方面，陶瓷的制备过程是一个十分复杂的工艺过程，其品质影响因素众多，即使有一位经验丰富的专家把配方和工艺参数告诉另一个同样具有丰富经验的陶瓷专家，后者也往往不能把这种材料顺利的制作出来，而需要一系列的试验和调整才行。因此，如何进一步稳定陶瓷的制造工艺，提高产品的可靠性和一致性，则是进一步扩大陶瓷应用范围所面临的问题。

新型材料的开发与应用已成为当今科技进步的一个重要标志，陶瓷基复合材料正以其优良的性能引起人们的重视，可以预见，随着对理论问题的不断深入研究和制备方法的不断开发与完善，它的应用范围将不断扩大，它的应用前景是十分光明的。

第7章 水泥基复合材料

水泥基复合材料是由水硬性凝胶材料与水发生水化、硬化后形成的硬化水泥浆体作为基材,与各种无机、金属、有机材料所组成。长期以来,由硅酸盐水泥、水、砂和石组成的普通混凝土是在建筑领域中最广泛应用的水泥基复合材料。随着我国城市现代化、农村城镇化以及开发海洋和地下空间等的发展,普通混凝土的性能远不能满足现代化建筑对它所提出的要求。因此,各国在改善混凝土的性能、开发其功能等方面进行了大量的研究工作,水泥基复合材料取得了重大的进展。

7.1 概 述

水泥基复合材料主要分为两大类:纤维增强水泥基复合材料和聚合物混凝土复合材料。

纤维增强水泥基复合材料根据增强体的不同又分为:钢纤维增强水泥基复合材料、玻璃纤维增强水泥基复合材料、碳纤维增强水泥基复合材料和聚丙烯纤维增强水泥基复合材料等。其中以钢纤维和玻璃纤维用得最多。

水泥混凝土制品在压缩强度、热性能等方面具有优异的性能,但抗拉伸性能差,破坏前的使用应变小。为了克服这些缺点,方法之一是在混凝土中掺入纤维材料。纤维的引入使混凝土的抗拉强度、断裂应变等性能得到改善。在纤维增强水泥基复合材料中,所用的纤维多数都是短纤维,并且是乱向分布,基体在复合材料中所起的作用不仅是传递应力,而且是作为受力的主体。因此,在纤维增强水泥基复合材料中,基体的力学行为对复合材料的性能影响很大,要获得高性能的纤维增加水泥基复合材料,除了选用合适的增强体纤维外,还需要有高性能的基体。此外,增强体与基体之间的界面结构和性能、纤维与基体之间的物理性能匹配情况均会影响界面区域基体与纤维之间的相互作用,从而影响纤维引入的增强效果。

聚合物混凝土复合材料分为聚合物混凝土、聚合物浸渍混凝土和聚合物改性混凝土。其中聚合物混凝土中全部以聚合物代替水泥做胶结材料,与骨料结合而成复合材料。聚合物浸渍混凝土是将低黏度的有机物单体、预聚体、聚合物等浸渍到已硬化的混凝土孔隙中,再经聚合等步骤使水泥混凝土与聚合物成为一个整体。聚合物改性水泥混凝土是以水泥和聚合物为胶结材料与骨料结合而成混凝土,即在水泥混凝土的组成中加入聚合物。掺入的聚合物的量比一般减水剂等外架剂的量要多得多。

在聚合物混凝土复合材料中,由于聚合物全部或部分取代水泥,因此与普通混凝土相比有许多特殊性能,并且这些性能随聚合物的品种和掺量不同而变化。聚合物的引入赋予了混凝土高的抗拉强度、抗弯强度、抗剪强度、大的断裂应变、良好的耐久性等。

7.2 高性能混凝土

随着胶凝材料的产生和发展,人们很早就使用了混凝土。它是由胶凝材料,水和粗、细集料按适当比例拌和均匀,经浇捣成型后硬化而成。按复合材料定义,它属于水泥基复合材料,如不用粗集料,即为砂浆。通常所说的"混凝土",是指以水泥、水、砂和石子所组成的普通混凝土,现为建筑工程中最主要的建筑材料之一,在工业与民用建筑、给排水工程、水利工程、地下工程以及国防建筑等方面都广泛应用。

在混凝土中,水和水泥拌成的水泥浆是起胶结作用的组成部分。在硬化前的混凝土,也就是混凝土拌合物中,水泥浆填充砂、石空隙,并包裹砂、石表面,起润滑作用,使混凝土获得施工时必需的和易性;在硬化后,则将砂石牢固地胶结成整体。砂、石集料在混凝土中起着骨架作用,因此,一般将它称为"骨料",如图7.1所示。

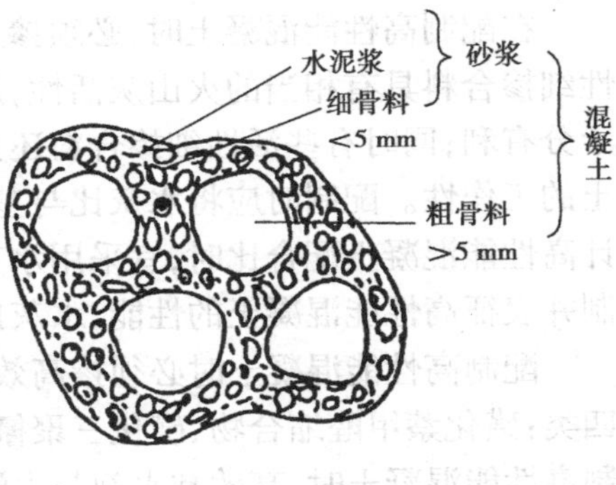

图7.1 混凝土的构成

混凝土具有很多性能,改变胶凝材料和集料的品种,可配成适用于不同用途的混凝土,如轻质混凝土、防水混凝土、耐热混凝土以及放辐射混凝土等。改变各组成材料的比例,则能使强度等性能得以适当调节,以满足工程的不同需要。混凝土拌合物具有良好的塑性,可浇制成各种形状的构件。与钢筋有良好的黏结力,能与钢筋协同作用,组成钢筋混凝土或预应力钢筋混凝土,从而使其广泛用于各种工程。但普通混凝土还存在着容积密度大、导热系数高、抗拉强度偏低以及抗冲击韧性差等缺点,有待进一步发展研究。

配制混凝土时,必须满足施工所要求的和易性,在硬化后则应具有足够的强度,以安全地承受设计荷载,同时还必须保证经济耐久。值得注意的是,混凝土的质量主要是由组成材料的品质及其配合比例所决定的,而搅拌、成型、养护等工艺因素也有非常重要的作用。

按照在标准条件下所测得的28天抗压强度值(MPa),混凝土可划分为不同的强度等级(C),例如:C7.5、C10、C15、C20、C25、C30、C35、C40、C45、C50、C55和C60等。现正向高强度混凝土发展,现场浇注的近C100级混凝土已达实用阶段。

水泥基复合材料中应用量最多的是混凝土。由于工程建设的范围和规模不断地扩大,混凝土结构物所处的环境和受力条件更加苛刻,不仅要求混凝土具有高的强度,而且还要求混凝土具有高的弹性模量、高密实度、低渗透性、高耐化学腐蚀性、高耐久性和便于施工。在1990年首次提出高性能混凝土(HPC High Performance Concrete)这个名词。

综合各国学者的意见,可以认为,高性能混凝土技术特性在于高密实性。因此,它应具有高抗渗性(高耐久性的关键性能),高体积稳定性(低干缩、低徐变、低温度应变率和高弹性模量),适当的高抗压强度,良好的施工性(高流动性、高黏聚性、自密实)。应当指出,虽然高性能混凝土是由高强度混凝土发展而来,但不能将它们混为一谈。因为混凝土的性能既包括力学性能,也包括非力学性能。高强混凝土虽然有很高的强度,但不能满足高性能混凝土拥有的非力学性能。高性能混凝土比高强混凝土具有更有利于工程长期安全使用与施工的优异性能,它将比高强混凝土有更广阔的应用前景。

7.2.1 工艺原理与配制技术

混凝土可视为由硬化水泥浆体与集料组成的两相复合材料。集料是非连续相,而水泥浆体是集料的胶结材料。高性能混凝土不仅要具备高的强度,而且应具备高密实性和高体积稳定性。这些性能都取决于胶结材料与集料之比和该两相材料各自的质量。在通常情况下,干燥的级配良好的粗、细集料混合体的孔隙率为21%~22%,要配制密实的混凝土,这些空隙就需由胶结材料填充。但考虑到施工工作性的需要,水泥浆体积至少应占25%,若是强度、工作性和体积稳定性能达到最佳的均衡,水泥浆体积以35%为宜。

在配制高性能混凝土时,必须掺入活性细掺合料,它可起到增宽粒径范围的作用。由于活性细掺合料具有相当的火山灰活性,从而提高了混凝土的密实性,这样对提高强度及后期强度十分有利;同时有些活性细掺合料还具有减水效果,可减少混凝土的用水量或有利于改善混凝土的工作性。配制时应将水灰比与基材密实度两个要素结合起来考虑。有的学者建议,在设计高性能混凝土配合比时,宜采用水灰比和水胶比(水/水泥+活性细掺合料)两个参数来控制并表征高性能混凝土的性能,水灰比与水胶比对高性能混凝土各有用途和意义。

配制高性能混凝土时必须掺高效减水剂,否则不可能具有合适的工作性。高效减水剂有四类:磺化萘甲醛缩合物、磺化三聚氰胺甲醛缩合物、聚羧酸盐以及改性木质磺酸盐等。在配制高性能混凝土时,高效减水剂与水泥的相容性很重要。因为在水灰比低、水泥颗粒间距小的条件下,能进入溶液的离子数量也少。对水泥而言,影响水泥与高效减水剂相容性的重要因素是其中铝酸三钙(C_3A)与氟铝酸四钙(C_4AF)的含量、C_3A的反应能力、硫酸钙的含量和水泥中硫酸钙最终的形态(二水石膏、半水石膏或硬石膏)。对高效减水剂而言,重要因素为分子链的长度、磺化基因在链上的位置、配位离子的类型和残余硫酸量。从流变学角度考虑,配制高性能混凝土所用水泥中C_3A含量应低、水泥细度不宜过细。理想的高效减水剂,其分子链应较长,在分子链上磺酸基团应在甲醛和萘磺酸盐缩合物钠盐的β位上。

集料尤其是粗集料的品质,对高性能混凝土的性能有较大的影响。其中最主要的是集料的强度和它与硬化水泥浆体界面的黏结力。粗集料的颗粒强度、针片状的颗粒含量及含泥量往往可控制高性能混凝土的强度,而粗集料最大粒径也与集料和硬化水泥浆体界面黏结力的强弱有密切关系。因此,用于高性能混凝土的粗集料粒径不宜过大。在配制60~100 MPa的高性能混凝土时,粗集料最大粒径可取20 mm左右;配制100 MPa以上的高性能混凝土时,粗集料最大粒径不宜大于10~12 mm。

概括起来,配制高性能混凝土的要点是:

①必须掺入与所用水泥具有相容性的高效减水剂,以降低水灰比。

②必须掺入一定量活性的细掺合料,如硅灰、磨细矿渣、优质粉煤灰等。

③选用合适的集料,尤其是粗集料。

7.2.2 高性能混凝土的特性

①有自密实性。高性能混凝土配制技术的特点之一是新拌混凝土中的自由水含量低，但变形性能好（流动性，以坍落度表示），抗离析性高，从而使其填充性优异。如果坍落度损失问题在配合比设计时未预先考虑，则这种优异性能仅能维持很短时间，为了使其保持比较长的时间，可加入适量的缓凝剂。

②体积稳定性好。高性能混凝土的高体积稳定性表现为具有高弹性模量、低收缩、低徐变和低温度变形。普通强度混凝土的弹性模量为 20 GPa ~ 25 GPa，而采用适宜材料与配合比的高性能混凝土的弹性模量可达 40 GPa ~ 45 GPa。采用高弹性模量、高强度的粗集料，并降低混凝土中水泥浆体的含量，选用合理配合比所配制的高性能混凝土，其 90 天龄期的干缩值可低于 0.04%。

③高性能混凝土的强度高，其抗压强度已有可能超过 200 MPa。在目前工艺情况下，28 天平均强度介于 100 ~ 120 MPa 的高性能混凝土已在工程中应用。高性能混凝土抗拉强度与抗压强度之比要较高强混凝土有明显增加。高性能混凝土的早期强度发展较快，而后期强度的增长率却低于普通强度混凝土。

④由于高性能混凝土的水灰比较低，会较早地终止水化反应，因此水化热总量相应降低。

⑤实验研究中所观察到的高性能混凝土的收缩特性，可归结为：a. 在较长的持续期后，高性能混凝土的总收缩应变量与其强度成反比；b. 高性能混凝土的早期收缩率随着早期强度的提高而增大；c. 相对湿度和环境温度仍然是影响高性能混凝土收缩性能的两个主要因素。

⑥高性能混凝土的徐变变形显著低于普通混凝土。从总体上看，与普通强度混凝土相比，高性能混凝土徐变的主要区别为：a. 高性能混凝土的徐变总量（基本徐变与干燥徐变之和）显著减少；b. 在徐变总量中，干燥徐变值比普通强度混凝土降低更为显著，而基本徐变仅略有降低。干燥徐变与基本徐变的比值则随着混凝土强度的提高而降低。

⑦实验表明，高性能混凝土的 Cl^- 渗透率明显低于普通混凝土。

⑧高性能混凝土具有较高的密实性和抗渗性，抗化学腐蚀性能显著优于普通强度混凝土。

⑨高性能混凝土在高温作用下会产生爆裂、剥落。由于这种混凝土有高密实度，自由水不易很快地从毛细孔中排出，高温时其内部形成的蒸汽压力几乎达到饱和蒸汽压力。在 300 ℃温度下，蒸汽压力可达到 8 MPa，而在 350 ℃温度下高达 17 MPa，这样的内部压力可使混凝土中产生 5 MPa 的拉伸应力，从而导致混凝土发生爆炸性剥蚀和脱落。为了克服此缺陷，可使高性能与高强混凝土中形成一些外加孔，使蒸汽压在达到限值前得以释放。建立外加孔的方法是在混凝土中掺入一种在混凝土硬化后能溶解或高温下能溶解、挥发的纤维状化学制品。

7.2.3 高性能混凝土的工程应用

在国外工程上应用高性能混凝土也还处于初期发展阶段。高性能混凝土的组成材料、用量与力学性能举例见表 7.1。

表 7.1　高性能混凝土的组成材料、用量与力学性能举例

组分与强度＼工　程	加拿大多伦多 Scotia 广场大厦	美国西雅图 Two Union 广场大厦
水/$(kg \cdot m^{-3})$	145	130
水泥/$(kg \cdot m^{-3})$	315	513
矿渣/$(kg \cdot m^{-3})$	137	—
硅灰/$(kg \cdot m^{-3})$	36	43
水胶比	0.3	0.24
粗骨料/$(kg \cdot m^{-3})$	1 130	1 180
细骨料/$(kg \cdot m^{-3})$	745	685
减水剂/$(mL \cdot m^{-3})$	900	—
高效减水剂/$(L \cdot m^{-3})$	5.9	15.7
抗压强度/MPa		
28 d	83	119
91 d	93	145

7.3　纤维增强水泥基复合材料

水泥、水、细的(或细粗混合)集料形成的混合物为基体,以各种有机、无机或金属的不连续短切纤维为增强体组成的材料被称为“纤维增强水泥基复合材料”,也称为“纤维增强混凝土”。普通混凝土往往在受荷载之前已含有大量微裂缝,在不断增加的外力作用下,这些微裂缝迅速扩展并形成宏观裂缝,最终导致材料破坏。当普通混凝土中加入适量的纤维之后,材料的行为会发生变化。纤维增强水泥基复合材料受弯时典型的荷载—挠度曲线如图 7.2 所示。

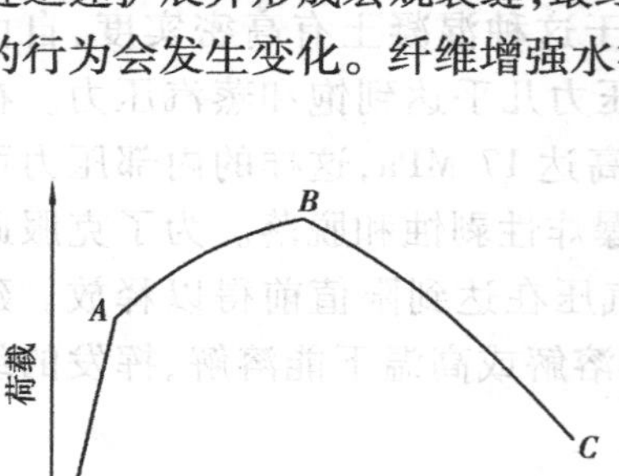

图 7.2　纤维增强水泥基复合材料受弯时典型的荷载—挠度曲线

荷载达到 A 点时基材开始开裂,通常此值大约与未加纤维的基材发生开裂的应力相等。在开裂截面上,基材已不再能承受荷载,全部荷载将由桥连着裂缝的纤维承担。如果纤维的强度和数量恰当,随着荷载的进一步增加,纤维将通过其与基材的黏结力将增加的荷载传递给基材。若黏结应力不超过纤维与基材的黏结强度,基材中又会产生新的微裂缝(线段 AB),最大荷载(B 点)与纤维的强度、数量及几何形状有关。由于纤维局部脱粘的积累,导致纤维的拔出或纤维的破坏,材料的承载力逐渐下降(线段 BC)。通过纤维增强使水泥基复合材料的性能得到改善的程度,除了与基材性能有关之外,还与纤维的特性和加入量有关。

由于加工工艺的原因,长期以来短切纤维被小掺量(体积掺量小于2%)地应用于增强水泥基材料(最大骨料粒径达20 mm)。大量研究表明,在普通水泥基材料中加入小掺量纤维,对复合材料强度的改善并不十分明显,由于纤维主要通过桥接宏观裂缝并减少其扩展来影响峰荷后基材的拉伸软化响应,因此能大大提高其抗裂性能和改善其开裂后的行为。与此相关,材料的最大拉伸和弯曲破坏应变、断裂韧性、断裂能和抗冲击能力均有显著提高。

7.3.1　纤维增强水泥基复合材料的组成

(1)纤维

纤维增强的水泥基复合材料增强体纤维主要有钢纤维、玻璃纤维、碳纤维和聚丙烯纤维等,这里仅介绍钢纤维,其他纤维参见第3章。

1)亚短钢纤维

亚短钢纤维长度为40~60 mm。由于纤维较长,掺入混凝土中搅拌时极易成团,因而一般用于注浆法或分层灌浆法施工。前者是将流动性砂浆注入预先放置于模板中的钢纤维骨架中,要求纤维的放置位置准确,施工较复杂、费时;后者则是在振动台上一边振动一边分层放置钢纤维,即分层浇灌砂浆。

2)短钢纤维

短钢纤维长度为20~35 mm。可用全掺入法施工,体积率一般不超过2%,否则容易发生纤维离析和结团,从而使搅拌困难,工作性下降,造成混凝土不密实,含有较多的空隙,虽使混凝土的物理力学性能获得一定改善,但改善的程度有限。若施工工艺不当,造成孔隙过多,甚至会使混凝土强度下降。

3)超短钢纤维

超短钢纤维长度在15 mm以下。在研究中出现过的类型有两种:一种表面镀铜的圆形截面钢纤维,规格为$\phi 0.15$ mm×6 mm或$\phi 0.175$ mm×6 mm;另一种是剪切法生产的矩形截面钢纤维,截面尺寸为0.25 mm×0.25 mm或0.25 mm×0.5 mm,长度为10~15 mm。这种钢纤维能克服一般短纤维搅拌易结团的缺点,提高纤维含量,可获得高强和超高强钢纤维混凝土。

制作钢纤维的材料有低碳钢和不锈钢两种。

(2)混凝土基体

为了充分发挥钢纤维的作用,应采用高强、密实的混凝土作为基体混凝土。中、低强混凝土由于强度空隙较多,界面黏结性能不理想,不宜作为基体材料。配制高强混凝土的原料包括水泥,粗、细骨料以及添加剂等。获得高强、密实混凝土的方法很多,下面就配制高强混凝土的原材料及配制途径进行说明。

1)水泥

①标号　宜选用525或更高标号。

②种类　最好选用纯硅酸盐水泥,在施工时再按需要的配比加入粉煤灰或炉渣等活性混合材料。若强度要求不很高,也可采用矿渣硅酸盐水泥、粉煤灰水泥或火山灰水泥。

③水泥成分　C_3A含量应低,游离的氧化钙和氧化镁等有害成分应尽可能少。硅酸盐水泥的主要成分见表7.2。

表 7.2 硅酸盐水泥的主要矿物成分

名 称		硅酸盐水泥	快硬硅酸盐水泥
主要成分	硅酸三钙 C_3S/%	37～60	50～60
	硅酸二钙 C_2S/%	15～37	
	铝酸三钙 C_3A/%	7～15	8～144
	铁铝酸四钙 C_4AF/%	10～18	
细度(比表面积)/($cm^2 \cdot g^{-1}$)		2 500～3 500	3 000～4 000

④颗粒组成　水泥颗粒的大小对水泥与水的反应速度影响很大,较细的水泥颗粒表面积大,与水的反应速度较快,利于早期获得较高的水泥强度。但若一味追求细度,甚至用增加比表面积来提高水泥的强度,则水泥颗粒越细,需水量也越大,而且加剧混凝土的坍落度损失,不利于获得好的工作性,不利于保证混凝土密实性与质量。好的水泥组成应是粗细颗粒级配恰当,以利于得到良好的流动性,提高施工搅拌质量。

一般应控制 5～30 μm 的颗粒约占 90%,而小于 10 μm 的颗粒少于 10%。在选用高强混凝土的水泥时,应注意这一因素,对水泥的颗粒组成进行分析。

⑤水泥用量　配制高强混凝土的水泥用量较多,常在 450～550 kg/m^3 的范围。高含量钢纤维混凝土的水泥用量还要更大,因为要保证钢纤维周围有足够的水泥浆体围裹,常用到 500～800 kg/m^3。

2)粗骨料

①岩石种类　对于中、低强混凝土而言,决定强度的往往是薄弱环节——界面。但对高强混凝土,粗、细骨料,水泥浆体和界面都对混凝土的整体强度有程度不同的影响。高强混凝土的上限往往由骨料决定,因此,高强混凝土宜选用坚硬密实的岩石碎石作为粗骨料,如密实坚硬的石灰岩、辉绿岩、花岗岩、正长石等。

②最大粒径 D_{max}　对于中、低强混凝土,适当加大粗骨料最大粒径,可在同一坍落度下减少一些需水量,因而对强度有利。但对于高强混凝土,加大骨料粒径,可使混凝土强度下降,究其原因,可能是骨料粒径大,会不利于空隙的分散,使得混凝土的初始缺陷集中。而较小的骨料会增加混凝土材料的结构均匀性,空隙分布与界面受力均匀。因此,高强混凝土粗骨料的最大粒径通常取 20 mm 以下。当配制 70～80 MPa 以上的高强混凝土时,最好取粗骨料最大粒径为 12～15 mm。

③级配　粗骨料的级配主要从需水量考虑。对同样的最大粒径,偏粗的级配(筛分曲线偏向上方)可以用稍少的水来达到规定的工作度,从而有利于提高混凝土强度。大量试验表明:当水泥用量较大时,粗、细骨料比可取 2.0,即砂率为 0.33。在多数情况下,这样的混凝土强度要比砂率为 0.4 或 0.5 的高。配制 60～80 MPa 的高强混凝土时,砂率可采用 0.38,碎石的级配见表 7.3 所示。

表 7.3　配制高强混凝土所用的粗骨料级配

粒径/mm	20～25	15～20	10～15	5～10
百分比含/%	5	55	35	5

粗骨料宜用连续级配，以利改善拌合物料的工作性。

3）细骨料

高强混凝土的细骨料应选用洁净的沙子，最好是圆形颗粒的天然河沙。细度模量在2.7～3.1为宜。细骨料对混凝土的影响比粗骨料小。

7.3.2　混凝土基纤维复合材料的制备工艺

（1）钢纤维混凝土的制备工艺

1）钢纤维混凝土基复合材料的配合比

钢纤维混凝土复合材料配合比包括钢纤维的体积分数和基准混凝土的配合比，其中又涉及胶合料的用量、水灰比以及水的用量等。钢纤维的体积分数和基准混凝土的强度水平取决于要求钢纤维混凝土复合材料达到的强度值；胶合料的用量应与钢纤维的体积分数相适应，若胶合料少，则混凝土的工作性差；若胶合料过多，则由于钢纤维并未增加，胶合料过剩，提高混凝土的强度不明显。胶合料的用量应与钢纤维的表面积成正比。至于胶合料中各种成分（如水泥、粉煤灰、硅灰等）之相对比值，则宜与基准混凝土一致，以免改变混凝土的配比关系。

2）投料顺序与施工工艺

普通短钢纤维的投料顺序与施工工艺对于普通短纤维混凝土有两种投料顺序，如图7.3所示。

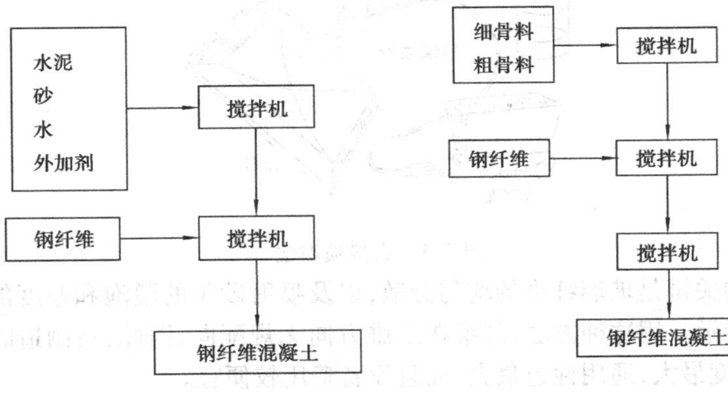

（a）第一种　　（b）第二种

图7.3　普通短钢纤维混凝土投料顺序

成型的方法有：①用泵送法将流态钢纤维混凝土直接送入模中而不加振捣；②用插入式振捣器振捣；③用平板式振捣器或振动台振捣；④喷射混凝土；⑤离心法或挤出法。

高中含量钢纤维混凝土的投料顺序与施工工艺。高中含量钢纤维混凝土成型方法有两种：①注浆法，将流动性砂浆注入事先放置于模板中纤维骨架中，或在振动的同时向模具内铺撒一层钢纤维，浇一层砂浆，分层浇注；②全渗入法，将按配合比称好的水泥、砂、硅灰一次倒入大盘，人工搅拌3 min，待搅拌均匀后，再将钢纤维均匀缓慢撒入，边撒边干拌，拌和均匀后再加入水搅拌均匀，入模成型。

为了使混凝土中的钢纤维分布均匀，在加入钢纤维时，应通过摇筛或分散机加料。混凝土的标准养护条件是：温度（20±3）℃，湿度不小于90%，养护时间28 d。一般在实验室这种条件很容易做到，而在预制场与施工现场较为困难，只能尽量接近标准条件。

(2)纤维增强水泥的成型工艺

对于纤维增强水泥,无论在用途上还是在制法上,都是处于开发的新材料。这里以玻璃纤维为例来介绍纤维增强水泥的成型工艺。

1)直接喷射法

直接喷射法的概略流程如图 7.4 所示,这是目前最常用的成型方法。

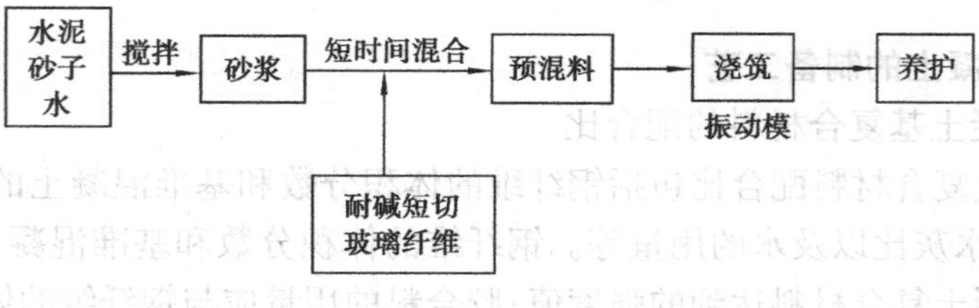

图 7.4　直接喷射法流程

将直径 2 mm 以下的细骨料和水泥以及若干量的外加剂以 S/C 为 0.5 ~ 1,W/C 为 0.3 ~ 0.4 的比例进行拌和,制成水泥砂浆,经泵压送,用喷枪喷到模具面上。同时,操作者手持喷射设备,一边用粗纱切割器将耐减玻璃纤维精纱切成规定的长度(纤维上面的长度一般为 12 ~ 50 mm,含量为 3% ~5%),一边重复水泥砂浆的喷吹途径直接将玻璃纤维喷射到模具而成型的。

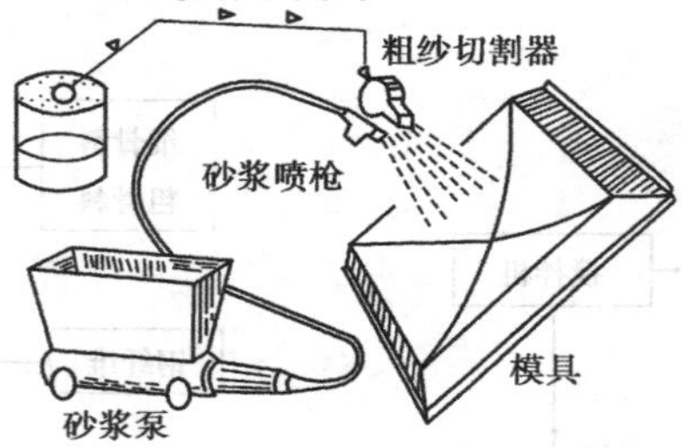

图 7.5　直接喷射法

这种成型法的关键是玻璃纤维的均匀分散,以及喷射砂浆的脱泡和厚度的均匀性。直接喷射法如图 7.5 所示。用这种方法,纤维在二维方向无规配向,因此,在制造时,制品的形状、大小、厚度等自由度最大,通用性也最大,而且设备费用较便宜。

2)喷射脱水法

喷射脱水法概略流程如图 7.6 所示。在喷射脱水法中,砂浆与玻璃纤维同时往模具上喷射的机理与直接喷射法相同。但它是将玻璃纤维增强水泥喷射到一个带有减压装置的开孔台上,开孔台铺有滤布。喷射完后,进行加压,通过滤纸或滤布将玻璃纤维增强水泥中的剩余水分脱掉。这种方法是成型水灰比低的高强度板状玻璃纤维增强水泥的方法。

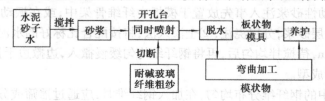

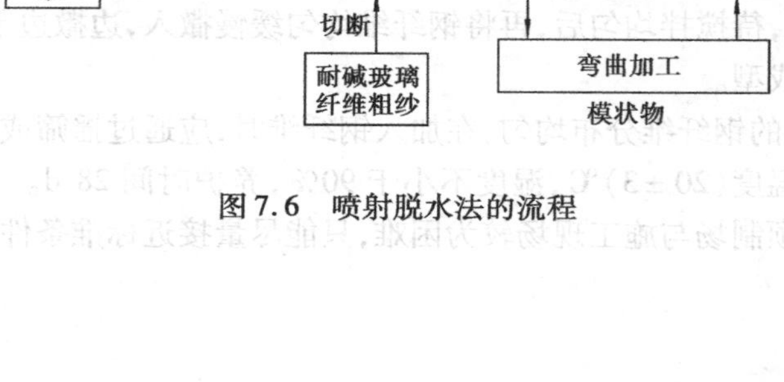

图 7.6　喷射脱水法的流程

用喷射脱水法成型的刚脱水的未养护的板具有保持某种程度形状的能力，因此，加上成型模具，可以进行弯曲加工等两次成型。

用喷射脱水法制成的制品比直接喷射制品强度高，但制品形状仅限于以板状或异形断面等的弯曲加工制造。

3）预混料浇铸法

水泥、沙子、水、外加剂和切成适当长度的耐碱玻璃纤维（短切纤维）在搅拌机中混合成预混料，然后不断地注入振动着的模具里进行成型，这就是玻璃纤维增强水泥的预混料浇铸成型法。

用这种方法可以成型厚壁的制品，但耐碱玻璃纤维在搅拌机中容易损伤，而且纤维的配向是三维无规的，因此，增强效果下降，在物性方面不如喷射法的制品。在实际应用上，主要用于制造不太要求强度的小件异形制品。连续预混料浇铸法目前也在开发中。

此外，尽管不是独立的制品，但也正在开发将混凝土块直接垒起来，在其表面用抹子抹上预混料，或喷上预混料，使其一体化的方法。不同成型方法的玻璃纤维增强水泥特性见表7.4。

表7.4　不同成型方法的玻璃纤维增强水泥的特性

特　性	成型方法		
	直接喷射法	喷射脱水法	预混料法
比　重	1.9～2.3	1.9～2.3	1.7～1.9
弯曲强度/MPa	25～35	30～40	10～20
弯曲比例极限/MPa	8～13	10～15	5～10
拉伸强度/MPa	10～15	12～17	5～8
弯曲弹性模量/MPa	18 000～25 000	18 000～25 000	13 000～18 000
冲击强度/(kg·cm·cm^{-2})	12～18	15～25	8～14

4）压力法

预混料注入模具后，加压除去剩余水分，及时脱模，可以提高生产率，并能获得良好的表面尺寸精度。这种方法的要点是：在加压时，根据玻璃纤维增强水泥预混料的配比来选定流动性和剩余水的脱水方法。

使用这种方法制造的制品，因形状和强度的原因，使用范围有限。实用的例子是制造气压表盒。

5）离心成型法

与混凝土管的离心成型法相同，在旋转的管状模具中喷入玻璃纤维和水泥浆。该法能够控制纤维的方向性，使它有效地作用到管子的结构强度上，而且在厚度方向上可以改变纤维量。

英国航空研究理事会（ABC）混凝土公司开发的混凝土管子是一种夹层结构，里外是玻璃纤维增强水泥，中间是混凝土。日本也引进了这项技术，已进行试验施工。

7.4 聚合物混凝土复合材料

7.4.1 聚合物混凝土复合材料的分类与特点

普通水泥混凝土是以水泥为胶结材料，而聚合物混凝土是以聚合物或聚合物与水泥为胶结料。

按混凝土中胶结料的组成不同，聚合物混凝土复合材料分为聚合物混凝土或树脂混凝土（PC Polymer Concrete）、聚合物浸渍混凝土（PIC Polymer Impregnated Concrete）和聚合物改性混凝土（PMC Polymer Modified Concrete）。

聚合物混凝土全部以聚合物代替水泥作胶结料。聚合物浸渍混凝土是将低黏度的单体、预聚体、聚合物等浸渍到已水化硬化的混凝土孔隙中，再经过聚合等步骤使水泥混凝土与聚合物成为整体而形成的。聚合物改性混凝土是以水泥和聚合物为胶结料与骨料结合而成的混凝土，即在水泥混凝土的组成中加入聚合物。掺入的聚合物的量比一般减水剂的量要多很多。

在聚合物混凝土复合材料中，由于聚合物全部或部分取代水泥，因此与普通水泥混凝土相比有了许多特殊性能，并且这些性能随聚合物的品种和掺和量不同而变化。聚合物混凝土与普通混凝土的性能比较见表7.5。

表7.5 聚合物混凝土与普通混凝土的性能比较

测试性能＼品种	普通混凝土	*PIC*	*PC*	*PMC*
抗压强度	1	3~5	1.5~5	1~2
抗拉强度	1	4~5	3~6	2~3
弹性模量	1	1.5~2	0.05~2	0.5~0.75
吸水率	1	0.05~0.10	0.05~0.2	—
抗冻循环次数/重量损失	700/25	2 000~4 000/0~2	1 500/0~1	—
耐酸性	1	5~10	8~10	1~6
耐磨性	1	2~5	5~10	10

7.4.2 聚合物混凝土

(1)聚合物混凝土的组成

聚合物混凝土主要由有机胶结料，填物，粗、细骨料组成。为了改善某些性能，必要时可加入短纤维、减水剂、偶联剂、阻燃剂、防老剂等添加剂。

常用的有机胶结料有环氧树脂、不饱和聚酯树脂、呋喃树脂、脲醛树脂、甲基丙烯酸甲酯单体及苯乙烯单体等。以树脂为胶结料需要选择合适的固化剂、固化促进剂。固化剂的选择及掺入量要根据聚合物的品种而定，固化剂及固化促进剂的用量要依据施工现场环境温度进行适当调整，一般只能在规定的范围内变动。选择胶结料时应注意以下几点：

①在满足使用要求的前提下，尽可能采用价格低的树脂。

②黏度低，并且对黏度可进行适度的调整，便于同骨料混合。

③硬化时间可适当调节，硬化过程中不会产生低分子物质及有害物质，固化收缩小。

④固化过程受现场环境条件如温度、湿度的影响要小。

⑤与骨料黏结良好，有良好的耐水性和化学稳定性，耐老化性能好，不易燃烧。

掺入填料的目的是减少树脂的用量，降低成本，同时可提高黏结力、强度、硬度、耐磨性，增加导热系数，减少收缩率及膨胀系数。使用较多的是无机填料，如玻璃纤维、石棉纤维、玻璃微珠等。纤维状填料有助于改善材料的冲击韧性，提高抗弯强度。采用石英粉、滑石粉、水泥、沙子和小石子等可改善材料的硬度，提高抗压强度。选用填料首先要解决填料和聚合物之间的黏结问题，如果填料对所用聚合物没有良好的黏结力，则作为填料不会有好的效果。

采用的骨料有河沙、河砾石和人造轻骨料等。通常要求骨料的含水率低于1%，级配良好。

为了提高胶结料与骨料界面的黏合力，可选用适当的偶联剂，以提高聚合物混凝土的耐久性并提高其强度。加入减缩剂是为了降低树脂固化过程中产生的收缩，过高的收缩率容易引起混凝土内部的收缩应力，导致收缩裂缝的产生，影响混凝土的性能。

聚合物混凝土配合比直接影响到材料的性能和造价，配合比设计包括：

①确定树脂与硬化剂的适当比例，使固化后聚合物材料有最佳的技术性能，并可适当调整拌合料的使用时间。

②按最大密实体积法选取骨料（粉状、砂、石）的最佳级配。骨料级配可以采用连续级配或间断级配。

③确定胶结材料和填充材料之间的配比关系，根据对固化后聚合物混凝土技术性能的要求和对拌合料施工工艺性能的要求，确定两者的比例。

在配比设计计算时，常将树脂和固化剂一起算作胶结料，按比例计算填充料，填料应采用最密实级配。配比中骨料的比例要尽量大，颗粒级配要适当。根据选用的树脂不同和使用目的的不同，各种聚合物混凝土和树脂砂浆的配比是各不相同的，通常的配合比为：

胶结料：填料：粗细骨料＝1：(0.5～1.5)：(4.5～14.5)

混合砂浆的配合比为：

胶结料：填料：细骨料＝1：(0～1.5)：(3～7)

通常聚合物占总重量的9%～25%，或者树脂用量为4%～10%（用10 mm颗粒粒径的骨料）和10%～16%（1 mm粒径的粉状骨料）。几种树脂混凝土的配比见表7.6。

表7.6　几种树脂混凝土的配比

材料名称		聚合物混凝土的种类和配合比		
		环氧混凝土	聚酯混凝土	呋喃混凝土
胶结料	液体树脂	环氧树脂12	不饱和聚酯10	呋喃液12
	粉料	铸石粉15	铸石粉14	呋喃粉32

续表

材料名称		聚合物混凝土的种类和配合比		
		环氧混凝土	聚酯混凝土	呋喃混凝土
石英骨料粒径/mm	<1.2 5~10 10~20	18 20 35	20 20 38	12 13 31
其他材料		增韧剂适量 稀释剂适量	引发剂适量 促进剂适量	—

(2)聚合物混凝土的制备工艺

聚合物胶结混凝土的生产工艺同普通混凝土基本相同,可以采用普通混凝土的拌和设备和浇筑设备制作。由于树脂混凝土黏度大,必须采用机械搅拌,用树脂混合搅拌机将液态树脂及固化剂预先充分混合,再往搅拌机内加入骨料进行强制搅拌,由于黏度高,在搅拌中不可避免地会混进气体形成气泡,所以,有时在抽真空状态下进行搅拌。生产构件时有多种成型方式,例如浇铸成型、振动成型、离心成型、压缩成型、挤出成型等。

聚合物混凝土的养护方式有两种:一种是常温养护,另一种是加热养护。常温养护适用于大构件制品或形状复杂的制品。采用这种养护方式混凝土的硬化收缩小,生产中由于不需加热设备,节省能源,费用较低。加热养护多用于压缩成型和挤出成型的制品。这种方式不受环境温度的影响,但需加热设备,消耗能源,因而费用增加。

(3)树脂混凝土的性能

与普通混凝土相比,树脂混凝土是一种具有极好耐久性和良好力学性能的多功能材料。其抗拉强度、抗压强度、抗弯强度均高于普通混凝土,其耐磨性能、抗冻、抗渗性、耐水性、耐化学腐蚀性良好。各种混凝土的强度比较见表7.7。

表7.7　各种树脂混凝土的物理性能

性　能	树脂混凝土胶结料的种类					对比混凝土	
	呋喃	聚酯	环氧	聚氨酯	酚醛	沥青混凝土	普通混凝土
密度/$(g\cdot cm^{-3})$	2 000~2 100	2 200~2 400	2 100~2 300	2 000~2 100	2 000~2 100	2 100~2 400	2 300~2 400
抗压强度/MPa	50~140	80~160	80~120	65~72	24~25	2.0~15	10~60
抗拉强度/MPa	6.0~10.0	9.0~14.0	10.0~11.0	8.0~9.0	2.0~3.0	0.2~1.0	1.0~5.0
抗弯强度/MPa	16~32	14~35	17~31	20~23	7.0~8.0	2.0~15	2.0~7.0
弹性模量/GPa	20~30	15~35	15~35	10~20	10~20	1~5	20~40
吸水率/wt%	0.1~1.0	0.1~1.0	0.2~1.0	0.1~0.3	0.1~1.0	1.0~3.0	4.0~6.0

1)强度

表现在强度和早期强度高,1 d强度可达28 d的50%以上,3 d强度可达28 d强度的70%以上,因此,可以缩短养护期,有利于冬季施工和快速修补。对金属、水泥混凝土、石材、木材及其他材料有很好的黏结强度。值得注意的是,树脂混凝土的强度对温度敏感性大,耐热性差,强度随温度的升高而降低。

2)固化收缩

树脂的固化过程是放热反应过程,树脂混凝土浇筑之后,其放热反应所产生的热量使混凝土的温度上升。在放热反应开始后的一段时间内,树脂混凝土仍处于从流动态到胶凝态阶段,放热的结果不会导致收缩应力的产生。在达到放热峰之后,开始降温并产生收缩,这时混凝土已经硬化,收缩越大所产生的拉应力越大,树脂不同收缩值也不同。例如,环氧树脂浇注体的体积收缩率为3% ~5%,而不饱和聚酯浇注体的体积收缩为8% ~10%。由于树脂混凝土的收缩率比普通混凝土的大几倍至几十倍,因此在工程应用中经常发生树脂混凝土开裂和脱空等问题。通过研究发现,加入弹性体可以使收缩率减小,使树脂混凝土的整体性和抗裂性提高。

3)变形性能和徐变

树脂类高聚物不是脆性材料,变形性能比较好,因此,树脂混凝土的变形量比水泥混凝土大得多,而且受温度的影响十分明显。

徐变是指树脂砂浆(混凝土)在一定荷载作用下,除弹性变形外,还产生一种随时间缓慢增加的非弹性变形。这种非弹性变形实质上是聚合物砂浆内部质点的黏性滑动现象,这是高聚物的分子链被拉长或压缩的结果。因此,树脂混凝土的徐变比水泥混凝土大许多,而且随温度的升高而增大。

4)吸水率、抗渗性和抗冷冻性

树脂混凝土的组织结构致密,显气孔率一般只有0.3% ~0.7%,为水泥混凝土的几十分之一。树脂混凝土几乎是一种不透水的材料,吸水率极低,水很难侵入其内部,抵抗水蒸气、空气和其他气体的渗透性能良好,抗渗性特高,抗冻性能也很好。树脂混凝土的吸水率、抗渗性和抗冻融性见表7.8和表7.9。

表7.8　树脂混凝土的吸水率、抗渗性

类　别	抗渗性	吸水率					
		1 d	3 d	7 d	14 d	28 d	90 d
聚酯混凝土	20个压力不透水	0.06	0.12	0.12	0.12	0.12	0.12
环氧混凝土	20个压力不透水	0.05	—	0.13	—	0.20	—

5)抗冲击性、耐磨性

树脂混凝土抗冲击性、耐磨性高于普通混凝土,分别为普通混凝土的6倍和2 ~3倍。环氧砂浆及环氧混凝土具有较高的强度,因而具有较高的抗冲磨强度及抗气蚀能力。环氧砂浆的抗冲磨强度一般为高强水泥砂浆的2 ~3倍,抗气蚀强度为高强混凝土的4 ~5倍。由于混凝土中胶结材料含量比砂浆少,所以环氧混凝土抗冲磨强度与高强水泥混凝土比较,提高一般不超过1倍。

表 7.9　树脂混凝土冷冻试验结果

类　别	冷冻次数	重量变化率/%	弹性模量/×10⁴ MPa	弯曲强度/MPa
环氧混凝土	0	—	2.27	17.0
	100	0.04	2.75	16.7
	300	0.07	2.51	16.7
聚酯混凝土	0	—	3.29	22.2
	100	0.06	3.29	22.0
	200	0.14	3.29	—
	300	0.15	3.24	—
	400	0.18	3.20	-21.3

6）化学稳定性

树脂混凝土构造严密，孔隙率低，组成材料的耐磨蚀稳定性好，因此，树脂混凝土化学稳定性比水泥混凝土有很大提高，提高的程度因树脂种类不同而有所差别。树脂混凝土的耐候性视树脂种类、骨料种类、用量及配比等因素而定。日本学者大滨禾彦根据多年室外暴露试验结果推算后认为，树脂混凝土的耐久性可保证使用20年。

7.4.3　聚合物浸渍混凝土

聚合物浸渍混凝土是一种用有机单体浸渍混凝土表层的孔隙，并经聚合处理而成一整体的有机—无机复合的新型材料。其主要特征是强度高，比普通水泥混凝土高2～4倍，混凝土的密实度得到明显改善，几乎不吸水、不透水，因此，抗冻性及耐化学侵蚀能力提高，尤其对硫酸盐、碱和低浓度酸有较强的耐腐蚀性。

聚合物浸渍混凝土用的材料主要是普通水泥混凝土制品和浸渍液两种。浸渍液可以由一种或几种单体加适量的引发剂、添加剂组成。混凝土基材和浸渍液的成分、性质都对聚合物浸渍混凝土的性质有直接影响。用浸渍法提高混凝土强度的基本原理如图7.7所示。

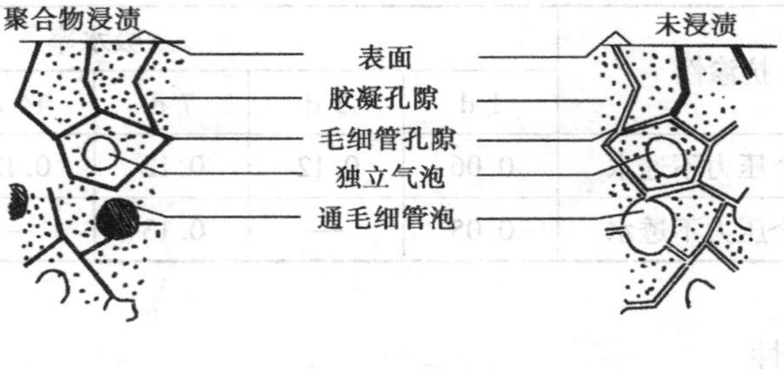

图 7.7　聚合物浸渍混凝土原理

聚合物浸渍混凝土中聚合物的主要作用是黏结和填充混凝土中的孔隙和裂隙的内表面，浸渍液的主要功能是：①浸渍液对裂缝的黏结作用消除了混凝土裂隙尖端的应力集中；②浸渍液增加了混凝土的密实性；③形成一个连续的网状结构。由此可见，聚合物浸渍混凝土使混凝土中孔隙和裂隙被填充，使原来多孔体系变成较密实的整体，提高了强度和各项性能。由于聚合物的黏结作用使混凝土各相间的黏结力加大,所形成的混凝土—聚合物互穿网络结构,因此,改善了混凝土的力学性能并提高了耐久性,改善了抗渗、抗磨损、抗腐蚀等性能。

(1)浸渍混凝土的材料组成和制备工艺

1)材料组成

浸渍混凝土主要由基材和浸渍液两部分组成。

①基材　国内外采用的基材主要是水泥混凝土,其中包括钢筋混凝土制品,其制作成型方法与一般混凝土预制构件相同,作为被浸渍液的基材应满足下列要求:有适当的孔隙,能被浸渍液浸填;有一定的基本强度,能承受干燥、浸渍、聚合过程的作用应力,不因搬动而产生裂缝等缺陷;不含有溶解浸渍液或阻碍浸渍液聚合的成分;构件的尺寸和形状要与浸渍、聚合的设备相适应;要充分干燥,不含水分。

②浸渍液　浸渍液的选择主要取决于PIC的最终用途、浸渍液工艺和制作成本等。用做浸渍液的单体应满足如下要求:有适当的黏度,浸渍时容易渗入基材内部;有较高的沸点和较低的蒸气压,以减少浸渍后和聚合过程中的损失;经加热等处理后,能在基材内部聚合并与其形成一个整体;单体形成的聚合物的玻璃化温度必须超过材料的使用温度;单体形成的聚合物应有较高的强度和较好的耐水、耐碱、耐热、耐老化等性能。

常用的单体及聚合物有苯乙烯(S)、甲基丙烯酸甲酯(MMA)、丙烯酸甲酯(MA)以及不饱和聚酯树脂(P)和环氧树脂(E)等。

2)制备工艺

聚合物浸渍混凝土无论是室内加工制品还是现场施工,其工艺过程都较复杂,而且还需要消耗较多的能量。主要步骤有干燥、抽真空、浸渍和聚合。

将准备浸渍的混凝土先进行干燥处理,排除基材中的水分,以确保单体浸填量和聚合物对混凝土的黏着力,这是浸渍处理成功的关键,通常要求混凝土的含水率不超过0.5%。干燥方式一般采用热风干燥,干燥温度和时间与制品的形状、厚度及浸渍混凝土的性质有关,干燥温度一般控制在105 ~150 ℃。

抽真空的目的是将阻碍单体渗入的空气从混凝土的孔隙中排除,以加快浸渍速度和提高浸填率。浸填率是衡量浸渍程度的重要指标,以浸渍前后的质量差与浸渍前基材质量的百分比来表示。抽真空是在密闭容器中进行的,真空度以6 666.1 Pa为宜。混凝土在浸渍前是否需要真空处理,应视浸渍混凝土的用途而定。高强度混凝土需要采用抽真空处理,强度要求不高时可以不采用抽真空处理。

浸渍可分为完全浸渍和局部浸渍两种。完全浸渍是指混凝土断面被单体完全浸透,浸填量一般在6%左右,浸渍方式应采用真空—常压浸渍或真空—加压浸渍,并要选用低黏度的单体。完全浸渍可全面改善混凝土的性能,大幅度提高强度。局部浸渍的深度一般在10 mm以下,浸填量2%左右,主要目的是改善混凝土的表面性能,如耐腐蚀、耐磨、防渗等。浸渍方式采用涂刷法或浸泡法。浸泡时间根据单体种类、浸渍方法、基材状况及尺寸而定。施工现场进行浸渍处理多为局部浸渍。

渗入混凝土孔隙的单体通过一定的方式使其由液态单体转变为固态聚合物,这一过程称为"聚合"。聚合的方法有辐射法、加热法和化学法。辐射法不用加热引发剂,而是靠高能辐射聚合;加热法需要加入引发剂加热聚合;化学法不需要辐射和加热,只用引发剂和促进剂引起聚合。

(2)浸渍混凝土的性能

混凝土浸渍后性能得到明显改善。下面从结构与性能关系上介绍浸渍混凝土的性能。

1)强度

混凝土浸渍处理后强度大幅度提高,提高的程度与基材的种类、性质有关,单体的种类和聚合方式有关。微观研究表明,浸渍混凝土强度的提高主要原因是聚合物充填了混凝土内部的孔隙,包括水泥石的孔隙、骨料的微裂隙、骨料与水泥石之间的接触裂隙等,从而增强了混凝土内部各相的黏结力,并使混凝土变得致密,聚合物形成的连续网络大大提高了混凝土的强度,并使混凝土应力集中效应降低,也极大地提高了强度。浸渍混凝土不仅强度提高,同时强度的变异系数也减小。

2)弹性模量

浸渍混凝土的弹性模量比普通混凝土提高50%左右。最大压缩变形增加40%~70%,应力—应变曲线近似于直线。

3)吸水率与抗渗性

普通混凝土中的孔隙在浸渍之后被聚合物填充,使得浸渍混凝土的吸水率、渗透率显著降低,抗渗性显著提高。

4)耐化学腐蚀性

浸渍混凝土耐腐蚀性采用快干湿循环实验,将试件在各种介质中浸泡1 h,再经80 ℃干燥6 h,交替一次为一个循环。试验结果表明,浸渍混凝土对碱和盐类有良好的耐腐蚀稳定性,对无机酸的耐腐能力也有一定的提高。

5)抗磨性

在浸渍混凝土中的聚合物使水泥之间的黏聚力增加,而且使水泥对骨料的黏结力增加,这两种作用都明显提高混凝土的抗磨性能。

7.4.4 聚合物改性混凝土

将聚合物乳液掺入新拌混凝土中,可使混凝土的性能得到明显的改善,这类材料称为聚合物改性混凝土。用于水泥混凝土改性的聚合物品种繁多,基本上分为三种类型:聚合物乳液、水溶性聚合物和液体树脂。

聚合物乳液做水泥材料改性剂时,可以部分取代或全部取代拌和水。聚合物乳液具有如下几个方面的特性:①作为减水塑化剂,在保持砂浆和易性良好、收缩较小的情况下,可以降低水灰比;②可以提高砂浆与老混凝土的黏结能力;③提高修补砂浆对水、二氧化碳和油类物质的抗渗能力,而且还能增强对一些化学物质侵蚀的抵抗能力;④在一定程度上可以用做养护剂;⑤增强砂浆的抗弯、抗拉强度。

当选择聚合物用做混凝土或砂浆的改性剂时,必须满足一些要求,例如:①改善和易性和弹性;②增加力学强度,尤其是弯曲强度、黏结强度和断裂伸长率;③减少收缩;④提高抗磨性能;⑤提高耐化学介质性能,尤其是冰盐、水和油;⑥提高耐久性。

制备聚合物分散体系应尽量注意以下问题:①对水泥的水化和胶结性能无不良影响;②在水泥的碱性介质中不被水解或破坏;③对钢筋无锈蚀作用。

聚合物改性水泥材料的性能分为硬化前和硬化后的性能。

(1)减水性

聚合物乳胶有较好的减水性,使砂浆和易性大大改善。聚灰比越大,减水效果越明显,最大减水率可达到43%,此项试验的结果见表7.10。

表7.10　乳胶改性砂浆的减水效果

类　别	灰砂比	聚灰比	水灰比	减水率比/%
水泥砂浆	1:2.5	0	0.5	0
氯丁乳胶改性砂浆	1:2.5	5	0	22
	1:2.5	10	0.30	28
	1:2.5	15	0.33	34
	1:2.5	20	0.30	40
水泥砂浆	1:3	0	0.62	0
丙烯酸酯共聚乳液改性砂浆	1:3	12	0.35	43

(2)坍落度

聚合物水泥混凝土的坍落度随单位用水量即水灰比的增加而增大。当水灰比不变时,聚灰比越高,其坍落度越大。要达到预定坍落度的聚合物水泥混凝土,其所需的水灰比会随聚灰比的增大而大大降低。这一减水效果对于混凝土早期强度的发挥及干燥收缩的降低是很有益的。

(3)含气量

聚合物水泥砂浆中的含气量较高,可达到10%~30%,在拌制聚合物改性混凝土时,只要采用优质消泡剂,其含气量就会少得多,可降到2%以下,与普通水泥混凝土基本相同。这是因为混凝土与砂浆相比,骨料颗粒粗一些,空气容易排除。

(4)密度及孔隙率

聚合物水泥材料的平均密度取决于很多因素,主要有骨料的性质和用量、密实方法、水灰比等。随聚合物水分散体含量增加,PMC的密度下降。当P/C为0.2~0.25时,密度出现极大值,这是由于在此用量下聚合物分散体的塑化作用,提高了成型性,有利于混合物的密实。

加入聚合物乳液引起材料内孔隙的重分布,使孔隙率提高,因此在聚合物水泥砂浆(混凝土)密度下降的同时,伴之以显著的孔隙变小及整体分布均匀。例如,在不加聚合物的混凝土中,半径为30~45 nm埃的孔隙含量最大。加入丁苯胶乳后,半径为3~10 nm埃的孔隙数增多,大孔隙数目减少。

(5)凝结时间

聚合物水泥混凝土的凝结时间有随聚灰比增加而有所延长的趋势。该现象可能是由聚合物悬浮液中所含的表面活性剂等成分阻碍了水泥的水化反应所造成的。

在聚合物水泥混凝土中,由于水分自混凝土表面蒸发及水泥的水化,导致聚合物悬浮液脱水,于是聚合物粒子相互粘连,形成黏结性的聚合物薄膜,强化了作为胶结料的水泥硬化体。因此,硬化后的聚合物水泥混凝土的各种性能均比普通水泥混凝土好。

(6)强度

聚合物水泥混凝土的各种相对强度(即聚合物水泥混凝土与普通水泥混凝土的强度比)及各种强度之间的关系见表7.11。由表可知,除PVAC混凝土外,聚合物水泥混凝土的抗压、抗弯、抗拉及抗剪强度均随聚灰比的增加而有所提高,其中尤以抗拉强度及抗弯强度的增加更为显著。

表7.11　聚合物改性混凝土的强度性能

混凝土种类	聚/灰/%	水/灰/%	相对强度				强度比			
			抗压 σ_c	抗弯 σ_b	抗拉 σ_t	抗剪 σ_s	σ_c/σ_b	σ_c/σ_b	σ_c/σ_t	σ_c/σ_s
SBR混凝土	5	53.3	123	118	126	131	7.13	13.84	1.94	0.185
	10	48.3	134	129	154	144	7.13	12.40	1.74	0.184
	15	44.3	150	153	212	146	6.75	10.05	1.49	0.168
	20	40.3	146	178	236	149	5.46	8.78	1.56	0.178
PAE-1混凝土	5	43.0	159	127	150	111	8.64	15.17	1.77	0.120
	10	33.6	179	146	158	116	8.44	16.23	1.96	0.111
	15	31.3	157	143	192	126	7.58	11.65	1.55	0.139
	20	30.0	140	192	184	139	5.03	10.88	2.19	0.170
PAE-2混凝土	5	59.0	111	106	128	103	7.23	12.92	1.81	0.161
	10	52.4	112	116	139	116	6.65	11.40	1.71	0.178
	15	43.0	137	167	219	118	5.64	9.06	1.62	0.148
	20	37.4	138	214	238	169	4.45	8.32	1.88	0.210
PVAC混凝土	5	51.8	98	95	112	102	7.13	12.53	1.78	0.178
	10	44.9	82	105	120	106	5.37	9.76	1.81	0.221
	15	42.0	55	80	90	88	4.69	8.39	1.81	0.274
	20	36.8	37	62	91	60	4.10	5.76	1.38	0.275
普通混凝土	0	60.0	100	100	100	100	6.88	12.80	1.86	0.174

养护条件直接影响聚合物改性砂浆(混凝土)的强度,聚合物水泥砂浆和混凝土一样,理想的养护条件是:早期水中养护以促进水泥水化,然后干燥养护,以促进聚合物成膜。

无机胶结材料中加入有机聚合物外加剂,可显著地提高与其他材料的黏附强度。聚合物改性水泥材料与多孔基材的黏附强度,决定于亲水性聚合物与水泥悬浮体的液相一起向基体的孔隙及毛细孔内的渗透。在孔隙及毛细管内充满水泥水化产物,并且水化产物被聚合物增强,从而保证了胶结材料与基体之间良好的黏结强度。黏结强度受聚合物品种影响也与聚灰比有关。

(7)变形性能

在乳胶改性砂浆横断面的扫描照片中,可清楚地看到乳胶形成的纤维像桥一样横跨在微裂缝上,有效地阻止裂缝的形成和开展。因此,乳胶改性砂浆的断裂韧性、变形性能都比水泥砂浆有很大提高,弹性模量也明显降低。

(8)徐变行为

聚合物水泥砂浆在不受外力的情况下,随时间变化而产生的变形称为"徐变"。PMC 的徐变总的趋势是随聚合物含量的增大而增大。养护条件和聚合物的种类对徐变是有影响的。干养护时,徐变随聚合物含量的增加而增大;湿养护时,聚合物水泥混凝土的徐变是普通混凝土的两倍以上,而不同聚合物含量的徐变几乎相等。

(9)耐水性和抗冻性

对聚合物水泥混凝土的作用可用吸水性、不透水性和软化系数等指标描述。吸水性是指试样置于水中一定时间后的吸水量,即重量的增加。不透水性是指材料阻止水渗透的性质。软化系数是指湿试样与干试样的强度比。

任何聚合物掺加剂都可使混凝土的吸水性减小。这是因为聚合物填充了孔隙,使总孔隙量、大直径孔隙量及开孔孔隙量减少。在较好的条件下,吸水量可下降 50%,软化系数达 0.8~0.85,这样的聚合物水泥混凝土属于水稳定材料。

聚合物改性水泥砂浆的吸水性和抗冻性与改性砂浆(混凝土)的孔结构有关,而孔结构受乳液中聚合物类型和聚灰比的影响。一般聚合物改性砂浆(混凝土)的吸水性和渗透性随聚灰比的增加而明显减少,因为大的孔隙均被填充或用连续的聚合物膜封闭。大多数 PMC 比普通水泥混凝土吸水率和渗透率都明显降低,不同类型聚合物、不同聚灰比其吸水率变化情况不同,一般来说,随聚合物含量增加,吸水率和透水率减少更为明显。

因水的渗透减少和空气的引入,PMC 的冻融耐久性得以改进。在 $P/C \geqslant 5\%$ 时,乳液改性砂浆的抗冻性进一步改进。

(10)收缩与耐磨性

聚合物改性水泥混凝土的收缩受到聚合物种类及添加剂的影响,有的聚合物使收缩增加,有的使收缩减少。如聚灰比为 12% 的丙烯酸酯共聚乳液砂浆的收缩率比空白砂浆减少 60%,而氯丁胶乳水泥砂浆的干缩则比空白砂浆有所增加。

聚合物掺加剂可使水泥砂浆(混凝土)的耐磨性大幅度提高。材料耐磨性提高的本质并不是由于结构中矿物部分的密度和强度的增加,而是由于在磨损表面上有一定数量的有机聚合物存在,聚合物起黏结作用,防止水泥材料的颗粒从表面脱落。聚合物的品种及掺量均会影响 PMC 的耐磨性。

(11)化学稳定性

聚合物改性水泥混凝土另一重要特性是抗碳化能力和化学稳定性都比普通混凝土有明显提高。聚合物改性水泥砂浆(混凝土)中,聚合物的充填作用和聚合物膜的密封作用可由气体穿透量的减少来证实,如空气、二氧化碳、水蒸气的不渗透,而且随聚灰比的增加防碳化作用、耐腐蚀性提高效果十分明显。良好的不透水性也提供了较好的耐氯化物渗透能力。

7.5　水泥基复合材料的应用

水泥基复合材料具有很多优点,价格低廉,使用当地材料即可制得,用途广泛,适应性强,并能做成几乎任何形状和表面,因此,它是一种理想的多用途的复合材料。水泥基复合材料的品种很多,其主要用于建筑材料混凝土,构成混凝土的材料不同,其应用也就不同。

7.5.1 混凝土的应用

(1)轻集料混凝土的应用

用多孔轻质集料配制而成，其表面密度不大于 1 950 kg/m³ 的混凝土，称为“轻集料混凝土”。

轻集料混凝土的应用范围十分广泛。不同类别的轻集料混凝土有不同的用途，现分述如下：

①保温轻集料混凝土主要用于房屋建筑的外墙体或屋面结构。此类轻集料混凝土的表观密度为 300 ~ 800 kg/m³，强度等级为 CL0.5 ~ CL5.0，一般用此种全轻混凝土制作非承重保温制品。

②结构保温轻集料混凝土主要用于既承重又保温的房屋建筑外墙体及其他热工构筑物。此种混凝土的表观密度为 800 ~ 1 400 kg/m³，强度等级为 CL5.0 ~ CL15，可用浮石、火山渣及陶粒为轻集料配制。

③结构轻集料混凝土，主要用于承重钢筋混凝土结构或构件，其表观密度为 1 950 m³，强度等级为 CL15 ~ CL50。常用的表观密度为 1 700 ~ 1 800 kg/m³，强度等级为 CL20。CL25 级以上的可用做预应力钢筋混凝土结构。在我国此类混凝土主要用于有抗震要求或建于要求减轻结构自重的房屋建筑，用其制作梁、板、柱等承重构件或现浇结构，少量用于热工构筑物。应用时应注意如下事项：a. 为了改善轻集料的混凝土的施工性能，一般可在施工前 0.5 ~ 1 d 对轻集料进行淋水预湿，但在气温低于 5 ℃时不宜进行预湿处理。b. 全轻混凝土及采用堆积密度小于 500 kg/m³ 的轻粗集料配制的砂轻混凝土只能采用强制式搅拌机搅拌，仅塑性砂轻混凝土允许用自落式搅拌机搅拌。c. 轻集料混凝土自然养护时，为了防止表面失水，宜及时喷水，覆盖塑料薄膜或喷洒养护剂。加热养护时，静停时间少于 1.5 ~ 2.0 h，升温速度为 15 ~ 25 ℃/h为宜。

(2)粉煤灰混凝土的应用

掺入粉煤灰的混凝土或用粉煤灰水泥为浇结材料的混凝土，称为“粉煤灰混凝土”。

粉煤灰混凝土广泛用于工业与民用建筑工程和桥梁、道路、水工等土木工程。粉煤灰混凝土特别适用于下列情况：

①节约水泥和改善混凝土拌合物和易性的现浇混凝土，特别是泵道混凝土工程；

②房屋道路地基与坝体的低水泥用量，高粉煤灰掺量的碾压混凝土(用Ⅲ级灰)；

③C80 级以上大流动高强混凝土(用优质粉煤灰)；

④受海水等硫酸盐作用的海工、水工混凝土工程；

⑤需降低水化热的大体积混凝土工程；

⑥需抑制碱骨料反应的混凝土工程。

(3)高强混凝土的应用

高强混凝土是指强度等级为 C60 以上的混凝土。高强混凝土的研究与应用是当前混凝土技术中的一个重要发展方向。

高强混凝土在土木建筑工程中应用范围比较广泛。随着我国高层、超高层建筑、大跨度桥梁、架空索道及高速公路等工程建筑项目的增多，C60 级以上高强混凝土的用量也不断增加。

国内外的经验证明，在上述各工程项目中，使用高强混凝土具有显著的经济效益。例如，以C80级混凝土取代C40级混凝土制作预应力混凝土桁架，可减轻自重42%；制作浇灌钢筋混凝土承重柱，可提高承载力100%，减少平面系数26%的技术经济效益。

高强混凝土用于上述承重结构的经济性，还表现在因其耐久性好而减少维修费用。综上所述，可将高强混凝土的应用范围归纳为以下几个方面：

①预应力钢筋混凝土轨枕、管桩；

②抗爆结构的防护门；

③高层、超高层建筑的底层柱子，承重墙及剪力墙；

④高层建筑下部框架的柱子及主梁等；

⑤海上采油平台结构；

⑥大跨度桥梁结构的箱形梁及桥墩等；

⑦高速公路的路面；

⑧隧道、矿井工程的衬砌、支架与护板等。

7.5.2　纤维增强混凝土(FRC)的应用

有实用价值的FRC是用锆系耐碱玻璃纤维增强的CFRC，其应用范围有：

①内外墙体材料(隔断、挂板墙、窗间墙、夹层材料等)；

②模板(楼板的底模、梁柱模、桥台面、各种被覆层)；

③土木设施(挡土墙、道路和铁路的防音墙、电线杆、排气塔、通风道、管道、地沟、净化池、贮仓等)；

④海洋方面的用途(小型船舶、游艇、浮杆、甲板等)；

⑤其他用途(耐火墙、隔热墙、隔音墙、窗框、托板等)。

国内一些建筑物的窗间墙采用了GBRC、FRC，通常采取喷射法施工，浇注法尚未应用。钢纤维增强混凝土(SFRC)在下列场合被采用：

①强层(如高达2 900 F)水泥窑内衬；

②表面喷涂；

③加固补强；

④堤堰用；

⑤隧道内衬；

⑥道路及跑道面层；

⑦消波用砌体；

⑧其他。

近年来，也采用高强度、高模量碳纤维增强水泥。用其增强后的水泥，其杨氏模量接近按混合规则计算的值，断裂功提高几个数量级。同时，还可抑制水泥基体的开裂和在老化过程中的尺寸变化，并使其抗蠕变和耐疲劳性能都得到改善。

为了使水泥能在细小的纤维之间均匀分散，作为基体水泥的粒度应尽可能细小。在制造增强复合材料时，用长丝缠绕、泥浆压型、手铺叠层以及喷射注型等成型工艺。

水泥中加入3%(体积)的碳纤维后，其模量可提高2倍，强度增加5倍。如果定向增强，则加入12.3%(体积)的中强碳纤维，便可使水泥的强度从5×10^6 N/m^{2}提高到10^8 N/m^2，挠曲强度也可达到1.3×10^8 N/m^2。

碳纤维增强水泥可用来代替木材,制成住宅的屋顶、构架、梁、地板以及隔板等,也可以代替石棉制成耐压水泥管和各种容器。由于减轻了自重,可降低高层结构中的建筑费用,碳纤维的成本昂贵,限制了在这方面的应用。

FRC 现在还不能立即用以代替钢筋混凝土,应先用它制作形体简单的小尺寸构件,再逐渐向生产大构件过渡。

未来的 FRC 的应用主要受增强纤维品种、质量及其价格的支配。纤维本身强度高,同时水泥有良好的黏结性,它的耐久性也不错,如果工艺过关,价格便宜,FEC 推广普及并非难事。

7.5.3 聚合物改性水泥混凝土的应用

聚合物改性水泥砂浆或改性水泥混凝土已得到了较广泛的应用。其主要应用范围见表 7.12。

表 7.12 聚合物改性水泥砂浆的应用范围

应 用	具体使用场合
铺面材料	房屋地面、仓库地面、办公室地面、厕所地面等
地面板	人行道、楼梯、化工车间、车站月台、公路路面、修理车间
耐水材料	混凝土防水层、砂浆的混凝土隔水墙、水容器、游泳池、化粪池、贮仓
黏结材料	地板面的黏结、墙面板的黏结、绝热材料的黏结、新旧混凝土的黏结及新旧砂浆之间的黏结
防腐材料	污水管道、化工厂地面、耐酸管道的接头黏结、化粪池、机械车间地面、化学实验室地板、药房
覆盖层	混凝土船体的内外层、桥面覆盖层、停车房地面、人行桥桥面

(1)地面和道路工程

由于聚合物改性混凝土良好的耐磨性及耐腐蚀性,可用于地面和路面,施工方法有:

①直接用聚合物浇铸地面。

②聚合物混凝土形成地面板,然后铺砌。

③在地面做一层聚合物水泥砂浆涂层。

聚合物改性混凝土物料的配制顺序为:聚合物乳液与水拌和,然后加入水泥、沙及石。拌和时间一般为 3 ~7 min,配合比可参照前面所介绍的工艺方法进行设计。表 7.13 为一组配合比例。

表 7.13 聚合物改性混凝土配合比

组 分	配合比(质量百分数)
普通硅酸盐水泥	1
聚合物乳液	0.35
砂	1.4
碎石	2.6
水	0.25

聚合物改性水泥砂浆及水泥混凝土的拌和可用砂浆或混凝土拌和设备,并参照现有的拌和工艺进行。但拌和时间及速度的确定应考虑尽可能减少拌合浆体内气泡的含量,必要时加入除气泡剂。

聚合物改性混凝土在工厂生产时物料的配比可以简化。制备聚合物改性混凝土混合料时,要求严格控制水的用量,以保证浆体的工作性,但流动性也不宜太大,否则会影响强度。混合浆体要在配制后3 h内使用,已凝固的物料不宜再用。

聚合物改性水泥混凝土地面浇灌和硬化时,地面空气、温度和基底层的温度,以及浇灌混合物温度应不低于5 ℃,底层具有足够的强度。准备浇灌聚合物混凝土的底面应除尘清洗,并用聚合物乳液(乳液:水=1:8)打底,用量为0.15~0.2 L/m^2。

聚合物改性混凝土用于地面工程时,与普通混凝土的施工过程相同,同样要求振动捣实,每段地面的振动时间不应少于30 s,当其表面均匀出现水分时可结束振捣,然后整平表面,勾出伸缩缝。聚合物改性混凝土的养护应考虑到本身的水硬化特性。聚合物改性混凝土的成型及养护期间的适宜温度为5~30 ℃。成型后初期要防止聚合物上浮到混凝土表面,即表面不要聚积水并应覆盖,防止雨水。因此,成型后表面最好用湿麻袋或塑料薄膜覆盖。普通混凝土适应的较长时间内潮湿养护方法对聚合物改性混凝土反而不利。聚合物改性水泥混凝土最适合的养护方法是:先潮湿,然后在干燥养护,以利于聚合物混凝土中聚合物形成结构。因此,要求聚合物改性混凝土在1~3 d潮湿养护后,在环境温度下干燥养护。为了加速聚合物的结构形成过程,也可以采用提高养护温度的方法,但蒸养的方法不适用。

聚合物改性砂浆铺筑房屋地面,在摊铺成型养护一段时间后,等聚合物改性水泥砂浆达到一定强度后(一般在摊平后7~10 d),用磨光机磨平地面,磨平过程中,先用粗粒金刚砂,再用中粒金刚砂打磨。做好的聚合物改性水泥砂浆地面厚度约20 mm。在打磨过程中露出砂眼及孔洞时,应用下列成分的混合料最后嵌平:普通硅酸盐水泥1,聚合物乳液0.35,细纱21,必要的添加剂和水,磨光后可以打蜡或上漆,地面做成后28 d才可以使用。其强度不低于要求设计砂浆标号的75%。厚度偏差不大于10%,表面与水平面或规定的坡差的偏差不超过相应房间尺寸的0.2%。

虽然聚合物改性水泥砂浆或水泥混凝土的多种性能得到明显改善,但由于聚合物的掺入,会提高混凝土的成本。一般可提高2~4倍。在欧美等发达国家,由于化学工业较先进,因此聚合物的成本相对会低一些,聚合物的掺入,使得混凝土的成本增加幅度相对较小。在我国,由于化学工业仍然较落后,因此聚合物的成本相对要高一些,这是聚合物改性混凝土在我国没有得到广泛使用的一个主要原因。

由于聚合物改性水泥的良好性能,它可用于船甲板地面,用聚合物水泥制造船甲板铺面可节约专用木材,缩短施工工期,并可使造价减少到原来的1/8左右。聚合物水泥在这方面已在许多国家得到广泛应用。

由于聚合物改性混凝土具有良好的防水性质,因此在桥梁道路路面得到大量使用。使用聚合物改性水泥混凝土,可避免常规施工过程中黏结及防水所需要的复杂工艺过程,因而也可用于高等级刚性水泥混凝土路面,可降低水泥混凝土面层的厚度,减轻面层开裂,从而延长使用寿命。

(2)结构工程

在建筑结构中应用聚合物改性混凝土是一个很有吸引力的课题,这一课题的解决将导致建筑结构的革新。

苏联契尔金斯基进行了这方面的试验。用普通钢筋水泥混凝土梁做对比，在试验梁的受拉区 1/3 高度截面用聚酯酸乙烯改性水泥混凝土制成（聚合物乳液/水泥为 0.2 ~0.3）。混凝土梁的尺寸为 120 cm ×20 cm ×20 cm。试验时，梁的支距为 110 cm，在距支座 40 cm 处施加两个集中荷载。

试验结果为，当梁的理论破坏荷载为 21 580 kN 时，普通混凝土对比梁在荷载为 16 100 kN 时破坏，而在拉伸区应用聚合物改性水泥混凝土，破坏荷载为 20 000 kN。上述试验证明，聚合物改性水泥混凝土梁具有较强的抗折能力及较大的抗拉伸性。

已在跨度 2.1 m 的公路小桥中用聚合物钢筋混凝土作桥梁。钢筋为 30 × Γ2C 钢筋，梁的拉伸区用轻集料聚合物改性混凝土。将这种结构与同跨度的预应力梁相比，可节省高强钢筋 15% ~20%，减少安装块体重量 20 ~27 t，成本下降 20% ~35%，并且制造复合混凝土梁不需要复杂的设备。

日本建筑研究院开始研究尺寸为 150 mm ×150 mm ×1 800 mm 及 150 mm ×250 mm ×2 100 mm的聚合物钢筋水泥混凝土梁，聚合物外加剂为丁苯胶乳和聚丙烯酸类胶乳，以及环氧树脂（聚合物/水泥 =0.1）。它们证明，这种混凝土具有较大的塑性，虽然价格比普通钢筋水泥混凝土高 70%，但其发展的前途相当乐观。

对于预应力的混凝土，工程上有很高要求。现在用于预应力结构中的混凝土变形率较小，抗拉强度也较低，在空气中收缩较大，压缩时蠕变明显。试验证明，在水泥混凝土中掺入聚合物外加剂可部分地克服上述缺陷。

预应力聚合物改性水泥混凝土对制造强度高、性能优异的结构具有广阔的发展前景。在预应力聚合物混凝土中，聚合物相呈现新的性质。加入相当量的聚合物（聚合物/水泥达 0.2）可改善混凝土在应力状态下的性质，这也证明聚合物相与水泥石相的相互作用具有重要效能。

由于聚合物外加剂的掺入，加荷时混凝土中的微裂纹张开程度发展比在普通水泥混凝土中小得多，横向变形减小。在混凝土的压应力达强度的 50% 时，混凝土的微观破裂界限约提高 20% 。

实验证明，在长期压缩作用下，甚至在高度压缩条件下（0.8 ~0.85），聚合物水泥混凝土中也不形成临界裂纹。聚合物水泥混凝土的这一重要性质可解释为：第一，由于混凝土的非弹性变形，钢筋中均匀作用应力及其偏心迅速减少；第二，聚合物外加剂使微裂纹界限提高，并阻止受压缩的混凝土结构的破坏。这时，压缩应力使抗拉强度下降的不良影响减小至最低程度。

聚合物水泥混凝土预应力结构首先可应用化学工业生产中的承重和防护建筑，也适用于水利、能源及交通行业中在干湿交替作用下的工程结构，其中包括建造水中及水下结构物，以及隧道、地下排水设施等。

在许多条件下，聚合物水泥混凝土也适用于建造一般条件和在静、动载荷作用下的预应力结构。由于聚合物外掺剂可提高结构的强度、耐腐蚀性及耐久性，因此聚合物水泥混凝土代替普通水泥混凝土的经济效益是难于准确估计的。同时，单独的计算表明，用聚合物水泥混凝土代替一般水泥混凝土后，在减少水泥用量的条件下，钢筋用量可减少 25% ~35%，或者构件的抗裂性可提高 30% 。

(3)修补工程

聚合物水泥砂浆及改性水泥混凝土良好的黏结性能被广泛地用于修补工程。用普通水泥砂浆或普通混凝土进行修补工程，由于新拌混凝土与旧混凝土之间不能很好地结合，经常会发生修补的混凝土脱落，不能起到修补作用。原因在于旧混凝土被修补的表面存在一定量的结构孔隙，如果旧混凝土在干燥情况下就将新拌混凝土覆盖上去，由于毛细作用，新拌混凝土的水分浆进入旧混凝土内，致使靠近旧混凝土表面的新拌混凝土浆体失去水分，不能正常水化，最终新旧混凝土之间形成一层软弱夹层。如果旧混凝土是在潮湿状态下进行修补，即旧混凝土的孔隙已充满水，虽然新拌混凝土中的水分不被旧混凝土所吸收，但被水分充满的旧混凝土孔隙中，也不会有新拌混凝土中的水泥水化产物进入。因此，两者之间并没有产生相互穿插的连接。同时，由于新拌混凝土在硬化过程中产生收缩，会使新旧混凝土界面产生剪应力，引起局部破坏，从而减弱了相互之间的黏结强度，影响修补效果。因此，由于混凝土本身的特性，用混凝土浆体进行修补工程不能取得满意效果。

用聚合物改性混凝土进行修补工程，由于以下原因，会有良好的修补效果。

①新拌聚合物改性水泥混凝土浆体中的聚合物会渗透进入旧混凝土的孔隙中，在新混凝土硬化及聚合物成膜后，在新旧混凝土之间形成穿插于新旧混凝土之间的聚合物联结桥，大大地增强了新旧混凝土之间的黏结强度。

②聚合物改性水泥混凝土有良好的黏结能力，这主要是由于聚合物水泥混凝土中的聚合物具有良好的黏结能力，因而可使新混凝土的黏结作用得到加强。

③聚合物水泥混凝土的硬化收缩较小，并且刚性小，变形能力大，在新旧混凝土界面之间，由于新拌聚合物水泥混凝土硬化引起的收缩而产生的剪应力及破坏裂隙较少，因而对新旧混凝土之间黏结强度的破坏作用小。

④新拌混凝土聚合物中的聚合物对新旧混凝土之间的结合部位起到一定的密封作用，因而使得界面处的抗腐蚀性能提高，对保持新旧混凝土之间黏结强度有利。

用聚合物混凝土对水泥混凝土路面、桥面及地面进行修补，都取得了相当好的效果。也可用聚合物水泥浆对水泥混凝土路面的裂隙或水泥混凝土构件的裂隙进行修补。

用聚合物水泥混凝土对破损水泥混凝土路面进行修复时，应首先清除被修补表面的杂物，然后在修补表面喷洒或涂一层较稀的聚合物乳液，再用新拌聚合物水泥混凝土浆体进行修补。修补后，要进行妥善的养护，最好的养护方式是：先湿养，然后再较干燥条件下养护，即使得水泥能正常水化，又能使聚合物良好地结膜。为了进一步提高新旧混凝土之间的黏结强度，也可对旧混凝土表面进行处理，如清除原有表面，在表面刻槽以增加新旧混凝土之间的接触面积，从而增加新旧混凝土之间的黏结强度，改善修补效果。

聚合物改性水泥混凝土的修补效果与所选的聚合物类型、聚合物的掺量等因素有关。用聚苯乙烯—丁二烯乳液（SBR）及聚丙烯酸酯改性水泥混凝土，进行水泥混凝土的修补取得了良好的效果。

(4)其他方面的应用

除上述用途外，聚合物改性水泥混凝土还可用做建筑装饰材料和保护材料等。

1)装饰材料

对于装饰层、保护—装饰层以及立面涂层，就其性质而言，应满足下面的基本要求：装饰材料的抗压强度应为被装饰混凝土强度的1～2倍；外装饰层材料有较好的气候稳定性；涂层与基底之间有较高的抗剪黏结强度，涂层的变形模量不大于基底材料的变形模量的2.5倍。

聚合物改性水泥混凝土能容易地满足这些要求，作为装饰材料使用。用于混凝土结构装饰材料的配比(重量比)为:白水泥17,耐碱颜料2~2.5。惰性填料为砂粉或石灰石粉,增强剂为石棉。聚合物外加剂为聚酯酸乙烯乳液或丁苯橡胶乳液。装饰外表面时,聚合物/水泥为0.15~0.2;装饰内表面时,聚合物/水泥为0.05~0.1。

石膏聚合物水泥装饰材料用于建筑物内外的装饰和平整表面。配比为(重量比):普通硅酸盐水泥20~30、半水石膏60~70及火山灰材料10左右。这种组分与聚合物外加剂一起可制得具有优异性能的装饰材料。

上述装饰材料可在一般条件下硬化,也可在湿热条件下以及干燥或潮湿条件下硬化。这类装饰材料与水泥混凝土、石膏混凝土、砖、玻璃、木材及纸张等有很好的黏结性,与多种塑料及涂用油漆的表面也能很好的黏合。

2)保护涂层

聚合物水泥材料广泛应用于各种容器的保护涂料,保护容器材料免受储液的侵蚀,防止容器材料对液体的不良影响,以及减少液体材料经过贮器器壁的渗失。

聚合物水泥油灰防水层用于墙壁楼板、深埋的底部以及用于防护地下结构物。如隧道、地沟、坑道、管道等的器壁,也可用于有水压设施的底板(如储水池、沉降池等)。聚合物水泥防水层一般不与食用水直接接触,否则应采用满足卫生要求的聚合物水泥材料。

建造一般用途的防护涂层时采用标号为150~200号,聚合物/水泥=0.05的混凝土,厚度为20~30 mm。设置厚度为10~30 mm涂层时,若有含盐及碱的水介质的侵蚀作用,则可利用同样强度的聚合物水泥混凝土,聚合物与水泥的比值取0.1。

还要指出,聚合物水泥混凝土也是电离射线的良好防护材料。

3)特殊用途

腐蚀条件下可使用聚合物水泥混凝土,如前苏联推荐在腐蚀介质条件下,使用添加糠醇和盐酸苯胺的水泥混凝土。用掺入聚合物的方法,可配制无收缩的聚合物水泥混凝土。这种混凝土在一般湿度和复合硬化条件下硬化(在水中硬化数昼夜,然后在空气中硬化),膨胀变形分别为1.3 mm/m及0.7 mm/m。其抗折强度比同标号的密实混凝土的抗折强度大50%到一倍。抗冲击强度比普通混凝土高15%~20%,可经受300次冻融循环。此类聚合物水泥混凝土的弹性模量较普通混凝土减小约25%左右,而极限延伸率提高20%~25%。无收缩聚合物水泥混凝土具有较低的透水性、透盐性和透苯性,压力为1~2 MPa时,渗透系数为$(4\pm3)\times10^{-9}/(cm^2\cdot s\cdot MPa)$。

掺入聚合物可制成高度不透气的聚合物水泥密封料。在压力达0.7 MPa时也不透气,抗压强度为19~20.2 MPa,在放置一个月后,抗压强度为17.6~18.2 MPa;经60次冻融循环后强度没有明显降低。此类混凝土由铝酸盐水泥、砂、石灰及水溶性苯酚甲醛聚合物组成,用量比1:3:0.15:1。这种混凝土已用于煤气管道的接头防护。

在气候特别严寒的地区,可用聚合物制成抗冻性能良好的抗冰冻聚合物水泥混凝土。

用聚合物制成的聚合物水泥混凝土铁道枕木具有特别好的耐久性。

特殊的聚合物水泥适用于保护钢丝网水泥结构中的铁丝网。用聚乙烯醇缩丁醛和普通硅酸盐水泥的混合物于静电场中敷于钢丝网上,涂层中水泥含量应为40%以上,以保证最大的密度,钢丝网表面涂层厚度为60~70 μm,裂纹张开程度达0.1 mm以上时,涂层厚度可增至100 μm。

防止水泥混凝土浆体的分层已成为一个严重的技术问题。通过掺入聚合物可消除混凝土的分层离析现象,保证混凝土浆体的质量。掺入的聚合物外加剂应不影响混凝土的硬化及硬化后的各种性质。最适用的是亲水性,非离子型主要是极高相对分子质量(可达数百万)的聚合物。聚氧化乙烯及聚氧化丙烯、甲基及羟基纤维素、聚丙烯酰胺、聚乙烯醇即属于这类聚合物。聚氧化乙烯(相对分子质量为 4×10^6)具有不大的塑化效应,实际上对强度无影响。

掺入占水泥重量0.6%的聚氧化乙烯,可使水泥浆体经1 d的分层度减小20%。混凝土加入1.5 kg/m^3 的上述外加剂可使混凝土浆体(水泥用量300 kg/m^3)的析水作用减小40%~50%。聚氧化乙烯外加剂也可使混凝土浆体的内摩擦减小50%,泵及管道的摩擦减小近一倍。对于喷射混凝土,掺入聚氧化乙烯,可使混凝土回弹损耗减少25%~40%。聚合物水泥混凝土由于其优良的性能,其用途越来越广泛。

第 8 章 先进复合材料

8.1 碳/碳复合材料

8.1.1 碳/碳复合材料概述

碳/碳复合材料是由碳纤维(或石墨纤维)为增强体,以碳(或石墨)为基体的复合材料,是具有特殊性能的新型工程材料,也称为“碳纤维增强碳复合材料”。碳/碳复合材料完全是由碳元素组成,能够承受极高的温度和极大的加热速率。它具有高的烧蚀热和低的烧蚀率,抗热冲击和在超热环境下具有高强度,被认为是超热环境中高性能的烧蚀材料。在机械加载时,碳/碳复合材料的变形与延伸都呈现出假塑性性质,最后以非脆性方式断裂。它的主要优点是:抗热冲击和抗热诱导能力极强,具有一定的化学惰性,高温形状稳定,升华温度高,烧蚀凹陷低,在高温条件下的强度和刚度可保持不变,抗辐射,易加工和制造,重量轻。碳/碳复合材料的缺点是非轴向力学性能差,破坏应变低,空洞含量高,纤维与基体结合差,抗氧化性能差,制造加工周期长,设计方法复杂,缺乏破坏准则。

1958 年,科学工作者在偶然的实验中发现了碳/碳复合材料,立刻引起了材料科学与工程研究人员的普遍重视。尽管碳/碳复合材料具有许多别的复合材料不具备的优异性能,但作为工程材料在最初的 10 年间的发展却比较缓慢,这主要是由于碳/碳的性能在很大程度上取决于碳纤维的性能和碳基体的致密化程度。当时,各种类型的高性能碳纤维正处于研究与开发阶段,碳/碳制备工艺也处于实验研究阶段,同时其高温氧化防护技术也未得到很好的解决。

在 20 世纪 60 年代中期到 70 年代末期,由于现代空间技术的发展,对空间运载火箭发动机喷管及喉衬材料的高温强度提出了更高要求,以及载人宇宙飞船开发等都对碳/碳复合材料技术的发展起到了有力的推动作用。那时,高强和高模量碳纤维已开始应用于碳/碳复合材料,克服碳/碳各向异性的编织技术也得到了发展,更为主要的是碳/碳的制备工艺也由浸渍树脂、沥青碳化工艺发展到多种 CVD 沉积碳基体工艺技术。这是碳/碳复合材料研究开发迅速发展的阶段，并且开始了工程应用。由于 20 世纪 70 年代碳/碳复合材料研究开发工作的迅速发展，从而带动了 80 年代中期碳/碳复合材料在制备工艺、复合材料的结构设计，以及力学性能、热性能和抗氧化性能等方面基础理论及方法的研究，进一步促进和扩大了碳/碳复合材料在航空航天、军事以及民用领域的推广应用。尤其是预成型体的结构设计和多向编织加工技术日趋发展，复合材料的高温抗氧化性能已达 1 700 ℃，复合材料的致密化工艺逐渐完善，并在快速致密化工艺方面取得了显著进展，为进一步提高复合材料的性能、降低成本和扩大应用领域奠定了基础。

目前人们正在设法更有效地利用碳和石墨的特性，因为无论在低温或很高的温度下，它们都有良好的物理和化学性能。碳/碳复合材料的发展主要是受宇航工业发展的影响，它具有高的烧蚀热，低的烧蚀率，在抗热冲击和超热环境下具有高强度等一系列优点，被认为是超热环境中高性能的烧蚀材料。例如，碳/碳复合材料制作导弹的鼻锥时，烧蚀率低且烧蚀均匀，从而可提高导弹的突防能力和命中率。碳/碳复合材料具有一系列优异性能，使它们在宇宙飞船、人造卫星、航天飞机、导弹、原子能、航空以及一般工业部门中都得到了日益广泛的应用。它们作为宇宙飞行器部件的结构材料和热防护材料，不仅可满足苛刻环境的要求，而且还可以大大减轻部件的重量，提高有效载荷、航程和射程。碳/碳复合材料还具有优异的耐摩擦性能和高的热导率，使其在飞机、汽车刹车片和轴承等方面得到了应用。

碳与生物体之间的相容性极好，再加上碳/碳复合材料的优异力学性能，使之适宜制成生物构件插入到活的生物机体内作整形材料，例如：人造骨骼，心脏瓣膜等。

今后，随着生产技术的革新，产量进一步扩大，廉价沥青基碳纤维的开发及复合工艺的改进，使碳/碳复合材料将会有更大的发展。

8.1.2　碳/碳复合材料的制造工艺

最早的碳/碳复合材料是由碳纤维织物二向增强的，基体由碳收率高的热固性树脂（如酚醛树脂）热解获得。采用增强塑料的模压技术，将二向织物与树脂制成层压体，然后将层压体进行热处理，使树脂转变成碳或石墨。这种碳/碳复合材料在织物平面内的强度较高，在其他方向上的性能很差，但因其抗热应力性能和韧性有所改善，并且可以制造尺寸大、形状复杂的零部件，因此，仍有一定用途。

为了克服两向增强的碳/碳复合材料的缺点，研究开发了多向增强的碳/碳复合材料。这种复合材料可以根据需要进行材料设计，以满足某一方向上对性能的最终要求。控制纤维的方向、某一方向上的体积含量、纤维间距和基体密度，选择不同类型的纤维、基体和工艺参数，可以得到具有需要的力学、物理及热性能的碳/碳复合材料。

多向增强的碳/碳复合材料的制造分为两大步：首先是制备碳纤维预制件，然后将预制件与基体复合，即在预制件中渗入碳基体。碳/碳复合材料制备过程包括增强体碳纤维及其织物的选择、基体碳先驱体的选择、碳/碳预成型体的成型工艺、碳基体的致密化工艺，以及最终产品的加工、检测等环节。

(1) 碳纤维的选择

碳纤维纱束的选择和纤维织物结构的设计是制造碳/碳复合材料的基础。可以根据材料的用途、使用的环境以及为得到易于渗碳的预制件来选择碳纤维。通过合理选择纤维种类和织物的编织参数（如纱束的排列取向、纱束间距、纱束体积含量等），可以改变碳/碳复合材料的力学性能和热物理性能,满足产品性能方向设计的要求。通常使用加捻、有涂层的连续碳纤维纱。在碳纤维纱上涂覆薄涂层的目的是为编织方便,改善纤维与基体的相容性。用做结构材料时,选择高强度和高模量的纤维,纤维的模量越高,复合材料的导热性越好;密度越大,膨胀系数越低。要求导热系数低时,则选择低模量的碳纤维。一束纤维中通常含有 1 000 ~ 10 000根单丝,纱的粗细决定着基体结构的精细性。有时为了满足某种编织结构的需要,可将不同类型的纱合在一起。另外,还应从价格、纺织形态、性能及制造过程中的稳定性等多方面的因素来选用碳纤维。

可供选用的碳纤维种类有粘胶基碳纤维、聚丙烯腈(PAN)基碳纤维和沥青基碳纤维。

目前,最常用的 PAN 基高强度碳纤维(如 T300)具有所需的强度、模量和适中的价格。如果要求碳/碳复合材料产品的强度与模量高及热稳定性好,则应选用高模量、高强度的碳纤维;如果要求热传导率低,则选用低模量碳纤维(如粘胶基碳纤维)。在选用高强碳纤维时,要注意碳纤维的表面活化处理和上胶问题。采用表面处理后活性过高的碳纤维,使纤维和基体的界面结合过好,反而使碳/碳呈现脆性断裂,导致强度降低。因此,要注意选择合适的上胶胶料和纤维织物的预处理制度,以保证碳纤维表面具有合适的活性。

(2)碳纤维预制体的制备

预制体是指按照产品的形状和性能要求,先将碳纤维成型为所需结构形状的毛坯,以便进一步进行碳/碳致密化工艺。

按增强方式可分为单向纤维增强、双向织物和多向织物增强,或分为短纤维增强和连续纤维增强。短纤维增强的预制体常采用压滤法、浇铸法、喷涂法、热压法。对于连续长丝增强的预制体,有两种成型方法:一种是采用传统的增强塑料的方法,如预浸布、层压、铺层、缠绕等方法做成层压板、回旋体和异形薄壁结构;另一种是近年得到迅速发展的纺织技术——多向编织技术,如三向编织、四向编织、五向编织、六向编织以至十一向编织、极向编织等。

单向增强可在一个方向上得到最高拉伸强度的碳/碳。双向织物常常采用正交平纹碳布和 8 枚缎纹碳布。平纹结构性能再现性好,缎纹结构拉伸强度高,斜纹结构比平纹容易成型。由于双向织物生产成本较低,双向碳/碳在平行于布层的方向拉伸强度比多晶石墨高,并且提高了抗热应力性能和断裂韧性,容易制造大尺寸形状复杂的部件,使得双向碳/碳继续得到发展。双向碳/碳的主要缺点是:垂直布层方向的拉伸强度较低,层间剪切强度较低,因而易产生分层。

多向编织技术能够针对载荷进行设计,保证复合材料中纤维的正确排列方向及每个方向上纤维的含量。最简单的多向结构是三向正交结构。纤维按三维直角坐标轴 X、Y、Z 排列,形成直角块状预制件。纱的特性、每一点上纱的数量以及点与点的间距,决定着预制件的密度、纤维的体积含量及分布。在 X、Y、Z 三轴的每一点上,各有一束纱的结构的充填效率最高,可达 75%,其余 25% 为孔隙。由于纱不可能充填成理想的正方形以及纱中的纤维间有孔隙,因而实际的纤维体积含量总是低于 75%。在复合材料制造过程中,多向预制件中纤维的体积含量及分布不会发生明显变化,在树脂或沥青热解过程中,纤维束和孔隙内的基体将发生收缩,不会明显改变预制件的总体尺寸。三向织物研究的重点在细编织及其工艺、各向纤维的排列对材料的影响等方面。三向织物的细编程度越高,碳/碳复合材料的性能越好,尤其是作为耐烧蚀材料更是如此。

为了形成更高各向同性的结构,在三向纺织的基础上,已经发展了很多种多向编织,可将三向正交设计改型，编织成四、五、七和十一向增强的预制件。五向结构是在三向正交结构的基础上，在 X-Y 平面内补充两个45°的方向。在三向正交结构中，如果按上下面的四条对角线或上下面各边中点的四条连线补充纤维纱，则得七向预制件。在这两种七向预制件中去掉三个正交方向上的纱，便得四向结构。在三向正交结构中的四条对角线上和四条中点连线上同时补充纤维纱，可得非常接近各向同性结构的十一向预制件。将纱按轴向、径向和环向排列，可得圆筒和回转体的预制件。为了保持圆筒形编织结构的均匀性，轴向纱的直径应由里向外逐步增加，或者在正规结构中增加径向纱。在编织截头圆锥形结构时，为了保持纱距不变和密度均匀，轴向纱应是锥形的。根据需要可将圆筒形和截头圆锥形结构变形，编织成带半球形帽的圆筒和尖形穹窿的预制件。

制造多向预制件的方法有：干纱编织、织物缝制、预固化纱的编排、纤维缠绕以及上述各种方法的组合。

1）干纱编织

干纱编织是制造碳/碳复合材料最常用的一种方法。按需要的间距先编织好 X 和 Y 方向的非交织直线纱，X、Y 层中相邻的纱用薄壁铜管隔开，预制件织到需要尺寸时，去掉这些管子，用垂直（Z 向）的碳纤维纱代替。预制件的尺寸决定于编织设备的大小。用圆筒形编织机能使纤维按环向、轴向、径向排列，因而能制得回转体预制件。先按设计做好孔板，再将金属杆插入孔板，编织机自动地织好环向和径向纱，最后编织机自动取出金属杆以碳纤维纱代替。

2）穿刺织物结构

如果用两向织物代替三向干纱编织预制件中 X、Y 方向上的纱，就得到穿刺织物结构。具体制法是：将二向织物层按设计穿在垂直（Z 向）的金属杆上，再用未浸过或浸过树脂的碳纤维纱并经固化的碳纤维—树脂杆换下金属杆即得最终预制件。在 X、Y 方向可用不同的织物，在 Z 向也可用各种类型的纱。同种石墨纱用不同方法制得的预制件的特性差别显著，穿刺织物预制件的纤维总含量和密度都较高，有更大的通用性。

3）预固化纱结构

预固化纱结构与前两种结构不同，不用纺织法制造。这种结构的基本单元体是杆状预固化碳纤维纱，即单向高强碳纤维浸酚醛树脂及固化后得的杆。这种结构的比较有代表性的是四向正规四面体结构，纤维按三向正交结构中的四条对角线排列，它们之间的夹角为70.5°。预固化杆的直径为1～1.8 mm，为了得到最大充填密度，杆的截面呈六角形，碳纤维的最大体积含量为75%，根据预先确定的几何图案很容易将预固化的碳纤维杆组合成四向结构。

用非纺织法也能制造多向圆筒结构。先将预先制得的石墨纱—酚醛预固化杆径向排列好，在它们的空间交替缠绕上涂树脂的环向和轴向纤维纱，缠绕结束后进行固化得到三向石墨—酚醛圆筒，再经进一步处理，即成碳/碳复合材料。

(3)碳/碳的致密化工艺

碳/碳致密化工艺过程就是基体碳形成的过程，实质是用高质量的碳填满碳纤维周围的空隙，以获得结构、性能优良的碳/碳复合材料。最常用的有两种制备工艺：液相浸渍法和化学气相沉积法。

1）液体浸渍法

液相浸渍工艺是制造碳/碳的一种主要工艺。按形成基体的浸渍剂，可分为树脂浸渍、沥青浸渍及沥青树脂混浸工艺；按浸渍压力，可分为低压、中压和高压浸渍工艺。通常可用做先驱体的有热固性树脂，例如：酚醛树脂和呋喃树脂以及煤焦油沥青和石油沥青。

①浸渍用基体的先驱体的选择

在选择基体的先驱体时，应考虑下列特性：黏度、产碳率、焦炭的微观结构和晶体结构。这些特性都与碳/碳复合材料制造过程中的时间—温度—压力关系有关。绝大多数热固性树脂在较低温度（低于 250 ℃）下聚合成高度交联的、不熔的非晶固体。热解时形成玻璃态碳，即使在 3 000 ℃时也不能转变成石墨，产碳率为 50% ~56%，低于煤焦油沥青。加压碳化并不使碳收率增加，密度也较小（小于 1.5 g/cm^3）。酚醛树脂的收缩率可达 20%，这样大的收缩率将严重影响二向增强的碳/碳复合材料的性能。收缩对多向复合材料性能的影响比二向复合材料小。预加张力及先在 400 ~600 ℃范围内碳化，然后再石墨化都有助于转变成石墨结构。

沥青是热塑性的，软化点约为400 ℃，用它作为基体的先驱体可归纳成以下要点：0.1 MPa 下的碳收率约为 50%；在大于或等于 10 MPa 压力下碳化，有些沥青的碳收率可高达 90%；焦炭结构为石墨态，密度约为 2 g/cm^3，碳化时加压将影响焦炭的微观结构。

②低压过程

预制件的树脂浸渍通常将预制体置于浸渍罐中，在温度为 50 ℃左右的真空下进行浸渍，有时为了保证树脂渗入所有孔隙也施加一定的压力，浸渍压力逐次增加至 3 ~5 MPa，以保证织物孔隙被浸透。浸渍后，将样品放入固化罐中进行加压固化，以抑制树脂从织物中流出。采用酚醛树脂时固化压力为 1 MPa 左右，升温速度为 5 ~10 ℃/h，固化温度为 140 ~170 ℃，保温 2 h；然后，再将样品放入碳化炉中，在氮气或氩气保护下，进行碳化的温度范围为 650 ~1 100 ℃，升温速度控制在 10 ~30 ℃/h，最终碳化温度为 1 000 ℃，保温 1 h。

沥青浸渍工艺常常采用煤沥青或石油沥青作为浸渍剂，先进行真空浸渍，然后加压浸渍。将装有织物预制体的容器放入真空罐中抽真空，同时将沥青放入熔化罐中抽真空并加热到 250 ℃，使沥青融化，黏度变小；然后将熔化沥青从熔化罐中注入盛有预制体的容器中，使沥青浸没预制体，待样品容器冷却后，移入加压浸渍罐中，升温到 250 ℃进行加压浸渍，使沥青进一步浸入预制体的内部空隙中，随后升温至 600 ~700 ℃进行加压碳化。为了使碳/碳具有良好的微观结构和性能，在沥青碳化时要严格控制沥青中间相的生长过程，在中间相转变温度（430~460 ℃），控制中间相小球生长、合并和长大。

在碳化过程中树脂热解，形成碳残留物，发生质量损失和尺寸变化，同时在样品中留下空隙。因此，浸渍—热处理需要循环重复多次，直到得到一定密度的复合材料为止。低压过程中制得的碳/碳复合材料的密度为 1.6 ~1.65 g/cm^3，孔隙率为 8% ~10%。

③高压过程

先用真空—压力浸渍方法对纤维预制体浸渍沥青，在常压下碳化，这时织物被浸埋在沥青碳中，加工以后取出已硬化的制品，把它放入一个薄壁不锈钢容器（称为“包套”）中，周围填充好沥青，并将包套抽真空焊封起来；然后将包套放进热等静压机中慢慢加热，温度可达 650 ~700 ℃，同时施加 7 ~100 MPa 的压力。经过高压浸渍碳化之后，将包套解剖，取出制品，进行粗加工，去除表层；最后在 2 500 ~2 700 ℃的温度和氩气保护下进行石墨化处理。上述高压浸渍碳化循环需要重复进行 4 ~5 次，以达到 1.9 ~2.0 g/cm^3 的密度。高压浸渍碳化工艺形成容易石墨化的沥青碳，这类碳热处理到 2 400 ~2 600 ℃时，能形成晶体结构高度完善的石墨片层。高压碳化工艺与常压碳化工艺相比，沥青的产碳率可以从 50% 提高到 90%，高产碳率减小了工艺中制品破坏的危险，并减小了致密化循环的次数，提高了生产效率。高压浸渍碳化工艺多用于制造大尺寸的块体、平板或厚壁轴对称形状的多向碳/碳。

2)化学气相沉积

将碳纤维织物预制体放入专用化学气相沉积(CVD)炉中,加热到所要求的温度,通入碳氢气体(如甲烷、丙烷、天然气等),这些气体分解并在织物的碳纤维周围和空隙中沉积碳(称为热解碳)。根据制品的厚度、所要求的致密化程度与热解碳的结构来选择化学气相沉积工艺参数,主要参数有:源气种类、流量、沉积温度、压力和时间。源气最常用的是甲烷,沉积温度通常为 800 ~ 1 500 ℃,沉积压力在几百 Pa ~ 0.1 MPa 之间。预制件的性质、气源和载气、温度和压力,都对基体的性能、过程的效率及均匀性产生影响。

化学气相沉积法的主要问题是沉积碳的阻塞作用形成很多封闭的小孔隙,随后长成较大的孔隙,使碳/碳复合材料的密度较低,约为 1.5 g/cm^3。将化学气相沉积法与液态浸渍法结合应用,可以基本上解决这个问题。

(4)石墨化

根据使用要求常需要对致密化的碳/碳材料进行 2 400 ~ 2 800 ℃的高温热处理,使 N、H、O、K、Na、Ca 等杂质元素逸出,碳发生晶格结构的转变,这一过程称为“石墨化”。经过石墨化处理,碳/碳复合材料的强度和热膨胀系数均降低,热导率、热稳定性、抗氧化性以及纯度都有所提高。石墨化程度的高低(常用晶面间距 d 002 表征)主要取决于石墨化温度。沥青碳容易石墨化,在 2 600 ℃进行热处理无定形碳的结构(d 002 为 0.344 nm)就可转化为石墨结构(理想的石墨,其 d 002 为 0.335 4 nm)。酚醛树脂碳化以后,往往形成玻璃碳,石墨化困难,要求较高的温度(2 800 ℃以上)和极慢的升温速度。沉积碳的石墨化难易程度与其沉积条件和微观结构有关,低压沉积的粗糙层状结构的沉积碳容易石墨化,而光滑层状结构不易石墨化。常用的石墨化炉有工业用电阻炉、真空碳管炉和中频炉。石墨化时,样品或埋在碳粒中与大气隔绝,或将炉内抽真空或通入氩气,以保护样品不被氧化。石墨化处理后的碳/碳制品的表观不应有氧化现象,经 X 射线无损探伤检验,内部不存在裂纹。同时,石墨化处理使碳/碳制品的许多闭气孔变成通孔,开孔孔隙率显著增加,对进一步浸渍致密化十分有利。有时在最终石墨化之后,将碳/碳制品进行再次浸渍或化学气相沉处理,以获得更高的材料密度。对于某些制品,在某一适中的温度(如 1 500 ℃)进行处理也许是有利的,这样既能使碳/碳材料净化和改善其抗氧化性能,又不增加其杨氏模量。

(5)碳/碳复合材料的机械加工和检测

可以用一般石墨材料的机械加工方法,对碳/碳制品进行加工。由于碳/碳成本昂贵和有些以沉积碳为基体碳的碳/碳质地过硬,需要采用金刚石丝锯或金刚石刀具进行下料和加工。

为了保证产品质量和降低成本,在碳/碳制造过程中,每道工序都应进行严格的工艺控制。同时,在重要的工序之间,要对织物、预制体、半成品以及成品进行无损探伤检验,检验制品中是否有断丝、纤维纱束折皱、裂纹等缺陷,一旦发现次品,就中止投入下一道工序。无损探伤检验最常用的是 X 射线无损探伤,近年来开始采用 CT(X 射线计算机层析装置)作为碳/碳火箭喷管的质量检测手段。对随炉试样和从最终产品上取样进行全面的力学及热物理性能的测试也是完全必要的。

在生产碳/碳制品时,工艺路线的选择取决于许多因素,例如,制品的形状、尺寸,所需的性能,使用环境条件,制品的批量,以及昂贵设备的利用率等。无论选用哪种工艺流程,碳/碳材料的生产成本还是较高的。

(6)碳/碳复合材料的氧化保护

碳/碳复合材料具有优异的高温性能,当工作温度超过 2 000 ℃时,仍能保持其强度,它是理想的耐高温工程结构材料,已在航空航天及军事领域得到广泛应用。但是,在有氧存在的气氛下,碳/碳复合材料在 400 ℃以上就开始氧化。碳/碳复合材料的氧化敏感性限制了它的扩大应用。解决碳/碳复合材料高温抗氧化的途径主要是,采用在碳/碳复合材料表面施加抗氧化涂层,使 C 与 O_2 隔开,保护碳/碳复合材料不被氧化。另一个解决高温抗氧化的途径是,在制备碳/碳复合材料时,在基体中预先包含有氧化抑制剂。

1)抗氧化涂层法

在碳/碳复合材料的表面进行耐高温氧化材料的涂层,阻止与碳/碳复合材料的接触,这是一种十分有效地提高复合材料抗氧化能力的方法。一般而言,只有熔点高、耐氧化的陶瓷材料才能作为碳/碳复合材料的防氧化涂层材料。通常,在碳/碳复合材料表面形成涂层的方法有两种:化学气相沉积法和固态扩散渗透法。防氧化涂层必须具有以下特性:与碳/碳复合材料有适当的黏附性,既不脱粘,又不会过分渗透到复合材料的表面;与碳/碳复合材料有适当的热膨胀匹配,以避免涂覆和使用时因热循环造成的热应力引起涂层的剥落;低的氧扩散渗透率,即具有较高的阻氧能力,在高温氧化环境中氧延缓通过涂层与碳/碳复合材料接触;与碳/碳复合材料的相容稳定性,既可防止涂层被碳还原而退化,又可防止碳通过涂层向外扩散氧化;具有低的挥发性,避免高温下自行退化和防止在高速气流中很快被侵蚀。

硅基陶瓷具有最佳的热膨胀相容性,在高温时具有最低的氧化速率,比较硬且耐烧蚀。SiC 具有以上优点并且原料易得,当 O_2 分压较高时,其氧化产物固态 SiO_2 在 1 650 ℃以下是稳定的,形成的玻璃态 SiO_2 薄膜能防止 O_2 进一步向内层扩散。因此,在碳/碳表面渗上一层 SiC 涂层,能有效地防止碳/碳在高温使用时的氧化。在碳/碳表面形成 SiC 涂层的方法有两种:一种方法是采用固体扩散渗 SiC 工艺,另一种方法是近年来采用的化学气相沉积法。此外,利用硅基陶瓷涂层(SiC、Si_3N_4)对碳/碳进行氧化防护,其使用温度一般在 1 700 ~ 1 800 ℃以下,高于 1 800 ℃使用的碳/碳复合材料的氧化防护问题还有待研究解决。

2)抑制剂法

从碳/碳复合材料内部抗氧化措施原理来说,可以采取两种办法,即内部涂层和添加抑制剂。内部涂层是指在碳纤维上或在基体的孔隙内涂覆可起到阻挡氧扩散的阻挡层。但由于单根碳纤维很细(直径约 7 μm),要预先进行涂层很困难,而给碳/碳复合材料基体孔隙内涂层,在工艺上也是相当困难的。因此,内部涂层的办法受到很大限制。而在碳/碳复合材料内部添加抑制剂,在工艺上相对容易得多,而且抑制剂或可以在碳氧化时抑制氧化反应,或可先与氧反应形成氧化物,起到吸氧剂作用。

在碳、石墨以及碳/碳复合材料中,采用抑制剂主要是在较低温度范围内降低碳的氧化。抑制剂是在碳/碳复合材料的碳或石墨基体中,添加容易通过氧化而形成玻璃态的物质。研究表明,比较经济而且有效的抑制剂主要有 B_2O_3、B_4C 和 ZrB_2 等硼及硼化物。硼氧化后形成 B_2O_3,B_2O_3 具有较低的熔点和黏度,因而在碳和石墨氧化的温度下,可以在多孔体系的碳/碳复合材料中很容易流动,并填充到复合材料内连的孔隙中去,起到内部涂层作用,既可阻断氧继续侵入的通道,又可减少容易发生氧化反应的敏感部位的表面积。同样,B_4C、ZrB_2 等也可在碳氧化时生成一部分 CO 后,形成 B_3O_2,例如 B_4C 依以下反应形成 B_2O_3,即

$$B_4C + 6CO \longrightarrow 2B_2O_3 + 7C$$

而 ZrB_2 在 500 ℃时开始氧化，到 1 000 ℃时也可形成 $ZrO_2 \to B_2O_3$ 玻璃，其黏度约为103 Pa·s。这种黏度的硼酸盐类玻璃足以填充复合材料的孔隙，从而隔开碳与氧的接触和防止氧扩散。

研究表明，抑制剂在起到抗氧化保护时，碳/碳复合材料有一部分已经被氧化。硼酸盐类玻璃形成后，具有较高的蒸气压以及较高的氧的扩散渗透率。因此，一般碳/碳复合材料采用内含抑制剂的方法，大都应用在 600 ℃以下的防氧化。

8.1.3　碳/碳复合材料的性能

碳/碳复合材料的性能与纤维的类型、增强方向、制造条件以及基体碳的微观结构等因素密切有关，但其性能可在很宽的范围内变化。由于复合材料的结构复杂和生产工艺的不同，有关文献报道的数据分散性较大，仍可以从中得出一些一般性的结论。

(1) 碳/碳复合材料的化学和物理性能

碳/碳复合材料的体积密度和气孔率随制造工艺的不同变化较大，密度最高的可达 2.0 g/cm^3，开口气孔率为 2% ~3%。树脂碳用做基体的碳/碳复合材料，体积密度约为 1.5 g/cm^3。

碳/碳复合材料除含有少量的氢、氮和微量的金属元素外，99% 以上都是由元素碳组成。因此，碳/碳复合材料与石墨一样具有化学稳定性，它与一般的酸、碱、盐溶液不起反应，不溶于有机溶剂，只与浓氧化性酸溶液起反应。碳在石墨态下，只有加热到 4 000 ℃，才会熔化（在压力超过 12 GPa 条件下）；只有加热到 2 500 ℃以上，才能测出其塑性变形；在常压下加热到 3 000 ℃，碳才开始升华。碳/碳复合材料具有碳的优良性能，包括耐高温、抗腐蚀、较低的热膨胀系数和较好的抗热冲击性能。

碳/碳复合材料在常温下不与氧作用，开始氧化的温度为 400 ℃（特别是当微量 K、Na、Ca 等金属杂质存在时），温度高于 600 ℃将会发生严重氧化。碳/碳复合材料的最大缺点是耐氧化性能差。

碳/碳复合材料的热物理性能仍然具有碳和石墨材料的特征，主要表现为以下特点：

①热导率较高　碳/碳复合材料的热导率随石墨化程度的提高而增加。碳/碳复合材料热导率还与纤维（特别是石墨纤维）的方向有关。热导率高的碳/碳复合材料具有较好的抗热应力性能，但却给结构设计带来困难（要求采取绝热措施）。碳/碳复合材料的热导率一般为 2 ~50 W/(m·K)。

②热膨胀系数较小　多晶碳和石墨的热膨胀系数主要取决于晶体的取向度，同时也受到孔隙度和裂纹的影响。因此，碳/碳复合材料的热膨胀系数随着石墨化程度的提高而降低。热膨胀系数小，使得碳/碳复合材料结构在温度变化时尺寸稳定性特别好。由于热膨胀系数小（一般 $(0.5 \sim 1.5) \times 10^{-6}$/℃），碳/碳复合材料的抗热应力性能比较好。所有这些性能对于在宇航方面的设计和应用非常重要。

③比热容大　与碳和石墨材料相近，室温至 2 000 ℃，比热容约为 800 ~2 000 J/(kg·K)。

(2) 碳/碳复合材料的力学性能

碳/碳复合材料的力学性能主要取决于碳纤维的种类、取向、含量和制备工艺等。研究表明，碳/碳复合材料的高强度、高模量特性主要是来自碳纤维，碳纤维强度的利用率一般可达 25% ~50%。碳/碳复合材料在温度高达 1 627 ℃时，仍能保持其室温时的强度，甚至还有所提高，这是目前工程材料中唯一能保持这一特性的材料。碳纤维在碳/碳复合材料中的取向明显影响材料的强度,一般情况下,单向增强复合材料强度在沿纤维方向拉伸时的强度最高,但横向性能较差,正交增强可以减少纵、横向强度的差异。一般来说,碳/碳复合材料的弯曲强度介于150~1 400 MPa之间,而弹性模量介于50~200 GPa之间。密度低的碳纤维和碳基体组成的碳/碳复合材料与金属基、陶瓷基复合材料相比,其比强度在1 000 ℃以上高温时优于其他材料。除高温纵向拉伸强度外,碳/碳复合材料的剪切强度与横向拉伸强度也随温度的升高而提高,这是由于高温下碳/碳复合材料因基体碳与碳纤维之间失配而形成的裂纹可以闭合。

1)与增强纤维的关系

碳/碳复合材料的强度与增强纤维的方向和含量有关,在平行纤维轴向的方向上拉伸强度和模量高,在偏离纤维轴向方向上的拉伸强度和模量低。由于碳/碳复合材料制造工艺复杂并经高温处理,碳纤维在工艺过程中损伤变化较大,使碳纤维在碳/碳复合材料中的强度保持率较低。单向增强碳/碳复合材料的最高拉伸强度为900 MPa,弯曲强度达1 350 MPa。由于纤维织构的影响,碳/碳复合材料的力学性能表现出明显的差异。

2)界面结合的影响

碳/碳复合材料的强度受界面结合的影响较大。碳纤维与碳基体的界面结合过强,复合材料发生脆性断裂,拉伸强度偏低,剪切强度较好。界面强度过低,基体不能将载荷传递到纤维,纤维容易拔出,拉伸模量和剪切强度较低。只有界面结合强度适中,才能使碳/碳复合材料具有较高的拉伸强度和断裂应变。碳/碳复合材料的碳基体断裂应变及断裂应力通常要低于碳纤维,甚至在制备过程中热应力也会使碳基体产生显微开裂。显然,碳纤维的类型、基体的预固化以及随后工序的类型等都决定了界面的结合强度。当纤维与碳基体的化学键合与机械结合形成界面强结合而在较低的断裂应变时,基体中形成的裂纹扩展越过纤维与基体界面,引起纤维的断裂,此时碳/碳复合材料属脆性断裂。

3)碳基体的影响

优先定向的石墨化碳基体使碳/碳复合材料的弯曲模量大大提高,这是因为:对于高模量碳纤维,沥青碳基体在碳化时,其碳层面在平行纤维轴向具有较高的定向排列,石墨化时由于高模量碳纤维具有较高的横向膨胀系数,碳基体因而被压缩。基体这种较高的优先定向,使得基体几乎能像纤维一样,对弹性模量作出贡献。基体的这种定向也使得弯曲强度降低。

4)与温度的关系

碳/碳复合材料的室温强度可以保持到2 500 ℃,在某些情况下,如果石墨化工艺良好,碳/碳复合材料的高温强度还可提高,这是由于热膨胀使应力释放和裂纹弥合的结果。当高强碳纤维(经过1 600 ℃工艺处理)在加热到2 500 ℃时,它被转化成高模型,因而导致强度和应变降低,模量和密度增加,同时断裂功或冲击韧性也降低。密度的增加和体积的收缩,是由于晶体堆叠的改善和孔洞、缺陷的扩散引起的。

(3)碳/碳复合材料的一些特殊性能

1)抗热震性能

碳纤维的增强作用以及材料结构中的空隙网络,使得碳/碳复合材料对于热应力并不敏感,不会像陶瓷材料和一般石墨那样产生突然的灾难性损毁。衡量陶瓷材料抗热震性好坏的参数是抗热应力系数,即

$$R = K \cdot \sigma / (\alpha \cdot E)$$

式中，K 为热导率，σ 为抗拉强度，α 为热膨胀系数，E 为弹性模量。这一公式可用做碳/碳复合材料衡量抗热震性的参考，例如 AJT 石墨的 R 为 270，而三维碳/碳复合材料的 R 可达 500 ~ 800。

2）抗烧蚀性能

这里“烧蚀”是指导弹和飞行器再入大气层在热流作用下，由热化学和机械过程引起的固体表面的质量迁移（材料消耗）现象。碳/碳复合材料暴露于高温和快速加热的环境中，由于蒸发、升华和可能的热化学氧化，其部分表面可被烧蚀。但是，它的表面的凹陷浅，良好地保留其外形，烧蚀均匀而对称，这是它被广泛用做防热材料的原因之一。由于碳的升华温度高达 3 000 ℃以上，因此碳/碳复合材料的表面烧蚀温度高。在现有的材料中，碳/碳复合材料是最好的抗烧蚀材料，具有较高的烧蚀热和较大的辐射系数与较高的表面温度，在材料质量消耗时，吸收的热量大，向周围辐射的热流也大，具有很好的抗烧蚀性能。洲际导弹机动再入大气层，不仅要求材料的烧蚀量小，而且要求保持良好的烧蚀气动外形。

研究表明，碳/碳复合材料的有效烧蚀热比高硅氧/酚醛高 1 ~ 2 倍，比耐纶/酚醛高 2 ~ 3 倍。多向碳/碳复合材料是最好的候选材料。当碳/碳复合材料的密度大于 1.95 g/cm^3 而开口气孔率小于 5% 时，其抗烧蚀—侵蚀性能接近热解石墨。经高温石墨化后，碳/碳复合材料的烧蚀性能更加优异。烧蚀试验还表明，材料几乎是热化学烧蚀，但在过渡层附近，80% 左右的材料是机械削蚀而损耗，材料表面越粗糙，机械削蚀越严重。

3）摩擦磨损性能

碳/碳复合材料具有优异的摩擦磨损性能。碳/碳复合材料中的碳纤维的微观组织为乱层石墨结构，摩擦系数比石墨高，因而碳纤维除起增强碳基体作用外，也提高了复合材料的摩擦系数。众所周知，石墨因其层状结构而具有固体润滑能力，可以降低摩擦副的摩擦系数。通过改变基体碳的石墨化程度，就可以获得摩擦系数适中而又有足够强度和刚度的碳/碳复合材料。碳/碳复合材料摩擦制动时吸收的能量大，摩擦副的磨损率仅为金属陶瓷/钢摩擦副的 1/4 ~ 1/10。特别是碳/碳复合材料的高温性能特点，可以在高速、高能量条件下的摩擦升温高达 1 000 ℃以上时，其摩擦性能仍然保持平稳，这是其他摩擦材料所不具有的。因此，碳/碳复合材料作为军用和民用飞机的刹车盘材料已得到越来越广泛的应用。

8.1.4　碳/碳复合材料的应用

碳/碳复合材料的发展是与航空航天技术以及军事技术发展所提出的要求密切相关。碳/碳复合材料具有高比强度、高比模量、耐烧蚀、高热导率、低热膨胀以及对热冲进击不敏感等性能，很快就在航空航天和军事领域得到应用。随着碳/碳复合材料制备技术的进步和成本的降低，逐渐在许多民用工业领域也得到应用。

(1) 在军事、航空航天工业方面的应用

碳/碳复合材料在宇航方面主要用做烧蚀材料和热结构材料，其中最重要的用途是用做洲际导弹弹头的端头帽（鼻锥）、固体火箭喷管、航天飞机的鼻锥帽和机翼前缘。

战略弹道导弹的弹头一般为核弹头，是武器系统摧毁杀伤目标的关键，工作条件极其恶劣，系统结构复杂。弹头除要满足再入大气层时为音速 10 ~ 20 倍的高速度和几十兆帕的局部压力外，还要经受几千摄氏度的气动加热。为了提高反导弹武器的防备突然袭击能力，躲避对方拦截，发展了分导式多弹头和机动弹头，弹头鼻锥部分的再入环境极其苛刻。为了提高导弹的命中率,除了改善制导系统外,还要求尽量地减少非制导性误差。这就要求防热材料在再入过程中烧蚀量低,烧蚀均匀和对称。同时,还希望它们具有吸波能力、抗核爆辐射性能和能在全天候使用的性能。碳/碳复合材料保留了石墨的特性,碳纤维的增强作用使力学性能得到了提高,它具有极佳的低烧蚀率、高烧蚀热、抗热振、高温力学性能优良等特点,被认为是苛刻再入环境中有前途的高性能烧蚀材料。导弹鼻锥采用碳/碳复合材料制造,使导弹弹头再入大气层时免遭损毁。碳/碳复合材料制成的截圆锥和鼻锥等部件已能满足不同型号洲际导弹再入防热的要求。三维编织碳/碳复合材料在石墨化后的热导性足以满足弹头再入时由 -160 ℃至气动加热 1 700 ℃时的热冲击要求,可以预防弹头鼻锥的热应力过大而引起的整体破坏。碳/碳复合材料的低密度可以提高导弹弹头射程,因为弹头每减轻自重 1 kg,可增程约 20 km。采用三维碳/碳制成的整体性能好的弹头鼻锥,已在很多战略导弹弹头上应用。碳/碳复合材料制成的鼻锥,在烧蚀—侵蚀耦合作用下,外形保持稳定对称变化的特点,有效地提高了导弹弹头的命中率和命中精度。

碳/碳复合材料在军事领域的另一重要应用是做固体火箭发动机喷管材料。固体火箭发动机是导弹和宇航领域大量应用的动力装置,具有结构简单、可靠性高、机动灵活、可长期待命和即刻启动发射的特点。喷管是固体火箭发动机的能量转换器,由喷管喷出数千摄氏度的高温高压气体,将推进剂燃烧产生的热能转换为推进动能。喷管通常由收敛段、喉衬、扩散段及外壳体等几部分组成。固体发动机的喷管是非冷却式的,工作环境极其恶劣;喷管喉部是烧蚀最严重的部位,要求要承受高温、高压和高速二向流燃气的机械冲刷、化学侵蚀和热冲击(热震),因此,喷管材料是固体推进技术的重大关键。喉衬采用多维碳/碳复合材料制造,已广泛应用于固体火箭发动机。

固体火箭发动机的喷口采用的是高密度碳/碳复合材料,为了提高抗氧化和抗磨损能力,往往要用陶瓷(如 SiC)涂覆。因为喷口的气流温度可达 2 000 ℃以上,流速达几倍音速,气流中还常含有未燃烧完的燃料以及水,这对未涂层的碳/碳复合材料会造成极大破坏,影响喷口的尺寸稳定性,造成火箭的失控。

碳/碳复合材料的质量轻、耐高温、摩擦磨损性能优异以及制动吸收能量大等特点,表明其是一种理想的摩擦材料,已用于军用和民用飞机的刹车盘。飞机使用碳/碳复合材料刹车片后,其刹车系统比常规钢刹车装置减轻质量 680 kg。碳/碳复合材料刹车片不仅轻,而且特别耐磨,操作平稳,当起飞遇到紧急情况需要及时刹车时,碳/碳复合材料刹车片能够经受住摩擦产生的高温,而到 600 ℃钢刹车片制动效果就急剧下降。碳/碳复合材料刹车片还用于一级方程式赛车和摩托车的刹车系统。

碳/碳复合材料的高温性能及低密度等特性,有可能成为工作温度达 1 500 ~ 1 700 ℃的航空发动机理想轻质材料。在航空发动机上,已经采用碳/碳复合材料制作航空发动机燃烧室、导向器、内锥体、尾喷鱼鳞片和密封片及声挡板等。

(2)在民用工业上的应用

汽车质量越轻,耗费每公斤汽油行驶的里程越远。随着碳/碳复合材料的工艺革新、产量的扩大和成本降低,它将在汽车工业中大量使用。例如,可用碳/碳复合材料制成以下的汽车零部件:发动机系统中的推杆、连杆、摇杆、油盘和水泵叶轮等;传动系统的传动轴、万能箍、变速器、加速装置及其罩等;底盘系统的底盘和悬置件、弹簧片、框架、横梁和散热器等。除此以外,还可用于车体的车顶内外衬、地板和侧门等。

在化学工业中,碳/碳复合材料主要用于耐腐蚀化工管道和容器衬里、高温密封件和轴承等。

碳/碳复合材料是优良的导电材料,可用它制成电吸尘装置的电极板,电池的电极、电子管的栅极等。例如,在制造碳电极时,加入少量碳纤维,可使其力学性能和电性能都得到提高。用碳纤维增强酚醛树脂的成型物在1 100 ℃氮气中碳化2 h后,可得到碳/碳复合材料。用它做送话器的固定电极时,其敏感度特性比碳块制品要好得多,与镀金电极的特性接近。

许多在氧化气氛下工作的1 000~3 000 ℃的高温炉装配有石墨发热体,它的强度较低、性脆,加工、运输困难。碳/碳复合材料的机械强度高,不易破损,电阻大,能提供更高的功率,用碳/碳复合材料制成大型薄壁发热元件,可以更有效地利用炉膛的容积。例如,高温热等静压机中采用的长2 m的碳/碳复合材料发热元件,其壁厚只有几毫米,这种发热体可工作到2 500 ℃的高温。在700 ℃以上,金属紧固件强度很低,而用碳/碳复合材料制成的螺钉、螺母、螺栓和垫片,在高温下呈现优异承载能力。

碳/碳复合材料新开发的一个应用领域是代替钢和石墨来制造热压模具和超塑性加工模具。在陶瓷和粉末冶金生产中,采用碳/碳复合材料制作热压模具,可减小模具厚度,缩短加热周期,节约能源和提高产量。用碳/碳复合材料制造复杂形状的钛合金超塑性成型空气进气道模具,具有质量轻,成型周期短,减少成型时钛合金的折叠缺陷,以及产品质量好等优点。碳/碳复合材料热压模具已被试验用于钴基粉末冶金中,比石墨模具使用次数多且寿命长。

(3)在生物医学方面的应用

碳与人体骨骼、血液和软组织的生物相容性是已知材料中最佳的材料。例如,采用各向同性热解碳制成的人造心脏瓣膜已广泛应用于心脏外科手术,拯救了许多心脏病患者的生命。碳/碳复合材料因为是由碳组成的材料,继承了碳的这种生物相容性,可以作为人体骨骼的替代材料。例如,作为人工髋关节和膝关节植入人体,还可以作为牙根植入体。人在行走时,作用在大腿骨上的最大压缩应力或拉伸应力为48~55 MPa,髋关节每年大约超过10^6次循环。关节在行走时受力试验表明,应力是不同方向的,且取决于走步的形态。因此,碳/碳复合材料人造髋关节应根据其受力特征进行设计。例如,靠近髋关节骨颈、骨杆处需要采用承受最大弯曲应力的单向增强碳/碳复合材料,而受层间剪切力的固位螺旋采用三维碳/碳复合材料,而与骨颈、骨杆连接的骨柄处承受横向和纵向应力,采用二维碳/碳复合材料。

不锈钢或钛合金人工关节的使用寿命一般为7~10年,失效后则需要进行第二次手术更换,这既给患者带来痛苦,也花费很大。碳/碳复合材料疲劳寿命长,可以提供各方向上所需的强度和刚度,更为主要的是具有比不锈钢和钛合金假肢更好地与骨骼的适应性,采用硅化碳/碳复合材料人工关节球与臼窝的磨损更小,大大延长人工关节的寿命。

8.2 纳米复合材料

8.2.1 概述

纳米材料是指尺度为1~100 nm的超微粒经压制、烧结或溅射而成的凝聚态固体。它具有断裂强度高、韧性好、耐高温等特性。纳米复合材料是指分散相尺度至少有一维小于

100 nm的复合材料。分散相可以是无机化合物,也可以是有机化合物。无机化合物通常是指陶瓷、金属等;有机化合物通常是指聚合物。当纳米材料为分散相、有机聚合物为连续相时,就是聚合物基纳米复合材料。根据 Hall-Petch 方程,材料的屈服强度与晶粒尺寸平方根成反比,即随晶粒的细化,材料强度将显著增加。此外,大体积的界面区将提供足够的晶界滑移机会,导致形变增加。纳米晶陶瓷因巨大的表面能,可大幅降低烧结温度。例如,用纳米 ZrO_2 细粉制备陶瓷比用常规微米级粉制备时烧结温度降低 400 ℃左右,即从 1 600 ℃降低至 1 200 ℃左右就可烧结致密化。由于纳米分散相有大的表面积和强的界面相互作用,纳米复合材料表现出不同于一般宏观复合材料的力学、热学、电学、磁学和光学性能,还可能具有原组分不具备的特殊性能和功能,为设计制备高性能、多功能新材料提供了新的机遇。

在纳米材料科学的研究中,纳米复合材料的研究值得高度重视,因为它是纳米材料工程的重要组成部分,以实际应用为目标的纳米复合材料的研究将有很强的生命力,研制纳米复合材料涉及有机、无机、材料、化学、物理、生理和生物等多学科的知识,在发展纳米复合材料上对学科交叉的需求,比以往任何时候都更迫切。缩短实验室研究和产品转化的周期也是当今材料研究的特点,组成跨学科的研究队伍,发展纳米复合材料的研究,是刻不容缓的重要任务。开展纳米复合人工超结构的研究是另一个值得高度重视的问题,根据纳米结构的特点将异质、异相、不同有序度的材料,在纳米尺度下进行合成、组合和剪裁,设计新型的元件,发现新现象,开展基础和应用基础研究,在继续开展简单纳米材料研究的同时,注意对纳米复杂体系的探索也是当前纳米材料发展的新动向。

高科技在 21 世纪飞速发展,对高性能材料的要求越来越迫切,纳米尺寸合成为发展高性能新材料和改善现有材料的性能提供了一个新途径。为了加快纳米材料转化为高技术企业的进程,缩短基础研究、应用研究和开发研究的周期,材料科学工作者提出了"纳米材料工程"的新概念,这是当今材料研究的重要特点,谁在这方面下工夫,谁就可能占领21 世纪新材料研究的制高点,就可能在新材料的研究中处于优势地位。纳米材料(包括纳米复合材料)已成为当前材料科学和凝聚态物理领域中的研究热点,被视为"21 世纪最有前途的材料"。

8.2.2 纳米复合材料的分类

纳米复合材料涉及的范围广泛,按照基体的特性和成分,可把它分为四大类:纳米聚合物基复合材料(聚合物/玻璃、聚合物/陶瓷、聚合物/非氧化物及聚合物/金属),纳米陶瓷基复合材料(氧化物/氧化物、氧化物/非氧化物、非氧化物/非氧化物、陶瓷/金属),纳米金属基复合材料(金属/金属、金属/陶瓷、金属/金属间化合物及金属/玻璃),纳米半导体复合材料等。

8.2.3 聚合物基纳米复合材料及其制备技术

(1)聚合物基纳米复合材料

至少有一维尺寸为纳米级的微粒子分散于聚合物基体中,构成聚合物基纳米复合材料。构成聚合物基纳米复合材料的要素为聚合物和分散相,不同的化学组成形成多种多样的纳米复合材料。纳米复合结构的形成影响到聚合物结晶状态的变化,并进一步影响到材料的性能。纳米复合材料的形成,使聚合物的结晶变小,增加了结晶度和结晶速度。

对于聚合物基纳米复合材料,除了基本性能有明显改善外,还发现了一些特殊的性能。有机—无机纳米复合材料,同时具有有机与无机的优异性能,在聚合物材料科学中脱颖而出。一个标准的聚合物/无机填充纳米复合材料，是商业上使用的含有二氧化硅填充的橡胶或其他聚合物。在这种材料中，一维尺寸是纳米级的无机层状物的充填，这些层状物包括黏土矿、碱硅酸盐及结晶硅酸盐。由于作为原料的黏土材料容易得到，它们的夹层间的化学已经研究了很长时间。基于纳米颗粒的分散，这些纳米复合材料表现了优异的特性：有效地增强而不损失延性、冲击韧性、热稳定性、燃烧阻力、阻气性、抗磨性，以及收缩和残余应力的减小、电气及光学性能的改善等。

聚合物基纳米复合材料设计原理如下：

聚合物基纳米复合材料具备纳米材料和聚合物材料两者的优势，它是新材料设计的首选对象。在设计聚合物基纳米材料时，主要考虑功能设计、合成设计和这种特殊复合体系的稳定性设计，力求解决复合材料组分的选择、复合时的混合与分散、复合工艺、复合材料的界面作用及复合材料物理稳定性等问题，最终获得高性能、多功能的聚合物基纳米复合材料。利用纳米粒子的特性与聚合物进行复合，可以得到具有特殊性能的聚合物基复合材料，或使它的性能更加优异，既拓宽了聚合物的应用范围，又丰富了复合理论。

功能设计就是赋予聚合物基纳米复合材料以一定功能特性的科学方法。一是纳米材料的选择设计，依据设计意图，选用合适的纳米材料，如赋予复合材料超顺磁性，可以选择铁或铁系氧化物等单一或复合型纳米材料；赋予复合材料发光特性，可以选择含稀有金属铕的钛系氧化物等纳米材料。二是基体聚合物材料的选择设计，依据纳米复合材料的适用环境，选择合适的有机聚合物基体，如高温环境，必须选择聚酰亚胺等耐高温有机聚合物。纳米复合材料的界面设计，如何选择复合材料的复合方法，是原位聚合、原位插层，还是原位溶胶—凝胶技术成型等，以提高纳米材料与聚合物基体的强界面作用，充分发挥不同属性的两种组分的协同效应。纳米复合材料的功能设计主要是纳米材料的选择设计和复合材料的界面设计，前者对复合材料起着决定性的作用，后者是如何更有效地发挥这种作用。

聚合物基纳米复合材料的合成设计就是以最简单、最捷径的手段获得纳米级均匀分散的复合材料的科学方法。在功能设计完成后，合成设计中主要关注的就是纳米材料的粒度与分散程度，以目前纳米复合材料的合成发展状况看，主要有 4 种方法，即溶胶—凝胶法、插层法、共混法和填充法。溶胶—凝胶法具有纳米微粒较小的粒度和较均匀的分散程度，但合成步骤复杂，纳米材料与有机聚合物材料的选择空间不大。插层法能够获得单一分散的纳米片层的复合材料，容易工业化生产，但是，可供选择的纳米材料不多，目前主要限于黏土中的蒙脱土。共混法是纳米粉体和聚合物粉体混合的最简单、方便的操作方法，但难以保证纳米材料能够得到纳米级的分散粒度和分散程度，如果利用诸如蒙脱土插层聚合物改性的纳米复合母料，然后利用共混法是比较好的，既经济又能得到纳米级分散的效果。填充法目前仍处于发展初期，它的优点是纳米材料和基体聚合物材料的选择空间很大，纳米材料可以任意组合，可任意分散或是聚合物的粉体、液态、熔融态，或是聚合物的前驱体小分子溶液，成型的方法也比较多，也能够达到纳米材料纳米级分散的效果。

为了获得稳定性能良好的复合材料，必须使纳米粒子牢牢地固定在聚合物基材中，防止纳米粒子集聚而产生相分离，为保障纳米粒子能够均匀地分布在聚合物基体中，可以利用聚合物的长链阻隔作用，或利用聚合物链上的特有基团与纳米粒子产生的化学作用。因此，在纳米复合材料的稳定化设计中，要特别注意聚合物的化学结构，以带有极性并可与纳米粒子形成共价键、离子键或配位键结合的基团为优选结构。

①形成共价键　利用聚合物链上的官能团与纳米粒子的极性基团产生化学反应，形成共价键。例如，聚合物链上的羧基、卤素、磺酸基等与纳米粒子上的羟基等，在一定条件下能够形成稳定结合的共价键。也可通过含有双键的硅氧烷参与聚合物前驱体的聚合，形成硅氧烷为支链的聚合物，硅氧烷的部分水解或与正硅酸的共水解形成与聚合物主链存在共价键结合的 SiO_2 纳米粒子，无机纳米相与聚合物基体之间存在共价键而提高复合材料的稳定性。

②形成离子键　离子键是通过正负电荷的静电引力作用而形成的化学键。如果在聚合物链中和纳米离子上彼此带有异性电荷，就可以通过形成离子键而稳定的复合材料体系。例如，在酸性条件下，苯胺更容易插层到钠基蒙脱土中，经苯胺聚合形成 PAn/MMT 复合材料，其中的聚苯胺以某种盐（emerldine salt）的形式与蒙脱土的硅酸盐片层上的反粒子以离子键的方式存在于片层间。聚苯胺受到层间的空间约束，一般以伸展的单分子链形式存在。

③形成配位键　有机基体与纳米粒子以电子对和空电子轨道相互配位的形式产生化学作用，构成纳米复合材料。例如，以溶液法和熔融法制备的聚氧化乙烯（PEO）/蒙脱土纳米复合材料，嵌入的 PEO 分子同蒙脱土晶层中的 Na^+ 就以配位键的形式生成 $PEO^- Na^+$ 络合物，使 PEO 分子以单层螺旋构象排列于蒙脱土的晶层中。

④纳米作用能的亲和作用　在大多数的情况下，纳米复合材料中并不具有明显的化学作用力，分子间相互作用力则是普遍的，利用聚合物结构中特别的基团与纳米粒子的作用，可产生稳定的分子间作用力。纳米粒子因其特殊的表面结构具有很强的亲和力，这种力称为“纳米作用能”，借助纳米粒子的强劲的纳米作用能，与很多聚合物材料可以说是无选择的聚合物材料产生很强的相互作用，形成稳定的复合体系。以纳米作用能复合的关键，就是保证纳米粒子能够以纳米尺寸的粒度分散在聚合物基体中。

(2)聚合物基纳米复合材料制备技术

纳米复合材料制备科学在当前纳米材料科学研究中占有极重要的地位，新的制备技术研究与纳米材料的结构和性能之间存在着密切关系。纳米复合材料的合成与制备技术包括：作为原材料的粉体及纳米薄膜材料的制备，以及纳米复合材料的成型方法。制备聚合物基纳米复合材料主要是溶胶—凝胶法、插层法、共混法和填充法。

溶胶—凝胶法以金属有机化合物（主要是金属醇盐）和部分无机盐为先驱体，首先将先驱体溶于溶剂（水或有机溶剂）形成均匀的溶液，接着溶质在溶液中发生水解（或醇解），水解产物缩合聚集成粒径为 1 nm 左右的溶胶粒子（sol），溶胶粒子进一步聚集生长形成凝胶（gel）。溶胶—凝胶法的基本原理可以分为以下的三个阶段来：单体（即先驱体）经水解、缩合生成溶胶粒子（初生粒子，粒径为 2 nm 左右）；溶胶粒子聚集生长（次生粒子，粒径为 6 nm 左右）；长大的粒子（次生粒子）相互连接成链，进而在整个液体介质中扩展成三维网络结构，形成凝胶。溶胶—凝胶的工艺过程是：先驱体经水解、缩合生成溶胶，溶胶转化成凝胶，凝胶经陈化、干燥、热处理（烧结）等不同工艺处理，就得到不同形式的材料。

制备聚合物/层状硅酸盐纳米复合材料的插层法可以细分为以下几种：

1）渗入—吸收法

使用能溶解聚合物的溶剂，使层状硅酸盐剥离成单层。由于堆垛层的弱作用力，这种层状硅酸盐很容易在适当的溶剂中分散。聚合物被吸附到分离层片上，当溶剂被挥发或混合物析出时，这些层片重新组合到一起，将聚合物夹在中间，形成了一个有序的多层结构。

2)原位夹层聚合法

在这个技术里,层状硅酸盐在液态单聚合物或单聚合物溶液中膨胀,使得多聚合物能在层片间形成。聚合能够通过加热或辐射或由适当的引发剂的扩散而引起,也可通过有机引发剂或在膨胀之前层片内通过正离子交换固定的触媒来引起。

3)层间插入

将层状硅酸盐与高聚合物或单聚合物基体混合。如果层片表面与所选择的高聚合物或单聚合物充分相容,高聚合物或单聚合物能慢慢进入层片之间,形成插入型或剥离型纳米复合材料。这种技术不需要溶剂,也是最常用的。层间插入法可分为单聚合物插入聚合法和高聚合物插入法。单聚合物插入聚合法首先将单聚合物插入层间并使其聚合,使高聚合物的形成和多层构造的单层剥离同时发生。高聚合物插入法是将高聚合物与黏土的混合物用溶剂分散或融溶混炼,使高聚合物直接插入层间,而导致多层构造不断形成单层剥离。使用单聚合物插入聚合法,单聚合物自身有时可以作为有机化剂,单聚合物的扩散速度快,比较容易插入层间而较容易形成剥离型纳米复合材料。缺点是需要聚合设备,还需要去除残余的单聚合物和进一步精制的工序。使用高聚合物插入法,特别是融溶混炼法,可利用强力二轴挤出机比较容易地形成纳米复合材料。

4)模板合成法

利用这个技术在包含高聚合物凝胶和硅酸盐预制件的含水溶液中,由水热结晶原位形成层状黏土,高分子起形成层状物的模板作用。它特别适合于水溶性高分子,被广泛用来合成双层氢氧化物纳米复合材料。基于自结合力,高聚合物有助于无机主晶体的生长并封闭在层间。

8.2.4 陶瓷基纳米复合材料及制备技术

(1)陶瓷基纳米复合材料

陶瓷材料可分为功能陶瓷材料和结构陶瓷材料。功能陶瓷材料的开发由电子陶瓷开始,包括PTC热变电阻、压电滤波器、层状电容器等使用的铁氧体,以及$BaTiO_3$、PZT等性能优异的材料。结构陶瓷材料到1980年为止,已开发出氮化硅、氧化铝及氧化锆等高强度、高韧性、高硬度的材料,并在工业界得到广泛应用。这些材料的新发展需要有新的材料设计概念。纳米复合材料的出现,使陶瓷材料由以往的单一机能型向多机能型的转化,得到高度机能调和型材料。以下介绍种陶瓷基纳米复合材料开发的实例。

1)增韧纳米复相陶瓷

纳米尺度合成可能使陶瓷增韧。材料科学工作者采用粒径小于20 nm的SiC粉体作为基体材料,再混入10%或20%的粒径为10 μm的α-SiC粗粉,充分混合后在低于1 700 ℃、350 MPa的热等静压下成功地合成了纳米结构的SiC块体材料,在强度等综合力学性能没有降低的情况下,这种纳米材料的断裂韧性为5~6 $MPa \cdot m^{1/2}$,比没有加粗粉的纳米SiC块体材料的断裂韧性提高了10%~25%。有人用多相溶胶—凝胶方法制备了堇青石($2MgO \cdot 2Al_2O_3 \cdot 5SiO_2$)与$ZrO_2$复合材料,具体方法是将勃母石与$SiO_2$的溶胶混合后加入$SiO_2$溶胶,充分搅拌后再加入$Mg(NO_3)_2$溶液形成湿凝胶,经100 ℃干燥和700 ℃焙烧6 h后再经球磨干燥制成粉体,经200 MPa的冷等静压和1 320 ℃烧结2 h获得了高致密的堇青石/ZrO_2纳米复合材料,断裂韧性为4.3 $MPa \cdot m^{1/2}$,它比堇青石的断裂韧性提高了将近1倍。还有人成功地制备了Si_3N_4/SiC纳米复合材料。这种材料具有高强、高韧和优良的热稳定性及化学稳定性。其具体方法是：将聚甲基硅氮烷在1 000 ℃惰性气体下热解成非晶态碳氮化硅，然后在1 500 ℃氮气氛下热处理相变成晶态Si_3N_4/SiC复合粉体，在室温下压制成块体，经1 400～1 500 ℃热处理获得高力学性能。利用平均粒径为27 nm的α-Al_2O_3粉体与粒径为5 nm的ZrO_2粉体复合，在1 450 ℃热压成片状或圆状的块体材料，室温下进行拉伸试验获得了韧性断口。

2）超塑性

材料科学工作者在加Y_2O_3稳定化剂的四方二氧化锆中（粒径小于300 nm）观察到了超塑性，在此材料基础上又加入了20% Al_2O_3，制成的陶瓷材料平均粒径约为500 nm，超塑性达200%～500%。值得一提的是，在四方二氧化锆加Y_2O_3的陶瓷材料中，观察到超塑性竟达到800%。1 600 ℃下的Si_3N_4+20%SiC细晶粒复合陶瓷，延伸率达150%。

①Al_2O_3/SiC、MgO/SiC纳米复合材料　Al_2O_3和MgO陶瓷具有高硬度、高耐磨及化学稳定性，是最广泛应用的陶瓷材料。它们的强度低、断裂韧性及抗热震性和高温蠕变性差，应用受到了很大限制。将纳米SiC颗粒加入其中，大幅度改善了力学性能和高温性能，扩大了实际应用。

②Si_3N_4/SiC纳米复合材料　Si_3N_4陶瓷材料具有优良的韧性及高温性能，是非常有前途的一种材料。SiC纳米颗粒的介入，使得材料在低温及高温下都具有高硬度、高强度和韧性，还可以赋予这种材料光学机能。Si_3N_4和SiC的纳米/纳米复合，成功地实现了在低应力下的超塑性变形机能。这种材料已成功实现无压烧结，在超精密特殊材料中具有广泛的用途。

③Si_3N_4/TiN纳米复合材料　该体系可以用高能球磨法制备复合纳米粉体。原料粉末为高纯Si_3N_4粉、Y_2O_3粉、Al_2O_3粉和Ti粉，按所设计的组成进行配比，再用高能行星式球磨机球磨比为20:17在室温下球磨，得到复合粉体（在石墨模中用SPS系统进行烧结）。分别用SEM、XRD和TEMM对粉体和烧结体进行表征。烧结条件是1 300～1 600 ℃氮气氛下以30 MPa压力保持1～5 min。为了在1 450 ℃以下得到完全致密的烧结体，用含33%（质量）的Ti粉在1 400 ℃下进行烧结，Si_3N_4的晶粒尺寸是20～30 nm，而弥散粒子TiN为50～100 nm，得到纳米复合材料。TiN作用机制还不十分清楚，可能是起钉扎作用，阻止了Si_3N_4晶粒的生长。对此，复合材料可采用压缩负荷方法来观察其超塑性变形，并用晶粒尺寸为1 μm的常规Si_3N_4材料做比较（实验是在1 300 ℃、1.01 kPa气氛下进行）。研究表明，纳米晶复合材料的标称应变（相对值）达到0.4，而常规方法得到的Si_3N_4几乎未发现任何标称应变（相对值）。

④Al_2O_3/ZrO_2纳米复合材料　采用自动引燃技术合成Al_2O_3/ZrO_2纳米复合材料，又称为“燃烧合成法”。由于氧化剂和燃料分解产物之间发生反应放热而产生高温，特别适合于氧化物生产。燃烧合成法的特点是：在反应过程中产生大量气体，体系快速冷却导致晶体成核，但无晶粒生长，得到的产物是非常细的粒子及易粉碎的团聚体。该法不仅可以生产单相固溶体复合材料，还用于制备均匀复杂的氧化物复合材料，特别是能制备纳米/纳米复合材料。具体过程举例如下：采用硝酸铝和硝酸锆作为氧化剂，尿素作为燃料，按Al_2O_3-10%（体积）ZrO_2配料，用水将它们混合成浆料，置于450～600 ℃的炉中，浆料熔化后点燃，在数分钟内完成整个燃烧过程，将所得到的泡沫状物质粉碎为粉末，再经1 200 ℃、1 300 ℃、1 500 ℃保温2 h的热处理粉体。在热处理时，要经常观察晶粒生长的情况并加以控制。复合材料的成型是先将粉体用200 MPa干压，再经495 MPa冷等静压，制成素坯，1 200 ℃预烧结，保温2 h，然后喷涂BN再用Pyrex玻璃包封，进行热等静压，1 200 ℃烧结，保温1 h，压力为247 MPa的氩气压。材料经XRD分析证实，主要是α-Al_2O_3和τ-ZrO_2二相共存；TEM观察到ZrO_2粒子均匀分布于Al_2O_3

基体中，Al_2O_3的晶粒尺寸平均为35 nm，ZrO_2为30 nm。力学性能测定表明，纳米/纳米复合材料的平均硬度为4.45 GPa，约为普通工艺得到的微米材料的1/4。这种相对低的硬度表明，在压痕测试负荷下，细晶粒可能发生晶界滑移。这种低硬度可以使材料的韧性增加，其平均断裂韧性为8.38 $MPa \cdot m^{1/2}$（压痕法测定的负荷为20 kg），表明了该材料抵抗断裂的能力。用常规工艺制备同样组分的材料，断裂韧性值为6.73 $MPa \cdot m^{1/2}$。

⑤长纤维强化SiAlON/SiC纳米复合材料　将SiAlON/SiC纳米复合材料进一步用微米纤维进行强化，通过微米/纳米的复合强化，开发出了能与超硬材料匹敌的超韧性、1 GPa以上的超强度及优良的高温性能的调和材料。用这种材料制作的高效汽轮机部件可用到1 500 ℃的高温，具有良好高温强度和优良的耐熔融金属的腐蚀性。

⑥Al_2O_3/Ni、MgO/Fe、ZrO_2/Ni系纳米复合材料　具有强磁性的Ni、Fe、Co等金属纳米颗粒分散到氧化物陶瓷中，可以提高现有的氧化物陶瓷的性能，还赋予陶瓷材料优异的强磁性。用原位（In-Situ）析出法制备：以Al_2O_3为例，将Al_2O_3粉末和第二相的金属氧化物粉末或Al_2O_3粉末与金属粉末经混合及在空气中预烧后的粉末，用球磨机充分混合得到的Al_2O_3/氧化物混合粉末，在还原气氛中烧结，只有所需的金属氧化物在Al_2O_3中原位还原成金属，从而得到纳米氧化物/金属复合材料。研究表明，这种新材料还具有可检测外部应力的特性。

⑦Pb(Zr,Ti)O_3(PZT)/金属系纳米复合材料　广泛应用的PZT是最典型的压电陶瓷，它的缺点是力学性能很差，为了提高器件的可靠性，必须提高其力学性能。由于添加纤维、晶须及细化晶粒都损害其压电特性，用纳米复合来调和其机能性和机械特性就备受重视。将少量的银或白金通过化学方法导入PTZ中，可获得优异的力学性能及更高的压电特性。

一些由分子水平的构造控制而产生的新机能材料，代表了新一代的材料设计方向。从纳米到分子水平的材料设计的实例如下：

界面成分梯度化纳米复合材料　在复合材料中，要尽可能避免第二相与母相之间的化学反应，由此而限制了第二相的选择。一些研究者尝试着选择互相反应的系统，有意识地控制其界面构造。比如在Al_2O_3/Si_3N_4系统中，成功地制备了界面构造及组成具有梯度变化的纳米复合材料。通过反应、固溶及析出的过程，使用300 nm的Si_3N_4粉末最终分散颗粒控制到了30 nm。由于界面的梯度化而导致界面强度的改善，以及均匀的纳米颗粒的分散，造成了强度及高温抗蠕变性的大幅度提高。

⑧原子团簇(cluster)复合材料/分子复合材料　结合纳米复合材料的研究成果，可以设计和创制原子团簇复合材料和分子复合材料，由微量的Cr_2O_3固溶于Al_2O_3中得到的原子团簇复合材料，添加体积分数为0.4% Cr_2O_3，可使强度提高一倍以上。由控制超晶格的构造、单位晶格内各种绝缘相和介电体相排列的分子复合材料的设计开发正在积极地进行。介电体相中排列有亚纳米级厚度的绝缘相。将来有希望用于超高密度器件材料。最近由Al_2O_3/NiO/SiC混合粉末的烧结创造了Al_2O_3纳米Ni/纳米Ni_3Si的富勒烯复合材料，可以预想这种材料具有卓越的触媒特性。

(2)陶瓷基纳米复合材料的制备

陶瓷基纳米复合粉末及材料的主要制备方法如下：

1)等离子相合成

该合成需要等离子或气体高离子化（物质的第四态）的存在。离子化的气体有助于电导，从而增强反应动力。用于热等离子的反应器包括直流、交流或高频反应器。这些反应器都可以高效地进行粉末合成。冷等离子反应器结合了高频或微波反应器。因为粉末出产率低，它们更适合于用做烧结目的或制作表面薄膜，优点是污染少，可以控制工艺参数。在纳米复合材料领域，用微波冷等离子反应器合成了 La-CeO_2-*x*/Cu-CeO_2-*x* 复合材料。用冷等离子反应器制备了 Al_2O_3覆盖的 ZrO_2颗粒及 Al_2O_3/ZrO_2纳米复合材料。

2）化学气相沉积

采用这个方法在大气压和 1 223 K 的温度下，用 $TiCl_4$-SiH_2Cl_2-C_4H_{10}-H_2气体系统，在碳素材料上沉积出了 SiC/TiC/C、SiC/TiC 和 SiC/$TiSi_2$纳米复合材料。最大优点是容易控制沉积材料的成分和组织，缺点是过程慢及原材料贵，存在碳氢物的污染。

3）离子溅射

它是将纯金属、合金及化合物用冷蒸发技术一层或几层地沉积到合适的物质上。反应溅射可以产生原位反应的离子溅射。例如，氧气、氮气及惰性气体的导入，可产生氧化物或氮化物的薄膜。这些薄膜有时是一些陶瓷或金属的纳米复合材料，具有一些不寻常的光学、电学及磁学特性。由镍铝化物在氮气等离子体中的反应溅射，制作出 Ni_3N 及 AlN 纳米复合材料薄膜。

4）溶胶—凝胶

此法用于聚合物基纳米复合材料，也用于陶瓷基纳米复合材料，是纳米复合材料的最常用的液相工艺。均匀溶液通过控制干燥而转变成一个分子结构不可逆的相。凝胶是一种弹性固体充填，与溶液体积相同。在进一步干燥时，凝胶收缩并已转变成期望的相。通过控制凝胶体的参数和其后的热处理，能够控制组织形成。利用此工艺，用不同的烃氧化物合成出了 TiO_2/Al_2O_3纳米复合材料。用溶胶—凝胶工艺也合成出了莫来石/ZrO_2、莫来石/TiO_2及ZrO_2/Al_2O_3。非氧化物基纳米复合材料也可以用溶胶—凝胶工艺来合成，比如在氮气或氨气中合成了 AlN/BN 复合材料。溶胶—凝胶工艺的最大优点是，在低温就可将高熔点材料加入到非结晶的干凝胶体中。其缺点是原材料特别是有机金属比较贵。

5）有机金属热分解

这项技术是将有机金属前驱体热分解来得到陶瓷材料，适合于制作陶瓷纤维、涂层或反应性无定形粉末。通过这种方法合成的纳米复合材料有 TiC/Al_2O_3、TiN/Al_2O_3和 AlN/TiN。反应物为丁氧醇钛、糠醛树脂和丁氧醇铝。

6）燃烧合成

它是一个用前驱体来合成纳米晶体陶瓷的方法。期望的晶体相由离子的重排列而直接从非晶态固体中形成。这个方法适应于各种纳米级单相、多相及复合材料的合成，产物纯度高并含有松散的团聚。

7）固态方法

机械合金化是一种在高能量球磨中使元素或合金粉末不断反复结合、断裂、再结合的固态合金化方法。这种方法大部分使用振动球磨，其主要问题是污染。污染主要来源于容器、球或空气，并导致产品力学性能的降低。例如，用铁和氧化铝粉或氧化铁和铝的混合物球磨，可制备 Fe-α-Al_2O_3纳米复合材料。

由于纳米材料在晶界含有大量的分子，这样大量晶界提供了一个短的回路，因此它们与传统材料相比具有高扩散率，与粗晶材料相比，烧结可以在一个较低的温度进行。纳米材料及纳米复合材料的制备需要注意以下几个方面：①粉末的坯体压制时，特别是对于非氧化物，要注意防止氧化。②由于细小尺寸,纳米材料具有大的内部摩擦,反过来影响了材料的流动和填充,以及粉料与模具内壁的摩擦,因此可应用高压及使用黏结剂,使用润滑剂也很有帮助。③致密化时常常伴随着晶粒生长,导致失去了纳米材料的目的,可以用两个方法来达到致密化而保留纳米晶粒尺寸:一种方法是采用一些活化烧结;另一种方法是采用一些添加相或加入到别的基体中,形成纳米复合材料。但由于纳米相的阻碍作用,纳米复合材料有时反而更难于烧结。通常的陶瓷材料烧结方法,都可以用于制备陶瓷基纳米复合材料,致密化手段有以下几种:

A. 无压烧结。无压烧结不受模具的限制,装炉量大,产量高,很适合工业化生产。无压烧结的一个典型实例是氧化物/非氧化物系统的 Al_2O_3/SiC。SiC 颗粒强烈阻碍 Al_2O_3的晶粒生长,但阻止其致密化。通过调节添加剂的加入及无压烧结工艺,制备 Si_3N_4/SiC 纳米复合材料。

B. 反应烧结。用反应烧结制备 Si_3N_4-莫来石-Al_2O_3,纳米复合材料的过程是:在 Si_3N_4表面先进行部分氧化来产生 SiO_2,最后表面氧化物与 Al_2O_3反应产生莫来石。反应烧结的优点是:可以减少杂质相,反应烧结时的体积增加而使收缩变小,在低温下进行致密化。

C. 热压烧结。在烧结中使用压力,可以阻止纳米陶瓷在致密化之前发生的晶粒生长。施加的压力增强了致密化过程的动力和活力。通过热压烧结已制备了致密的 Si_3N_4/SiC 纳米复合材料。用高纯度的 Si_3N_4和 SiC 粉末,在不同温度及时间下热等静压,制备了 Si_3N_4-25vol% SiC 纳米复合材料。无压烧结和热等静压的组合使用可结合两者的优点,使材料可以完全致密化,可以省去使用玻璃包套来提高生产效率。这种方法要求在无压烧结时使气孔都变为闭气孔,这些闭气孔在热等静压时可被完全挤出。

D. 等离子放电烧结。这种方法是利用加直流脉冲电流时的放电和自发热作用,在低温及短时间内完成烧结。与热压烧结及热等静压烧结相比,不但装置简单,设备费用低,而且能制备用别的方法不可能制作的材料,是能用于很多方面的独特技术。

8.2.5 金属基纳米复合材料及成型技术

(1)金属基纳米复合材料

随着原位反应、机械合金化、喷射沉积等制备技术的发展,使铁基、镍基、高温合金和金属间化合物基复合材料,以及功能复合材料、纳米复合材料、仿生复合材料的研究开发得到相应发展。金属基纳米复合材料的种类见表 8.1。金属材料的构成相有结晶相、准结晶相及非晶相。金属基纳米复合材料由这些相的混相构成。与一般的材料比较,金属基纳米复合材料具有高强度、高韧性、高比强度、高比刚度、耐高温、高耐磨及高的热稳定性,在功能方面具有高比电阻、高透磁率及高磁性阻力。金属基纳米复合材料的实例是高强度合金:用非晶晶化法制备高强、高延展性的纳米复合合金材料,其中包括纳米铝—过渡族金属—镧化物合金,纳米 Al-Ce-过渡族金属合金复合材料,这类合金具有比常规同类材料好得多的延展性和高的强度(1 340 ~1 560 MPa)。在结构上的特点是:在非晶基体上分布纳米粒子,例如,Al-过渡族金属—金属镧化物合金中在非晶基体上弥散分布着 3 ~10 nm 铝粒子,而对于 Al-Mn-金属镧化物和 Al-Ce-过渡族金属合金中是在非晶基体中分布着 30 ~50 nm 粒径的 20 面体粒子,粒子外部包有 10 nm 厚的晶态铝。这种复杂的纳米结构合金是导致高强、高延展性的主要原因。有的高能球磨方法得到的 Cu-纳米 MgO 或 Cu-纳米 CaO 复合材料,这些氧化物纳米微粒均匀分散在铜基体中。这种新型复合材料电导率与 Cu 基本一样.强度却大大提高。

表 8.1 金属基纳米复合材料种类

金属基纳米复合材料种类	实 例	性能特点
金属/金属间化合物	$Al + Al_3Ni + Al_{11}Ce_2$ $Al + AlZr_3 + Al_3Ni$	高强度、高耐热强度、高韧性、高耐磨、硬磁性
金属/陶瓷	$Al + Nd_2Fe_{14}B$、$Nd_2Fe_{14}B + Fe_3B$、α-Fe + HfO、$Co + Al_2O_3$	高比电阻、高周波透磁率、大磁性阻抗
金属/金属	α-Fe + Ag、Co + Cu、Co + Ag、α-Ti + β-Ti	大磁性阻抗、高密度磁记录性、高强度、高延性
结晶/准结晶	Al-Mn-Ce-Co、Al-Cr-Fe-Ti、Al-V-Fe、Al-Mn-Cu-Co	高强度、高延性、高耐热强度、高耐磨
结晶/非晶态	Al-Ni-Co-Ce、Al-Ni-Fe-Ce、Fe-Si-B-Nb-Cu、Fe-Zr-Nb-B	高强度、软磁性、硬质磁性
准结晶/非晶态	Zr-Nb-Ni-Cu-M(M = Ag、Pd、Au、Pt、Ti、Nb、Ta)	高强度、高延性
非晶态/陶瓷	Zr-Al-Ni-Cu + ZrC	高强度、高延性、高刚性

(2)金属基纳米复合材料制备技术

金属材料具有良好塑性、延展性和多种相变特性。利用这些特性可以制备出各式各样的金属基纳米复合材料。主要制备技术如下:

1)挤出法

高强度铝合金可用挤出法来制作。以 Al-Ni-Mn 合金为例,其代表组成为$Al_{88}Ni_8Mn_3Zr_1$。利用氩气喷雾法可以制作粒径 72 μm 以下的球状粉末。将这些粉末填入管中,真空脱气后封管,在 400 ℃左右的温度下挤出(挤出比为 10),制成直径为 20 ~ 100 mm 的材料。挤出材的组织为 30 ~ 50 nm 的 Al_3Ni 及直径 10 nm 的 $Al_{11}Mn_2$ 均匀分散于 Al 的母相中的纳米复合相,这些化合物的体积分数为 30% ~40%。

2)非晶态合金纳米结晶化法

该方法分为三类:对能够得到非晶态相的合金组成的液相,在控制急冷时的冷却速度的冷却速度控制法;调整合金的成分,使 C 曲线左移,以降低非晶态相的形成能力的成分控制法;将快冷得到的含有非晶态相的合金再进行热处理的热处理控制法。热处理控制法是比较常用的方法,先将合金各组分混合熔融,由单辊法等超急冷法得到非晶态的金属薄带,在结晶温度以上进行热处理。上述方法可以组合使用,由非晶态合金的结晶化处理得到晶体—非晶态纳米组织。用非晶态合金纳米结晶化法,可以制备用别的方法不能实现的高强度材料。

3)机械合金研磨结合加压成块法

这种方法使用高能量的机械研磨机(比如振动球磨机),通过钢球或陶瓷球之间的相对碰撞,将组成颗粒不断反复地冷焊接和断裂,使颗粒不断细化而达到目的。有时在保护气氛下进行上述球磨工艺。使用这种方法可以制备高度亚稳定的材料,比如非晶态合金及纳米结构材料。在较低的温度下,使用热压、热等静压、热挤压等技术将纳米粉末压制成纳米复合材料,除了研磨和团聚外,高能球磨还能导致化学反应,这些化学反应可以影响到球磨过程及产品的质量。利用这个现象,通过机械诱发金属氧化物与一个更活泼金属之间的置换反应,可以制备磁性氧化物/金属纳米复合材料。这种方法的优点是工艺简单，成本低，但粉料易被污染。陶瓷纳米材料的制备中也使用这种方法。

4）循环塑性变形细化晶粒法

变形—再结晶是金属成型的常用方法。由于大量晶界及亚晶界的产生，为再结晶提供了大量形核位置，使得成核数量增多，晶粒细小。可以想象，如此循环多次的塑性变形，可以得到纳米级的组织。

5）烧结法

对于陶瓷颗粒分散的金属基纳米复合材料，少量的无机颗粒可大幅度降低材料的塑性，适合用烧结法制备。先将金属与陶瓷的混合粉末在低温下球磨细化，研究表明，利用低温球磨（液氮温度）可使铝和氧化铝的颗粒尺寸降低至30～40 nm。将制备好的混合粉末在较大的压力下进行热压烧结，可制备出高密度的纳米复合材料。烧结温度应尽可能低，以避免晶粒过分生长。

8.2.6　纳米复合材料的应用

（1）聚合物基纳米复合材料的应用

聚合物基纳米复合材料兼有纳米粒子自身的小尺寸效应、表面效应、粒子的协同效应，以及聚合物本身柔软、稳定、易加工等基本特点，因而具有其他材料所不具有的特别性质。

纳米材料增强的聚合物基纳米复合材料有更高的强度、模量，同时还有高韧性，拉伸强度与冲击韧性有一致的变化率。在加入与普通粉体相同质量分数的情况下，强度和韧性一般要高出1～2倍，在加入相同质量分数的情况下，一般要高出10倍以上。采用纳米粒子增强聚合物基体，复合材料既可以增强又可以增韧。蒙脱土的结晶构造为二氧化硅四面体/二氧化铝八面体/二氧化硅四面体的基本层而组成的层状材料。这个基本层非常细小，厚度为1 nm，边长为100 nm，其基体有尼龙系、聚烯烃类、聚丙乙烯、环氧树脂、聚乙酰胺等。例如，添加量（质量分数）为4.2%的蒙脱土，蒙脱土的层片在尼龙6基体中均匀分散，通过插层—聚合得到纳米复合材料。与尼龙6基体相比，拉伸强度提高1.5倍，弹性模量提高2倍，冲击韧性基本上没有变化。层片与尼龙6的结合为比较强的离子键结合，层片又以分子状态分散，使应力集中源减少，提高了疲劳寿命。

通常的尼龙6的结晶构造为α型（熔点220 ℃），结晶率为6%～30%。而组成纳米复合材料时，结晶构造为γ型（熔点214 ℃），结晶率超过40%。尼龙6基体的热变形温度为80 ℃，纳米复合材料的热变形温度为152 ℃。如果使用一般的无机物来达到这种性能，需要添加质量分数30%以上，还要引起冲击韧性的降低。纳米尺寸的硝酸盐层片具有很高的耐热性和弹性率，使得纳米复合材料在超过玻璃化温度时也可维持高的弹性率。

一般地，高分子中即使分散有不燃的无机物，在燃烧中高分子熔融分解后的挥发性液体在无机物表面扩散，反而增大了燃烧性。但是，当无机物的形态为纳米级时，即使少量的添加，也能使高分子燃烧时维持其状态。研究表明，尼龙单独加热时，400 ℃开始着火，其后急速达到1 100 kW/m^2的最大燃烧值。而质量分数为5%蒙脱土添加的纳米复合材料的燃烧值不到500 kW/m^2。燃烧时形状能否保持，对防止延烧极其重要。细小分散的无机颗粒熔融产生架桥效应，使高分子黏结在一起。这个特性只有在颗粒小到10 nm以下时才具有。这些难燃材料可用于家庭、旅馆、火车和汽车等。

与单纯高聚合物相比，添加层状黏土的纳米复合材料具有高的气密性。这是由于层片的阻碍，气体透过材料时的路径相对延长和透过困难而造成的。用于食品包装时，可以防止氧气的透过。用于汽车的燃料管和燃料箱时，可以防止油料的泄漏。

聚合物在自然界中很难分解，极易给自然界造成污染。比如采用颗粒和粉末的Bionelle及蒙脱土的纳米复合材料，表现出了高的生物降解性。

尼龙6与蒙脱土复合的纳米复合材料已经比较成熟，已实现工业化生产。可用它制作汽车部件，潜在应用包括飞机内部材料、燃油箱、电工或电子元件、制动器和轮胎等，在汽车上使用聚丙烯作为保险杠和指示表盘等比较多。质量分数4.8%的蒙脱土调加入聚丙烯，通过溶化剂形成纳米复合材料，使弹性率为基体的1.3~1.6倍，这种弹性率的提高可增强部件的刚性。聚对苯二甲酸乙二脂(PET)纳米复合材料也具有广泛的用途，在航空业：飞机上的开关、熔断器、继电器、插接件、仪表盘等；在通讯业：集成块、接线板、配电盘、电容器壳体等；在其他方面：变压器骨架、温控开关、散热器部件等。纳米复合橡胶可用于防水建材、体育场地材料等。

(2)陶瓷基纳米复合材料的应用

对多种纳米陶瓷或金属颗粒增强的纳米复合材料的研究表明，所有添加的纳米尺寸的第二相颗粒都是体积分数为5%~20%，断裂强度与单相材料相比有大幅度的提高。除了一部分外，断裂韧性大致为单相的1.5~1.7倍。少量的纳米尺寸颗粒可造成裂纹尖端有效的架桥作用，而进一步导致在极短的裂纹扩展范围内破坏阻力的增加。在金属分散的材料中，断裂韧性的改善依赖于金属的塑性变形，使得添加的金属颗粒越多，韧性的提高越明显。构成纳米复合材料的组织特征的相组成的多样化，使得有些材料也具有与力学性能相关联的机能性。例如，由纳米/纳米复合构成的材料，比如Si_3N_4/SiC、ZrO_2/Al_2O_3等纳米复合材料，在高温下可进行超塑性变形。陶瓷材料的晶粒细化后，高温下晶界原子活动激化，颗粒间的晶界滑移可以导致巨大的超塑性变形。用有机化合物先驱体及溶液化学法调制的粉末得到的纳米复合材料，在保持母相陶瓷特性的同时，也得到了与金属一样的可加工性。这是由于软的纳米尺寸的分散相的存在，赋予了材料准塑性变形能，同时有效抑制了导致宏观破坏的微观裂纹的生成和传播。

锆钛酸铅(PZT)压电陶瓷材料，强度和韧性很低，而通过添加纤维和晶须及细化晶粒等方法来强化，对材料的压电特性有很大损害。通过纳米复合，可使PZT材料具有综合性的电气机能和力学性能。用体积分数为0%~10%的Ag或Pt纳米颗粒分散PZT基体，这两种金属颗粒在大气中烧结时不会氧化，并且与基体的PZT基本不反应。用体积分数为0%~10%的Ag或Pt纳米颗粒分散PZT基体，在大气中常压烧结，可得到纳米金属分散的强介电纳米复合材料。与单相的PZT材料相比，纳米复合材料具有烧结温度低、高强度、高韧性及高介电特性。一般单相PZT材料的断裂韧性为0.7 MPa·$m^{1/2}$，强度为50~100 MPa，而添加Ag的纳米复合材料的断裂韧性为1.1 MPa·$m^{1/2}$，强度为170 MPa，比单相材料高出很多。室温比介电率，最大介电率温度及居里温度的比介电率，都随Ag的添加量的增加而上升。

纳米复合化使结构陶瓷材料具有压电特性，分散颗粒若具有强介电、压电性，与结构陶瓷复合得到的纳米复合材料也可具有压电性，这种结构与功能的复合将具有广泛的应用。例如，用平均粒径300 nm的$BaTiO_3$和PZT粉，与MgO原料粉湿法球磨混合、干燥。$BaTiO_3$分散的粉末在氮气氛下热压烧结后，在大气中退火。退火可使烧结过程中半导体化的$BaTiO_3$相再度氧化。PZT分散的粉末CIP成型后，在大气中常压烧结。得到的MgO/ $BaTiO_3$和MgO/PZT纳米复合材料都含有强介电相。在电场中进行处理后，使材料具有压电性，力学性能随纳米介电性颗粒的添加而提高。

在结构陶瓷材料中添加纳米级磁性金属颗粒而得到的纳米复合材料，提高了力学性能，并具有良好的磁性能。金属和合金磁性材料具有电阻率低、损耗大的特性，尤其在高频下更是如此。磁性陶瓷材料基纳米复合材料有电阻率高、损耗低、磁性范围广泛等特性，在材料制备时，通过对成分的严格控制，可以制造出软磁材料、硬磁材料和矩磁材料。

在无机玻璃、陶瓷薄膜等宽的波长范围内，透明的基体内分散有纳米金属、半导体、磁性体、荧光体等的结晶时，纳米级的结晶可抑制入射光的散乱，使材料保持透明。再加上量子尺寸效应及结晶表面的特异的电子状态和格子振动等纳米结晶的特征，使陶瓷基纳米复合材料具有特殊光特性。10 nm的$ZnGa_2O_4$:Cr^{3+}结晶分散的硅酸盐玻璃，在室温可明显地观察到R线。稀土类离子的导入，使氧化物玻璃中析出氟化物晶体，改善了转换荧光特性的同时也改善了材料的耐水性。

(3)金属基纳米复合材料的应用

主成分为Al-Ni-Mn系铝合金经过挤出成型，形成金属基纳米复合材料。挤出材的性能与挤出条件关系很大。密度为2.9～3.2 g/cm^3，弹性模量85～94 GPa，2%屈服应力600～850 MPa，塑性伸长率1.5%～10%，夏氏V形缺口冲击韧性5～8 J/cm^2，耐热强度200 ℃时500 MPa，300 ℃时250 MPa，在室温时经历10^7循环后的疲劳强度为270 MPa，150 ℃时为220 MPa。耐腐蚀性为在3%的NaCl中10 mm/年以下。这种纳米结晶的铝合金的比强度和比钢性超过商用的铝合金、不锈钢甚至钛合金。利用这些特性，可以制作高速运动的机械部件、机器人部件、体育用品及模具，其使用量和生产量也在逐年增加。

由纳米复合而导致的磁性能的改善，有软磁性材料的金属—非金属纳米颗粒软磁材料，硬磁性材料的纳米复合材料磁石。软磁材料要求有高饱和磁力、高磁导率和透磁率、低保磁力和无磁致伸缩。一般软磁材料为硅钢片、铁镍合金、铁硅铝合金等金属材料及铁氧体等氧化物材料。由非晶化、纳米结晶化、金属—非金属颗粒化可以提高其性能。金属—非金属颗粒化软磁纳米复合材料，是由Fe、Co等强磁性金属相与SiO_2、Al_2O_3等绝缘相在纳米尺寸微细混合而构成的磁性材料，同时具有由强磁性金属相导致的软磁性和由绝缘相的绝缘效果导致的高电阻特性。

烧结Nd磁石在MRI诊断装置、电动机、通信、音响等被广泛使用。为了制作强磁铁，需要有高的自磁化和保磁力。对于$Nd_2Fe_{14}B$，其理论最大磁能积BH_{max}大约为64 kJ/m^3，而纳米复合的理论最大磁能积BH_{max}可达100 kJ/m^3。由硬磁相和软磁相构成的纳米复合材料新型永磁体，是基于利用硬磁相的高结晶磁各向异性和软磁相的高饱和磁化构成的显微组织，通过两相相互作用而得到高的磁特性。硬质相为$Nd_2Fe_{14}B$，软质相为α-Fe或Fe_3B。为了提高居里点，添加Co；为了提高保磁力，添加微量的Nb、V、Mo。纳米复合永久磁石的制备：首先做成预定成分的合金铸锭，然后在惰性气氛中，从金属辊辊压得到带状的急冷薄板。为提高保磁力，进一步将得到的薄板进行适当的热处理。制成粉末后，如果这些粉末与树脂炼，再压缩可得到着磁的黏结磁铁。$Sm_2Fe_{17}N_3$化合物，具有比$Nd_2Fe_{14}B$化合物更高的居里点和磁各向异性。Sm-Fe-N系化合物也可与软磁相的Fe构成纳米复合材料。复合磁石的制造工艺：将Sm、Fe、Zr、Co等原料金属混合粉在高温用单辊和急冷，得到微细的$SmFe_7$微合金组织。粉碎后在

600 ~ 800 ℃热处理，使 α-Fe 相析出，再在 400 ~ 500 ℃氮化处理形成磁石粉。通过与树脂混炼、成型得到纳米复合磁石。

8.3 功能复合材料

功能复合材料是指除力学性能以外还提供其他物理性能并包括部分化学和生物性能的复合材料，如有导电、超导、半导、磁性、压电、阻尼、吸声、摩擦、吸波、屏蔽、阻燃、防热等功能。它在抗激光、抗核爆、隐身等性能方面具有突出的特点，在高新技术的发展中占有重要地位，有广泛的应用前景。例如，在电子技术中，功能复合材料的主要应用是制作各种敏感和传感器件。由 PZT 压电陶瓷微粉、纤维和聚合物复合的功能复合材料制成的压电复合传感器，使水声探测器以及医学用超声阵列探测器的灵敏度提高好几个数量级。从而可以截取到更加微弱的信号和更加清晰的图像。该项研究被认为是 20 世纪 70 ~ 80 年代中 100 项重大科技成果之一。利用陶瓷、金属、半导体结合起来多层复合结构是厚膜电路和混合集成电路的发展基础，已经开发出了品种繁多的各种电子器件。这种复合结构也是发展机敏材料的重要途径。由周期性多层复合结构发展起来的声学超晶格有可能成为在微波频段的超高频换能器和滤波器。采用金属、铁氧体等超微粉与聚合物形成的复合材料，在吸收、衰减电磁波和声波，减少反射和散射，从而达到电磁隐身和声隐身方面取得了很好的效果，已经进入到实际应用阶段。光电子技术也是功能复合材料特别是纳米复合材料的重要应用领域。研究工作表明，分散在液体、聚合物和玻璃中的金属、半导体和极性氧化物，具有明显的光学非线性效应。微粉悬浮系统的光学位相共轭、二波混频以及微粉复合体的相干和频、差频效应及光学双稳效应都已取得了有希望的实验结果。

8.3.1 功能复合材料的设计原则

功能复合材料主要由一种或多种功能体和基体组成。在单一功能体的复合材料中，功能性质由功能体提供；基体既起到黏结和赋形的作用，也会对复合材料整体的物理性能产生影响。多元功能体的复合材料具有多种功能，还可能因复合效应而出现新的功能，见表 8.2。

表 8.2 功能复合材料的复合效应

第一相功能	第二相功能	功能复合材料的复合效应
磁致伸缩	压电效应	磁电效应
霍尔效应	电　导	磁阻效应
光电导	电致伸缩	光致伸缩
热膨胀	压电效应	热释电效应
热膨胀	电　导	热敏开关

衡量一个功能材料的优劣很难用单一的物理参数来比较，需要对其多种性能进行综合评价。在功能材料中广泛采用材料的优值来衡量，材料的优值是由多个物性参数按照它们对材料综合使用性能的影响组合起来的。材料的物性参数一般用张量表示。为了得到尽可能高的

优值,就必须按照非常特殊的要求对材料的有关物性张量组元进行优化组合设计。还可应用复合材料的复合效应设计,制造各种功能复合材料。复合效应是复合材料特有的效应,结构复合材料基本上通过其中的线性效应起作用,功能复合材料不仅能通过线性效应起作用,更重要的是可以利用非线性效应设计出许多新型的功能复合材料。由于功能复合材料是由两种(或两种以上)材料组分所组成的,因此功能复合材料具有很大的设计自由度。功能复合材料还可以通过改变复合结构的因数,即复合度、连接方式、对称性、标度和周期性等,大幅度定向化地调整物理张量组元的数值,找到最佳组合,获得最高优值。

(1)调整复合度

复合度是参与复合各组分的体积(或质量)分数,$\sum V_i = 1$(V_i为i组分的体积分数)。将物理性质不同的物质复合在一起,可以改变各组成的含量,使复合材料的某物理参数在较大范围内任意调节。对于像介电常数这类基本物理参数,复合材料的性质介于两个原始组元之间,并随复合度的改变而单调变化,遵循加和法则。当然,具体的加和规律还与复合结构的配置方式有关。对于由两种或多种基本物性参数构成的结合特性,情况比较复杂。这时,复合材料的性质仍然遵循某种加和法则,但其数值有可能大于或小于两种原始组元的最大值或最小值。复合材料的性质有可能在某一复合度下取极大值或极小值。

(2)调整连接方式

在复合材料中,各组元在三维空间中自身相互连接的方式,可以任意调节。在功能复合材料的研究中,广泛采用R. E. Newnham提出的命名方法:用"0"表示微粉,"1"表示纤维、"2"表示薄膜,在三维空间相互联结形成的空间网络则用"3"表示。例如,分散在连续媒质中的活性微粉可用"0-3"型表示,分散在连续媒质中的纤维则可用"1-3"型表示,多层薄膜则为"2-2"型。习惯上将对功能效应起主要作用的组元放在前面,称为"活性组元"。因此,0-3型和3-0型尽管有相同的连接方式,却是不同的两种复合材料。

可能形成的连接方式数目是与复合材料的组元个数n有关的,可按$(n+3)!/(n!\times 3!)$进行计算。对于双组元材料($n=2$),有10种连接型;对于三组元材料($n=3$),有20种连接型;对于四组元材料($n=4$),则有多达35种连接型。

改变复合材料的连接方式,就改变了复合材料中各组元的相互耦合方式。对于场特性,连接方式实际上影响复合材料中的场分布方式,使电磁场或协力场集中在能够产生最强烈功能效应的部位。对于输运特性,连接方式对于渗流途径有非常大的影响。

(3)调整对称性

功能复合材料的对称性是材料各组元内部结构及其在空间几何配置上的对称特征。按照居里的对称素叠加原理,复合材料的对称素只能包括各组元本身和各组元的几何配置所同时具有的对称素。在许多情况下,复合材料的对称性仍可用结晶学中的32类点群来描述,其基本对称素为对称中心、对称面,以及1、2、3、4、6次旋转对称轴和像转对称轴。有时,复合材料的对称性不能用结晶学点群来描述.需要引入无限转轴。这时可用居里群表示,居里群只有$\infty\infty m$、$(\infty/m)m$、$\infty\infty$、∞m、∞/m、$\infty 2$和∞等7种。如果复合材料涉及磁性,那么在考察其对称性时就必须引用更复杂的黑—白居里群。

不同功能复合材料的对称性须选用不同的描述方法。例如,对0-3型复合材料,如果将球形颗粒分散在基体中,可构成各向同性复合材料,其居里群表示为$\infty\infty m$,其光率体为一圆球;如果用针形颗粒并按一定方向排列,复合材料的对称性呈各向异性,其居里群为$(\infty/m)m$,此时就可产生双折射行为，而光率体为一旋转椭球体，其长轴平行于针形微粉的轴，属于正光性；如果定向微粉是片状的，其居里群仍为$(\infty/m)m$，材料仍然是光学各向异性的，光率体也是一个旋转椭球，但其短轴平行于定向片状微粉的法线，材料是负光性的。注意到复合度还将改变材料的折射率和双折射的大小。可见，利用复合技术，可以用两种相同的材料制备出光学性质完全不同的一系列材料。

(4)调整标度

标度主要是指活性组分的线度大小。功能复合材料经常采用铁磁、铁电、铁弹等铁性体作为活性组元。铁性体通常是分裂成畴的。当其尺寸下降到微米和亚微米量级时，多畴状态在热力学上变得不稳定，只能以单畴状态存在；尺寸继续下降，系统变得越来越小，热涨落增强，以至摧毁铁性体中的有序化状态，使铁性状态转变成超顺状态；尺寸继续下降，超顺状态的协同作用也难于维持而消失；当尺度进入纳米量级时，量子尺寸效应开始起主导作用。在这一系列变化中，材料的性能发生很大的有时甚至是根本性的变化。功能复合材料正是利用这一系列变化来获得特殊的功能效应。

(5)调整周期性

周期性是指复合材料中组元几何分布的周期特征。一般随机分布的复合材料是不存在周期性的，即使存在一定统计平均的近似周期关系，也不能因此而产生功能效应。当需要利用复合材料中的谐振和干涉所产生的效应时，就必须严格控制复合材料在结构上的周期特征。这时激励波长应与复合材料结构上的周期相当，复合材料也就不能看成是均匀物体。将极化过的陶瓷纤维周期性地排列在环氧树脂中制成的复合换能器是一个有趣的例子。当这种换能器以厚度谐振方式驱动时，在空间周期性有序分布的压电陶瓷纤维使得比陶瓷柔顺得多的聚合物基体以比陶瓷大得多的振幅发生振动。这时，复合材料实际上起着机械放大的作用。

由于工艺难度大等因素的限制，在上述5种调节方法中，一般仅用复合度和连接方式对功能复合材料的性质进行调节。尽管如此，这已为设计复合材料提供了很大的自由度。

8.3.2　压电复合材料

压电复合材料是指具有应力—电压转换能力的材料，即当材料受压时产生电压，而作用电压时产生相应的变形。这种材料在实现电声换能、激振、滤波等方面有极广泛的用途。20世纪中叶以来，钛酸钡压电陶瓷、锆钛酸铅、改性锆钛酸铅，以锆钛酸铅为主要基元的多元系压电陶瓷，以及偏铌酸铅、改性钛酸铅等压电陶瓷材料相继研制成功，促进了声换能器、压电传感器等各种压电器件性能的改善和提高。探索、设计和研制新的压电材料，期望这种材料既具有高的耦合系数、压电数，又具有低的密度、低的声阻抗和好的柔韧性，能与水及人体软组织、人体皮肤很好的耦合，以满足水声工程、医学声成像和超声检测等高新技术对压电材料提出的新要求。

(1)压电复合材料的结构设计

在压电复合材料设计中，不仅要考虑两组成机械混合所产生的性能改善，还要十分重视两组成性能之间的复合效应。将这种观点用于压电复合材料的结构设计，就提出了“连通性”的概念。在压电复合材料中，电流流量的流型和机械应力的分布以及由此而得到的物理和机电性能，都与“连通性”密切相关。在压电复合材料的两相复合物中，有10种“连通”的方式，即0-0、0-1、0-2、0-3、1-1、1-2、1-3、2-2、2-3和3-3。一般约定，第一个数码代表压电相，第二个数码代表非压电相。例如,1-3 连接型就是由并联的 PZT 棒嵌入三维连续的聚合物基底构成。

设计压电复合材料,还要考虑各相材料在空间分布上的自身连通方式,因为它决定着压电复合材料的电场通路和应用分布形式。考虑简单的一维情况,对上述两相复合而言,其"连通"方式有串联连接和并联连接之分。串联连接相当于小的压电陶瓷颗粒悬浮于有机聚合物中。并联连接相当于压电陶瓷颗粒的尺寸与有机聚合物的厚度相近或相等。

(2)压电复合材料的制备方法

1)混合法

将压电陶瓷粉末与环氧树脂、PVDF 等有机聚合物按一定比例混合,经球磨或轧膜、浇铸成型或压延成型制成压电复合材料。该法使用的 PZT 压电陶瓷粉末,尺寸直径不小于 10 μm 为宜。

2)复型法

利用珊瑚复型,制成 PZT 的珊瑚结构,然后在其中充填硅橡胶作成 3-3 连通型压电复合材料,此工艺复杂,不易批量生产。

3)Burps 工艺

用 PZT 压电陶瓷粉末与聚甲基丙烯酯(PMM)以 30/70 的体积比混合,并加入小量聚乙烯醇压成小球。烧结后,小球疏松多孔,可注入有机聚合物(如硅橡胶等)。此法较珊瑚复型法制作简单,得到的压电复合材料性能也有提高。

4)注入法

将 PZT 压电陶瓷粉末模压,烧成 PZT 蜂房结构。向蜂房结构中注入有机聚合物,制成 1-3 连通型压电复合材料。这种材料适用于厚度模式的高频应用。另一种 1-3 连通型压电复合材料是将 PZT 压电陶瓷粉末和聚乙烯醇加水球磨,多次挤压使粉料均匀成型,通过两次烧结(其中一次为高温等静压烧结),得到密度为 7.8 g/Cm^3,直径分别为 254 μm、400 μm、640 μm、800 μm的 PZT 压电陶瓷"棒",将这些"棒"固定在两个打了许多圆孔的铜板之间,达到一定容积后,放进一塑料圆管,注入环氧树脂,在 70 ℃固化 19 h,而后取出切片、制极和极化。这种材料适于制作水声换能器。

5)切割法

将具有一定厚度、极化了的 PZT 压电陶瓷片粘在一平面基板上,然后在 PZT 平面上进行垂直切割,将 PZT 切成矩形,其边长 250 μm,空间距离 500 μm,切好后放进塑料圆管中,在真空条件下,向切好的沟槽内浇铸环氧树脂,经固化,将 PZT 与基体分离,处理后,制极和极化,制成 1-3 连通型压电复合材料。

6)钻孔法

在烧成的一定厚度的 PZT 立方体上,用超声钻打孔,而后注入有机聚合物和环氧树脂,固化后,切片、制极和极化,制成压电复合材料。

近年来,还有三相复合的压电复合材料,即在有机聚合物中加入孤立的第三相,以改善材料的压力,释放和降低其泊松比。这样制成的 1-3-0 连通型压电复合材料,其压电应变常数可以得到提高。

(3)压电复合材料及其应用

1)0-3 型压电复合材料

0-3 型是最简单的一种压电复合材料,是由不连续的陶瓷颗粒(0 维)分散于三维连通的聚合体基体中形成的。它有很大的适应性,可以做成薄片、棒或线材,甚至可以模压成所需的各种复杂形状。由于压电填充相上的极化场强度远小于外加极化电场强度,使0-3型压电复合材料极化较难。为了改善极化性能,可在复合材料中加入导电相,如少量碳、锗等物质,以提高聚合物基体的电导率。另外,提高压电陶瓷相电阻率,采用电晕极化和升高极化温度都有助于极化的进行。

2)1-3型压电复合材料

它是由一维连通的压电相平行地排列于三维连通的聚合物中而构成的两相压电复合材料。用于宽带声发射(AE)发射器的填充PZT的1-3型压电复合材料,采用"共振分散"设计。极化的PZT片用超声切割刀切割成大量不同高度的小棒条,再回填合成橡胶,所制得的AE发射器具有较高的敏感性和较宽的谐振频率。

3)3-0型压电复合材料

这类材料中压电相是在三维方向上连通的,而基体互相之间不连通。通过热压聚乙烯颗粒和PZT粉末的混合物制备3-0型复合材料,得到低介电常数的聚合物晶粒被高介电常数的PZT晶界环绕的无规则结构,这种复合材料的声阻抗非常低。另一种是月牙形3-0型复合材料,由该复合材料的压电陶瓷与金属帽之间的空隙呈月牙形而得名。利用电场效应将0-3型复合材料转变成1-3型结构,即所谓"介基效应"。该材料可能在声映像和医学超声学上具有一定的优势。

4)3-1型和3-2型压电复合材料

在这类复合材料中,压电相是三维连通的,聚合物则仅在一维或二维连通。可以采用挤出工艺先制成蜂窝状的压电陶瓷,然后回填聚合物。聚合物在极化方向连续的称为"3-1P型"。也有结构类似但极化方向垂直于挤出方向的3-1S型复合材料。3-2型复合材料也能用同样方式得到。

5)3-3型压电复合材料

3-3型压电复合材料中两相材料在三维方向均是自连通的,但目前仅有少量研究,可分为珊瑚复合型、有机烧去型、夹心型、梯形格式及烛光造孔型。

压电复合材料的应用涉及面较广,在水声、超声、电声以及其他方面得到了广泛的应用。在电子技术方面,有谐振加速计、振荡器、谐振电路、电子脉冲探测器;在海洋工程方面,有水声换能器、声呐发射与接收器;在机械工程方面,有声发射探测器、阻尼控制和超声转动装置;在医学方面,有映像诊断器、医用超声探头。1-3连通的蜂房型压电复合材料可用做变形反射镜的弯曲背衬材料;在天文领域用的光学器件中得到应用;用复合压电材料制作的平面扬声器也有产品面市;另外,也可制成气网装置用于环保监测。可以期望,压电复合材料在不断的发展中,将在更多的领域得到应用

8.3.3 导电复合材料

(1)导电复合材料的组成

在聚合物基体中,加入高导电的金属与碳素粒子、微细纤维,然后通过一定的成型方式而制备出导电复合材料。基体聚合物可以是树脂,也可以是橡胶。导电聚合物通常是指分子结构本身或经过掺杂处理之后具有导电功能的共轭聚合物。其中最典型的代表是聚乙炔、聚苯胺、聚吡咯、聚对苯撑等。一般导电组分是以导电填料形式加入到复合材料中。这些导电填料

通常以细微粉末状、粒状、长纤维状等形态，甚至是以纳米级尺寸分散于基体材料中，组成导电复合材料。导电填料主要有两类：一类是抗静电剂，另一类是各种导电材料。抗静电剂大多为极性或离子型表面活性剂，分子结构中含有亲水基团和疏水基团。由于加抗静电剂的复合材料导电性较差，所以目前普遍利用导电填料制备聚合物基导电复合材料。导电复合材料中使用较多的填料为炭黑，它具有小粒度、高石墨结构、高表面孔隙度和低挥发量等特点，其加入量为5%～20%。金属粉末也常用做填料，其加入量为30%～40%。在导电复合材料中使用较多的填料为炭黑，它具有小粒度、高石墨结构、高表面孔隙度和低挥发量等特点，加入量为5%～20%。金属粉末也常用做填料，其加入量为30%～40%。在聚合物基体中加入的增强体是一种纤维质材料，它或者是本身导电，或者是通过表面处理（通常镀金属层）来获得电导率。用得较多的增强体是碳纤维。在碳纤维上镀覆一层金属镍，可进一步增加电导率，但这种镀镍碳纤维与树脂基体的黏结性却被削弱。除碳纤维以外，铝纤维和铝化玻璃纤维也用做导电增强体，不锈钢纤维是进入导电添加剂领域的一种新型材料。不锈钢纤维直径细小（6～8 μm），因而以较低的添加量（体积分数3%～5%，质量分数6%～8%）即可获得好的电导率。选择不同材质、不同含量的增强体和填料，可获得不同导电特性的复合材料。

（2）导电复合材料的制备

共混法是制备聚合物基导电复合材料的最早和最普遍的方法。按共混方式不同又可分为机械共混法、溶液共混法和共沉淀法。机械共混法是将导电聚合物和基体聚合物或者基体聚合物导电填料同时放入共混装置，在一定条件下适当混合。如聚吡咯—聚乙烯（聚苯乙烯）、尼龙6—铜、聚苯乙烯—炭黑、聚乙烯—炭黑等导电复合材料就是用机械共混法制备的。溶液共混法是用导电聚合物与基体聚合物溶液或浓溶液混合或与导电粒子混合，冷却或除去溶剂成型。例如，以二甲苯为溶剂，N-十八烷基取代聚苯胺与乙烯—醋酸乙烯共聚物（醋酸乙烯基含量20%）进行溶液共混。采用共沉淀法制备导电复合材料的比较少。聚吡咯—聚氨酯导电复合材料采用共沉淀法制备，即先用化学氧化法制备聚吡咯细小微粒分散的悬浮液，然后聚氨酯在氯仿中溶解，再用表面活性剂制备水乳液，最后将乳液与聚吡咯悬浮液混合，可得沉淀共混物。

化学法制备导电复合材料可分为以下几种：聚合物单体和导电粒子混合后聚合成型，如聚烯烃/炭黑导电复合材料。非导电聚合物基体上吸附可形成导电聚合物的单体，并且使之在基体上聚合，这里发生的聚合反应一般是氧化聚合反应（氧化剂有$FeCl_3$、$CuCl_2$等），从而获得导电复合材料，这类材料有聚乙炔/聚乙烯导电复合材料、氯化聚丙烯/聚吡咯导电复合材料、三元乙丙橡胶/聚吡咯导电复合材料。两种聚合物单体在乳胶中进行氧化聚合后生成导电复合材料，如聚苯胺/聚吡咯导电复合材料。

电化学法：首先利用“浸渍—蒸发法”在金属电极上涂覆一薄层塑料，然后将电极作为工作电极放到含有单体的电解质溶液中。由于电解质溶液对基体聚合物的溶胀作用，从而单体有机会扩散到金属电极表面放电，因此从基体聚合物内部开始导电聚合物不断聚合，形成导电复合材料。这一方法已经成功地用于不同基体聚合物，如聚氯乙烯、聚乙烯醇、聚酰亚胺、聚苯乙烯等。

（3）导电复合材料的导电机理

实现聚合物基导电复合材料的导电有两种形式：一种形式是通过导电粒子之间的直接接触而产生传导，另一种形式是通过导电体之间的电子跃迁（即隧道效应），产生传导。通常，导电填料加到聚合物基体后不可能达到真正的多相均匀分布，总有部分带电粒子相互接触而形成链状导电通道，使复合材料得以导电；另一部分导电粒子则以孤立粒子或小聚集体形式分布在绝缘物基体中，基本上不参与导电。但是，由于导电粒子之间存在电场，如果这些孤立粒子或小聚集体之间相距很近，中间只被很薄的聚合物层隔开，那么由于热振动而被激活的电子就能越过聚合所形成的势垒而跃迁到相邻导电粒子上，形成较大的隧道电流，这种现象在量子力学中被称为“隧道效应”；或者导电粒子间的内部电场很强时，电子将有很大的几率飞跃聚合物界面层势垒而跃迁到相邻导电粒子上，产生场致发射电流，这时聚合物界面层起着相当于内部分布电容的作用。

(4)导电复合材料的应用

1)用于屏蔽的导电复合材料

电导率大(表面电阻小于 $10^2\,\Omega$/单位面积)的树脂基复合材料，可有效地衰减电磁干扰。电磁干扰是由电压迅速变化而引起的电子污染，这种电子“噪声”分自然(闪电)产生的和人造电子装置产生的。如让其穿透敏感电子元件，极像静电放电，会产生计算错误或抹去计算机存储等。导电复合材料的屏蔽效应是其反射能(约占80%)和内部吸收能(约占20%)的总和。对于一种良好的抗电磁干扰材料，既可以屏蔽入射干扰，也可容纳内部产生的电磁干扰，屏蔽复合材料就具有这种特性，而且它可任意注塑各种复杂形状。当采用镀覆金属镍的碳纤维做增强体时，其屏蔽效果更加显著，例如，对于25%镀镍碳纤维增强聚碳酸酯复合材料，其屏蔽效应为40~50 dB。

2)用于静电损耗的导电复合材料

为了防止静电放电，材料应具有一定的导电性，以致有效电压不会感应到材料表面上，否则就会产生火花放电。表面电阻在 $10^2 \sim 10^6\,\Omega$/单位面积的导电复合材料能迅速地将表面聚积的静电荷耗散到空气中去，因此，可以防止静电放电电压高(4 000~15 000 V)而损坏敏感元件。静电损耗复合材料可用传统的注塑、挤塑、热压或真空成型法进行加工。玻璃纤维增强聚丙烯复合材料常用于料斗、存储器、医用麻醉阀、印刷板框架、滑动导架、地板和椅子面层等的制造；玻璃纤维增强尼龙复合材料用来制造集成电路板托架、输送机滚珠轴承架、化工用泵扩散器板等。还有其他基体的以及碳纤维增强的静电损耗复合材料，被广泛地用于各种要求防止静电放电的场合。

聚合物导电复合材料已开始在工业上应用，为电子工业向高、精方向发展创造了良好的条件。例如，导电胶粘剂弥补了传统焊接工艺不适应的高精度集成电路的焊接与修补，具有操作简单、快速等特点。此外，聚合物基导电复合材料在抗静电领域以及电磁波屏蔽、压敏导电胶、自控温发热材料方面的应用也十分普遍。此外，聚合物导电复合材料还具有某些无机半导体的开关效应(即该材料的导电性随外加电场的改变而发生大幅度变化)的特性。因此，由这种导电复合材料所制成的器件在雷管点火电路、自动控制电路、脉冲发生电路、雷击保护装置等多方面有着广阔的应用前景。

8.3.4 磁性复合材料

磁性材料是重要的功能材料之一，广泛应用于通信、自动化、电机、仪器仪表、广播电视、计算机、家用电器以及医疗卫生等领域，例如，各类变压器、电感器、滤波器、磁头和磁盘、各类磁体、换能器以及微波器件等。常用的磁性材料主要有铁磁性的软磁材料和硬(永)磁材料。软磁材料的特点是低矫顽力和高磁导率。硬磁材料则表现在高矫顽力和高磁能积,希望 K 值提高。此外,还有铁磁材料和反(逆)铁磁材料。铁磁材料中原子磁矩取决于热运动和无序排列,不发生自发磁化现象。反铁磁材料中具有大小相等的相邻原子磁矩,呈反向排列,自发磁化总磁矩为零,这两种材料目前实际用途很少。本节简要介绍几种磁性复合材料。

(1)聚合物基磁性复合材料

无机磁性材料的粉末或纤维与聚合物复合,容易加工成形状复杂的磁性物件,不仅具有韧性,甚至呈橡胶状态。这种磁性复合材料的缺点是磁性能低于烧结和铸造的单质磁体(一般要低 25% ~50%)。聚合物基磁性复合材料是在聚合物基体中加入无机磁性功能体。聚合物基体分为橡胶类、热固性树脂类和热塑性树脂类 3 种。橡胶类基体主要用于柔性磁体复合材料,特别在耐热耐寒的条件下用硅橡胶做基体是最合适的。热固性树脂一般用环氧树脂,目前添加多硫化合物对环氧树脂进行改性,提高了加工稳定性和磁性能。热塑性树脂中绝大多数都可作磁性材料基体,而且对磁性能影响不大,对力学性能、耐热性、耐化学性等有影响。最常用的热塑性基体是尼龙 6。一些通用塑料(如 PE、PVC、PMMA 等)也可使用,该类基体价格便宜且容易加工,但耐温性较差。早期的无机磁性功能体为氧化铁(Fe_3O_4)和 AlNiCo 合金,后来发展了 Sm-Co 系磁体。近年来开发了新型稀土永磁材料系列,并得到很快的发展,其中包括稀土金属间化合物(如 $Sm_2Fe_{17}N_2$、$Nd(Fe,Mn)_{12}$等)、Th_2Mn_{12}型稀土材料和各相异性 NdFeB、$Sm_2Fe_{17}N_3$材料,以及纳米晶交换耦合材料等各种永磁材料。

橡胶体系采用常规的混炼工艺,即将磁粉作为填料加入生胶,混合并压成胶片后再模压硫化成型。热固性树脂基则用常规方法在未凝胶状态下与磁粉湿混,并模压固化成型;或将磁性材料(包括颗粒与纤维)制成预成型体,放入模具后用树脂传递模塑法(RTM)成型。热塑性树脂基的成型方法较多,例如用粉状树脂与磁粉混合,再模压或压延成型;也有用双螺杆挤出机挤出并切粒后再模压或注射成型。

磁粉经表面处理可以提高填充率,并使之分布均匀和增加与基体间的黏结力,同时也有助于磁粉在极化条件下取向,从而改善磁性能。表面处理方法很多,常用的方法是在磁粉表面涂硅烷偶联剂、钛酸酯偶联剂和表面活性剂等,有时也涂覆聚合物或金属及其化合物,在采用稀土系列磁粉时,表面处理能改善其抗氧化性。聚合物基磁性复合材料的填充磁体含量对性能的影响规律:低填充量的颗粒状磁性材料填充的磁性复合材料,其相对磁导率 μ_r 与填充磁体的体积成正比;随着填充比例的增加,磁导率明显偏离线性。

(2)无机磁性材料与液态物质构成的复合材料

一般用铁磁金属的球形颗粒或铁氧体颗粒(粒径为 0.01 ~10 μm)与载液物质(如硅油和煤油或合成油等稳定性好、无污染和不易燃烧的液体)复合成液态悬浮体;同时还加入一定的稳定剂,以防止颗粒沉降或团聚。稳定剂的分子结构一般具有与磁性颗粒亲和或钉扎的基团,另一端是容易分散在载液中的长链基团。这样就构成了一种特殊的复合体系——磁流变体。磁流变体在外磁场作用下,能迅速改变其流变性质(表现为黏度的变化)。电流变体(ERF)要在高电压场工作,因此,绝缘与防护是重要问题。流变剪切力较大,动力学和温度稳定性也好,受到机械和自控领域的重视。磁流变体在中等磁场的作用下黏度系数可增加两个数量级,在强磁场作用下则可成为无法流动的类固体状态,外加磁场消除后立即恢复原状,因此,具有重要的应用价值。

(3)软磁粉末复合材料

1)软磁粉末复合材料的原材料

软磁粉末复合材料能耗小、成品率高、成本低、生产自动化程度很高,可以生产任何复杂形状和结构的零部件,特别适用于小规格的零部件。如果用这种材料生产多功能(集成)元件和具有磁和电各向异性的元件,这将大大简化结构(元件较少)和降低生产成本。软磁材料属于铁基烧结金属材料的范畴,大多用于高密度领域。这种材料的基本特点是:要求成分纯,特殊的烧结和热处理条件,以及具有高的密度。

常用的烧结软磁粉末复合材料有纯铁、铁—磷、铁—硅、铁—镍、铁—钴和铁素体不锈钢等。

①纯铁　纯铁像所有软磁材料一样,要求碳含量低(0.02%),密度有时可达到7.709 g/cm^3,该材料可用于具有较大磁通的直流或永磁体激励电路。

②铁—硅　铁中添加3%~5%的硅,电阻率可提高400%,损耗下降60%,而且矫顽力下降50%。在各软磁粉末材料中,Fe-Si最适合在交流磁场中应用。

③铁—磷　当磷以铁磷化合物(Fe_3P)的形式加入并当磷的含量为0.8%和1.2%时,可以获得最佳磁性;添加磷,磁导率提高13%,矫顽力和损耗分别下降50%;Fe-P烧结材料可用于直流和交流磁场中工作的磁芯。

④铁镍　50Fe-50Ni烧结材料是以高磁导率和低矫顽力为特征的,可用于某些特殊用途;缺点是随镍含量增高,成本增加,价格昂贵,所以,对一般的应用可选择较低级的Fe-P烧结材料。

⑤磁介质材料　磁介质材料是以电阻率高和涡流损耗低为特征的;为了获得高的磁性,必须采用致密度高和纯度高的、粒度为0.2~0.6 mm的铁磁粉;绝缘剂含量为0.2%~1%,这样可获得良好的结果,而且可保证材料具有适当的机械强度;具有良好磁性的磁介质材料已广泛用做交流磁芯材料。

此外,软磁粉末复合材料还有Fe-Co、铁素体不锈钢等。

2)软磁粉末复合材料的生产

影响软磁粉末复合材料磁性的因素很多而且情况也非常复杂,其中的密度和结构等对磁性产生重要的影响。要获得具有良好磁性的材料结构,必须采用适当的工艺。选择适当的烧结温度很重要,可以保证压块的高密度,最好用氢氧作烧结气氛,以便减少杂质的含量。采用低冷却率(低于40 K/min),可以降低矫顽力和提高磁导率。特别是软磁粉末的结构直接与铁磁粉末的粒子形状及绝缘剂的数量和质量有关。不同粒子形状(如片状)的铁磁粉末可用来改变某些磁芯的磁性各向异性,而不会引起合金材料密度的下降。在软磁元件的生产中,材料的高纯度和高可压缩性是获得良好软磁性能的基本保证。高纯度的原材料伴之以现代化的技术,就能生产出理想的软磁粉末冶金材料。

①标准密度和高密度生产工艺　生产烧结软磁材料的标准密度工艺的烧结温度有低于1 150 ℃,在1 150~1 250 ℃之间和高于1 300 ℃这3种,可供选择。标准密度工艺已经工业化,并可生产出能满足很多应用要求性能的元件。用高密度工艺生产高性能软磁元件的工艺包括:注射成型和粉在冶金工艺;使用快速凝固法生产粉末的工艺;液相烧结和使用精细粉末的工艺。

②烧结+热等静压生产工艺　这种生产工艺的具体作法是:将高纯度雾化铁粉与Fe-P与

压制润滑剂混合，制取 Fe-0.1P 和 Fe-0.6P 合金，然后在液压机中以 686.5 Pa 的压力进行压制，制取尺寸为 50 mm×10 mm×10 mm 的压块，再将压块于 900 ℃在 N_2-H_2气氛中除掉润滑剂，以 490.3～686.5 Pa 的压力进行重压，并在真空和 1 300 ℃下烧结 2 h。热等静压是在 1 200 ℃用 100 MPa 处理 1 h。每经过一道工序都要测量部件的尺寸变化。热等静压处理粉末冶金材料的特点之一是磁性得到显著改善。

(4)纳米晶复合磁性材料

纳米晶复合磁性材料是近年才发展起来的新型高性能磁性材料。它是以纳米晶态的硬磁相和软磁相构成的复合材料。例如，以 $Sm_2F_{17}N_3$作为硬磁相，以 $Fe_{65}Co_{35}$作为软磁相。由于掺入了部分软磁相，在成本上也可降低。

(5)磁性复合材料的应用

1)永磁性复合材料的应用

各种永磁材料与聚合物(或低熔点金属)构成的复合材料，已大量用于各种门的密封条和搭扣磁块，如常用的橡胶基磁性复合材料。各种磁性玩具等低档用品和永磁电动机、微波铁氧体器件、磁性开关、磁浮轴承和电真空器件等高技术用途也在开发之中。用于信息记录的磁记录材料(磁带、软磁盘等)要求较高的剩磁和矫顽力，同时，为了使材料满足记录密度高、噪声低以及有高强度、柔韧性和表面光滑的要求，必须采用聚合物基永磁性复合材料。它是用超细铁氧体磁粉(使之有小的磁畴)和聚合物基体复合后再涂覆在聚酯薄膜及基片上制成。

2)软磁性复合材料的应用

软磁性材料要有低矫顽力和高磁导率，并尽量减小磁导率随频率提高而迅速下降的效应，因此，要求软磁性片材厚度低而电阻率高，这正是聚合物基磁性复合材料发挥特长之处。聚合物基复合材料容易压延成强度好的薄片，同时，聚合物基体是电绝缘材料，与导电的无机磁性材料复合后能大大提高电阻率，由于绝缘的聚合物包裹了磁体颗粒，使电涡流损耗得以大大降低。这些特点表明，用这种材料制造低频(或工频)中小型变压器铁芯是最适合的，不仅效率高(铁芯损耗为 12 W/kg)，而且温升很低。软磁粉末复合材料的应用范围很广，可以制成各种复杂形状的零部件，用于低功率的电变换器，例如扼流圈、变压器、继电器，直流马达的定子和转子，电与磁方面应用的极靴和铁芯，以及汽车上交流电机的转子等。

3)吸波材料的应用

在国防科学中，隐身技术很重要。隐身技术中的关键材料是吸波(雷达电磁波)材料。聚合物磁性材料特别适合作为吸波材料，这是主要的用途。吸波材料与聚合物基体构成涂料或者与其他有吸波功能的增强体(如碳纤维、碳化硅纤维)和树脂基体构成兼有吸波和结构功能的复合材料。一般来说，具有半导电和强磁性的材料都有利于电磁波的吸收。因此，用这些材料与黏结的基体组合的复合材料具有吸波的功能。

4)磁流变体复合材料的应用

磁流变体是能在调节外界磁场的情况下迅速改变黏度，甚至由液态变为固态的复合材料。利用这种功能磁流变体，可在机械传动以及自动化控制系统中(特别是在机敏和智能系统中)用做智能阻尼执行机构的关键材料。目前已经试用于车辆的刹车、传动耦合机构中，它与原有的机械摩擦式刹车和离合器相比，传动效率大大提高，而且操纵平稳、精确。特别是正在试验中的车辆智能阻尼，可以使车辆在崎岖不平的道路上行驶时根据路况自动调节阻尼，使之不发生颠簸。

8.3.5 摩擦功能复合材料

摩擦功能复合材料是具有高摩擦系数或低摩擦系数的复合材料。前者称“摩阻复合材料”,要求复合材料既有良好的耐磨性又有较高的摩阻性,尤其能在较高温度的环境下使用;后者称“减摩复合材料”,要求既有高耐磨性又有一定的减摩要求。

(1)摩阻复合材料

摩阻复合材料用于汽车、火车、飞机等运输工具,以及机械设备的制动器、离合器及摩擦传动装置的制动件。为了保障制动系统及摩擦传动系统可靠,对摩阻复合材料提出了以下要求:具有足够而稳定的摩擦系数,静、动摩擦系数之差要小;摩擦系数基本不随外界变化;具有良好的导热性、较大的热容量和一定的高温机械强度;具有良好的耐磨性和抗黏着性,且不易擦伤对偶件表面,噪音和振动要小;原材料来源充足,制造工艺简单,造价低。

摩阻复合材料的种类很多,一般可分为金属基、聚合物基及陶瓷基复合材料3类:

1)金属基摩阻复合材料

在铜或铁的基体粉末中加入减摩剂或增摩剂,均匀混合后压制成型或加压烧结而成的粉末冶金材料称为“金属基摩阻复合材料”。金属基体决定摩阻材料的强度、耐磨性和热稳定性,是承受变形和磨损的工作面,也是摩擦热散出的主要通道。常用的减摩剂有:低熔点金属(Pb、Bi、Sb 等)、金属硫化物(MoS_2、WS_2、CuS 等)、金属磷化物、石墨、滑石粉等。增摩剂主要有金属化合物及陶瓷粉末类,具有高硬度和良好的高温稳定性,起增大摩擦系数的作用。铁基摩阻复合材料的摩擦系数大、耐热性好、强度高,但易与偶件表面黏着,摩擦系数的稳定性不好。主要用于制作干摩擦下的摩擦片,铜基摩阻复合材料的摩擦系数较小,导热性好,耐磨性较高,用于轻载的干摩擦和油润滑介质的摩擦条件。

2)聚合物基摩阻复合材料

聚合物基摩阻复合材料一般以酚醛树脂、橡胶改性剂为基体材料,以石棉纤维、表面处理过的玻璃纤维、钢纤维及有机纤维(如芳纶)为增强材料,加入一定量改善摩擦和耐磨性能的调节剂后模压黏结成型。一般采用腰果壳油及油脂改性酚醛树脂,也用钼酚醛,还有新酚醛树脂、呋喃树脂、三聚氰胺甲醛树脂等。此外,也可在树脂中加入橡胶来降低脆性。石棉材料可致癌,并造成环境污染。现在已经开发出天然纤维(如云母纤维)、玻璃纤维、钛酸钾纤维、碳纤维、芳纶及其浆粕等增强摩阻复合材料。例如,用碳纤维增强腰果壳改性酚醛树脂,再辅以减摩剂和增摩剂,制成的摩阻复合材料在高温下具有良好的抗衰减和恢复性。

3)碳基摩阻复合材料

碳基摩阻复合材料(即碳纤维增强碳质基体的复合材料),采用碳毡或三维编织物制成预形体,再经气相浸渗工艺渗入碳质基体而构成,密度仅为1.7~1.8 g/cm^3。它是唯一能在极高温度条件下使用的摩阻复合材料,用于高速喷气式飞机的刹车片。目前已经规模生产,并使用在军用飞机和大型客机上。

(2)减摩复合材料

在有些工况条件下,要求材料的摩擦系数小、磨损率低,具有减小摩擦力引起的能耗及摩擦热造成的材料性能恶化的作用,且对摩的金属轴不易磨损。减摩复合材料一般用于重载荷、低转速,需要干摩擦或水润滑的场合。按摩擦类型可分为自润滑减摩复合材料及水润滑减摩复合材料。

自润滑减摩复合材料是指不用润滑油脂或流体介质润滑,材料与金属对摩时自身就有很低的摩擦系数和很好的耐磨性复合材料。主要是一些聚合物基复合材料,如以尼龙、聚醚醚酮为基体,其中添加减摩耐磨助剂如 PTFE、石墨等,有时与增强材料并用,以提高力学性能及耐磨性。该材料能够自润滑,是由于磨损初期在对摩面上形成了一层稳定而连续的转移膜,改变了磨损的方式,减小了继续磨损的可能性。XPS 研究表明,在摩擦时产生的 PTFE 转移膜具有多层结构,且转移膜的第一层与基材(多为钢或铝)的黏结性良好,说明两者之间有化学键的作用。对于高极性聚合物(如 PA、PMMA 等),转移膜受摩擦时形成自由基和相互作用的影响。自润滑减摩复合材料主要有尼龙基减摩复合材料(基体是尼龙,加入聚四氟乙烯、石墨或二硫化钼),高性能聚合物基减摩复合材料(基体是聚酰亚胺或聚醚醚酮等,添加 PTFE、石墨或二硫化钼)和碳纤维作为减摩剂的复合材料等。自润滑复合材料还包括复合镀层。例如,在金属表面镀镍时,用化学镀的方法将聚四氟乙烯、二硫化钼粒子连同镍一起镀成一层复合膜,该膜具有很好的自润滑性。

水润滑减摩复合材料主要用于摩擦面有水存在的环境中。如水冷却的热轧钢机及水中用的电机等,一般为纤维增强热固性树脂复合材料。这种材料在有水润滑时,对摩面上形成一层水膜,将摩擦副隔开,同时水降低了摩擦副的表面温度,也减小了摩擦和磨损。

8.3.6　阻尼功能复合材料

随着现代科学技术的发展,对振动、冲击、噪声的控制日趋重要。例如,机械运行速度的提高要产生强烈的振动和噪声,从而会干扰自控系统、降低仪表测量精度或引起疲劳损伤甚至疲劳破坏。因此,减振降噪技术及其相关材料受到了普遍重视。

按原理不同减振控制分为被动控制和主动控制。被动控制包括材料和结构的阻尼,通过将振动能量衰减或转化成热能、机械能等,达到减振降噪目的。主动控制一般由传感器和驱动器与一个反馈回路构成,既能感知环境的变化又能通过反馈电路做出响应,减少或消除受震动结构的应力,达到抑振目的。具有阻尼作用的被动控制大致有4种:①粘贴或涂覆减振材料;②用减振合金或复合材料制造结构体;③附加机械减振器;④改变结构体刚性。阻尼减振是比较简单、有效的方法,应用很广泛。用于被动控制中的阻尼功能复合材料在受到力的振动波作用时,将消耗弹性能量,达到减振降噪目的,阻尼功能复合材料主要有:聚合物基阻尼功能复合材料、金属基阻尼复合材料和金属与聚合物合层阻尼功能复合材料。尼龙纤维增强氯丁橡胶(CR)和聚酯纤维(PET)增强氯丁橡胶复合材料属于聚合物基阻尼功能复合材料。聚合物基体交联密度降低或添加适当的填料,会减少分子链段的运动阻力。当材料受到外力作用时,会有更多的分子参与构型转化,使链段内摩擦运动增加,吸收外界能量;同时,由于链段运动自由度增大,也加剧了聚合物分子与填料间的相互作用。这两种运动的作用提高了材料的力学损耗,阻尼增大。一般聚合物材料内耗峰的温度范围很狭窄,不能作高要求的工程阻尼材料,必须采取多种途径来拓宽材料阻尼温度,提高损耗因子值。采用纤维或粒子增强的复合材料是一种有效的方法。金属基复合材料具有密度小、强度和刚度高的特性,是发展高强度、高刚度、高阻尼而密度较小的结构与阻尼功能一体化新型材料的唯一理想选择。选择阻尼性能好的金属(如 Zn-Al、Mg-Zr 等)作为制备金属基复合材料的基体,将它们与常用的增强剂(碳纤维、石墨纤维等)复合,阻尼性能和力学性能都达到较高水平。将片状石墨加到铝或其他金属基体形成的金属基复合材料中,可大大提高阻尼性能。例如,用 SiC 颗粒和石墨颗粒混杂的方法,可以制备刚度和阻尼都好的复合材料,这类混杂复合材料的阻尼由石墨颗粒贡献,刚度主要由SiC颗粒决定。对于金属与聚合物叠层板的阻尼性能研究较多。例如,芳纶纤维增强铝合金层压板(ARALL)以及维尼纶纤维增强铝合金层压板(VIRALL)的阻尼性能比铝板、铝合金板的阻尼性能要好。

复合材料内部阻尼受几方面因素的影响:①基体材料、增强材料的性能及配比;②增强材料相的尺寸(粒径、长径比、长度等);③增强材料的取向、铺设方式;④增强相的表面处理方法,从而构成不同的界面。另外,荷载及环境因素(如循环荷载次数、加载频率和温度)也会影响阻尼。在设计时要综合考虑这些因素。

目前,减振材料应用的领域包括汽车、家用电器、建筑、机械和舰船等工业,并正在扩大应用范围。

8.3.7 机敏复合材料与智能复合材料

(1)机敏复合材料简介

机敏材料是具有感知周围环境变化且能针对这种变化做出适当反应的材料,即机敏材料具有自诊断功能、自适应功能、自修复或自愈合功能。

机敏材料不是一种单纯的材料,而是两种和两种以上功能材料的组合,这类材料往往以复合材料或复合结构的形式存在。机敏复合材料是机敏材料的主要成员。

机敏复合材料也可按其对外界刺激的反应方式不同分为主动式(active)和被动式(passive)两大类。

被动式机敏复合材料对外界的刺激直接做出反应,不依赖辅助系统判断。例如,氧化锌变阻器在遭受高电压的闪电击打时,电阻值会陡然下降,电流就通过氧化锌变阻器顺利到达地面,不至于引起变阻器的过热烧毁,并且这种电阻的变化是可逆的。这类材料对外界的反应建立在其结构和成分与外界影响因素之间的固有关系上,反应的程度、速度都已做决定。被动式机敏复合材料的机敏性往往对应于复合材料复合效应中的非线性作用原理,如PTC材料的电流—电压非线性变化,另外还有压电非线性、光学非线性、弹性非线性等。这种非线性现象来自材料复合产生的相乘效应、共振效应、诱导效应、系统效应等,其中应用较多的是相乘效应。

主动式机敏复合材料能由传感元件的信号判断出结构的工作状态、环境作用情况或所受刺激的历史,然后根据判断结果采取相应的措施。例如,电控汽车悬挂系统中用压电传感器来探测公路路面情况。信号经处理装置传输到执行系统,该系统主动做出反应,对车身悬挂系统进行调整,以适应不规整的路面,使汽车平稳行驶。它与被动式机敏复合材料的区别主要在于,对外界刺激所做出反应的可控性。机敏材料不一定仅仅接受环境的作用,而且可连续监测环境的变化,并做出预警告。主动式机敏材料是一个系统,其功能类似于人体对外界做出的主动反应,需要有收集信息的“神经元”、分析信息的“大脑”、执行反应的“肌肉”以及连接的“神经网络”。在机敏材料中,这4个要素分别是传感器、中央处理机、执行器及通信网络。因此,主动式机敏复合材料比被动式机敏复合材料功能更好,从安装到使用也更复杂。

机敏复合材料有以下主要组成部分:

①传感材料 常用的有压电材料(包括压电晶体、压电纤维、压电陶瓷和压电聚合物等)、光纤材料(包括光强调制型、相位干涉型、偏振型和少模型等)和微芯片等。前两种传感材料容易埋入基体进行复合,特别是光纤材料,不仅体积小、重量轻,而且灵敏度高、动态范围大、能

抗干涉等。

②执行材料　可供选择的执行材料有形状记忆合金(包括 Ni-Ti、Fe-Mn-Si、Ni-Al-Mn 等体系)、场致伸缩陶瓷(包括电致伸缩和磁致伸缩)、电流变体(包括无水电流变体、复合型电流变体和单向电流变体等)和压电材料(包括压电晶片、压电纤维、压电陶瓷和压电聚合物等)。形状记忆合金适合在低频信号下使用,而且响应慢,不宜实时控制,但形变量大且价格便宜。场致伸缩陶瓷适合于高频信号,响应快,能实时动作,但变形量小,其中电致伸缩陶瓷能耗小,磁致伸缩需要较高的功率驱动。电流变体是能在外场作用下黏度迅速可逆变化的有机高分子悬浮体系,能耗很低,响应也很快(毫秒级),价格低廉,但长期稳定性较差。压电材料中以压电陶瓷和压电聚合物较合适,但前者在高温环境中易发生相变而且滞后性大,后者不能用于高温且动作幅度小,但柔软易复合。

③信息处理系统　用专用芯片硬件能够满足机敏材料的要求。机敏材料主要在航空航天材料及结构、混凝土材料与结构、生物材料等领域应用。在这些领域中,机敏复合材料具有"在位"监测功能、自动适应功能、自动修补功能。按功能不同,目前已进行研究和初步应用的机敏材料有以下几大类。

1)自诊断机敏复合材料

材料通过自身物性的变化反映外界环境对材料的作用情况,并做出材料安全与否的判断。若处于危险状态,则发出警告,往往通过材料颜色的变化、声学和电学等信号的变化反映出来。这种机敏材料可用于大坝等大型建筑,也适用于飞机结构的受载安全指示。

目前自诊断复合材料主要有3类,即导电式、光纤埋置式和压电式自诊断复合材料。

①导电式自诊断复合材料　这种复合材料的增强相往往是导电纤维,或者是导电纤维和其他纤维混杂使用。基体材料主要是聚合物和水泥、混凝土、玻璃等无机材料。外界对材料的作用通过材料导电性能的变化反映出来。当材料即将失效时,其电阻或电导有一个突变,从而达到预警目的。

②光纤埋置式自诊断复合材料　根据不同的需要可以得到光纤温度传感器、光纤应变传感器等。它们对温度、应变等物理量进行全面和持续地监测。

③压电式自诊断复合材料　这种复合材料在自诊断方面的应用类似于导电复合材料,通过力转换成电信号来反映材料的受力情况。此外,压电复合材料也具传动功能,因此,可以同时实现传感和传动的功能,也就是同时具有自诊断和自适应功能。

2)自适应或自调节机敏复合材料

自适应或自调节功能就是材料对外界的刺激做出相应反应的功能。

①机敏形状记忆复合材料　形状记忆复合材料是由形状记忆合金、形状记忆聚合物的纤维或颗粒与聚合物基体或金属基体复合而成。研究较多的是 Ti-Ni 形状记忆合金纤维增强复合材料。材料受热后,增强相因为马氏体相变而欲恢复到原来形状,于是在材料内部产生应力场,加以利用可提高材料的强度。形状记忆复合材料也可以在材料的精密结合及牢固方面得到应用。

②智能窗　通过光能—电能之间转换,形成能屏蔽光线的大型透明窗口或能够显示亮度和色彩的显示屏幕,这就是智能窗。这里的光能—电能转换能力来自机敏复合材料中的 TiO_2、WO_3等光电转换功能微粒,它们分散在聚合物胶体中形成薄膜。

③机敏阻尼复合材料　用形状记忆合金和压电陶瓷传感器与树脂基体复合,能制造用于

阻尼的机敏复合材料。当振动波传到材料时，其中的传感单元立刻给出信号，通过外部的信息处理系统向形状记忆合金通电使之发热，温度变化必然导致形状记忆合金变形，由于周围树脂的约束使材料整体刚度发生变化，于是材料受震动波作用的模态改变起了阻尼的作用。另外，电流变体也有很好的阻尼作用，特别是作为可调阻尼减振器使用时，将此材料加在汽车悬挂弹簧板内，可以根据路面情况实时调整簧板刚度和阻尼。

3）自修复机敏复合材料

这类机敏复合材料也是仿生材料，其功能类似于人体组织的伤口愈合。材料受到损伤时自身迅速作出反应，在损伤部位形成保护层或自动修复。这方面的研究尚未充分开展，但其发展前景十分广阔。

（2）智能复合材料简介

机敏复合材料可以看作是智能复合材料的低级形式。在机敏材料基础上增加了自决策作用的材料，可视为智能复合材料。它是在外部信息处理系统中增加了人工智能的软件系统，使执行材料的动作达到优化状态，即人工智能的专家系统要对信息进行分析评价，根据实时情况给出最佳控制条件，发出指令传达到执行材料使之动作。当今信息技术高度发展，想达到此目的并非难事，但是，反过来应对智能复合材料中各组分性能的要求大幅度提高，同时组分的组合配合形式也极为重要。因此，要实现真正的智能化还有大量工作要做。

8.4 梯度功能复合材料

梯度功能材料是应现代航天航空工业等高技术领域的需要，为满足在极限环境（超高温、大温度落差）下能反复地正常工作而发展起来的一种新型功能材料。当代航空航天等高技术的发展，对材料性能的要求越来越苛刻。例如，当航天飞机往返大气层，飞行速度超过25Mach时，其表面温度高达2 000 ℃。而燃烧室的温度更高，燃烧气体温度可超过2 000 ℃、燃烧室的热流量大于5 MW/m^2，其空气入口的前端热通量达50 MW/m^2，对如此巨大热量必须采取冷却的措施。一般将用做燃料的液氢为强制冷却的制冷剂。此时，燃烧室壁内外温差大于1 000 ℃，传统的金属材料难以满足这种苛刻的使用环境，而金属表面陶瓷涂层材料或金属与陶瓷复合材料在此高温环境中使用时，由于二者的热膨胀系数相差较大，往往在金属和陶瓷的界面处产生较大的热应力，导致出现剥落或龟裂现象而使材料失效。为了有效解决此类耐热材料，材料科学家于1987年首次提出了“金属和超耐热陶瓷梯度化结合”这一新奇想法，即梯度功能材料的新概念。所谓“梯度功能材料”，就是在材料的制备过程中，选择几种不同性质的材料，连续地控制材料的微观要素（包括组成、结构和空隙在内的形态与结合方式等），使界面的成分和组织呈连续性变化，因而材料内部的热应力大为缓和，使其成为可在高温环境下应用的新型耐热材料。例如，采用由金属—陶瓷构成的热应力缓和的梯度功能材料，可以有效地解决上述热应力缓和问题。对高温侧壁采用耐热性好的陶瓷材料，低温侧壁使用导热和强度好的金属材料。材料从陶瓷过渡到金属的过程中，其耐热性逐渐降低，机械强度逐渐升高，热应力在材料两端均很小，在材料中部达到峰值，从而具有热应力缓和功能。近10年来，我国的一些大专院校和科研院所也在积极进行梯度功能材料的研究，并且将它的研究和开发列入国家高技术“863”计划。随着梯度功能材料的研究和发展，其应用不再局限于宇航工业，已扩展到核能源、电子材料、光学工程、化学工业、生物医学工程等领域。

梯度功能材料是一种集各种组分(如金属、陶瓷、纤维、聚合物等),结构,物性参数和物理、化学、生物等单一或综合性能都呈连续变化,以适应不同环境,实现某一特殊功能的一类新型材料。从材料的组合方式来看,梯度功能材料可分为金属/陶瓷、金属/非金属、陶瓷/陶瓷、陶瓷/非金属以及非金属/塑料等多种结合方式。从组成变化来看,梯度功能材料可分为三类:梯度功能整体型(组成从一侧到另一侧呈梯度渐变的结构材料)、梯度功能涂覆型(在基体材料上形成组成渐变的涂层)和梯度功能连接型(黏结两个基体间的接缝组成呈梯度变化)。

8.4.1　梯度功能材料的设计

梯度功能材料(FGM)的设计一般采用逆设计系统,其设计过程是:根据指定的材料结构形状和受热环境,得出热力学边界条件;从已有的材料合成及性能知识库中,选择有可能合成的材料组合体系(如金属—陶瓷材料)及制备方法;假定金属相、陶瓷相以及气孔间的相对组合比及可能的分布规律,再用材料微观组织复合的混合法,得出材料体系的物理参数;采用热弹性理论及计算数学方法,对选定材料体系组成的梯度分布函数进行温度分布模拟和热应力模拟,寻求达到最大功能(一般为应力/材料强度值达到最小值)的组成分布状态及材料体系,将获得的结果提交材料合成部门,根据要求进行梯度材料的合成。合成后的材料经过性能测试和评价再反馈到材料设计部门,经过循环迭代设计、制备及评价,从而研制出实用的梯度功能材料。

8.4.2　梯度功能材料的制备工艺

制备梯度功能材料的工艺关键在于如何使材料组成和组织等按设计要求形成梯度分布。通常按照原料状态,将制备方法分为气相、液相和固相方法。一般情况下,需要根据梯度功能材料的材质组成、材料的形状及大小来选择适当的制备工艺。最常用的 FGM 制备方法主要有:粉末冶金法,等离子喷涂法,激光熔敷法,化学或物理气相沉积(CVD、PVD)法,自蔓延高温燃烧合成法等。

(1)粉末冶金法

粉末冶金法先将原料粉末按不同混合比均匀混合,然后以梯度分布方式积层排列,再压制烧结而成。按成型工艺可分为直接填充法、喷射积层法、薄膜叠层法、离心积层法、粉浆浇注法等。

1)直接填充

混合粉体经造粒、调整流动性后直接按所需成分在压模内逐层充填,并压制成型。工艺简便,但其成分分布只能是阶梯式的,积层最小厚度为 0.2 ~ 0.5 mm。

2)喷射积层法

原料粉体各自加入分散剂搅拌成悬浮液,混合均匀后,一边搅拌混合,一边用压缩空气喷射到预热的基板上,通过计算机控制粉末浆料的流速及 X-Y 平台的移动方式,即可得到成分连续变化的沉积层。喷射沉积层经干燥后冷压成型,再热压烧结即得到 FGM。该工艺的最大特点是:可连续改变粉末积层的组成,控制精度高,典型的沉积速度为 7 μm/min,是很有发展前途的梯度积层法。

3）薄膜叠层法

在陶瓷和金属粉体原料中加入微量黏结剂与分散剂，用振动磨混合制浆并经减压搅拌脱泡，用刮浆刀制成厚度 10～200 μm 的薄膜，将不同配比的薄膜叠层压制，脱除黏合剂后，加压烧结成阶梯状 FGM。要注意调节原始粉末粒度分布和烧结收缩的均匀性，防止烧结时出现裂纹和层间剥落。

4）离心积层法

将原料粉体快速混合后送入高速离心机中，粉末在离心力作用下紧密沉积于离心机内壁，改变混合比可获得连续成分梯度分布，经过注蜡处理后，离心沉积层具有一定生坯强度，可经受切割、冷压等后续成型加工，最后再烧结处理即可。该工艺沉积速度极快，目前实验室规模下，沉积直径 15 mm、高 5 mm、壁厚 5～10 mm 的 FGM 圆环仅需 5 nin。

5）粉浆浇注法

将原料粉均匀混合成浆料，通过连续控制粉浆配比，注入模型内部，可得到成分连续变化的试件，经干燥再热压烧结成 FGM。

（2）等离子喷涂法

因为等离子可获得高温超高速的热源，最适合于制备陶瓷/金属系 FGM，该方法是使用粉末状物质作为喷涂材料，以氮气、氩气等气体为载体，吹入等离子射流中，粉末在被加热熔融后进一步加速，以极高速度冲撞在基材表面形成涂层。喷涂过程中必须精确地控制陶瓷与金属的组分比、喷涂压力、等离子射流的温度、喷涂速度和喷涂颗粒的粒度等参数，就能调整 FGM 的组织结构和成分，获得 FGM 涂层。等离子喷涂的沉积速率高、无须烧结，不受基材截面积大小的限制，尤其适合于大面积表面热障 FGM 涂层。

按送粉方式不同可以分为两类制备方法。一类是异种粉末的单枪同时喷涂工艺，可以将两种粉末预先按设计混合比例混匀后，采用单送粉器输送复合粉末，也可以采用双送粉器或多送粉器分别输送金属粉和陶瓷粉，通过调整送粉率实现两种材料在涂层中的梯度分布，前一种送粉方法只能获得成分呈台阶式过渡的梯度涂层，而后一种送粉方法能够获得成分连续变化的梯度涂层。另一类是异种粉末的双枪单独喷涂工艺，即采用两套喷枪分别喷涂陶瓷粉和金属粉，并使粉末同时沉积在同一位置，通过分别调整送粉率实现成分的梯度化分布。采用双枪喷涂，可以根据粉末的种类分别调整喷枪位置、喷射角度，以及喷涂工艺参数，因此，能够比较容易精确控制粉末的混合比与喷射量，但是，为了使独立喷涂的异种粒子在涂层中各区域的分布都是均匀的，可能存在等离子射流间的相互干扰，以及喷涂条件变化产生的异种粒子间结合不牢的问题，并且制备成本也相应增加。采用单喷，则可避免双喷过程中的等离子射流相互干扰问题，要兼顾陶瓷与金属两种粉末的喷涂工艺参数还存在一定的困难。等离子喷涂法适合于几何形状复杂的器材表面梯度涂覆和加工。例如，以低压等离子喷涂法（LPPS）利用四方向粉末喷涂的梯度喷涂专用装置，在基板上喷涂单层 NiCr 合金粉末，再用 10% 部分稳定 ZrO_2 粉和 90% NiCr 合金粉末喷涂，然后在配料中逐步减少合金粉末，最后用 100% 部分稳定 ZrO_2 粉末喷涂，膜厚达 1 mm，此技术已用于飞机喷气发动机的表面改性和相关材料的表面改性，材料表面的温度可达 1 100～1 300 ℃，内外侧温差可达到 500～600 ℃。

（3）化学气相沉积法（CVD）

通过两种气相物质在反应器中均匀混合，在一定的条件下发生化学反应，使生成固相的膜沉积在基体上以制备 FGM 的方法。用于制 FGM 的 CVD 装置与一般的 CVD 装置是相同的，主要由原料导入系统、反应腔体、排气系统、废气处理和加热系统、测温及控制系统构成。但是,在制备梯度材料时,原料导入系统和反应腔体是最重要的。原料导入系统的核心是调整原料气体与载体气体的流量和它们的混合比。如果用液体做原料,则是通过控制水浴或油浴的温度来调整液体的蒸汽压,并由载体气体导入反应腔。反应腔体的任务是:通过加热基板使各反应气体在基板上反应沉积,形成产物。CVD 法的特点:容易实现分散相浓度的连续变化,可使用多元系的原料气体合成复杂的化合物。采用喷嘴导入气体,能以 1 mm/h 以上的速度成膜,可以通过选择合成温度,调节原料气的流量和压力等来控制 FGM 各成分的组分比和结构,而且可镀复杂形状的表面材料,沉积面光滑致密,沉积率高,可能成为制备复杂结构的 FGM 的表观涂层关键技术之一。例如,将含有金属或非金属卤化物的原料气体进行加热分解,使其沉积在基板上,或者将生成的碳化物、氮化物混合气体送入反应器中,使加热反应生成的化合物沉积在基板上。目前,国外已用 CVD 法制备出厚度为 0.4 ~ 2 mm 的 SiC/C、Ti/C、SiC/TiC、Al/C系 FGM。

(4)物理气相沉积法(PVD)

PVD 法通过各种物理方法(直接通电加热、电子束轰击、离子溅射等)使固相源物质蒸发进而在基体表面成膜,即固体原料—气相—膜的过程。PVD 法特点是:可以制备多层不同物质的膜,沉积温度低,对基体热影响小,故可作为最后工序处理成品件,通过改变蒸发源可以合成多层不同的膜,原则上可以合成各种金属和包括氧化物、氮化物、碳化物在内的陶瓷以及金属/陶瓷的复合物。产物纯度高、组成控制精度高,但 PVD 法沉积速率低,成厚膜很困难,且不能连续控制成分分布,故一般与 CVD 法联用以制备 FGM。例如,在制备 TiC/Ti 系 FGM 时,用离子溅射装置使 Ti 蒸发,同时,调节 CH_4气体的蒸发流量来控制 TiC/Ti 系材料的结构和厚度。国外已制备出 Ti/TiC、Cr/CrN、Ti/TiAlN 和 SiC/C/TiC 等多层梯度功能材料。

(5)激光熔敷法

将混合后的粉末通过喷嘴布于基体上,通过改变激光功率、光斑尺寸和扫描速度来加热粉体,在基体表面形成熔池,在此基础进一步通过改变成分向熔池中不断布粉,重复以上过程,即可获得梯度涂层。

(6)自蔓延高温合成法(SHS)

利用粉末状混合物间化学反应产生的热量和反应的自传播性,使材料烧结和合成来制备 FGM 的一种方法。该方法的特点是:利用高放热反应的能量,使化学反应自动持续下去,最适合于生成热大的化合物的合成,如 AlN、TiC、TiB_2等。调整好原料混合物粉末的组分,将金属粉末和陶瓷粉末按梯度化充填,加压压实,在一端点火,利用反应热将粉末烧结成材。该法操作过程简单,反应迅速,能耗低,纯度高。但自蔓延合成技术制备的材料往往致密度低,致密化的方式有单轴加压、等静压、挤压、电磁加压、轧制等。

SHS 结合气相等静压法(GPCS 法)是以分子运动能量大的气体作为加压介质的等静压下的加压烧结法,其能量效率高,采用适当的玻璃模盒,技术可以制造大型、复杂形状的材料。气体加压燃烧烧结法由于以秒为单位完成反应,能抑制元素扩散,因而适合于制造组成连续变化的 FGM。作为一个例子,在制取 TiB_2-Ni 系 FGM 时,按组成(质量分数):

$$Ti + 2B + 10\%\ Ti + x Ni + 30\%\ TiB_2$$

使 Ni 的添加量按 0%、10%、20%、30% 变化进行阶梯叠层,其中加入 30% TiB_2作为稀释剂,以避免过高的反应温度,阻止 TiB_2晶粒的长大。将叠层预压成一定致密度的预制块,表面涂覆 BN 后,真空密封于派莱克斯耐热玻璃模盒内,将模盒埋入充填于石墨坩埚内的燃烧剂(Ti + C)中,整体置于高压容器中,加热至 973 K,使玻璃模盒软化后导入 Ar 气,升压至 100 MPa,接着用石墨带加热器将燃烧剂点燃,由其生成的大量热激发模盒内试样的燃烧反应,在合成的同时完成烧结。利用这种方法还合成了 TiC-Ni($MoSi_2$/SiC)/$TiAlMoSi_2$/Al_2O_3/Ni/Al_2O_3/$MoSi_2$、TiB_2-Cu 等 FGM。

SHS 合成 FGM 也可利用气体原料参与反应。例如,Nb-NbN 系 FGM 的 SHS 合成是将 Nb 金属片埋入作为燃烧剂的 Nb + NbN 粉末中,加热燃烧剂在 3 MPa 以上的 N_2压力下点燃燃烧剂,生成大量的热量使 1 mm 厚的 Nb 片表面氮化形成 NbN-Nb_2N-Nb 梯度结构,使100 μm厚的 Nb 片完全氮化成 B_1相 NbN。N_2既是加压介质,又是反应气体,通过这种氮化工艺可以形成任意形状的 NbN-Nb_2N-Nb 制件。所得 B_1相的 NbN 为超导材料,临界温度为 16.5 K。

从工艺角度看,粉末冶金法的可靠性高,但主要适合于制造形状比较简单的 FGM 部件,且成本较高;等离子喷涂法适合于几何形状复杂的器件表面梯度涂覆,但梯度涂层与基体间的结合强度不高,并存在着涂层组织不均匀、空洞疏松、表面粗糙等缺点;PVD 和 CVD 法可制备大尺寸试样,但存在着沉积速度慢、沉积膜较薄(小于 1 mm)、与基体结合强度低等缺点;SHS 法的优点在于其高效率、低成本,并且适合于制造大尺寸和形状复杂的 FGM 部件,其目前的局限性在于仅适合于存在高放热反应的材料体系,另外,其反应控制技术(包括 SHS 反应过程与动力学、致密化技术和 SHS 热化学等)也是获得理想 FGM 的一个关键。

8.4.3 梯度功能材料的应用

梯度功能材料作为一种新型功能材料的出现是针对航空航天领域对超耐热合金的需求,它在机械、化工、核能、生物工程领域的应用也显示出巨大潜力。通过改变成分,得到呈梯度变化的性能,可以满足各类需要。为有效利用核能,开发核聚变反应堆使用的材料十分必要,因为该反应堆的内壁温度高达 6 000 K,其内壁材料采用单纯的双层结构,热传导不好,孔洞较多,在热应力下有剥离的倾向。若采用金属/陶瓷结合的梯度材料,能消除热传递及热膨胀引起的应力,解决界面问题,可能成为替代目前不锈钢/陶瓷的复合材料。机械性能的梯度变化,可用于热应力缓和型耐热材料;化学性能的梯度变化,可用于耐蚀性材料。这种材料一侧接触高温腐蚀性流体,另一侧是机械性能高的金属,应用于制作化学反应容器。光学性能的梯度变化,可用于光导纤维。采用梯度成分使折射率连续变化,用以得到无损失光的光纤。生物学中人造齿、人造骨、人造关节等可采用梯度功能材料。电磁性能的梯度变化,可开发高性能低价格的梯度压电材料、半导体等,在高温、高压、腐蚀性环境下使用的电子测量仪器也可采用梯度功能材料,以提高其可靠性。例如,PZT 压电陶瓷广泛用于制造超声波振子、陶瓷滤波器等电子元件,但其在温度稳定性和失真振荡方面存在问题。通过调整材料的组成,使其梯度化,就能使压电系数和温度系数等性能得到最恰当的分配,提高压电器件的性能和寿命。随着 FGM 的进一步开发,它会得到越来越广泛的应用。

第9章 材料复合新技术

任何材料所表现出的性质除组成外，特别依赖于它们的组织结构。与其他材料相比，复合材料的物相之间有更加明显并呈规律变化的几何排列与空间织构属性。因此，复合材料具有更加广泛的结构可设计性，与之相应，其结构形成过程和结构扩展方法也更加复杂。要得到具有指定性能和与之相应的组织结构的复合材料，复合手段和制备技术的创新与发展是非常重要的。从某种意义上讲，这种制备新技术的发展在很大程度上制约着复合材料的功能的发挥，同时制约着复合材料在更广阔领域、更关键场合的应用。近年来，复合材料制备新技术的发展很迅速。这些新技术有的是从传统技术上发展起来的，有的是源于新概念、新思路，有的则是得益于大自然的启发，尽管它们基于不同的原理，从不同结构层次出发，但都各具特色，在新一代复合材料的制备中发挥了重要作用。

9.1 原位复合技术

原位复合技术来源于原位结晶（in-situ crystallization）和原位聚合（in-situ polymerization）概念。材料中的第二相或复合材料中的增强相生成于材料的形成过程中，即不是在材料制备之前就有，而是在材料制备过程中原位就地产生。原位生成的可以是金属、陶瓷或高分子等物相，它们能以颗粒、晶须、晶板或微纤等显微组织形式存在于基体中。

原位复合的原理是：根据材料设计的要求选择适当的反应剂（气相、液相或固相），在适当的温度下，借助于基材之间的物理化学反应，原位生成分布均匀的第二相（或称增强相）。

由于这些原位生成的第二相与基体间无杂质污染，两者之间有理想的原位匹配，能显著改善材料中两相界面的结合状况，使材料具有优良的热力学稳定性；其次，原位复合省去了第二相的预合成，简化了工艺，降低了原材料成本；另外，原位复合还能够实现材料的特殊显微结构设计并获得特殊性能，同时避免因传统工艺制备材料时可能遇到的第二相分散不均匀，界面结合不牢固以及因物理、化学反应使组成物相丧失预设计性能等不足的问题。

9.1.1 金属基原位复合技术

(1)放热分散技术

放热分散技术(XD)是由美国于1987年开发的一项利用放热反应在金属或金属间化合物基体中原位分散金属间化合物、陶瓷颗粒、晶须的原位复合技术。其原理是:将含有反应剂元素的合金粉末混合均匀,或将反应剂元素与基体金属或合金以粉末态混合均匀,再将混合物加热到基体金属或合金的熔点以上的温度,这时反应剂元素在熔体中发生放热化学反应,生成合金或陶瓷粒子。该工艺的实质是以熔体为介质,通过组元间的扩散反应生成合金或陶瓷粒子。最先用于制备 TiB_2 增强的 Ti、Ti_3Al 和 TiAl 混合物基体。该技术的关键是控制复合材料增强相的尺寸、形状和体积分数。

该技术具有许多优点:

①增强相的种类多,包括硼化物、碳化物和硅化物;

②增强相粒子的体积百分比可以通过控制反应剂的比例和含量加以控制;

③强相粒子的大小可以通过调节加热温度控制,生成的粒子粒径为 0.1~2 μm,明显小于其他铸造态和粉末冶金复合材料中的增强相粒子的粒径;

④可以制备各种颗粒增强金属基复合材料和金属间化合物基复合材料;

⑤由于反应是在熔融状态下进行的,可以进一步近终形成型。

目前,该技术应用较为广泛。用 XD 技术生产的 MMCp 种类包括:Al、Ti、Fe、Cu、Pb 和 Ni,以及金属间化合物 Ti_3Al、TiAl、NlTi,产生的增强相包括硼化物、碳化物、氮化物。

近年来,国内有的高校研究机构对 Al-TiO_2 反应体系进行了较多的研究。Al-TiO_2 反应体系作为一合成高性能新材料的新型体系,得到了中外不少材料科学家的青睐,但如果 Al-TiO_2 反应完全,并且铝量足够,则除了在铝基体中原位生成 α-Al_2O_3 颗粒外,还有粗大的块状或长条状的 Al_3Ti 相的出现,该相在铝基体中呈明显的各向异性生长,是一种不利的硬脆相。为此,在 Al-TiO_2 反应烧结粉末体系中添加一定量的石墨粉,以期消耗 Al-TiO_2 反应产生的活性 Ti 原子,一方面避免各向异性生长的不利硬脆相 Al_3Ti 的出现,另一方面原位生成另一种增强效果更好的增强颗粒 TiC,从而获得了综合性能较佳的 Al_2O_3-TiC/Al 原位复合材料。

(2)无压金属浸润技术

无压金属浸润技术其实质是:利用非氧化气氛,将增强相陶瓷颗粒预压坯浸在 Al 或 Al 合金熔体中,在大气压力下,使熔体在预压坯中浸透。浸透程度和速度与熔体成分、温度及气氛的组成有关。

该技术的优点是:

①可以制备各种大小部件;

②强化相的体积百分数可达60%;

③强化相种类较多,有 Al_2O_3、AlN、SiC、MgO 等粒子;

④原料成本低,工艺简单,可近终形成型。

由于此技术将增强相粒子冷压成坯,金属或合金熔体在其中依靠毛细管力的作用进行渗透而形成复合材料,因此,要求压坯的材质必须能够在金属或合金中湿润,且具有高温热力学稳定性。用该技术已开发出一系列产品进入市场,目前正在向宇航材料、涡轮机叶片材料和热交换机材料方向发展。

(3)气—液合成技术

气—液合成技术是由 Koczak 等发明的专利技术。其原理是:将含碳或含氮惰性气体通入到高温金属熔体中,利用气体分解生成的碳或氮与合金中的 Ti 发生快速化学反应,生成热力学稳定的微细 TiC 或 TiN 粒子。

在该技术中使用的载体惰性气体为 Ar,含碳气体一般用 CH_4,也可以采用 C_2H_6或 CCl_4;含氮气体一般采用 N_2或 NH_3。不同的气体需要不同的分解温度,但都能在 1 200 ~1 400 ℃充分分解。反应中分解出的碳存在于 Ar/H_2气泡中,碳和金属的反应发生在气泡的界面上,并受碳在气泡中的扩散速度、钛在液体中的扩散速度及气泡在熔体内存在的时间共同控制。使用气—液合成技术可以制备 Al、Cu、Ni 基 MMCp,以及金属间化合物如 Al_3Ti、NiTi 等 IMCp。增强相粒子除了 TiC、TiN 外,还可以生成 SiC、AlN 以及其他过渡金属的化合物。目前用此技术已成功地制备出了 Al/AlN、Al/TiN、Al-Si/SiC、Cu/TiC、Ni/TiC 以及 Al/HfC、TaC、NbC 的 MMCp。

该技术的优点是:

①生成粒子的速度快、表面洁净、粒度细(0.1 ~2 μm);

②工艺连续性好;

③反应后的熔体可进一步近终形成型;

④成本低。

不足之处是增强相的种类有限,体积分数不够高,需要的处理温度很高,某些增强相易偏析。

(4)反应喷射沉积技术

反应喷射沉积技术(RSD)是目前金属基复合材料研究的热门课题,它不仅综合了快速凝固及粉末冶金的优点,克服了传统合成技术存在的如颗粒尺寸不能太小,需大于 3 μm,增强相易于偏聚,增强相同基体界面结合不良,以及在制备或高温使用过程中易发生界面反应造成性能降低等缺点。而且还克服了喷射共沉积工艺中存在的如颗粒与基体接近机械结合和增强相体积分数不能太高等缺点,因而成为目前金属基复合材料研究的重要方向。

将用于制备近终形成型快速凝固制品的喷射沉积成型技术和反应合成陶瓷相粒子的技术结合起来,就形成了这种新的喷射沉积成型技术。其基本原理是:在喷射沉积过程中,金属液流被雾化成粒径很小的液滴,它们具有很大的体表面积,同时又具有一定的高温,这就为喷射沉积过程中化学反应提供了驱动力。借助于液滴飞行过程中与雾化气体之间的化学反应,生成粒度细小、分散均匀的增强相陶瓷粒子或金属间化合物粒子。其反应模式有以下 3 种:

①气氛与合金液滴之间的气、液化学反应　气、液反应是在喷射沉积成型过程中,在雾化气体中混入一定比例或全部的反应气体,通过调整雾化气体和熔融金属的成分,使第二相或增强相颗粒原位形成。例如:

$$\text{Cu-Al} + N_2/O_2 \rightarrow \text{Cu-Al} + Al_2O_3$$

$$\text{Fe-Al} + N_2 \rightarrow \text{Fe-Al} + \text{Al N}$$

$$\text{Fe-Al} + N_2/O_2 \rightarrow \text{Fe-Al} + Al_2O_3$$

在该模式中,气、液界面上的反应速度及反应时间是决定增强相粒子粒径和数量的控制因素。

②将含有反应剂元素的合成液混合并雾化　将含有反应剂元素的合成液在雾化时共喷冲

撞混合,从而发生气、液的化学反应。Cu/TiB_2MMCp 的制备就是这方面的典型例子,即

$$Cu\text{-}B + Cu\text{-}Ti \rightarrow Cu/TiB_2$$

③液滴和外加反应剂粒子之间的固、液化学反应 该反应模式如下:

$$MO + X \rightarrow M + XO$$

冷却速率可以控制生成粒子的粒径和数量。

Lawley 等用 N_2 和 O_2 的混合气体雾化 Fe-2% Al 合金,得到了含有细小弥散的 Al_2O_3、Fe_2O_3 的沉积坯;在雾化 Fe-Ti 合金时,注入 Fe-C 合金粒子,通过 Ti 和 C 之间的反应,得到了粒度在 0.5 μm 以下的 TiC 和 Fe_2Ti 粒子;采用 N_2 和 O_2 混合气体作为雾化介质,对 Ni-Al-C-Y 合金进行喷射沉积,得到了 Ni_3Al 中均匀弥散分布的细小 Al_2O_3 和 Y_2O_3 粒子的复合材料坯。

该技术的优点是:

①可近终形成型;

②可在复合材料中获得分散的大体积分数的增强相粒子;

③液—固模式的反应中有大量的反应热产生,有利于反应过程的进行并达到节能目的;

④原料成本低,工艺简单;

⑤不会产生熔铸法中陶瓷相粒子成渣上浮现象;

⑥粒子分布均匀,且粒径可控制。

(5)反应机械合金化技术

机械合金化技术(MA)是制备新材料的有效手段之一。近年来的研究表明,机械合金化过程还可以诱发在常温或低温下难以进行的固—固、固—液、固—气多相化学反应。

在金属或合金粉末的机械合金化过程中,粉末颗粒因强制塑性变形,产生了应力和应变,颗粒内出现大量的缺陷,显著降低了元素的激活能;颗粒间不断冷焊、断裂、组织细化,达到纳米级,形成大量的扩散偶或反应偶,且扩散距离大大缩短;粉末系统内引入了大量的应力、应变、缺陷、纳米晶界、相界,这种混合系统具有高达每摩尔十几千焦的储能。这样,在机械合金化的过程中,球与粉碰撞的瞬间所造成的界面温升不仅可以促进该处扩散的迅速进行,形成过饱和的固熔体,而且还可以诱发组元间的化学反应。利用机械合金化过程中诱发的各种化学反应制备出复合粉末,再经固化成型、热加工处理而制备成所需材料的这种技术称为“反应机械合金化技术”(RMA)。

利用 RMA 技术不仅可制备系列高熔点金属化合物,如 TiC、ZrC、TfC、NbC、Cr_3C_2、MoC、FeW_3C、Ni_3C、Al_4C_3、TiN、FeN 等,还可以有效地用于 MMCp 的制备。如通过 RMA 制备出高温强度性能、抗热冲击性能和抗高温蠕变性能(500 ℃)优异的弥散增强铝和铝硅的 MMCp,这些材料已成功地用在一些高温部件上;用该技术制备 Al-Fe-Ni/Al_2O_3、Al_4C_3MMCp 中的弥散相粒子尺寸约为 30 nm,这种 MMCp 在 450 ℃下具有优异的抗高温蠕变性能和显微组织稳定性。此外,利用该技术还制备出了一系列纳米复合材料,如 Ni/SiC、TiC、WC 或 TiN、Ni_3Al/ Al_2O_3、Cu/TiN、Cu/ZrN 等,晶粒尺寸都在 10 nm 左右。

反应机械合金化技术的优点是:

①增强相粒子是在常温或低温化学反应过程中生成的,其表面洁净、尺寸细小(小于 100 nm)、分散均匀;

②在机械合金化过程中形成的过饱和固熔体在随后的热加工过程中会脱熔分解,生成弥散细小的金属化合物粒子;

③粉末系统储能很高，有利于降低其致密化温度。

9.1.2　陶瓷基原位复合技术

(1)原位热压技术

该技术是根据设计的原位反应，将反应物混合或与某种基体原料混合并通过热压，使组成物相在热压过程中原位生成。

该技术最典型的例子是 Si_3N_4 和 SiC 陶瓷中 β-Si_3N_4 和 α-SiC 长柱状晶的原位生长。在 Si_3N_4 陶瓷中，加入稀土氧化物，如 Y_2O_3、La_2O_3、CeO_2、Sc_2O_3 等，采用适当的工艺即可获得分布均匀、发育良好的原位自生长 β-Si_3N_4 柱状晶。对 SiC 陶瓷，Padture 采用的工艺是在原料 β-SiC 中加入 0.5%（体积）α-SiC 作晶种，以 Y_2O_3 和 Al_2O_3 为助烧剂，在 1 900 ℃常压液相烧结 0.5 h，然后在 2 000 ℃热处理 3 h，完成 β-SiC→α-SiC 相变，同时实现晶粒生长，最终获得的 SiC 为厚 3 μm、长约 25 μm 的长柱状晶体，并有 20%（体积）的钇铝尖晶石（YAG）晶界相。这些柱状晶在裂纹扩展过程中起偏转和桥联作用，使材料具有较高的韧性和强度。

原位热压技术的优点是：

①省去了第二相或增强相预合成步骤；

②可获得颗粒细小、分布均匀的第二相或增韧增强相，甚至纳米复合材料；

③原位可生成晶须和板晶；

④改善两相界面结合状况；

⑤某些原位反应物可以成为过渡助烧剂。

(2)化学气相沉积技术

化学气相沉积技术是利用各种源气体与载体气体间的化学反应，在基体上以片或薄层的形式进行固相沉积。通过对 CVD 条件，包括反应源温度、载体气体流量、反应系统总压力、基板温度等的调节，可以获得片状或薄层的纳米晶弥散的精细复合材料，在第6章已详细进行了介绍，这里不再重复。

(3)定向金属氧化技术

定向金属氧化技术的实质是利用氧化气氛与基体金属之间的反应制备陶瓷基复合材料。工艺路线有以下两种：

第一种工艺路线，是将陶瓷粒子或晶须等增强相冷压成坯，再将压坯放入 Al 熔体中，在 900～1 400 ℃温度下，Al 液在压坯中浸透的同时和含氧气氛反应生成 Al_2O_3。定向金属氧化过程的示意图如图 9.1 所示。图(a)中：样品为 Al，反应为 $2Al + 3/2O_2 \rightarrow Al_2O_3$，产物为 Al_2O_3/Al 复合材料。图(b)中：样品为 SiC 填充料，反应为 $2Al + 3/2O_2 \rightarrow Al_2O_3$，产物为 Al_2O_3/Al/SiC 复合材料。

第二种工艺路线，是将陶瓷粒子和 Al 粉混合均匀后进行粉浆浇注成型，在 20～90 ℃下干燥处理后，在 850～1 450 ℃下进行氧化处理，Al 熔化后在陶瓷粒子间隙中浸透并氧化生长。该工艺可以制备出孔隙均匀分布的多孔陶瓷材料。

金属直接氧化法（DIMOX）技术的优点是：

①产品成本低，因为原料是价格便宜的 Al，氧化气氛用空气，加热炉可以用普通电炉；

②Al_2O_3 是在压坯中生长的，压坯的尺寸变化在 10% 以下，后续加工简单；

③可以制成形状复杂的产品，且可以制备较大型复合材料部件；

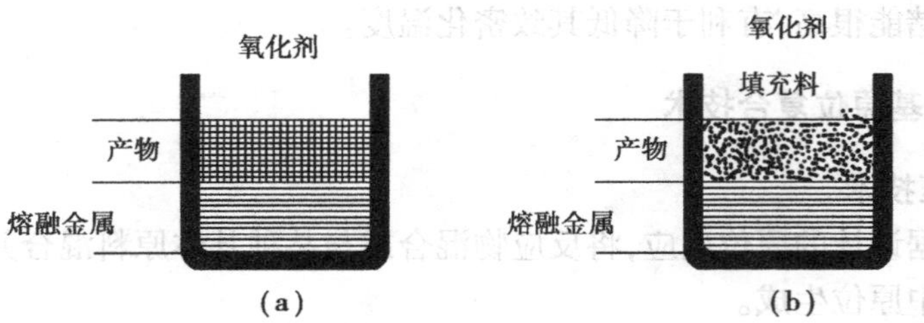

图 9.1 定向金属氧化过程示意图

④调节工艺可以在制品中保留一定量的 Al,从而提高制品的韧性;

⑤改变反应气氛和合金系可以进行其他组合。

9.1.3 聚合物基原位复合技术

(1)熔融共混技术

熔融共混技术的实质是通过热致液晶聚合物(TLCP)和热塑性树脂共混物进行挤塑、注塑等,在熔融共混加工过程中,使刚性棒状分子的 TLCP 沿受力方向取向排列,在热塑性树脂基体中原位形成足够长径比的微纤。这些微纤由于直径小、比表面积大,易于与基体相接触,可均匀地包络在基体中形成骨架,起到承受应力和应力分散的作用,从而达到增强基体的目的。

TLCP 微纤的形成,主要由 TLCP 分散相聚合物在熔体中受到加工流动场的作用发生的形变、凝聚、破裂与回缩等过程控制。

熔融共混技术的优点是:

①制备工艺简单;

②增强相种类多;

③由于增强相微纤是在加工过程中产生的,其表面洁净,分散均匀;

④微纤不仅起到增强剂的作用,还能起到加工助剂和促进树脂基体结晶的作用;

⑤可以近终形成型,制备形状复杂的产品。

该技术的不足是成纤制约因素较多,如分子结构、组分含量、两组分相容性,以及共混方法和流动方式等,因此,含热致液晶聚合物微纤在原位复合材料中的增强效果不明显。

(2)溶液共沉淀技术

溶液共沉淀技术是在树脂基体中通过共溶液、共沉淀均匀分散聚合物微纤的技术。所以不像熔融共混体系那样在加工过程中产生微纤,如聚对苯二甲酰对苯二胺(PPTA)和聚苯并咪唑(PBZ)树脂通过溶液共沉淀的方法形成直径 10 ~ 30 nm 的微纤分散于树脂基体中。同时,溶液共沉淀方法解决了熔融共混技术中不相容两聚合物不能成纤的问题。

该技术的优点是:

①增强相微纤生成于共沉淀过程中,微纤表面洁净,分散均匀;

②微纤直径仅为纳米级;

③微纤不仅起增强作用,还促进树脂基体的结晶;

④适宜于不相容两聚合物体系。

该技术的不足是制备过程较难控制,目前仅局限于实验室制备。

(3)原位聚合技术

原位聚合技术很早就用来制备聚合物基复合材料。该技术的实质是利用聚合物单体在外力作用下(如氧化、电、热、光、辐射等),原位产生聚合或共聚,使得某一种聚合物或其他物质均匀分散在聚合物基体中,起到对复合材料改性的作用。这种原位聚合弥补了机械共混方法制备聚合物基复合材料难以使分散相或增强相分布均匀,以及界面结构不稳定的问题,已成为聚合物基复合材料的主要制备技术。

例如,以聚氯乙烯(PVC)为基体材料,吸附一定量的苯胺单体(ANI)后,通过氧化剂使ANI在PVC中发生原位化学氧化聚合反应,制备出电导率高达0.233 S/cm的聚苯胺/聚氯乙烯(PANI/PVC)复合材料。研究发现,单体用量、氧化剂种类及反应工艺条件对复合材料性能有影响,PANI在PVC中分散得非常均匀,而且PANI较少含量即能形成导电通路。

原位聚合技术的优点是:

①制备工艺简单;

②能制备较多体系的复合材料;

③第二相或增强相种类多,体积分数高;

④第二相或增强相表面洁净、分散均匀;

⑤可以制备金属、陶瓷或聚合物第二相或增强相的聚合物基复合材料。

综上所述,原位复合已成为材料或复合材料制备的一种新技术,得到了迅速发展,同时也促进其他学科的发展。但是,目前的原位复合工艺还有待进一步完善和改进,复合过程中的热力学、动力学机理,微观增强相生成机理,界面结构及强度,弥散强化机制等都有待系统深入的研究。

9.2 自蔓延复合技术

自蔓延复合技术是在自蔓延高温合成的基础上发展起来的一种新的复合技术,主要用于制备金属/金属、金属/陶瓷、陶瓷/陶瓷系复合粉末和块体复合材料。自蔓延高温合成(SHS)是利用配合的原料自身的燃烧反应放出的热量,使化学反应过程自发地进行,进而获得具有指定成分和结构产物的一种新型材料合成手段。其基本过程是:将增强相的组分原料与金属粉末按一定的比例充分混合,压坯成型,在真空或惰性气氛中,用钨丝预热引燃,使组分之间发生放热化学反应,放出的热量蔓延引起未反应的邻近部分继续燃烧反应,直至全部完成,就可以得到复合材料的毛坯,反应的生成物即为增强相弥散分布于基体中,颗粒尺寸可达微米。自蔓延复合技术与传统材料合成相比较具有如下特点:

①工艺设备简单,工艺周期短,生产效率高;

②能耗低,物耗低;

③合成过程中极高的温度可对产物进行自纯化,同时,极快的升温和降温速度可获得非平衡结构的产物,因此产品质量良好。

自蔓延复合技术在金属基复合材料和陶瓷基复合材料中已有论述,这里只做简要介绍。

9.2.1 SHS 粉末技术

粉末材料的自蔓延高温合成是SHS最早研究的方向,也是最具生命力的研究方向。利用SHS可以制备从最简单的二元化合物到具有极端复杂结构的超导体材料粉末。根据SHS反应的模式,将 SHS 材料合成技术分为两种,即常规 SHS 技术和热爆 SHS 技术。

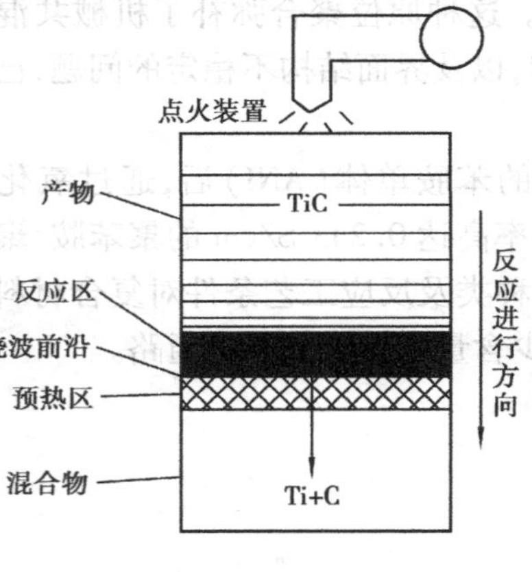

图 9.2 常规 SHS 反应模式示意图

(1)常规 SHS 技术

常规 SHS 技术是用瞬间的高温脉冲来局部点燃反应混合物压坯体,随后燃烧波以蔓延的形式传播而合成目的产物。这一模式又称为"蔓延"反应模式,其反应如图 9.2 所示。

这一技术适用于具有较高放热量的材料体系,如 TiC/TiB_2、TiC/SiC、TiB_2/Al_2O_3、Si_3N_4/SiC 等体系。其特点是设备简单,能耗低,工艺过程快。

(2)热爆 SHS 技术

热爆 SHS 技术是将反应混合物压坯整体同时快速加热,使反应在整个坯体内同时发生。这一模式也称为"热爆炸"或"整体"模式。对于弱放热反应体系以及含有较多不参与反应添加相的材料体系,常规 SHS 技术就不适用,必须采取热爆 SHS 技术来进行材料合成。采用这一技术已制备出各种金属间化合物和含有较多金属相的金属陶瓷复合材料以及具有低放热量的陶瓷复合材料。

在热爆 SHS 技术中,预热温度和冷却速度的高低直接影响合成材料的相组织和显微结构,是要求控制的主要参数。如用 Ti 和 Ni 来合成 TiNi 金属间化合物时,采用一端点燃的蔓延方式合成的材料以 Ti_2Ni 和 $TiNi_3$ 为主,随预热温度的提高 TiNi 增多,当达到热爆温度(1 050 ℃)后,就可得到纯 TiNi 铸态样品,可直接进行冷加工。冷却速度慢时在 TiNi 基体上出现富 Ti 的 Ti_2Ni 相,而快冷样品中则不出现第二相。

(3)SHS 还原合成技术

SHS 还原合成技术的原理用下面的反应式来表示,即

$$N_x + M + Z \rightarrow N_y + M_x$$

式中:N_x 为氧化物、卤化物等;M 为金属还原剂(Mg、Al、Ca 等);Z 为非金属或非金属化合物;N_y 为合成产品;M_x 为金属还原剂化合物。

该技术具有以下优点:

①扩大了材料合成所用的原材料来源;

②降低了合成产物的成本;

③可以实现以往单体元素不能合成的化合物;

④可以制备一系列复合化合物,如 TiC/Al_2O_3、TiB_2/Al_2O_3 等。

以 B_4C 的合成为例,由于 $C + 4B \rightarrow B_4C$ 的化学反应热低,单相 B_4C 难以制备。若采用 SHS 还原合成技术,将 B_2O_3、Al、C 按比例混合、压坯,快速加热至 1 000 ℃以上,利用 $2B_2O_3 + 4Al + C \rightarrow B_4C + Al_2O_3$ 的反应,就可以顺利地制备出 B_4C 及其复合材料。

利用这一技术已合成的材料体系有硼化物复合材料(TiB_2/Al_2O_3、TiB_2/TiC),碳化物复合材料(TiC/Al_2O_3、Cr_3C_2/Al_2O_3、B_4C/Al_2O_3)、硅化物复合材料($MoSi_2/Al_2O_3$、$MoSi_2/SiC$)以及氮化物复合材料(TiN/Al_2O_3、BN/Al_2O_3、Si_3N_4/Al_2O_3)。

9.2.2 SHS 密实化技术

一般来说,普通的 SHS 技术只能获得疏松多孔的材料或粉末,若要制备密实材料,必须发

展各种材料的合成与致密同时进行的一体化技术。有关的技术有如下3种：

(1)液相密实技术

这种技术是利用高放热反应的热量使反应温度超过合成产物的熔点,从而使最终产物全部或部分熔融,最后得到密实的产物。其产物可以是熔炼在一起的复合物,也可以是通过产物的不同特性(如密度)而分离开的单一化合物。如Cr_3C_2的制备,它是利用反应$3Cr_2O_3+6Al+4C \rightarrow 2Cr_3C_2+3Al_2O_3$的高放热使最终产物全部处于液态,利用$Cr_3C_2$和$Al_2O_3$的密度明显不同又不相溶的特点,通过离心分离就可制得致密Cr_3C_2,其微观硬度高于用烧结方法得到的样品。但是,这一技术仅适用高放热体系,且材料的组成和结构难以控制。

(2)SHS粉末烧结致密技术

这种技术首先是采用SHS技术合成粉料,再通过成型、烧结得到致密块体材料。SHS合成粉末的方法如前所述,随后的成型与烧结可参见一般的粉末冶金和陶瓷烧结。

(3)SHS结合压力密实化技术

这一技术的原理是利用SHS反应刚刚完成,合成材料处于红热、软化状态时,对其施加外部压力而实现材料致密化。根据加压的方式有气压法、液压法、锻压法、机械加压法等。

9.2.3 SHS铸造技术

SHS铸造技术是将SHS与传统的铸造工艺相结合而发展起来的一种新型SHS技术,它包括增强颗粒的原位合成和铸造成型两个工艺过程。其工艺过程有多样性,典型工艺是:将增强颗粒形成元素的粉末及金属基粉末按一定比例混合均匀,压实除气后,将压坯样品置于有气氛保护的实验装置中,用点火钨丝点燃样品,使其进行SHS过程。SHS过程结束后,迅速将样品的温度上升到金属基体的熔点以上,保温一定时间后,将熔体进行铸造成型。其示意图如图9.3所示。

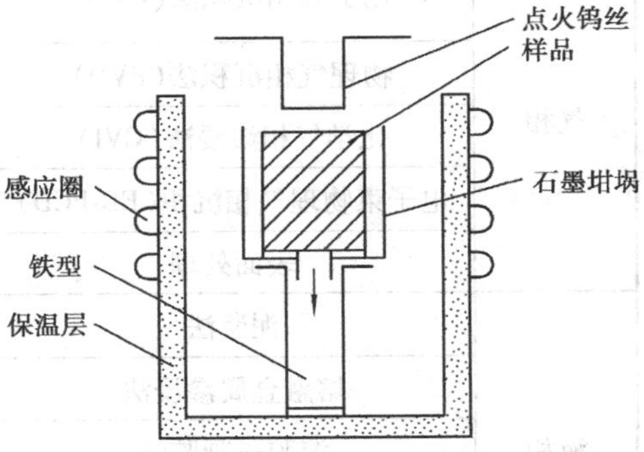

图9.3 SHS铸造法示意图

在这种工艺中,SHS过程使基体产生一定数量的增强颗粒,而随后的熔铸过程则利用高温金属液的流动,对SHS过程中易产生的孔隙进行充填和焊补,因此,两个过程的综合作用,可获得较为致密的复合材料,且工艺简便和成本低,可用于制备一定形状和大小的复合材料。

9.2.4 SHS气相传质涂层技术

这一技术是通过气相传输反应在金属、陶瓷或石墨等的表面,形成金属、陶瓷以及金属/陶瓷复合涂层。将反应物料和被涂层材料置于SHS反应室内,在反应中引入气相传输介质,当SHS发生后,气相传输介质与高温产物反应形成挥发性化合物,在被涂层物表面沉积或再次发生化学反应而形成涂层。不同的气体载体可以传输不同的物质,如氢可以传输碳,卤素气体可以传输金属。利用这一技术对小试件和复杂形状的样品进行涂层,具有其他技术无法比拟的优势。如利用Cr_2O_3 + Al + 炭黑 + 气体载体,就可以对碳钢进行碳-铬复合涂层。在钢工件的表面形成的复合涂层组织为铬、铝在α-Fe中的固溶体及铬的碳化物和Al_2O_3硬质相。

9.2.5 SHS 焊接技术

当在两个部件的界面上发生 SHS 反应时,通过高温反应就可形成牢固地结合,从而实现材料的焊接。采用这一技术已实现了镍基耐热合金、石墨、钢、钛、涂层之间的焊接。

9.3 梯度复合技术

梯度复合技术是制备梯度功能材料的工艺技术,该工艺的关键在于如何使材料组成和组织等按设计要求形成梯度分布。梯度复合技术的主要工艺见表 9.1,通常按照原料的状态,将制备方法分为气相、液相和固相方法。最常用的是:喷涂法,化学或物理气相沉积(VCD、PVD)法,粉末堆积法,泥浆法,薄片叠层法和熔融金属渗浸法等。一些方法在第 8 章中已介绍,这里仅介绍颗粒排列技术等。

表 9.1 梯度复合技术的分类

原料分类	复合方法	材料体系
气相	化学气相沉积法(CVD)	SiC/C、TiC/C、SiC/TiC、SiC/TiC-SiC、SiO_2-SiO_2(GeO_2)、BN/Si_3N_4、C/B_4C/SiC
	物理气相沉积法(PVD)	Ti/TiN
	化学气相渗浸法(CVI)	SiC/C、TiB_2/SiC
	电子束物理气相沉积(EB-PCD)	PSZ(低密度和高密度),PSZ/Al_2O_3
	表面处理	Ti-Al-V/氮化物
液相	泥浆法	Hap/Ti、PSZ/Mo、Al_2O_3/W、Al_2O_3/PSZ、Al_2O_3/NiAl
	熔融金属渗浸法	W/Cu、Al_2O_3/Al、Al_2O_3/Cu
	溶胶—凝胶法	SiO_2/TiO、SiO_2/GeO_2
	电镀法	ZrO_2 + Ni/Ni、SiC/C、Cu/CuZn、Cu/CuNi
	离心铸造法	SiC/Al、Ni_3Al/Al、Al_2Cu/Al、Al/Si
固相	等离子喷射法	PSZ/Ni、PSZ/NiCrAlY
	粉末堆积法	PSZ/SUS、PSZ/Ni、PSZ/W、Al_2O_3/Ni、TiC/Ni_3Al、SiC-AlN/Mo、etc
	自蔓延反应(SHS)	TiB_2/Cu、TiB_2/Ni、TiB_2/Al、AlN/Al、TiC/NiAl
	薄片叠层法	PSZ/Ni、PSZ(1)/PSZ(2)
	扩散法	Ti_5Si_3/Ti、$ZrSi_2$/Zr

9.3.1 颗粒排列技术

颗粒排列技术是指将各种原料粉末及其增强材料(包括金属粉末、陶瓷粉末、有机物粉末,以及晶须、纤维等)按不同比例进行混合、填充,再经压实到烧结的整个工艺过程。它是集粉末冶金、陶瓷工学、粉体工学等为一体的一项综合技术。因此，它既与上述各技术领域密切相关，又因为不是制备单一材料，而是将不同性状、不同组成、不同烧结特性的复杂混合体在同一条件制成符合设计要求的梯度材料，所以又具有很大的特殊性，存在着许多技术要点。

(1)物系及粉末选择

以用于超耐热环境的热应力缓和型梯度材料为例。所选择的物系必须要满足热环境的要求，一般是选择耐高温、抗氧化陶瓷以及与之相匹配的金属。如用于磁流体发电的燃烧通道材料选择MgO(Fe_2O_3微量)/Ni物系(它们的烧结特性和热膨胀物性匹配)；用于超耐热防护材料选择SiC/C物系(它们的烧结特性和组织的相容性匹配)；用于可控热核聚变炉第一壁材料选择TiC(Cr_3C_2微量)/Ni_3Al-Ni物系(它们的表面润湿性、烧结特性、热膨胀特性匹配)等。物系决定后，与之对应的原料粉末选择十分重要。粉末选择主要考虑颗粒大小、级配与分布、流动特性以及黏结剂和烧结助剂等，因为它们都会影响梯度材料的填充、排列及烧结致密性。例如，在用喷射方法对PSZ(部分稳定化氧化锆)/不锈钢物系进行颗粒连续排列时，要求原料粉末非常微细，可以在溶液中形成稳定的悬浊液。因此，要针对梯度材料成型工艺及烧结工艺的要求，合理、科学地选择粉末。

(2)热应力缓和最佳组成分布设计

热应力缓和结构设计是追求在选定物系的前提下梯度材料的热应力最为适宜。这种最适条件一方面要考虑材料在制备过程中的残余应力，另一方面还要考虑材料在使用条件(温度梯度、热冲击等)下的响应热应力，只有同时满足环境要求和热应力最适的设计才是一个完整的设计。梯度材料中间层的缓慢过渡是为了缓和两侧不同物质所引起的热应力，因此，最佳组成分布形式的设计就是保证梯度材料内部的热应力达到最适。关于热应力缓和结构设计与优化，可参阅有关资料，这里不再赘述。

(3)颗粒排列工艺

颗粒排列法分为干式和湿式两种。干式颗粒排列在组成控制上，准确方便，容易上手，但只能做到组成梯度呈台阶式变化。湿式颗粒排列主要指悬浊液的喷射颗粒排列，组分可实现连续变化，结构精细，但组分控制难度大，重复性差。在干式颗粒排列中，根据不同烧结法又可分为两种工艺：一种是热压烧结，另一种是常压烧结和热等静压烧结。这两种干式排列及整个工艺如图9.4所示。两种方法的原料混合、填充操作都相同，只是热压烧结时是将颗粒直接排列在石墨模具内，排列好之后直接热压成材料；另一种路线则是在金属模具内进行颗粒排列并预压成型，然后分别进行真空封装和冷等静压成型(CIP)，最后进行烧结或经热等静压(HIP)再常压烧结。湿式颗

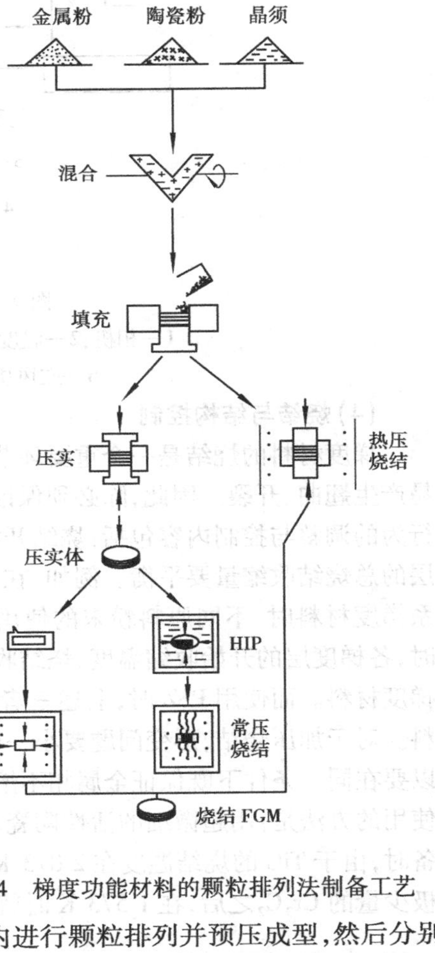

图9.4　梯度功能材料的颗粒排列法制备工艺

粒排列装置示意图如图 9.5 所示，由计算机控制的给料程序控制微型泵动作，分别定量向混合器内注入各原料的悬浊液，在可以调温、控温的颗粒排列腔体内，进行组成连续分布的排列（腔体内的温度调节与控制是为了使溶剂在颗粒排列的同时被蒸发除去，试料下部的加热器 4 用于颗粒排列体的干燥）。在进行湿式颗粒排列时，为了保证悬浮液的形成、梯度组织的形成精度以及可观的排列速度，合理选择原料粒度是关键。

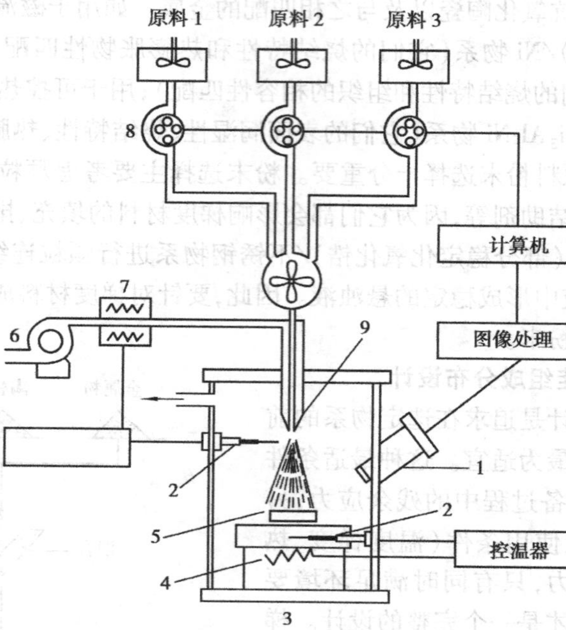

图 9.5　湿式颗粒排列装置示意图

1—相机；2—温度传感器；3—积层腔；4—加热器；5—样品；

6—鼓风机；7—加热器；8—罗茨泵；9—喷头

(4)烧结与结构控制

梯度材料的烧结是一个重要环节。由于梯度成型坯体在烧结时无外力约束，常压烧结极易产生翘曲、开裂。因此，除必须保证整体致密外，其烧结行为的调整与控制非常关键。烧结行为的调整与控制内容包括：烧结开始温度要一致；升温过程中烧结收缩速度要协调；各梯度层的总烧结收缩量要平衡。例如，在常压烧结 PSZ（含摩尔分数为 3% Y_2O_3 的预合金粉）/Mo 系梯度材料时，不同原料粉末的使用效果就完全不同。当陶瓷相使用 ZrO_2 和 Y_2O_3 的混合粉时，各梯度层的开始收缩温度、烧结收缩速度以及总的线收缩率相互差别很大，得不到健全的梯度材料。而使用 PSZ 时，上述三者均比较平衡，就得到了无宏观缺陷的 PSZ/Mo 系梯度材料。对于加压烧结，形变问题要小一些，但因为金属与陶瓷熔点差别很大，烧结温度也不同，所以要在同一条件下既保证金属相不熔流损失又要使陶瓷相致密，非常困难。这种情况下通常使用的方法是：用超微细的活性陶瓷粉或引入微量添加剂。在进行 TiC/Ni_3Al 系梯度材料制备时，由于 TiC 的烧结温度在 2 073 K 左右，1 573 K 时根本不可能致密，但在 TiC 粉末中加入极少量的 Cr_3C_2 之后，在 1 573 K 时就得到了整体致密的 TiC/Ni_3Al 系梯度材料。

9.3.2　电解析出复合技术

电解析出(电镀)是将作为基体的电极浸入含有金属离子的电解质溶液中,通过电解使金属离子在阴极上还原析出的一种传统技术。将该方法用于制备梯度材料也是很有特色的。其原理是:通过有规律地改变电解液浓度和通电电流密度等参数,使析出物的组成、性质沿析出物的厚度方向连续地变化,形成梯度结构。该技术不仅实现金属间地组成、结构梯度,而且还可形成金属或合金向陶瓷过渡地连续变化组织。

以水溶液电解质为介质的电解析出技术应用较多,特别是表面保护(耐蚀、耐磨、表面润滑、功能镀层等)行业。当用它来制备梯度镀层时,关键是如何在基体表面实现组分的变化。电解质中粒子的析出率遵循 Guglielmi 公式,即

$$c/a = ke^{l\eta}(c + m) \tag{9.1}$$

式中:a 是粒子析出率;c 是电解液中的粒子浓度;η 是过电压;k、l、m 是由金属及电解液中粒子种类、复合方式所决定的常数。由式(9.1)可知,粒子的析出率是电解液中粒子浓度以及电流密度(电流密度直接与过电压相关)的函数。无论是金属还是金属化合物都可以利用式(9.1),通过控制 c 和 η 两个参数,得到梯度组成结构。用电解析出技术合成 Ni/ZrO_2 镀层时的电解液成分和电镀条件见表9.2。

表9.2　Ni/ZrO_2 梯度层的溶液成分和电解条件

电解质溶液成分	氨基磺酸镍/(g·L)	500
	硼酸/(g·L)	30
电镀条件	浴温/℃	50
	pH	3.5
	ZrO_2 粒径/μm	1~2
	电流密度/(A·dm^2)	1~5
	ZrO_2 浓度/(g·L)	0~100

以熔融电解液为介质的电解析出技术,多用于金属表面的耐热金属化合物镀层。

9.4　其他复合新技术

9.4.1　分子自组装技术

分子自组装技术是通过有机物或聚合物分子以一定的结合方式在特定的基片上自行组装而得到具有特殊性能材料的材料制备技术。有机物分子或聚合物分子与基片之间以及这些分子之间的作用力,可以是化学键、氢键或静电引力。巧妙地利用这种作用力在一定条件下能得到单层、双层或多层自组装薄膜材料。

20世纪80年代开始了分子自组装薄膜材料的研究。近几年来,靠静电引力结合的多层自组装材料引起了人们极大的关注。美国 Claus 等人以单晶硅、石英、光学玻璃等为基片,用合适的交联剂使基片的一个面带正电荷,然后将基片交替置于带不同电价的聚合物水溶液中,

通过静电引力使聚合物分子逐层组装起来。若将无机纳米粒子分散在一种聚合物中,就可获得均匀分散的有机—无机自组装材料。制备过程如图9.6所示。

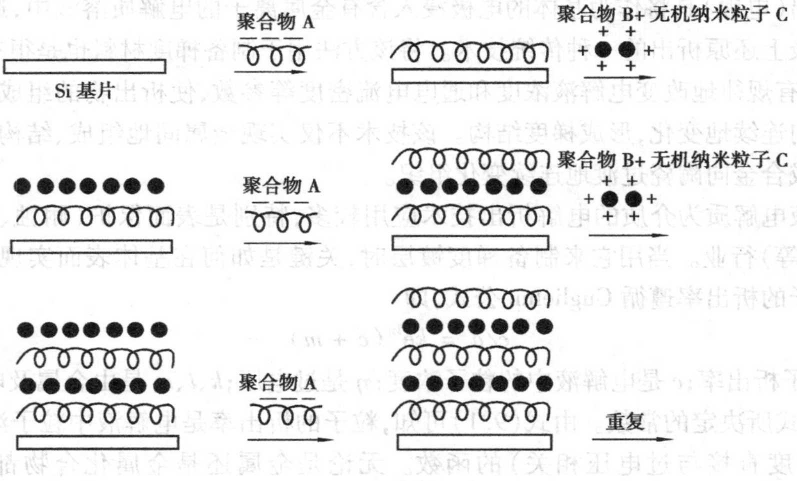

图9.6 自组装材料制备过程示意图

该技术的优点是:

①由于材料是以分子尺寸逐层组装而成,因此材料的厚度可精确控制到分子尺寸,这是其他任何方法都无法实现的。

②无机纳米粒子在材料中可以呈高密度的均匀分散状态。

③静电吸引过程是一个非常快的过程,若选择合适的条件,每组装一层所需的时间不超过10 s。

④组装材料与基体结合非常牢固,甚至超过基体材料自身。

⑤设备简单,操作方便,成本低。

9.4.2 超分子复合技术

超分子主要由有机物分子构成,或由有机物分子与无机物分子(原子或离子)共同构成。其形成的主要作用是靠氢键、芳香族化合物的 π 电子共轭,甚至共价键。由于分子识别并进行有序的堆积而形成超分子,从而引起材料的电性能、光性能和其他许多性能的显著变化。

超分子材料的制备原理与自组装方法类似,关键在选择合适的超分子构筑作用对和介质。例如,酞箐或冠醚酞箐可于极性有机溶剂介质中在其轴向与含有孤对电子的氧原子或 O^{2-} 离子形成轴向配位键,从而形成沿轴向排列的超分子结构。

由于这种结构的形成,改变了超分子化合物的导电性能,并使其电导在室温下随环境气体的浓度变化而发生有规律的变化,因而可以作为传感器中的敏感材料。

第10章 复合材料可靠性与无损评价

10.1 复合材料可靠性问题

由于复合材料是由两种或两种以上具有不同物理和化学性质的、以微观或宏观的形式复合而组成的多相材料。复合材料中增强体与基体接触构成的界面,是一层具有一定厚度的、结构随基体和增强体而异的、与基体有明显差别的界面相。它既是增强相和基体相连接的“纽带”,也是应力及其他信息传递的桥梁。复合材料中的增强体无论是微纤、晶须、颗粒还是纤维,与基体在成型过程中将会发生不同程度的相互作用。界面的形成过程、界面层性质、界面黏合、应力传递行为,对复合材料宏观力学性能、工艺性能、环境性能都有影响,因此,对复合材料进行性能评价是获取高性能复合材料的关键。

10.1.1 结构的可靠度

可靠性是指系统或者部件在给定的使用时间内和给定的环境条件下,能够顺利地完成原设计性能的概率或能够正常工作的能力。用概率作为定量尺度表达可靠性时,这个概率就称为“可靠度”。

复合材料由于其材料、工艺和结构特点所定,它既是一种材料,也是一种结构。若将复合材料看成一种结构,如对称层压板(航空航天用复合材料常见的一种层压结构),这类层压板可简化为均质的各向异性板,其可靠度可由功能参数干涉理论的一般表达式给出,即

$$R = P\{L < S\} \tag{10.1}$$

式中:R 为可靠度,表示层压结构处于正常工作状态的概率;P 为概率;L 为广义应力,表示层压结构在工作过程中所受到的各种作用,如气动载荷、环境影响等;S 为广义强度,表示层压结构在工作过程中抵抗上述广义应力而保持正常工作的能力。

因为 L、S 都是随机变量,且认为是连续的,所以都各有其概率密度分布函数 f_L 和 f_S。故可靠度 R 又可写为:

$$R = \int_{-\infty}^{\infty} f_L(L)\left[\int_{L}^{\infty} f_S(S)\,\mathrm{d}S\right]\mathrm{d}L \tag{10.2}$$

另外，对于复合材料层压板结构来说，如果能推算出在结构上的载荷和结构强度分布(即分布形式、平均值和标准偏差等值)，便可推算出该结构的可靠性数值。假如其结构强度与载荷分布在任何情况下都是正态分布(这是一种最简单的情况)，并令(μ_1、σ_1)，(μ_2、σ_2)分别为它的平均值和标准差，以强度与载荷的两种正态分布差的分布作为平均值($\mu_1-\mu_2$)、方差($\sigma_1^2+\sigma_2^2$)的正态分布，求出比载荷小的强度的概率，用1减去它所得到的值，即为该结构可靠度的值。结构可靠度 R 可从下式求出，即

$$R = 1 - \frac{1}{\sqrt{2\pi}}\int_{k_r}^{\infty} e^{-\frac{t^2}{2}} dt \tag{10.3}$$

$$k_r = \frac{\mu_1 - \mu_2}{\sqrt{\sigma_1^2 + \sigma_2^2}} \tag{10.4}$$

式中，t 为时间。

对于用做飞机构件的复合材料来说，可靠性要求则更高。如果将复合材料或其构件在所规定的环境条件下和规定的时间内丧失规定功能的概率用 F 表示，则复合材料或其构件的可靠度又可表示为：

$$R = 1 - F$$

复合材料的许用应力则表示为：

$$许用应力 = 材料平均强度 - K \times 标准差$$

式中，K 为标准差单位系数。

如果材料可靠度要求固定，则 K 为定值。材料的许用应力不仅取决于材料的平均强度，而且取决于强度的分散性。一般地，复合材料性能的分散性比金属材料大，则标准差大，材料的许用应力小。假如飞机部件的设计要求材料的可靠度为0.999 99，则 K 为4.26，见表10.1。假定材料强度的离散系数为0.15，则材料的许用应力只有0.34。此许用应力只有材料平均强度的34%。由此可见，材料性能的分散性与合理地使用材料存在着尖锐的矛盾。有效控制和提高材料的质量，是关系到复合材料发展与应用及优越性发挥的关键。

表10.1　材料可靠度 R 与标准差单位系数 K 的关系

K	0	1.0	1.23	1.65	2.0	2.33	3.0
F	0.50	0.16	0.10	0.05	0.023	0.01	0.001 3
R	0.50	0.84	0.90	0.95	0.977	0.99	0.998 7
K	3.09	3.72	4.0	4.26	4.75	5.0	5.20
F	0.001	0.000 1	0.000 03	0.000 01	0.000 001	0.000 000 3	0.000 000 1
R	0.999 9	0.999 9	0.999 97	0.999 99	0.999 999	0.999 999 7	0.999 999 9

10.1.2　复合材料可靠性控制的复杂性

与其他材料相比，提高复合材料可靠性的难度和复杂性显而易见，这是复合材料自身特点所决定的，可从以下三个方面简单分析。

(1)组分材料的多重性

复合材料是由增强体与基体构成，除了增强体与基体的相对含量和结合情况对复合材料的性能有影响外，增强体与基体本身的性能对复合材料更有直接影响。特别是树脂基复合材料，其

基体由树脂、固化剂、增韧剂和其他添加剂组成，它们之间相对含量及自身的性能对复合材料也会产生直接的影响。而树脂又是合成得到的，合成树脂原料的性质及配比等对复合材料性能会有影响。因此，要提高复合材料的可靠性，必须从构成复合材料的组元材料的质量控制开始。

（2）材料、结构、工艺的同步性

复合材料特别是树脂基复合材料，往往在材料成型的同时产品结构也成型。工艺过程中的每一步（如配胶工艺、预浸工艺、铺贴工艺、封装工艺、固化工艺等），都会直接影响复合材料的产品性能。金属基复合材料也是如此，在制备过程中，增强纤维在金属基体中的分布状况和纤维与金属基体的浸润情况等都是影响复合材料性能的工艺性因素。因此，要提高复合材料的可靠性，控制好复合材料成型工艺质量是至关重要的。

（3）材料结构的可设计性

复合材料的可设计性是复合材料的重要特点之一，也是复合材料结构优化的关键。对于连续纤维增强的复合材料，它的结构特征和力学特征都可能具有各向异性的性质。因此，根据复合材料构件所使用的状态与环境条件，可设计出最佳的结构形式和选择最佳的承载方式。要实现合理设计或优化设计，提高复合材料的可靠性，掌握合理的设计和分析方法，积累必不可少的基础数据是非常重要的。复合材料可靠性包括材料可靠性和结构可靠性两大部分，前者是后者的基础。

10.1.3　复合材料可靠性存在的问题

要致力于提高复合材料的可靠性，首先应该了解复合材料可靠性存在的问题。从目前来看，复合材料可靠性存在下列几个问题：

（1）材料特性知识的缺乏

对于复合材料的许多特性，目前仍然没有完整的理论系统能完全合理地给予解释和预测。许多情况还是依靠实验探索的经验性方式，一方面由于复合材料毕竟是一类相对新的材料，另一方面也是由复合材料本身的复杂性（多组分、多相的非均质）所决定。尽管计算机在复合材料的性能预测中起到一定的作用，但因缺少基础性数据，这种预测的准确性是有限的。由于缺乏对复合材料特性的系统了解，以至很难从理论上对其可靠性做出准确的评价。

（2）材料性能的分散性

原材料性能的不均一会导致复合材料性能的分散。由于复合材料组分复杂，工业化生产难免给材料的性能带来不均性。复合材料由于其本身“复合”的特征，其性能不仅与各组分材料有关，而且在很大程度上还有赖于各组分材料复合情况。有时，即使采用完全相同性能的原材料和制备工艺，两次所得的复合材料的性能也会表现出很大差异。

（3）制备工艺的不稳定性

目前在很多情况下，复合材料的制备还不能实现大规模机械化和自动化生产，仍采取手工操作，重复性差，制备工艺的不稳定性使得复合材料性能的分散性加大。

（4）试验方法的不完善

复合材料作为一类新材料，某些性能仍没有合适的方法、标准来检测或判定。在已建立的方法标准中，试件的性能还很难反映复合材料实际构件的性能。通过标准化的无损检测来客观地评价复合材料的可靠性，依然有许多工作要做。

(5)统计数据不足

复合材料与传统的金属材料相比,各种性能的统计数据远远不足。尽管有不少学者为了研究复合材料的性能变化规律,从材料的角度按照标准的方法测试出很多性能,建立了不少数据库,但是这些数据多数为典型值,对于满足可靠性要求的统计数据可能不确切。特别是对于实际结构的复合材料来说,载荷、环境、形状尺寸以及表面状态往往并不相同,更要求有充分的统计数据。

(6)对复合材料性能随时间变化的规律和知识掌握不够

材料的可靠性应是在给定的使用期间顺利完成原设计性能的概率。复合材料的性能随时间都会发生变化。特别是热塑性树脂基复合材料,其基体的时间效应与温度效应极为敏感。许多研究者在这方面进行了大量探索,但仍有不少机理性的问题尚未解决。另外,复合材料在各种环境条件下随时间的推移所积累的性能数据还很有限,这也是复合材料可靠性评价存在的一个重要问题。

(7)其他问题

例如,从试件获得的特性用于实际构件的修正方法问题;材料性能的分析方法与综合评价问题;材料的优化应用问题;材料失效的合理判据问题;新材料的信息与数据更为不足的问题等。

因此,要提高复合材料的可靠性,就必须不断地进行试验和研究,以解决上述问题。实际上,复合材料的可靠性包括三大方面的内容:①复合材料的性能稳定性,包括组分材料的性能均一性和复合工艺对性能分散性的影响;②复合材料的耐久性,包括复合材料在湿热等环境条件下的使用寿命;③复合材料在突发(异常)状态下的许用值(或称容限值),这里包括无损检测与合理评价。

10.2 从组分材料入手提高复合材料可靠性

复合材料的组分材料对复合材料性能稳定性有非常大的影响,因为复合材料的性能稳定性直接关系到复合材料的可靠性。

10.2.1 复合材料性能的分散性

从力学性能来看,通常情况下,复合材料性能的分散性远大于金属材料。同时普遍认为,复合材料性能数据的概率分布形式是双参数 Weibull 分布。用概率密度函数形式给出的双参数 Weibull 分布为:

$$f(x,\alpha,\beta) = \frac{\alpha}{\beta}\left(\frac{x}{\beta}\right)^{\alpha-1} e^{-(x/\beta)^{\alpha}} \tag{10.5}$$

式中,x 为随机变量;α 为形状参数;β 为尺度参数(或特征值)。而分布母体的平均值 μ、标准差 σ 和变异系数 $C.V$ 可用 α、β 表示,即

$$\mu = \beta\Gamma\left(\frac{\alpha+1}{\alpha}\right) \tag{10.6}$$

$$\sigma = \beta\sqrt{\Gamma\left(\frac{\alpha+2}{\alpha}\right) - \Gamma^2\left(\frac{\alpha+1}{\alpha}\right)} \tag{10.7}$$

$$C.V = \frac{\beta\sqrt{\Gamma\left(\frac{\alpha+2}{\alpha}\right) - \Gamma^2\left(\frac{\alpha+1}{\alpha}\right)}}{\Gamma\left(\frac{\alpha+1}{\alpha}\right)} \tag{10.8}$$

其中
$$\Gamma(x) = \int_0^{\infty} e^{-t} t^{(x-1)} dt$$

式中:$\Gamma(x)$为伽玛函数。形状参数α是一个非常重要的参数,它反映了复合材料数据分布的分散性。组分材料、复合工艺与试验环境等各种因素对复合材料性能分散性的影响也都是通过α值来体现。α值越大,意味着分散性越小。

10.2.2 纤维拉伸强度的分散性

对结构复合材料而言,纤维是主要的承载者,纤维的质量将直接影响复合材料力学性能的稳定性,乃至影响复合材料的可靠性。纤维的质量主要是指纤维直径的均匀性和所含缺陷的概率,以及批次的重复性和纤维表面状态的同一性。这些质量问题通常是由纤维丝束强度的分散性反映出来。纤维拉伸强度的分布与纤维和所浸树脂体系的种类以及试件的测试长度等有关。

(1)试件的测试长度对丝束强度分布的影响

不同测试长度的648MEA环氧树脂/碳纤维复合丝强度概率分布参数见表10.2。随着试件测试长度减小,正态分布平均值增加,Weibull分布尺度参数也递增,但正态分布标准差和Weibull分布形状参数的变化没有明显的规律性。因此,当将纤维统计性能用于复合材料性能分析时,应注意其使用条件。

表10.2 不同测试长度的648MEA/T-300型碳纤维复合丝强度分布参数

统计参数 \ 测试长度/mm	200	130	95	60
正态分布平均值	1 945	2 337	2 374	2 401
正态分布标准差	456	348	532	429
Weibull分布形状参数	4.77	6.65	3.77	5.39
Weibull分布尺度参数	2 039	2 489	2 513	2 589

(2)丝束拉伸强度的统计分析

采用柯尔莫哥洛夫检验法及逐点比较法,定量比较浸渍三种不同树脂体系的碳纤维复合丝束拉伸强度分布$F(x)$与由线性回归得出的丝束强度Weibull分布$W(x)$和正态分布$G(x)$的偏离。其统计量为:

$$D_n = \max|F(x_i) - W(x_i)| \quad i = 1 \sim 70 \tag{10.9}$$

或
$$D_n = \max|F(x_i) - G(x_i)| \quad i = 1 \sim 70 \tag{10.10}$$

若某实验的统计量$D > D_n$,则接受用$W(x)$或$G(x)$对$F(x)$的描述;反之,则不能用$G(x)$或$W(x)$对$F(x)$的描述。柯尔莫哥洛夫检验表明:在95%置信度下,正态分布和Weibull分布均可用来描述浸胶丝束的强度分布。但更精确的逐点比较表明,$W(x)$和$G(x)$与$F(x)$的偏离程度是不同的。各种树脂基体的复合丝束拉伸强度概率分布特征见表10.3。

表 10.3　浸胶复合丝束拉伸强度概率分布特征

纤　维	标距长度/mm	基体树脂牌号		
		648MEA	LWR	QY8911
SCF 上海碳纤维	130	*W*	*W*	*W*
	200	*W*	*W*	*W*(*G*)
T300 碳纤维	130	*G*	*G*(*W*)	*W*(*G*)
	200	*W*(*G*)	*W*	*W*
Kevlar49 芳纶	130	*G*	*G*	*W*
	200	*G*	*G*	*W*
S2 玻璃纤维	130	*G*	*G*	*G*(*W*)
	200	*G*	*G*	*W*

注：*W* 表示用 Weibull 分布描述更精确；*G* 表示用正态分布描述更精确。

10.2.3　基体对复合材料性能稳定性的影响

基体在复合材料中的主要作用是粘接纤维、支撑纤维、传递载荷。复合材料的层间剪切性能、横向性能、耐温和耐湿性能和断裂韧性等大多取决于基体。而复合材料的电性能、耐腐蚀性能与破坏模式等受基体的直接影响也很大。复合材料的界面也是复合材料中重要的部分之一。基体能否很好地浸润纤维、粘接纤维，以形成良好的界面结构，除了对上述复合材料的性能影响外，还对复合材料的其他重要力学性能大多都有影响。提高复合材料的可靠性从组分材料入手，应控制以下参数：

①纤维的均匀性，包括单丝间的直径均匀性和一根单丝不同长度上的直径均匀性，以及纤维内部组成与结构的均匀性；

②纤维的缺陷分布，包括纤维的表面与内部缺陷的情况和束内所有单丝的损伤程度；

③纤维表面状态，包括经表面处理后的污染情况；

④基体各组分的质量参数稳定性与重复性；

⑤基体各组分的配合和配比的正确性；

⑥树脂体系的有效期，包括胶液的适用期和预浸料的使用期等。

10.3　从控制工艺质量来提高复合材料可靠性

复合材料突出的特点是材料成型的同时构件也即成型。因此，成型工艺将直接影响到复合材料构件的性能，复合材料及其构件的可靠性与其制备工艺质量直接相关。复合材料的种类不同，制备工艺也不尽相同。

10.3.1　影响复合材料性能的工艺因素及形成的缺陷

这里所指的工艺因素主要是指复合工艺因素。复合材料性能的不稳定性除了来自组分材料质量的波动外,很大程度上是由于复合工艺不当而导致的复合材料缺陷所造成的。

(1)缺陷的形式

对预浸料热压成型的复合材料而言,其主要缺陷归纳为以下几种:

1)气泡

气泡是复合材料中常见的一种缺陷。它由三个方面原因造成:①树脂体系中含有可挥发的物质;②在铺层时带入气体;③有些树脂体系在固化反应中放出气体,如酚醛树脂体系等。研究结果表明,当孔隙超过2%时,复合材料的静强度下降可达40%。由于这种气泡缺陷出现的数量和分布随机性很大,难以掌握其规律性,因此增大了复合材料性能的分散性。

2)脱粘

脱粘是指树脂基体从增强纤维表面脱开的现象,是树脂基体与纤维粘接不牢所造成的。纤维对树脂的吸附性差,树脂对纤维的浸润性差,纤维表面被污染,以及纤维表面处理效果差等,都是脱粘缺陷产生的原因。

3)分层

分层是指复合材料铺层之间分离的现象。脱粘和分层是复合材料中较为严重的缺陷,对复合材料的许多性能影响非常大。

4)杂质

杂质是被无意地掺杂在复合材料中的夹杂、粗尘埃等一类异物。当复合材料承载时,会在这种异物处产生应力集中或裂纹源,从而影响复合材料的力学性能。这种杂质的存在还严重影响复合材料的电性能,使复合材料电性能的分散性增大。

5)树脂的偏差

树脂的偏差是由于固化工艺控制不当而出现富树脂和贫树脂的现象。如果树脂含量的偏差过大,对复合材料性能影响会非常明显。

6)纤维的偏差

纤维的偏差主要是指由于铺贴工艺和固化工艺所引起纤维未能按设计要求排列的现象。这种随机的偏差现象,直接造成复合材料性能的波动。

7)疏松

疏松是由于固化工艺不当而造成复合材料不密实的一种缺陷,对复合材料性能的影响也很大。

8)其他缺陷

其他缺陷指针孔、固化不均匀、树脂和纤维界面不佳等缺陷。这些也是造成复合材料性能分散的重要因素。

(2)形成缺陷的工艺因素与对其控制

上述缺陷的出现主要源于成型工艺和固化工艺不当。控制工艺过程中造成缺陷的工艺因素,以保证工艺质量,是提高复合材料可靠性的关键。

1)胶液配制的问题

如果各组分称量不准或配置次序不当,或组分间混合不均匀,或胶液超过适用期均会直接影响固化物性能。

2)预浸料制备过程中的纤维张力、胶液浓度和浸胶速度问题

应严格控制预浸料的单位面积的纤维含量、厚度、树脂含量、挥发物含量、使用期等。

3)铺层问题

应该严格按设计的铺层角度、层数与铺层次序在洁净的场所进行铺层,否则容易出现纤维铺层错误和夹渣现象。

4)温度的影响

主要表现在三个方面:①固化温度的高低;②温度分布是否均匀;③升温速率是否适当。

5)压力的影响

主要表现在压力的大小和加压时机。

6)时间的影响

主要表现在恒温恒压时间的长短。固化温度一定,固化时间若太短,则会导致欠固化。另外,升温速率和加压时机都反应了时间的影响。

实际上,如果后加工工艺不妥也会引起复合材料不少缺陷。如在加工过程中,由工具或尖锐物体对复合材料造成表面划伤或凹陷等,也会导致复合材料性能下降。因此,上述工艺因素必须严格控制,保证其重复性。

10.3.2 固化工艺实时监控方法

固化工艺实时监控是指在复合材料固化过程中实现对树脂体系的固化反应过程的现场跟踪,并以此获得最佳的加压条件与固化温度,从而保证工艺质量的一种技术。它可有效地避免复合材料富树脂与贫树脂、欠固化与过固化和固化不均匀等缺陷的出现,从而提高复合材料质量的可靠性。换言之,固化工艺实时监控是工艺上提高复合材料可靠性的重要措施之一。

固化工艺实时监控的基本原理是,利用特制的传感器并将它放置在被固化的复合材料铺层中,通过传感器测出固化过程中树脂体系某些性能的变化情况,如温度、黏度、模量、官能团浓度及电性能等,并将这些性能的变化情况转换成数字信号输入计算机,与固化模型不断地比较,两者之差作为输入信号输入到执行单元,以此来控制和调节固化温度与固化压力等工艺参数。这样形成的“智能”回路可实现对过程连续自动控制,以保证复合材料的质量。因所用传感器不同,而有热电偶传感监控法、介电传感监控法和光纤传感监控法等。目前工程上用得比较多的是动态介电监控法,但光纤传感监控法发展得很快。

(1)动态介电监控法

动态介电监控法的工作原理是利用特制电极作为传感器,将其放置在待固化的复合材料的上下表面(透射式)或复合材料中不同部位(反射式),测量复合材料在固化过程中因黏度变化而引起的介电性能变化。复合材料中的树脂体系在外加交变电场下进行固化反应时,偶极矩取向排列将引起树脂体系的介电常数的变化,极性基团旋转运动时的滞后将引起损耗角正切等的变化。这些变化实际上反映了树脂固化体系发生交联反应时黏度变化的特征,是温度的函数。根据所测量的电性能变化的数据选择合适的加压时间,调节或固化温度。这样可有效保证复合材料及其构件压制密实、纤维含量合理、空隙含量最低。

(2)光纤传感监控法

光纤传感监控的工作原理是,利用特制的光导纤维作传感器,剥掉一小段(3~6 cm)包覆层,并埋置在待固化的复合材料或其构件中以传递信号。用傅里叶转换红外光谱仪作光源向光导纤维输入波长为2.5~50 μm的中红外光波,红外光在纤维中以一定的角度靠包覆层的反射作用向前传播。当光传到包覆层被剥去的那一小段时,起反射作用的不再是包覆层,而是与光纤维接触的待固化复合材料，这样便将复合材料在固化过程中所出现的变化随红外光波传递出来，经信号转换后输入到傅里叶转换红外光谱仪中。红外光谱仪的测量结果是复合材料中材料化学成分官能团的红外吸收特征峰的定性定量分析图谱。固化中，树脂体系中可反应的官能团的浓度发生变化，这种变化与固化度有关。对于环氧树脂体系而言，其交联反应的官能团是环氧基团，通过测量树脂体系中的环氧基团浓度可以判定复合材料的固化度，以此来控制加压时机和固化温度。光纤传感监控受其他因素影响较小，准确可靠，可实现较精确的工艺质量控制。为了提高传感功能和降低成本，目前又发展了多模光纤传感监控技术。

在复合材料的制备过程中，固化是最重要的一环，固化过程往往是封闭的，只能通过固化工艺参数来控制。因此，凝胶点的测试、加压时机的选择和固化温度的确定是固化工艺中的三个关键参数。采用固化过程的实时监控，便能够实现凝胶点的精确测试、加压时机的准确选择和固化温度的正确确定。许多研究与应用表明，采用固化过程实时监控技术，可以大大降低固化物的空隙含量，最大限度减少固化不均匀、固化不当、树脂偏差等缺陷，降低复合材料性能的分散性，从而提高复合材料的可靠性。

10.3.3　RTM 工艺对复合材料质量可靠性的影响

为了降低复合材料成本，克服由于层间剪切引起的复合材料可靠性问题，近几年发展了液体成型（LCM　Liquid Composite Molding）织物复合材料。RTM（Resin Transfer Molding）是LCM工艺织物复合材料中具有代表性并有很好应用前景的一种先进复合材料成型工艺技术。它适于中批量制备薄壳状、复杂、整体性好、表面光洁、尺寸精度高的复合材料构件。因此，以其作为实例来进行质量可靠性的分析。

（1）RTM 工艺过程与复合材料的质量可靠性

RTM 工艺过程是，先将预成型体铺放在模具中，再闭合模具，通过预留的注射口将带压树脂在一定的温度下注射到模腔中，而后树脂在流动中完成对纤维预成型体的浸润与渗透，当树脂充满模腔之后再维持一定的压力，在另一温度条件下固化成型，最后启模取出制件。RTM 的工艺过程决定了 RTM 织物复合材料性能主要受织物预成型体特性、树脂特性、注射压力、模具温度的影响与制约。

1）织物预成型体特性对质量可靠性的影响

RTM 复合材料纤维预成型体的制备与铺放存在着波动性较大的因素。在该工艺中预成型体一般只是平面织物的干态组合，未经浸润，平面织物在制备时可能会发生纤维弯曲或屈曲、拉伸变形而形成皱折及空气流道，当然也会损伤纤维。前两种情形还可进一步导致形成 RTM 复合材料的局部富树脂区，同时极有可能因为空气流道的存在形成气泡或干斑缺陷。

近来发展的三维编织和缝编复合材料增强技术，有效地提高了复合材料 Z 向的性能稳定性。但是，在缝编时，如果工艺不当，容易造成缝制过紧或损伤纤维，出现局部低渗透率的贫树脂区域，导致弯曲强度波动，从而影响复合材料质量。

2）树脂基体特性对工艺过程质量控制的影响

当前国内外 RTM 工艺普遍采用的树脂体系有双马来酰亚胺、酚醛树脂、高性能环氧树脂等，其他树脂体系还有不饱和聚酯树脂、乙烯基树脂等。树脂的选择主要由目标复合材料的性能要求来决定，而从工艺角度考虑却是着重研究树脂体系特性对工艺过程质量控制的影响。

树脂体系特性在 RTM 工艺中主要是指低黏度特性、低挥发特性、低收缩率特性和高反应活性。但是,当前常用的高性能树脂体系难以满足 RTM 工艺的要求。因此,RTM 工艺的研究很大部分内容就是探讨高性能、低成本、低黏度树脂体系的合成与配置。同时,高性能树脂体系对温度的依赖性使得 RTM 工艺的温度控制要求更严格。另外一方面,高性能树脂体系的黏度如果对温度敏感性弱,则其高的黏度值无法通过简易的加温手段进行调节降低,这对 RTM 工艺的注射设备及模具制备又提出了高的要求。要使树脂充模阶段在远比凝胶时间短的时间内完成,就必须提高注射压力。注射压力太高,模具受内压太大,会造成复合材料构件质量的可控制性降低。树脂体系的黏度特性对温度的依赖性在某种程度及场合下是矛盾的。例如,当控温方便时,希望树脂黏度对温度敏感性强;反之,希望树脂黏度对温度敏感性弱。

3)注射压力对复合材料质量的影响

RTM 区别于其他注射成型工艺的一个特性是注射压力较小。但当树脂黏度无法通过其他工艺手段降低时,为了保证在一定时间内完成充模过程,就必须加大注射压力。注射压力大,不仅会造成对织物预成型体的冲刷,使织物纤维变形,而且织物的浸润也不理想,容易造成纤维内部的浸胶不充分,影响构件质量的可靠性。注射压力的增大客观上增加模具制造的困难,对模具材料及密封性提出了更高的要求。密封性的高要求必然增加工艺生产的操作难度,密封性不好,无疑会增加复合材料构件质量的不稳定性。如果模具材料容易变形,构件的尺寸精度会因此降低,随之复合材料构件在使用场合下的质量可靠性也降低。注射压力也不能太小,否则不仅延长工艺时间,而且增加气体排放困难,使气体有更多机会溶解在树脂胶液中,同样会降低复合材料质量。

4)模具结构对复合材料质量的影响

在选定的压力水平下,模具的模腔尺寸必须保持不变,否则复合材料件的形状和尺寸精度无法保证,因而模具材料要仔细选择。值得强调的是,模具的注口及排气孔设置不当,极有可能在复合材料构件中形成气泡或干斑之类的缺陷。

(2)提高 RTM 复合材料质量控制能力的计算机仿真

20 世纪 90 年代中期至今已逐步形成了一些稳定的 RTM 模拟软件,如美国 Delaware 大学的 LIMS 软件系统、加拿大魁北克聚合物力学工程应用研究中心的 RTMFLOT 软件系统等。RTM 计算模拟的发展经历了一个从 1D 模拟到 2D、2.5D 乃至 3D 的模拟过程。国际上很多大学和科研机构在 RTM 模拟方面做了很多研究与开发工作。RTM 模拟复合材料质量控制能力的增强,主要体现在以下几个方面:

1)对填充时间的预测及模腔内压力场分布的预测

RTM 复合材料成型工艺要求充模过程在 1/3 ~ 1/2 的树脂凝胶时间内完成,对充模时间要求较为苛刻。目前有不少模拟软件能够预测充模过程,而且模拟精度较高。同时,各软件一般都能够计算出各个时刻模腔内的压力分布场。模拟时间的预测,可以为树脂黏度、注射压力及充模过程模腔内温度的选择提供参考及评价依据,进一步优化这几个工艺参数,可以较好地保证 RTM 的充模过程在树脂黏度相对较低的范围内进行。掌握工艺过程中压力场可能的演变情况,对合模压力及模具材料的选择都具有极好的参考意义。压力场的预测,对工艺生产人员预测可能的注射情形及注射结果帮助也很大,可以增加工艺过程的质量可控制性。

2)对 RTM 复合材料制件的质量缺陷的预测与消除

RTM 成型工艺主要在闭合模具中完成,操作者无法观测及预测工艺过程的进展情况,无法根据过程现象调节及优化工艺参数。只能根据最终复合材料构件的情况,进行经验性的分析,以调整工艺参数。由于控制质量稳定性的能力较差,容易导致气泡及干斑缺陷的形成。依靠RTM工艺的仿真模拟可以预测树脂流动充模过程中流动前峰的情况,以及预测在初步设置的工艺条件下缺陷可能形成的位置。这样可以在计算机上反复更改相关可调节的工艺参数(如注口及排气孔位置等)直到缺陷消除。实践证明,靠经验来确定的排气孔并不是最后的填充口,由此导致了干斑的出现。

3)传感技术与计算机技术的结合对提高RTM工艺质量控制能力的作用

利用传感元件(热电偶等)结合计算机技术,通过分析利用温度场数据及压力场数据得到最佳的充模时间、最低的充模浸润温度、放热时间及最大的放热温度,从而调节与控制影响构件质量的工艺参数。压力数据不仅能够提供模具的合模压力与材料的选择,而且能够分析树脂状态的变化及展示树脂固化过程。应该指出,放热前的压力数据能够帮助选择最佳充模时间而不必考虑树脂已经开始固化。

随着计算机技术的发展,计算机辅助制造及设计(CAD/CAM)也将如同计算机的数据处理与仿真控制功能一样,在RTM工艺过程的质量控制方面作出更大的贡献。

10.4 环境条件下的可靠性评价

复合材料与其他工程材料一样,都是在一定的环境条件下使用。常见的环境条件包括湿度、温度、腐蚀性介质、紫外线辐射、载荷等。对于航天器用复合材料,其环境条件更为复杂,如高低温交变、粒子云冲刷等。一种环境条件或多种环境条件的作用均会导致复合材料的性能变化。这种性能变化主要是受环境因素的影响,使基体、纤维或纤维—基体界面发生变化或破坏所引起的。如载荷、应力腐蚀作用下,将使聚合物基复合材料的纤维—基体界面受到破坏,导致复合材料的强度和刚度下降。因此,开展复合材料在环境条件下的可靠性评价,对合理、有效地使用复合材料是很必要的。

10.4.1 湿热条件对于复合材料性能的影响

树脂基复合材料常常在大气中使用,水分与温度的作用会使复合材料的力学性能明显下降。湿热环境对复合材料性能的影响主要是通过树脂基体、增强纤维以及树脂—纤维粘接界面的不同程度的破坏而引起的。树脂吸湿后会引起体积膨胀、玻璃化转变温度下降、热膨胀系数提高,从而会导致剪切强度下降。水分通过界面还会进入纤维,引起纤维断裂。碳纤维的抗湿热性好,玻璃纤维次之,芳纶较差。环境对Kevlar49性能的影响见表10.4。

表10.4 环境对Kevlar49性能的影响

环境状态		影响程度
热环境	100 ℃	拉伸强度,3 170 MPa
	200 ℃	拉伸强度,2 720 MPa
燃油环境	JP-4中200 h	强度损失,45%
灼日光作用	200 h	强度损失,34%
	500 h	强度损失,46%

长时间的湿热环境作用会引起复合材料老化，老化意味着复合材料性能大幅度下降。温度、湿度作用和受老化的时间不同，对复合材料性能的影响程度也不相同。因此，湿热环境条件下复合材料质量可靠性评价是很难的。表 10.5、表 10.6 分别列出了两种高性能复合材料在不同湿热条件下的性能数据及其变化情况。表中的数据对了解树脂基复合材料在环境条件下的质量可靠性是有帮助的。

表 10.5　T300/5222 单向层压板在干、湿态不同温度下典型的力学性能

温度/℃	状态	X_t /MPa	E_{1t} /GPa	υ_1	Y_t /MPa	E_{2t} /GPa	X_c /MPa	E_{1c} /GPa	Y_c MPa	E_{2c} /GPa	S /MPa	G_{12} /GPa
-55	干态	1 220	134		29.0	10.4	1 408	126			112.6	5.6
	$\bar{X}Cv$/%	12.8	4.8		21	2.9	4.9	1.7			4.6	16.9
	湿态	1 420	133				1 335*	124*	238*	10.0*		
	$\bar{X}Cv$/%	6.8	7.9				2.6	1.7	5.3	5.3		
室温	干态	1 580	136	0.28	47.1	9.8	1 410	134	193.9	10.7	93.1	5.1
	$\bar{X}Cv$/%	7.9	3.8	4.6	21	4.8	3.3	8.1	10.5	9.8	2.5	3.7
	湿态	1 414	135	0.31	37.3	8.4	1 238	132	199.4	9.7	72.2	5.3
	$\bar{X}Cv$/%	9.5	2.7	5.8	9.8	2.7	5.5	3.6	3.6	2.6	2.3	1.3
30	干态	1 625	135	0.31	37.4	8.6	1 175	142	207	9.6	77.6	4.6
	$\bar{X}Cv$/%	12.1	3.7	3.6	12.0	4.5	8.7	5.3	7.1	2.1	6.1	3.6
	湿态	1 668	133	0.32	30.3	7.3	1 106	139	179.01	8.4	71.0	3.6
	$\bar{X}Cv$/%	7.9	3.5	6.0	14	2.7	8.9	5.6	2.9	2.5	6.1	4.2
120	干态	1 438	136	0.30	37.2	8.0	1 144	126	182.4	8.9	71.0	4.1
	$\bar{X}Cv$/%	5.7	4.2	9.2	10.6	2.0	5.1	5.0	3.8	4.8	7.1	6.9
	湿态	1 463	111	0.30	15.39	5.5	1 022	126	141.9	8.2	68.4	2.8
	$\bar{X}Cv$/%	7.6	3.0	5.0	10.8	5.9	4.6	4.4	8.3	4.7	4.0	4.0
130	干态	1 424	136	0.0	14.5	7.8	1 146	131	176.0	9.2	70.5	3.9
	$\bar{X}Cv$/%	4.3	3.5	4.0	23	2.8	4.4	46	10.2	5.8	3.5	3.2
	湿态	1 574	138	0.37	11.4	4.9	919	121	123.6	6.3	66.6	2.7
	$\bar{X}Cv$/%	8.6	4.2	8.2	16	3.4	19	6.2	8.7	7.8	3.6	3.7

注：①T300 为高强碳纤维，5222 是胺类固化的多官能团环氧树脂；

②X_t 为纵向拉伸强度，E_{1t} 为纵向拉伸模量，υ 为主泊松比，Y_t 为横向拉伸强度，E_{2t} 为横向拉伸模量强度，X_c 为纵向压缩强度，E_{1c} 纵向压缩模量，Y_t 横向压缩强度，E_{2c} 横向压缩模量，S 为纵横剪切强度，G_{12} 为纵横剪切模量；

③"实验条件" $V_t = 65 \pm 3\%$，孔隙率 ≤1%，吸湿量 1% ~1.1%，试样数为 5 个（* 表示不足 5 个），$\bar{X}$ 代表典型值，即测试平均值。

表 10.6　T300/5405 单向层压板热老化性能

老化性能		老化时间/h			
		0	310	607	1 000
短梁剪切强度 τ^i_b (*RT*)	平均值/MPa	96.8	90.0	88.4	93.1
	Cv/%	6.1	4.2	4.0	5.2
τ^i_b (130 ℃)	平均值/MPa	81.2	82.2	81.5	84.9
	Cv/%	1.4	2.3	6.1	2.1
弯曲强度 σ^i_b (*RT*)	平均值/MPa	1 770	1 764	1 876	1 865
	Cv/%	3.2	1.7	4.0	1.9
σ^i_b (130 ℃)	平均值/MPa	1 300	1 323	1 396	1 437
	Cv/%	2.6	2.4	3.5	3.0
纵横剪切强度 *S* (*RT*)	平均值/MPa	113.6	108.2	104.5	97.2
	Cv/%	1.2	1.5	6.4	2.4
S (130 ℃)	平均值/MPa	96.3	102.6	103	99
	Cv/%	4.3	1.1	1.5	1.4
纵横剪切模量 *G*12 (*RT*)	平均值/MPa	4.75	4.51	4.60	4.57
	Cv/%	1.4	1.7	2.0	1.1
*G*12 (130 ℃)	平均值/MPa	3.1	3.8	4.0	4.1
	Cv/%	5.1	1.6	2.7	2.7

注:①T300 为碳纤维,5404 为韧性改性的双马树脂;

②热老化是在烘箱中 150 ℃的空气环境中进行的。

10.4.2　腐蚀性介质对复合材料性能的影响

复合材料在腐蚀性介质作用下,性能受到较大影响,主要是通过对树脂基体、增强纤维和它们的界面侵蚀破坏而表现出来。

(1)腐蚀介质对树脂基体的影响

腐蚀介质对树脂基体的影响有两种作用原理:一种是腐蚀介质扩散或经吸收而进入树脂基体内部,导致树脂基体性能改变,这种过程称为“物理腐蚀”;另一种是腐蚀介质与树脂基体发生化学反应,如降解或生成新的化合物等,从而改变树脂基体原来的性质,这种过程称为“化学腐蚀”。硝酸、浓硫酸等强氧化性腐蚀介质和强碱对大多数脂基体都有较严重的腐蚀作用。酸、碱对常用树脂基体的腐蚀作用见表 10.7。

(2)腐蚀介质对增强纤维的影响

腐蚀介质侵入复合材料内部与纤维作用有三个途径:一是通过工艺过程中形成的气泡及应力破坏而形成的通道;二是树脂基体内的杂质遇腐蚀介质后溶解产生渗透压进而形成微裂

纹,使介质渗入;三是介质沿界面渗入。腐蚀介质的侵入将对纤维造成影响,会使纤维与基体界面的粘接劣化。

表 10.7 酸碱对树脂基体的腐蚀作用

介质＼树脂类型	酚醛基体	不饱和聚酯基体	胺固化环氧基体	酸酐固化环氧基体
弱 酸	轻腐蚀	轻腐蚀	不腐蚀	不腐蚀
强 酸	侵 蚀	侵 蚀	侵 蚀	轻腐蚀
弱 碱	轻腐蚀	轻腐蚀	不腐蚀	轻腐蚀
强 碱	分 解	分 解	轻腐蚀	侵 蚀

(3)腐蚀介质对复合材料界面的影响

腐蚀介质侵入界面后,一是产生聚集,使树脂溶胀,导致界面承受横向拉应力;二是从界面析出可溶性物质,在局部区域形成浓度差,从而产生渗透压;三是腐蚀介质与界面物质发生化学反应,破坏化学结构,导致界面脱粘。

另外,应力腐蚀和生物腐蚀均会对复合材料在使用状态下性能的可靠性造成影响。为了提高复合材料的性能稳定性,必须有效地控制对复合材料的腐蚀。

10.4.3 冲击载荷对复合材料可靠性的影响

复合材料及其构件在制造和使用环境中常常会受到一些外来物的冲击,如石子、工具(如扳手)、冰雹等。被外来物冲击后,复合材料的性能下降多少,能否满足原设计要求,这将涉及复合材料受冲击后的可靠性评价问题。复合材料受冲击后,根据受冲击的能量和冲击物体的形状不同,出现树脂—纤维界面脱粘,树脂基体开裂、分层乃至纤维断裂,会不同程度地影响复合材料的性能,特别是碳纤维复合材料对冲击很敏感,有时冲击后虽没有目视的损伤痕迹,但压缩强度可能降低达40%。为了评价复合材料的抗冲击损伤能力,一般采用冲击后的压缩强度作为评价指标参数。因为复合材料受冲击后所造成的损伤,对压缩性能影响最大。

10.5 复合材料的无损检测方法

无损检测是通过现代测试技术,不破坏材料或构件而检测出影响质量的缺陷的方法。复合材料的无损检测是以复合材料中的缺陷引起材料物理化学性能的差异或变化为理论基础的。

如何确保复合材料构件使用的安全可靠,是决定复合材料能否得到广泛应用的关键。控制生产工艺参数、进行批次破坏性抽验、实行全面的无损检测是对材料质量控制的三种主要方法。复合材料的工艺不稳定性和质量离散大的特点,导致采用控制生产工艺参数、进行批次破坏性抽验的方法均不可能完全控制复合材料构件的质量可靠性。对复合材料构件进行有效的无损检测,是控制复合材料构件质量可靠性的最直接、最有效的方法。因此,国内外均十分重视开展复合材料无损检测技术的研究和应用工作。复合材料无损检测技术已成为复合材料应用研究领域中的一个重要分支。复合材料无损检测的方法很多,以下仅简要介绍已广泛应用于实际产品检测和部分应用前景较好的复合材料无损检测方法。

10.5.1　通用超声波检测法

超声波检测法是广泛用于材料探伤的一种常用方法,也是最早用于复合材料无损评价的方法之一。它主要是利用复合材料本身或其缺陷的声学性质对超声波传播的影响,来检测材料内部的缺陷。根据具体的测定方法不同,超声波检测有超声脉冲反射法、超声脉冲透射法、超声共振法、超声多次反射法、超声相位分析法、超声声谱分析法等,其中以前两种使用最广泛。

(1)超声脉冲反射法

该方法的基本原理是,超声波在复合材料内部传播过程中遇到材料内部缺陷时,由于缺陷的声阻抗与材料的声阻抗不同,超声波在缺陷处被反射(或散射),而出现缺陷波信号。缺陷波是在信号发射波和端头反射波之间出现的,根据超声反射信号幅度,可检测材料内部缺陷。此法能够检测出复合材料中的裂纹、脱粘、孔隙、分层等缺陷,但存在检测盲区。

(2)超声脉冲透射法

该方法的原理与超声脉冲反射法基本相同,由于超声波在缺陷处被反射或散射,造成超声穿透信号的能量衰减,而后根据超声穿透信号幅度检测材料的内部缺陷。这种方法对复合材料中贫胶、疏松等缺陷的检测效果良好。

近年来,随着计算机技术的发展,全自动复合材料超声脉冲反射、超声脉冲穿透检测系统实现了对复合材料构件的自动检测和对检测结果的 B 扫描显示与 C 扫描显示。同时,由于复合材料对超声信号的衰减系数远高于金属材料对超声信号的衰减系数,开发高能量超声发射系统,有利于提高超声脉冲反射法与穿透法对复合材料缺陷的测试精度。

要实现用超声波对材料进行无损检测,需通过超声波探伤仪来完成。目前超声波探伤仪种类很多,分类方法也不相同。通常按检测缺陷大体可分为 A 型显示、B 型显示和 C 型显示。A 型显示又称“A 扫描”,它是根据脉冲反射法中的缺陷反射波来反应缺陷,能看到由于缺陷造成的波形;B 型显示也称“B 扫描”,特点是在荧光屏上能显示出沿探头发射方向剖开缺陷图形;C 型显示则称“C 扫描”,它能显示缺陷的平面图形,是有效检测复合材料缺陷常用的一种。

10.5.2　超声技术的新方法

随着科学技术的进步,超声波无损检测技术也在不断发展。非常适用于复合材料缺陷检测的超声波无损检测新技术不断地开发出来,其测试精度和准确度更高,测试范围更大,并能进行数字化控制与分析。例如,直接成像的超声全息照相探伤技术,不用传统的超声信号幅度作为判伤参数,而通过测量超声信号的传播速度或用信号处理方法分析超声信号,从而检测复合材料缺陷的技术等。另外,最近美国空军研究实验室(AFRL)无损检测部门,介绍了正在研究的关于无损检测方面的三个项目,也可以从一个侧面了解到复合材料超声波无损检测技术的研究与发展。其内容如下:

(1)扫描超声显微镜技术

内置高精度超声扫描显微镜体系(HIPSAM)的扫描超声显微镜,已被成功地应用于复合材料特性的研究。这套系统是实验室型的,其探测空间距离可小至 1 μm,操作频率可达

200 MHz。超声显微镜的基本原理是，利用宽 10～20 μm、深 20 μm 的表面超声波束的传播行为，探测到在物体中声波传送特性(衰减和速度)的改变，将此信号显示在计算机控制的 C 扫描显示器上(平面图形)。用该技术能够实时检测像金属基复合材料开孔制件在循环应力作用下逐渐破坏的过程。它主要用于研究材料的基本破坏机理和材料对所处应力及环境的反应，在检测复合材料过程中可获得有关图像。

(2)激光超声技术

以激光为基础的超声(LBU)技术可使材料的超声检测头完全不接触到试样。LBU 技术已被证明可用来测量厚度在 30 nm～2 μm 的涂层。LBU 技术较独特，它能够很容易地引入声脉冲，即使表面形状为圆形，声脉冲也能沿着与表面垂直的方向传播，实现对设备的精确定位。不像传统的超声波间歇振荡器为了得到的数据和在设定时所施加的增量相同，需要复杂的定位程序。正是这种能使用在曲面上的特点，美国空军建立了大规模的激光超声检测站，用来检测组装前后的飞机部件。

(3)超声自动扫描器技术

该技术现已可用来研究并验证多种复合材料结构的完整性，如飞机制件、赛车的底盘、土木地基、赛艇壳以及类似的复合材料构件，并可检测构件的几何特性、构件在制造过程中产生的脱粘以及使用过程中的损伤等。

10.5.3 其他检测方法

(1)X 射线检测法

利用 X 射线检测复合材料的质量是一种常用的方法。它又分为照相法、电离检测法、X 射线荧光屏观察法和电视观察法，常用的是照相法。

X 射线无损检测方法对复合材料内的金属夹杂物、垂直于材料表面的裂纹具有极高的检测灵敏度和可靠性，对疏松、树脂集聚和纤维集聚等也有一定的检测能力。该方法还可检测小厚度复合材料铺层的纤维曲折等缺陷。

(2)X 射线 CT 成像检测法

X 射线 CT 成像无损检测技术是由 X 射线检测技术与 CT 成像技术相结合形成的。目前此项检测技术已应用于三向编织复合材料和编织穿刺等复合材料的无损检测，能够准确检测出复合材料中的金属夹杂、纤维断裂、浸胶不足等缺陷。

(3)声发射检测法

声发射检测方法的基本原理是，在对被检测的构件施加载荷的过程中，构件内的应力造成其原有缺陷的扩展或原质量不良区的新缺陷产生，原有缺陷扩展及新缺陷产生的同时均产生声信号。根据声信号的分析，定性评价复合材料构件的整体质量水平，检测构件质量的薄弱区。

近年来，该方法在增加接收通道等部件的基础上，采用信号分析技术对声发射信号进行更全面的分析，并与缺陷类型相对应(如分层型缺陷扩展、纤维断裂、树脂基体裂纹、树脂基体与纤维的脱粘等)，实现对复合材料构件整体质量的更准确评价。

声发射检测技术仅应用于复合材料承力结构构件的无损检测，对单个缺陷的检测准确性较低。

(4)激光全息(散斑)无损检测法

激光全息(散斑)无损检测方法的基本原理是,对被检测构件施加一定载荷后(力载荷或热载荷),构件表面的位移变化与材料内部是否存在分层性缺陷及构件的应力分布有关,内部存在分层性缺陷及应力集中区的位移量大于其他区域的位移量。目前开发的激光散斑仪克服了该方法对检测场地的暗室要求与减震要求,从而可应用于现场产品的无损检测。虽然该方法对复合材料内部宏观缺陷的检测能力与可靠性均低于超声波检测法,但是可全面检测复合材料构件承载状况下的应力分布情况,所获得的检测数据量远高于目前普遍采用的在构件部分点用电测方法获得的数据量。

(5)涡流检测法

涡流检测法通过测量阻抗的变化可得到试样内部的信息,如电导率、磁导率和缺陷等。但是,这种方法只适于能导电的复合材料,即对CFRP是适用的,而对GFRP与KFRP不适用。尽管CFRP中树脂不导电,但因碳纤维导电,由于工艺原因可能使碳纤维存在交叉、搭接等而造成通道,因此从CFRP整体来看还是导电的。这种检测法可检测出CFRP的纤维含量与缺陷。由于需要标准试样对照,因此应用受到一定的限制。

(6)光纤传感检测法

光纤传感检测法是一种最有前途的方法。它的原理是:固化前将光纤预放置在复合材料中,根据振动等对输出信号造成的影响,可以检测复合材料构件的固化均匀度;利用同一根光纤还可监测复合材料在服役期间发生脱层、开裂等损伤情况。此技术对复合材料构件在使用中的质量可靠性评价十分有用,属智能监测技术,目前还在发展中。

除了上述无损检测方法外,还有其他一些方法,如外观检测法、热线检测法、微波检测法、β射线背散射法、电晕放电检测法、浸渍探伤法,并且发展了脉冲视频热像法、磁共振成像法等。

10.6　复合材料质量评价与监控

复合材料质量的客观评价与有效控制对提高复合材料的可靠性至关重要。主要通过三个方面来实现:一是原材料质量稳定性和复合材料制备过程的工艺质量的监控;二是对复合材料进行抽样破坏性检测;三是用无损检测技术对复合材料及其构件进行质量评价。

10.6.1　原材料质量控制

如前所述,原材料质量的稳定性会直接影响到复合材料质量的稳定性,因此,对原材料指标的控制十分必要,尤其是航空航天用复合材料,这种控制格外重要。树脂基复合材料的原材料控制主要是对树脂体系各组分和增强纤维进行复验。

(1)树脂体系的复验

树脂体系中最主要的复验对象是树脂和固化剂。以环氧树脂体系为例,环氧树脂的环氧值(环氧基含量或环氧当量)和分子量及其分布等是复验的重要指标。复验的方法可以采取通常的测试方法,视其测试值是否在所要求的范围之内,若超出规定的范围,则不可采用。对于高要求的先进复合材料树脂体系,也可以采用"指纹"图谱的方法,通过单组分的"指纹"图谱分析和树脂体系在不同固化阶段的“指纹”图谱分析，验证来料是否合格。因为对树脂体系的复验重点是化学特性，所以常采用高压液相色谱法(HPLC)、凝胶渗透色谱法(GPC)、傅里叶转换红外光谱法(FTIR)、差示扫描量热法(DSC)和动态力学分析法(DMA)等。

(2)增强纤维的复验

纤维的复验主要是力学性能复验和表面状态的复验。因为丝束强度比单丝束强度更接近实际，所以经常要对纤维的丝束强度进行测试。目前常用的几种纤维在拉伸应力作用下基本都是脆性破坏，拉伸应力—应变曲线几乎是一条直线。因此，只要测出纤维的丝束拉伸强度及其分布，根据其应力—应变曲线，则纤维的拉伸断裂应力及其分布也随之而知。纤维丝束强度的复验，不仅要测其平均值，而且还应测其强度的分布(分散性)情况。前文已介绍丝束强度与测试方法和所浸的树脂体系均有关系，所以复验条件应该相同。对于织物增强体的强度复验，应按标准进行，尚未建立的则每次应采用一致的方法。

10.6.2 复合材料制备过程的质量控制

如果说原材料的质量控制是复合材料质量可靠性的根本，那么制备过程的质量控制则是复合材料质量可靠性的关键。复合材料的成型工艺方法很多，每一种方法制备复合材料的过程也不相同，因而制备过程中对复合材料质量影响的因素也不相同。为了保证制备过程的质量，有两条是不可少的：一是建立严格合理的工艺规范或标准；二是由取得上岗资格的人员操作。现以先进碳纤维复合材料当前采用的预浸料热压成型法为例，介绍其复合材料工艺的质量控制。

(1)预浸料质量控制

预浸料作为一种中间材料而言，其控制的参数除了树脂含量外，还有单层厚度、单位面积质量、挥发物含量、黏性、流动性、外观质量和使用期等。对于高品质的复合材料，预浸料树脂含量的波动范围应不大于±3%，挥发物含量应小于2%。为了进一步检验预浸料质量，可按照推荐的固化程序将预测浸料压制成单向复合材料层压板，测其常温力学性能，各项静态力学性能值应具有95%的置信度和90%的可靠性。另外，还可以通过预浸料树脂固化体系的红外光谱图来判定预浸料是否合格。

(2)成型工艺质量控制

这里所说的“成型工艺”，主要是指模具、预浸料下料、剪裁、铺敷、工艺组合过程和工作环境状况。模具质量的控制在于模具的表面质量、收缩率和固化条件作用下保证复合材料构件表现质量合格。下料、裁剪要注意纤维的方向和角度。铺层的质量控制十分重要，一般应先制定铺层顺序图或采取逐层记录法，应特别注意：

①铺层次序和铺层角度不要弄错。

②铺层时切勿夹入其他杂物。

③铺层中应尽量排出夹入的空气，使铺层间密实。

④铺层过程要最大限度避免对预浸料的损伤和污染。

⑤对于大构件，要注意使垂直于纤维方向的铺层间拼接良好。

工作环境的控制主要是指预浸料存放环境和铺层工作环境的温度、湿度、化学污染和灰尘的控制。如果对这些环境参数不加控制，不仅影响预浸料的质量，而且影响复合材料成型后的质量。对于制备飞机等高要求的复合材料构件的工作环境要求特殊：温度为(23±2)℃、相对湿度为 45% ~55%，尘埃度为大于 5 μm 的悬浮颗粒小于或等于 88 粒/L。另外，铺层组之间的组合、铺层与加强件的组合、面板与芯材的组合以及固化前铺层的预制件与辅助材料的封装组合等组合工艺的质量控制也很重要。

(3) 固化工艺质量控制

固化工艺是复合材料成型工艺中最重要的一环。在固化过程中，铺敷好的复合材料预制件将发生物理和化学变化。树脂体系从可流动的状态转变为不可流动的状态，形状完全固定下来，这是物理变化过程；树脂体系从线性结构通过交联反应转变成网状的体形结构，这是化学变化过程。固化过程控制不好，对复合材料质量影响很大。复合材料中的大部分缺陷（气泡、富树脂、贫树脂、过固化、欠固化等）的产生和不少指标参数（纤维含量、孔隙率、固化度、密度、使用温度等）都与固化工艺相关。固化工艺参数通常是指温度、压力、时间。在实际中需要控制的两个最重要的参数是加压点（或凝胶点）和固化温度。这两个参数的确定可以采用 DSC、DDA、DMA、FTIR 等方法。实现固化过程的监控，是目前提高合理化工艺质量和复合材料质量的有效办法。

(4) 后续加工工艺质量控制

复合材料构件的后续加工包括修边、切削、钻孔、打磨和连接。后续加工中最容易造成的损伤是分层、开裂、翘曲、纤维断裂等，因此，要求后续加工的切削刀具应锋利。对于芳纶复合材料与超高分子量聚乙烯纤维复合材料的切削必须采用特殊的刀具。

10.6.3　复合材料质量的评价

复合材料的质量评价是复合材料可靠性的重要依据。评价可分为抽样式破坏性测试评价和全部非破坏性检测评价（即无损评价）。

(1) 抽样式破坏性测试

抽样式破坏性测试是指将复合材料或其构件进行一定规律的抽检或者是通过构件的随炉件进行测试。测试的项目根据设计要求而定。对于结构用复合材料，主要是测试拉伸、压缩、剪切的强度和模量、泊松比等。这些基本力学性能可以直观地评价复合材料质量的分散性。当前在航空航天领域很重视复合材料抗损伤能力的破坏性测试。常测试的项目有开孔拉伸强度、开孔压缩强度、冲击后压缩强度、$G_{\mathrm{I}c}$、$G_{\mathrm{II}c}$与 G_c 等，这些性能对评价复合材料质量有实际意义。

梯度复合材料是指沿着某一方向其物理、化学、生物、力学等单一或复合性能发生连续变化，以适应不同环境，实现某种特殊功能的先进复合材料。由于构成梯度复合材料的组成和显微组织（陶瓷、金属或合金、有机物、纤维等）是连续分布的，所以均质材料的性能测试方法对梯度复合材料就一定适应。例如，热应力缓和功能的陶瓷颗粒增强梯度复合材料，应用在高温作业环境，特别是要求材料两侧温差较大的场合。为了保证热应力缓和功能，金属和陶瓷按照设计的组分从材料的一侧到另一侧按梯度变化合成。材料一侧具有陶瓷的性能，能够承受高温工作环境；另一侧具有金属的特性，有较高的强度和良好的韧性。而在材料的内部其成分是连续梯度变化的，不存在明显的界面，从而使材料的性能（热膨胀系数、导热系数、耐热性等）平稳连续变化。组成和性能的梯度变化，现有材料性能评价的基本原理、测试手段和分析方法对此已不再适用，统一的性能试验条件和评价标准也没有完全建立。因此，与材料设计、制备密切相关的复合材料性能评价研究，成为优质复合材料研究的主要内容。

1)梯度复合材料的弹性模量和断裂强度测定

薄片状梯度复合材料的弹性模量和断裂强度用小穿孔方法测定。小穿孔试验装置如图10.1所示。试样的保持架由上下压模组成,试样支撑在一个环上,其中心部分用小穿孔器加载至发生断裂,当试样放在保持架上时,上下模的底面与试样之间留有足够的距离,以保证实验过程的超载条件。Al_2O_3圆棒的载荷线位移由线性变换传感器检测,通过测定不同温度下FGM的载荷—线位移曲线,确定试样的断裂行为与温度之间的函数关系,测定出FGM的弹性模量和断裂强度,分析FGM的脆性和韧性。

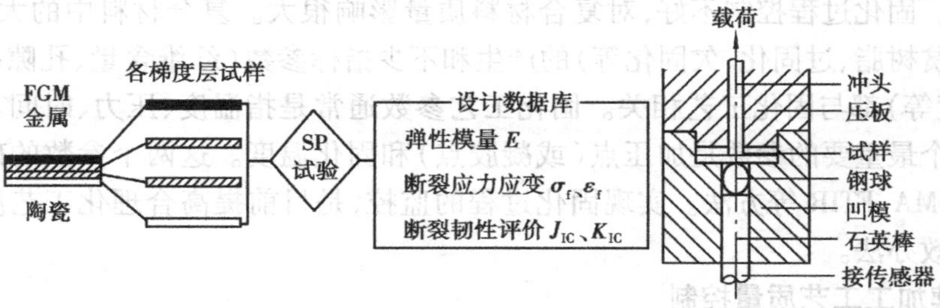

图10.1 小穿孔试验示意图

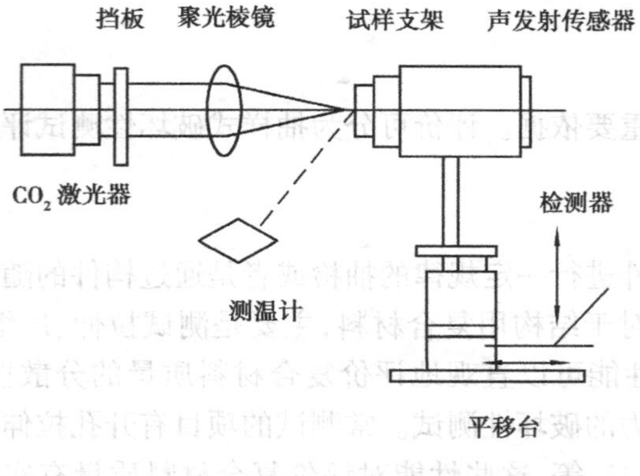

图10.2 梯度复合材料热振试验装置

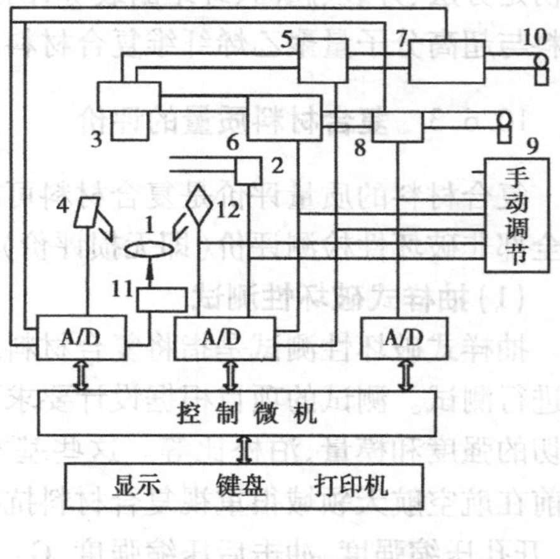

图10.3 梯度复合材料热性能测试仪

1—梯度复合材料;2—点火线圈;3—氧—乙炔枪;4—红外线测温仪;5—乙炔阀;6—氧气阀;7—乙炔流量计;8—氧流量计;9—氧气瓶;10—乙炔瓶;11—热电偶;12—冷却气体

2)梯度复合材料的抗热振性能试验

对于热应力缓和功能的梯度复合材料,要求材料应用在两侧温差较大的场合。因此,研究其耐热性、隔热性和抗热振性能的隔热性能实验设备及评价方法就非常重要。日本东京大学设计了一种用于抗热振性能试验的装置,如图10.2所示。该系统以一定直径的激光束作为热源加热试样,加热面积通过调节聚光镜与试样间的距离来控制,激光斑束直径通过缝隙大小可调节的遮光器调节,照射时间可通过光闸控制。激光束以各种预定的时间照射试样,增加激光器功率直到试样发生热冲击断裂。装置中的声发射检测仪用来探测热振实验中热裂纹的产生。

我国研制了温度范围为200~1 400 ℃可进行隔热试验和热振实验的梯度复合材料热性能测试仪，其原理如图10.3所示。该系统采用氧—乙炔火焰喷枪加热，加热温度快，火焰温度高，可通过调节氧气和乙炔气体的流量来调节火焰温度。冷却时，采用压缩空气冷却，试样表面温度和界面温度分别采用红外线测温仪和热电偶来测量。通过自动控制系统，当试样表面温度达到给定温度时，停止加热，开始冷却，冷却到一定温度时，再次加热。该系统与计算机相连，可自动记录热震循环次数。梯度复合材料的研究仍将以材料设计、制备和性能评价为中心，但性能评价技术制约着FGM设计精确性的提高。

(2)复合材料的无损评价

无损评价(NDE)是利用无损检测(NDT)方法对复合材料及其构件进行非破坏性测试后，从而对复合材料质量进行评价。无损评价的基础是无损检测方法和缺陷的判定标准。不同的无损检测方法可检测出的缺陷类型不同。常用几种无损检测方法对缺陷的检测效果见表10.8。

表10.8　不同无损检测方法的测试效果

检测方法 \ 缺陷类型	气泡	分层	裂纹	脱粘	富胶与贫胶	夹杂	纤维不齐	疏松	厚度不均
超声波法	○	○	○	○	○	○		○	○
X射线法	○	○	○	○	○	○	○		○
声发射法	○	○	○				○	○	
涡流法			○				○	○	
激光全息法		○		○	○				
光纤维法		○	○	○					
红外线法	○	○	○	○		○		○	
脉冲视频热像法	○	○	○	○		○			

作为飞机用复合材料的质量普遍要求高，但所用部位不同，对质量的要求不尽相同。如麦道飞机公司根据复合材料构件的应用部位和结构类型，将构件分为A、B、C三个质量等级。每个质量等级对复合材料中的缺陷允许程度不同，见表10.9，表中$Z=(x+y)/2$。其单个缺陷的评定方法如图10.4所示。对于分布性的片状缺陷的评定如图10.5与表10.10。

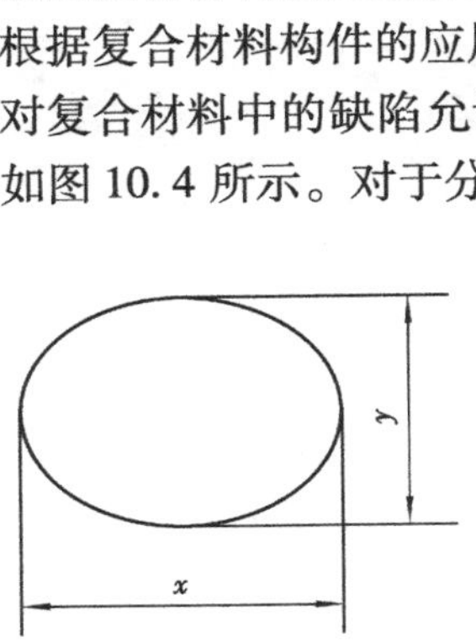

图10.4　单个缺陷的评定方法

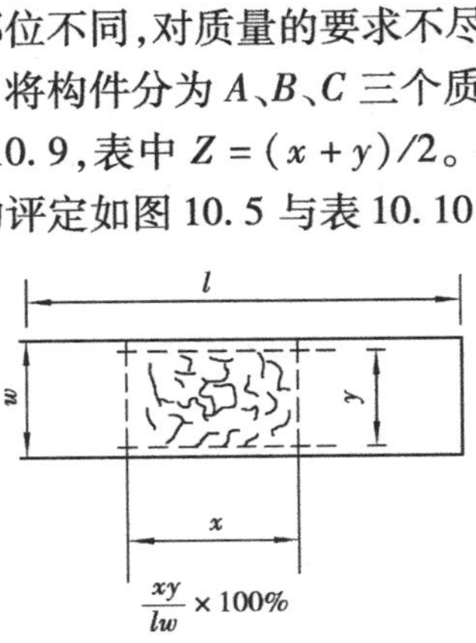

图10.5　片状缺陷的评定方法

表 10.9 不同质量等级的 Z 值

质量等级	Z 值/mm
A	9.5
B	12.5
C	19.05

表 10.10 不同片状缺陷的允许值

质量等级	零件长宽比 $l/w>10$（最大缺陷面积 64.5 cm^2）	$l/w<10$（最大缺陷面积 64.5 cm^2）
A	10% 或 6.45 cm^2	10% 或 15.5 cm^2
B	15% 或 9.67 cm^2	15% 或 23.2 cm^2
C	25% 或 16.125 cm^2	25% 或 38.7 cm^2

注：缺陷面积与最大缺陷面积之比按式 $\frac{xy}{lw}\times100\%$。

随着带有光纤传感器等智能复合材料的研究与开发，复合材料构件在使用（服役）中的质量评价与控制将成为现实。

目前，对具有智能结构复合材料的研究，取得了较大进展。智能结构复合材料因具有损伤的传感功能和自修复功能，对控制复合材料在使用中的质量可靠性意义重大。一旦智能结构复合材料用于实际，那么复合材料在使用中的可靠性将得到根本性提高。

参考文献

[1] 郝元恺,肖加余. 高性能材料学[M]. 北京:化学工业出版社,2004.

[2] 倪礼忠,陈麒. 复合材料科学与工程[M]. 北京:科学出版社,2002.

[3] 尹洪峰,任耘,罗发. 复合材料及其应用[M]. 西安:陕西科学技术出版社,2003.

[4] 王荣国,武卫莉,谷万里. 复合材料概论. 哈尔滨:哈尔滨工业大学出版社,1999.

[5] 吴人杰. 复合材料[M]. 天津:天津大学出版社,2000.

[6] 吴晶,李文芳,蒙继龙. 短纤维增强金属基复合材料微屈服行为的计算机模拟[J]. 材料科学与工程学报. 21(3):365-367.

[7] 高庆,康国政,杨川,张娟. 高温下短纤维增强金属基复合材料界面的微观结构和热残余应力状态研究[J]. 复合材料学报, 2002, 19(4): 46-50.

[8] 刘政. 基体合金化改善氧化铝短纤维与铝液基体间的浸润性研究[J]. 上海有色金属, 2004, 25(2): 49-51.

[9] 赵浩峰,刘红梅,钱继锋,苏俊义. 浸渗铸造纤维增强金属基复合材料及界面反应[J]. 材料导报, 2002, 16(10):35-38

[10] 黄仁忠,王豫跃,杨冠军,李长久,李其连. 热压压力对 B/Al 复合材料组织结构及力学性能的影响. 宇航材料工艺, 2004, 3.

[11] 谈淑咏,方峰,施春陵,江静华. 碳短纤维预制件制备工艺研究. 盐城工学院学报, 2003,16(4):43- 45.

[12] 卿华,江和甫. 纤维增强金属基复合材料及其在航空发动机上的应用[J]. 燃气涡轮试验与研究, 2001, 14(1): 33-37.

[13] 凤仪,应美芳,王成福。纤维增强金属基复合材料及应用. 材料导报. 1994, 6:51-54.

[14] 黄永攀,李递大,王税,簧体. 改善铸造法制造 MMCp 中铝基体与增强颗粒间润湿性的方法. 铸造技术. 2004, 25(1):17-18.

[15] K Wefers. A1uminium, Properties and Characterization of Surface Oxides on Aluminium Alloys[J]. 1981(57):722-726.

[16] 曾涛,吴申庆,李军. 压铸陶瓷纤维增强铝基复合材料及其力学性能. 轻型汽车技术, 2004(5):29-32.

[17] 张国定,赵昌正. 金属基复合材料[M]. 上海:上海交通大学出版社,1996.

[18] 于春天. 金属基复合材料[M]. 北京:冶金工业出版社,1995.

[19] 黄永攀,李道火,王锐,黄伟. 铸造法制备颗粒增强铝基复合材料[J]. 上海有色金属,2004,25(4):65-68.

[20] 樊建中,姚忠凯. 颗粒增强铝基复合材料研究进展[J]. 材料导报,1997,3(11):48-51.

[21] 周蔓娜,魏建修,权高峰,等. SiC 颗粒增强纯铝基复合材料的研究[J]. 西安工业学院学报,1993,2(12):1-7.

[22] 王武孝,衷森. 铸造法制备颗粒增强金属基复合材料的研究进展[J]. 铸造技术,2001,2:42-45.

[23] 秦孝华,韩维新,等. 液态机械搅拌法制备陶瓷颗粒增强铝基复合材科[J]. 金属学报,2002,8(38):885-887.

[24] 桂满昌,王殿斌,吴沽君,等. 碳化硅颗粒增强铝基复合材料的重熔和铸造工艺特征[J]. 铸造,2002,1(51):27-31.

[25] 樊建中,桑吉掏,张水忠. 铝基复合材料增强体颗粒分布均匀性的研究[J]. 金属学报,1998,11(34):1109-1204.

[26] 祝向招,陈大凯. 搅拌因素对铸造法颗粒增强复合材料的影响[J]. 武汉钢铁学院学报,1993,3(16):250-253.

[27] 赵乃勤,聂存珠,郭新权,Philip Nash. 粉末冶金法制备 S_5Cp/6061AE 复合材料的热释放现象[J]. 材料热处理学报,2003,24(4):43-45.

[28] 冯岩,李宗全. 无压渗透法制备 BN 增强铝基复合材料. 材料科学与工程学报,2004,22(3):337-340.

[29] Aghajanian, M. K.; Burke, J. T.; White, D. R.; Nagelberg, A. S. New infiltration Process for the fabrication of metal matrix composites[J]. SAMPE Quarterly, 1989, 20(4):43-46.

[30] lee, K. B., Kwon. H. Interfacial reactions in SiCp/Alcomposite fabricated hay pressurizes infiltration[J]. Metal. Mater. Trans. A: Script a Materiel, 1997, 36(8):847-852.

[31] Swaminathan. S, Srlnlva5a R, JayartHn V. The influence of oxygen impurities on the formation of AlN-Al composites by infiltration of molten Al-Mg[J]. Materials Science and Engineering A, 2002. 337(1-2):134-139.

[32] Corbin S. F, Zhao-jie, Henein H, Aptel P. S. Functionally graded metal / ceramics composites by tape casting, lamination and infiltration[J]. Materials Science and Engineering: A1999、262(1-2):192-203.

[33] Taheri-Nassaj E, KobmN M, Choh T. Fabrication and analysis of in slim formed boride/Al composites by reactive spontaneous infiltration[J]. Script a Materiel, 1997, 37(5):605-614.

[34] 王芬,林营,罗宏杰. 无压渗透法制备铝基复合材料的研究现状[J]. 宇航材料工艺,2004,4:7-11.

[35] 陈秋玲,孙艳. 颗粒增强铝基复合材料的研究[J]. 中国资源综合利用,2003,06:

31-33.
[36] 张淑英,等.颗粒增强金属基复合材料的研究进展[J].材料导报,1996,(2):66-71.
[37] 黄泽文.金属基复合材料的大规模生产和商品化发展[J].材料导报,1996,增刊:18-25.
[38] 李政,许少凡.碳纤维对镀铜石墨—铜基复合材料性能的影响[J].热加工工艺,2004,4:41-43.
[39] 贾成广.陶瓷基复合材料导论[M].北京:冶金工业出版社,2002.
[40] 陈华辉,邓海金,李明,林小松.现代复合材料[M].北京:中国物资出版社,1998.
[41] 汤佩钊.复合材料及其应用技术[M].重庆:重庆大学出版社,1997.
[42] 姜建华.无机非金属材料工艺原理[M].北京:化学工业出版社,2005.
[43] 刘海涛,杨郦,张树军,林蔚.无机材料合成[M].北京:化学工业出版社,2003.
[44] 鲁云,朱世杰,马鸣图,潘复生.先进复合材料[M].北京:机械工业出版社,2004.
[45] 徐国财,张立德.纳米复合材料[M].北京:化学工业出版社,2002.
[46] 李凤生,杨毅,马振叶,姜炜.纳米功能复合材料[M].北京:国防工业出版社,2003.
[47] 贡长生,张克立.新型功能材料[M].北京:化学工业出版社,2001.
[48] 赵九蓬,李瑶,刘丽.新型功能材料设计与制备工艺[M].北京:化学工业出版社,2003.
[49] 周祖福.复合材料学[M].武汉:武汉理工大学出版社,2004.
[50] Sasaki M , Hirai T. J Ceram Soc Japan,1991,99(10):1002.
[51] Bishop A, Lin C-Y, Navaratnam M. J Mater Sei Letters,1993,12(19):1516.
[52] Mindy N R, Thomas A. The nanostructured materials industry . Am Ceram Soc Bull, 199,76(6):51.